Die Destillation
industrieller und forstwirtschaftlicher
Holzabfälle

von

Walter B. Harper,
Master of Science.

Erweiterte deutsche Bearbeitung

von

Ingenieur **R. Linde.**

Mit 128 in den Text gedruckten Figuren.

Berlin.
Verlag von Julius Springer.
1909.

ISBN-13:978-3-642-47189-6   e-ISBN-13:978-3-642-47520-7
DOI: 10.1007/978-3-642-47520-7

Alle Rechte, insbesondere das der
Übersetzung in fremde Sprachen, vorbehalten.

Vorwort.

Es gibt in den verschiedenen Sprachen einige Werke, die sich mit der Verkohlung von Holz befassen. Aber die eigentliche Holzverkohlungsindustrie ist in erster Linie eine Industrie der Laubholzverkohlung. Dementsprechend beschäftigen sich auch die über Holzdestillation handelnden Werke fast ausschließlich mit der Verarbeitung von Laubhölzern und deren Destillationsprodukten. Will man Aufschlüsse über die Destillation von Nadelholz oder über Nadelholzprodukte haben, so versagen sie ohne Ausnahme.

Bedenkt man nun aber, daß im Vergleiche zum Laubholze der Wuchs und Verbrauch an Nadelhölzern ein beträchtlich größerer ist — die mit Nadelhölzern bestandenen Waldflächen machen in fast allen Ländern etwa das Doppelte der mit Laubholz bewachsenen aus —, so ist auch von vornherein klar, daß, wo die Frage der Nutzbarmachung von Holzabfällen — ganz gleich, ob industrieller oder waldwirtschaftlicher Herkunft — an einen herantritt, man es hauptsächlich und in den weitaus meisten Fällen allein mit Nadelholzabfällen zu tun hat.

Wenn nun dieses Werk so ziemlich ausschließlich von der Destillation von Nadelholz handelt, so ist das eine natürliche Notwendigkeit seines besonderen Gegenstandes: die Nutzbarmachung von Holzabfällen auf dem Wege der Destillation.

Bei hohen Holzpreisen kommt der Verwertung der unvermeidlichen und beträchtlichen Holzabfälle eine besondere Bedeutung zu. Das Schwergewicht der Holzdestillationsindustrie liegt jetzt schon längst in Ländern mit noch großen Holzreichtümern. Zu diesen gehört vor allem Amerika. Wenn man nun aber dort schon die Wichtigkeit der Holzabfallverwertung richtig und weitsichtig genug erkannt hat, eine wieviel größere Bedeutung käme ihr nicht in den Kulturländern der alten Welt zu?

Kürzlich wurde dem Kongreß der Vereinigten Staaten von Amerika eine Vorlage unterbreitet, derzufolge dem Forstdienste des Department of Agriculture Mittel zur Errichtung und Unterhaltung eines experimentellen Holzdestillationslaboratoriums, dem die Erforschung der durch Destillation von Nadelholzabfällen gewonnenen Produkte, der Verfahren zu ihrer Gewinnung und der Art und Weise ihrer Verwertung obzuliegen hätte, zur Verfügung gestellt werden sollten. Das beleuchtet wohl am besten die Bedeutung des Gegenstandes dieses Buches.

Der bisherige gänzliche Mangel einer Literatur der Nadelholzdestillation hat seinen Grund. Die Nadelholzdestillationsindustrie hatte von je etwas problematisches an sich. Hier und da destillierte man Nadelholz und erzielte auch einen Gewinn damit, das geschah aber stets unter Verhältnissen, die eine Verallgemeinerung nicht zuließen.

Oberflächlich betrachtet, müßte die Verarbeitung von Nadelholz bedeutend gewinnbringender sein, als die Destillation von Laubholz, denn die dem Nadelholze eigenen harzigen und teerigen Produkte wurden von jeher hoch bewertet. Sobald man jedoch der Sache näher tritt, gewahrt man auch schon die Schwierigkeiten. Destilliert man das Nadelholz in der für Laubholz durchgängig üblichen und angebrachten Weise, in klein- oder großräumigen Retorten, so gewinnt man gerade die wertvollsten der Nadelholzprodukte in einer nur geringe Preise erzielenden Güte und auch in einer stark verminderten Menge. Das gilt insbesondere vom Terpentin. Wo man deshalb bei uns bislang Nadelholz verkohlte, geschah das gewöhnlich in großen Öfen, wobei man dann fast durchweg auf die flüchtigen Produkte verzichtete und sich mit der Erzeugung einer guten Holzkohle und der Gewinnung eines vorzüglichen Nadelholzteers begnügte. Man verkohlt Nadelholz zuweilen wohl auch in Retorten, dann aber meist nur an Orten, wo Holzkohle in beträchtlicher Menge verbraucht wird, wie das zum Beispiel in Schweden mit seiner Eisenindustrie der Fall ist. Die bei dieser letzteren Arbeitsart gewonnenen Öle sind nicht nur gering in ihrer Menge, sondern auch in ihrer Güte. Der Terpentin erfordert eine kostspielige Reinigungsarbeit und erzielt doch nie die Preise des amerikanischen Terpentins.

Während man sich bei uns meist damit begnügte, zu versuchen, die Reinigungsarbeit für den auf diesem Wege gewonnenen Terpentin zu verbessern, scheint den Amerikanern nun aber die verlockendere Möglichkeit, den Terpentin dem Nadelholze in einer solchen Beschaffenheit zu entziehen, daß er dem hochbewerteten Gartenterpentin nahe kommt, keine Ruhe gelassen zu haben. So entstanden zu Anfang dieses Jahrhunderts eine Reihe neuer oder eigentlich nur scheinbar neuer Verfahren, bei denen aber jedenfalls neue Wege eingeschlagen wurden. Sie sind unter der Bezeichnung Dampfdestillationsverfahren im Buche ausführlich behandelt. In jedem Falle sind sie anregend, ihre Ausführung ist verhältnismäßig einfach, ihre wirtschaftliche Grundlage jedoch keineswegs von vornherein eine sichere, vielmehr ganz und gar vom Harzgehalte der gegebenenfalls in Betracht kommenden Holzart abhängig.

Die neuere Nadelholzdestillationsindustrie wurzelt vornehmlich in den Südstaaten der amerikanischen Staatenvereinigung. Ihr Terpentinaustrag belief sich im Jahre 1907 auf nahezu $2^1/_2$ Millionen Liter, und dieser Terpentin erzielte einen Durchschnittspreis von etwa 0,54 Mark der Liter oder ungefähr 0,62 Mark das Kilogramm.

Aus dieser Industrie ist das vorliegende Buch ursprünglich hervorgegangen. Wir glaubten, es als Grundlage eines auch für unsere Verhältnisse nützlichen Buches gebrauchen zu können. Zu diesem Zwecke haben wir es beträchtlich erweitert, indem wir alles, was, nicht leicht zugänglich und in mehreren Sprachen und in Veröffentlichungen der verschiedensten Industriezweige verstreut, irgendwie auf die Destillation von Nadelholz Bezug hat oder für sie von Nutzen sein kann, sammelten und entsprechend berücksichtigten. Wir haben ferner einiges ausgeschieden und vieles durch Berücksichtigung der neuesten amerikanischen Zeitschriftenliteratur und durch Einziehung von Erkundigungen, wozu Herr Harper in dankenswerter Weise behilflich war, ergänzen und manches berichtigen können.

Wie mannigfaltig die für Nadelholz im allgemeinen und für industrielle Holzabfälle im besonderen angewendeten Arbeitsverfahren sind, wird selbst den Fachmann überraschen. Wenn wir deshalb der Hoffnung Ausdruck geben, daß für ihn das vorliegende Buch Anregungen enthalten möge, so wollen wir damit doch nicht den Eindruck erwecken, als sei es für ihn in erster Linie geschrieben. Vielmehr haben wir es so abgefaßt, daß es für jeden, der sich mit seinem Gegenstande vertraut machen will, von Nutzen sein kann, zu welchem Zwecke wir alle begrifflichen Fachausdrücke nach Möglichkeit vermieden haben.

Die ursprüngliche Einteilung haben wir beibehalten, weil wir sie gerade für den letzteren Zweck als förderlich erachten. Alles, was in Verbindung mit der praktischen Ausführung steht, findet eher Anklang, ist leichter verständlich und deswegen zur Einführung geeigneter; das mehr oder weniger theoretische wird man aus diesem Grunde in der zweiten Hälfte des Buches finden. Die Nachteile dieser Einteilung haben wir durch Ausarbeitung eines ausführlichen Namen- und Sachverzeichnisses auszugleichen versucht.

Mit der Herausgabe dieses Buches hoffen wir nicht nur allen denen, die ständig Holzabfälle in einer größeren Menge erzeugen, als sie selbst zur Befeuerung ihrer eigenen Anlagen verbrauchen können, und denen daher an einer anderweitigen Verwertung gelegen sein muß, sondern auch jenen von Nutzen zu sein, die entweder große Waldbestände selbst besitzen oder als Forstbeamte für deren wirtschaftliche Ausnutzung verantwortlich sind.

Dem Forstwirte sollte mit einer schnellen und gründlichen Aufarbeitung solcher Waldabfälle, die, wie zum Beispiel Stockholz, vielfach überhaupt nicht zu verwerten sind, die ihm aber als Herberge des Rüsselkäfers eine Quelle ständig drohender Gefahr für seinen Bestand bedeuten, im besonderen gedient sein, zumal ihm damit eine neue Einnahme winkt.

Man hat in Amerika vielfach versucht, der Dampfdestillierung von Nadelholz die Herstellung von Papierzeug anzugliedern. Der umgekehrte Weg wäre vernünftiger. Darauf möchten wir die Aufmerksamkeit der Papierfabrikanten lenken.

Im übrigen soll dieses Buch allen, die mit Produkten des Nadelholzes, wie Terpentinöl, Holzöl, Teeröl, Harz oder Kolophonium, Teer usw., zu tun haben, die nötigen Unterlagen zur Beurteilung dieser Stoffe bieten, soweit sie eben bislang erforscht sind.

Im April 1909.

R. Linde.

Inhaltsverzeichnis.

	Seite
Einleitung	1
I. Geschichtliches und Allgemeines	3
II. Grundsätze der Destillation	11
III. Die zur trockenen Destillation erforderlichen Apparate und Vorrichtungen	19
Öfen und Retorten	19
Holzkohlenkühler	27
Übersteigrohre, Gasabscheider und Gasleitungen	27
Verflüssigungskühler	31
Kastenkühler	33
Schlangenkühler	34
Gegenstromkühler mit Doppelröhren	36
Röhrenkühler	36
Größe der Kühlfläche	38
Vorlagen und Absetzgefäße	40
IV. Die Reinigung der Rohprodukte	42
Destillierblasen für Terpentin	43
Destillierblasen für Teer	47
Destillierblase für Holzöl	49
Destillierblasenhelme und -aufsätze	49
Alkoholdestillierblasen und Kalkpfannen	52
Aufspeicherungsbehälter	53
Verpackung und Versand	54
V. Apparate und Apparatezusammenstellungen neuerer Destillationsanlagen	55
Dampfdestillationsverfahren	58
Kombinierte Dampf- und Trockendestillationsverfahren und Trockendestillations- oder Verkohlungsverfahren	70
1. Liegende Retorten	73
2. Stehende Retorten	102
Besondere Retorten und Verfahren	135
1. Drehbare Retorten	135
2. Retorten mit inneren Fördereinrichtungen	147
3. Versetzbare Retorten	156
4. Verkohlung von zu Blöcken gepreßtem Holzklein	164
VI. Die Ausführung der Holzdestillation	169
1. Dampfdestillation	169
2. Dampfdestillation mit nachfolgender Verkohlung	171
3. Die trockene Destillation	175
Die Destillation in drehbaren Retorten	186
Die Erzeugung von Holzgas	188
VII. Reinigungsverfahren	192

Inhaltsverzeichnis.

Seite

VIII. Allgemeine Betrachtungen über die Bedingungen zur Errichtung von
  Destillationsanlagen 205
    Marktverhältnisse 214
    Kostenvergleiche 215
IX. Die Zusammensetzung des Holzes und der Destillationsprodukte . . 221
    Terpentin 227
    Pinen 229
    Dipenten 230
    Sylvestren 230
    Kiefernöl 233
    Harz- oder gelbes Öl 234
    Kolophonium 234
    Harzspiritus oder Harzgeist 236
    Harz- oder Kolophoniumöl 237
    Holzöl 238
    Teer 238
    Pech 240
    Holzessig 240
    Aceton 243
    Kalziumacetat 244
    Holzkohlen 246
X. Destillationsausbeuten und die Verwertung der Produkte 248
XI. Chemische Untersuchungen und Verbindungen 261
    Chemische Verbindungen oder Derivate 268
      Terpentin-Derivate 268
      Kolophonium-Derivate 272
      Holzrückstände der Dampfdestillation 274
      Teer-Derivate 278
XII. Chemische Überwachung einer Holzdestillationsanlage 282
    Messen und Wiegen 283
    Entnahme von Proben 284
    Normalisieren der Apparate 286
    Analysen 287
      Terpentin 287
      Holzöl 289
      Teeröl 290
      Teer 291
      Holzessig 291
      Acetate 292
      Holz 293
        Feuchtigkeitsgehalt 293
        Harzgehalt 294
        Bestimmung des wirklichen Methylalkoholgehaltes von Holzgeist 295
      Kreosot 297
      Aceton 297
Anhang: Verzeichnis von Patenten, die die Destillation von Nadelholz
  im besonderen und die Holzverkohlung im allgemeinen betreffen . 300
Namen- und Sachverzeichnis 309

Einleitung.

In der vorliegenden Betrachtung und Erörterung des Gegenstandes dieses Buches, der Nutzbarmachung von Holzabfällen verschiedener Herkunft auf dem Wege der Destillation, werden wir dem Nadelholze und im engeren Sinne den harzreicheren Nadelhölzern, der Kiefer, Föhre und so weiter — dem Verfasser schwebte meistens die Besenkiefer (Pinus australis *Mich*.) vor, wenn er von Kiefer schlechthin spricht, die daran geknüpften Bemerkungen haben jedoch dieselbe Gültigkeit für jede andere harzreiche Holzart —, die hauptsächlichste Beachtung schenken, wiewohl gelegentliche Bezugnahme auch auf andere Holzarten, der Natur der Sache gemäß, nötig werden wird.

Die Kiefer insbesondere ist so reich an Balsamen und Harzen, daß ihre Destillation einen sicheren wirtschaftlichen Erfolg verspricht, als die solcher Hölzer, welche daran arm sind. Angesichts des so reichlich vorhandenen Rohmaterials würde jedes erfolgreiche Verfahren zur Nutzbarmachung der ungeheueren Mengen von Nadelholzabfällen — und man denke dabei nicht nur an die industriellen, sondern vor allem auch an die forstwirtschaftlichen Abfälle, wie Wurzeln, Baumkronen, Reisig- und Fallholz — vom Standpunkte der nationalen Wohlfahrt vornehmlich von der größten wirtschaftlichen Bedeutung sein. Zum Teil ist die Bedeutung dieses Problems schon richtig von einer großen Anzahl Privatleute erkannt. Einige Holzgesellschaften im Süden der Vereinigten Staaten von Nordamerika haben Untersuchungen nach dieser Richtung hin in die Wege geleitet, doch zur Entscheidung der Frage, welches die beste Art der Verwertung sein würde, ist es noch nicht gekommen.

Die Destillation des Holzes in geschlossenen Behältern ist neuerdings wieder, obschon sie eigentlich sehr alten Ursprungs ist, als ein neues Mittel zur praktischen Ausnutzung dieses Abfallproduktes in den Vordergrund getreten. Die stets zunehmende Nachfrage nach Terpentinöl und die damit Hand in Hand gehende Preiserhöhung dieses Stoffes haben Veranlassung gegeben, daß man sich nach einem Ersatz dafür umschaut. Da nun ein dem Plantagen- oder Gartenterpentin ungemein ähnliches Öl aus Nadelholz und selbst aus abgestorbenem Fallholz gewonnen werden kann, so bietet dieses Verfahren einen doppelten Vorteil, indem es einmal den gesuchten Ersatz für eine notwendige Ware gewährt, deren Herstellung offenbar nicht mit der gesteigerten Nachfrage Schritt halten kann, und zugleich die Nutzbarmachung eines bislang fast wertlos erachteten Materials mit sich bringt.

Einige der Versuche, ein erfolgreiches Destillationsverfahren hervorzubringen, werden wir genauer betrachten; aber im Zusammenhange damit treten doch noch manche Punkte hervor, die einer gründlichen Klärung bedürfen, ehe auf diesem Wege eine vollständige Ausnutzung erreicht werden kann. Auch nur eine annähernde Schätzung des für diesen Zweck erhältlichen Rohmaterials zu geben, ist nahezu unmöglich; allein im Süden der Vereinigten Staaten gehen jährlich mindestens $3^1/_2$ Millionen Raummeter entweder als Fallholz oder als Sägemehl unbenutzt dahin.

I. Geschichtliches und Allgemeines.

Wohl schon die Alten bemerkten die Tatsache, die sich jedem offenbart, der mit Holzfeuer umgeht, daß Holz sich beim Erhitzen zu einer schwarzen Kohle verwandelt. Danach beobachtete man wahrscheinlich, wie ein langsames Feuer mehr Kohle hinterließ, als ein heftig wegbrennendes. Und nun lag der Schritt nahe, durch Ersticken des Feuers mittels Erde zu versuchen, noch größere Holzkohlenmengen in dieser Weise zu erzeugen. Und damit kam man allmählich zu dem Verfahren, das selbst noch heute in ziemlichem Maße vorherrscht und darin besteht, angezündete Holzhaufen durch eine darüber geworfene Decke aus Erde wieder zu ersticken und zum langsamen Verkohlen zu bringen. Die älteste Verkohlungsweise war aber doch wohl die selbst bis zum heutigen Tage von den in dieser Kunst außerordentlich geschickten Chinesen ausgeübte Grubenverkohlung. Erst verhältnismäßig spät kam man auf die Verkohlung in Meilern, die aus verschiedenen Ursachen noch heute nicht verdrängt ist, obwohl ihr einziger Zweck, nämlich allein die Gewinnung einer guten Holzkohle, eine große Verschwendung wertvoller Stoffe bedeutet, die als flüchtige Gase in die Luft gehen. Dort, wo man die Holzkohle in großen Mengen gebraucht, wie zum Beispiel in der Eisenindustrie Schwedens und Nordamerikas, bildet die Verkohlung in Meilern noch die hauptsächlichste Art der Holzkohlenerzeugung, ebenso dort, wo Holz reichlich und billig zu haben ist: in Ungarn, Rußland und im Süden der Vereinigten Staaten.

Daß die bei der Verkohlung im Rauch entweichenden flüchtigen Stoffe noch einen andern Wert als den zum Räuchern von Fleisch und dergleichen besitzen, wurde erst sehr spät erkannt. Die Bildung der brenzlichen Holzsäure bei der Destillation von Holz unter Luftabschluß war zuerst von Glauber im Jahre 1658 bemerkt und in seinem Miraculum Mundi beschrieben. Und Thénard zeigte im Jahre 1802 — anscheinend aber hatten das bereits vorher schon, nämlich um 1800, die Franzosen Fourcroy und Vauquelin herausgefunden —, daß diese Holzsäure mit der aus Alkohol hergestellten Essigsäure übereinstimmte. Ihrer Verwendung zu dem gleichen Zwecke kam man aber erst näher, als es gelang, sie aus dem rohen Holzessig in für Genußzwecke genügend reinem Zustande zu gewinnen.

Den Beginn der eigentlichen Holzdestillationsindustrie kann man etwa vom Jahre 1798 an rechnen, als Lebon seine ersten Experimente ausführte, die auf Herstellung eines Holzgases ausgingen. Es gelang ihm auch im Jahre 1801 sein Haus mit einem solchen Gase zu erleuchten; es besaß jedoch nur eine sehr geringe Leuchtkraft. Pettenkofer zeigte später, im Jahre 1849, wie man bei richtiger Ausführung der Destillation, nämlich durch schnelle Erhitzung des Holzes die Leuchtkraft erhöhen kann, worauf einige Städte, für einige Zeit wenigstens, zur Anwendung dieses Leuchtmittels im größeren Maßstabe übergingen. Dem aus der Steinkohle erzeugten Gase gegenüber hat das Holzgas nur ganz untergeordnete Bedeutung.

Von Schweden aus angeregt, wandte man auch in Deutschland, vornehmlich aber in Böhmen und Mähren der Verkohlung von Holz in geschlossenen Öfen ziemliche Aufmerksamkeit zu. Otto Vogel[1]) hat aus älteren Schriften und Berichten eine Anzahl anregender Einzelheiten ausgegraben, von denen wir einige im folgenden anführen. Einer im Jahre 1766 als 28. Band der Abhandlungen der Kgl. Schwedischen Akademie der Wissenschaften erschienenen Schrift, die den anmutigen Titel trug: „Beschreibung eines Ofens mit dessen zugehörigen Röhren, wodurch sich der Rauch von allerhand verbrennlichen Dingen auffangen läßt und in eine Säure zusammenrinnt, nebst unterschiedlichen hierbei angestellten Versuchen", von der zwei Jahre später eine deutsche Ausgabe erschien, darf man wohl einigen Anteil an der Entwicklung dieser Industrie zuschreiben. Eduard Vollhann berichtet in seinen im Jahre 1825 erschienenen Beiträgen zur neueren Geschichte des Eisenhüttenwesens von dem Loebelschen Holzverkohlungsofen der Untermuldnerhütte bei Freiberg in Sachsen, der aus einem aus gußeisernen Platten zusammengestellten Kasten von 30 Fuß Länge, 6 Fuß Breite und 10 Fuß Tiefe bestand. Die Heizkanäle waren so um den Kasten gelegt, daß alle Teile gleichmäßige Hitze erhielten. Aus 195 Zentner Fichtenholz wurden 53 Zentner Kohlen, 27 Eimer Holzessig, 14 Eimer Wasser und $1^1/_2$ Eimer Teer gewonnen. Der Verfasser rechnete dabei aus, daß infolge der höheren Betriebsunkosten (fünf- bis sechsmal teurer als Meilerverkohlung) dieses Verfahren sich nur dann lohnt, wenn zu besonderen Zwecken eine ausnahmsweise reine Kohle gewünscht wird und wenn sich der Holzessig vorteilhaft verwerten läßt, etwa zum Beizen der eisernen Töpfe oder eisernen, zu verzinnenen Schwarzbleche, wozu sie dann auch auf dem Eisenwerk Kallich benutzt wurde. An diesem Orte hatte man sich eine Verkohlungsanlage in dem Schachte eines aufgegebenen Hochofens eingerichtet, indem man einen kleinen Eisenblechofen hineinstellte, der von außen durch eine Öffnung in der Schachtwandung bedient wurde und von dem eine Rauchröhre sich in Windungen in dem Schacht hinaufzog. Das Holz wurde durch eine zweite größere Öffnung und auch von oben eingeworfen und rings um den Ofen herum aufgeschichtet. Es sei vorteilhafter, meint der Verfasser, innerhalb eines größeren Verkohlungsraumes zwei oder drei zylindrische Heizröhren an-

---

[1]) Chem. Zeitung 1907, S. 1025; 1908, S. 561 und 1210.

I. Geschichtliches und Allgemeines.

Wohl schon die Alten bemerkten die Tatsache, die sich jedem offenbart, der mit Holzfeuer umgeht, daß Holz sich beim Erhitzen zu einer schwarzen Kohle verwandelt. Danach beobachtete man wahrscheinlich, wie ein langsames Feuer mehr Kohle hinterließ, als ein heftig wegbrennendes. Und nun lag der Schritt nahe, durch Ersticken des Feuers mittels Erde zu versuchen, noch größere Holzkohlenmengen in dieser Weise zu erzeugen. Und damit kam man allmählich zu dem Verfahren, das selbst noch heute in ziemlichem Maße vorherrscht und darin besteht, angezündete Holzhaufen durch eine darüber geworfene Decke aus Erde wieder zu ersticken und zum langsamen Verkohlen zu bringen. Die älteste Verkohlungsweise war aber doch wohl die selbst bis zum heutigen Tage von den in dieser Kunst außerordentlich geschickten Chinesen ausgeübte Grubenverkohlung. Erst verhältnismäßig spät kam man auf die Verkohlung in Meilern, die aus verschiedenen Ursachen noch heute nicht verdrängt ist, obwohl ihr einziger Zweck, nämlich allein die Gewinnung einer guten Holzkohle, eine große Verschwendung wertvoller Stoffe bedeutet, die als flüchtige Gase in die Luft gehen. Dort, wo man die Holzkohle in großen Mengen gebraucht, wie zum Beispiel in der Eisenindustrie Schwedens und Nordamerikas, bildet die Verkohlung in Meilern noch die hauptsächlichste Art der Holzkohlenerzeugung, ebenso dort, wo Holz reichlich und billig zu haben ist: in Ungarn, Rußland und im Süden der Vereinigten Staaten.

Daß die bei der Verkohlung im Rauch entweichenden flüchtigen Stoffe noch einen andern Wert als den zum Räuchern von Fleisch und dergleichen besitzen, wurde erst sehr spät erkannt. Die Bildung der brenzlichen Holzsäure bei der Destillation von Holz unter Luftabschluß war zuerst von Glauber im Jahre 1658 bemerkt und in seinem Miraculum Mundi beschrieben. Und Thénard zeigte im Jahre 1802 — anscheinend aber hatten das bereits vorher schon, nämlich um 1800, die Franzosen Fourcroy und Vauquelin herausgefunden —, daß diese Holzsäure mit der aus Alkohol hergestellten Essigsäure übereinstimmte. Ihrer Verwendung zu dem gleichen Zwecke kam man aber erst näher, als es gelang, sie aus dem rohen Holzessig in für Genußzwecke genügend reinem Zustande zu gewinnen.

Den Beginn der eigentlichen Holzdestillationsindustrie kann man etwa vom Jahre 1798 an rechnen, als Lebon seine ersten Experimente ausführte, die auf Herstellung eines Holzgases ausgingen. Es gelang ihm auch im Jahre 1801 sein Haus mit einem solchen Gase zu erleuchten; es besaß jedoch nur eine sehr geringe Leuchtkraft. Pettenkofer zeigte später, im Jahre 1849, wie man bei richtiger Ausführung der Destillation, nämlich durch schnelle Erhitzung des Holzes die Leuchtkraft erhöhen kann, worauf einige Städte, für einige Zeit wenigstens, zur Anwendung dieses Leuchtmittels im größeren Maßstabe übergingen. Dem aus der Steinkohle erzeugten Gase gegenüber hat das Holzgas nur ganz untergeordnete Bedeutung.

Von Schweden aus angeregt, wandte man auch in Deutschland, vornehmlich aber in Böhmen und Mähren der Verkohlung von Holz in geschlossenen Öfen ziemliche Aufmerksamkeit zu. Otto Vogel[1]) hat aus älteren Schriften und Berichten eine Anzahl anregender Einzelheiten ausgegraben, von denen wir einige im folgenden anführen. Einer im Jahre 1766 als 28. Band der Abhandlungen der Kgl. Schwedischen Akademie der Wissenschaften erschienenen Schrift, die den anmutigen Titel trug: „Beschreibung eines Ofens mit dessen zugehörigen Röhren, wodurch sich der Rauch von allerhand verbrennlichen Dingen auffangen läßt und in eine Säure zusammenrinnt, nebst unterschiedlichen hierbei angestellten Versuchen", von der zwei Jahre später eine deutsche Ausgabe erschien, darf man wohl einigen Anteil an der Entwicklung dieser Industrie zuschreiben. Eduard Vollhann berichtet in seinen im Jahre 1825 erschienenen Beiträgen zur neueren Geschichte des Eisenhüttenwesens von dem Loebelschen Holzverkohlungsofen der Untermuldnerhütte bei Freiberg in Sachsen, der aus einem aus gußeisernen Platten zusammengestellten Kasten von 30 Fuß Länge, 6 Fuß Breite und 10 Fuß Tiefe bestand. Die Heizkanäle waren so um den Kasten gelegt, daß alle Teile gleichmäßige Hitze erhielten. Aus 195 Zentner Fichtenholz wurden 53 Zentner Kohlen, 27 Eimer Holzessig, 14 Eimer Wasser und $1^1/_2$ Eimer Teer gewonnen. Der Verfasser rechnete dabei aus, daß infolge der höheren Betriebsunkosten (fünf- bis sechsmal teurer als Meilerverkohlung) dieses Verfahren sich nur dann lohnt, wenn zu besonderen Zwecken eine ausnahmsweise reine Kohle gewünscht wird und wenn sich der Holzessig vorteilhaft verwerten läßt, etwa zum Beizen der eisernen Töpfe oder eisernen, zu verzinnenen Schwarzbleche, wozu sie dann auch auf dem Eisenwerk Kallich benutzt wurde. An diesem Orte hatte man sich eine Verkohlungsanlage in dem Schachte eines aufgegebenen Hochofens eingerichtet, indem man einen kleinen Eisenblechofen hineinstellte, der von außen durch eine Öffnung in der Schachtwandung bedient wurde und von dem eine Rauchröhre sich in Windungen in dem Schacht hinaufzog. Das Holz wurde durch eine zweite größere Öffnung und auch von oben eingeworfen und rings um den Ofen herum aufgeschichtet. Es sei vorteilhafter, meint der Verfasser, innerhalb eines größeren Verkohlungsraumes zwei oder drei zylindrische Heizröhren an-

---

[1]) Chem. Zeitung 1907, S. 1025; 1908, S. 561 und 1210.

zuordnen, als die Heizgase durch Kanäle um den Verkohlungskasten herum zu leiten.

Nach dem Muster der ersten großen schwedischen Ofenanlagen entstanden eine Reihe ähnlicher Betriebe in Mähren, von denen die Anlage zu Blansko wohl die größte war. Andere Anlagen wurden in Böhmen betrieben. Die gewonnene Essigsäure fand zu gewerblichen Zwecken Verwendung. Eine kleine Holzessigfabrik befand sich in Klafterbrunn bei St. Nälten, Niederösterreich, die dem Professor Nessler gehörte. Hier scheinen zuerst liegende gußeiserne Röhren als Retorten zur Anwendung gekommen zu sein. Der gewonnene Holzessig wurde zur Herstellung von essigsauren Metall- und Erdenverbindungen gebraucht, die bei der Kattundruckerei Verwendung fanden.

Andere Holzverkohlungsöfen befanden sich, außer in Rußland auf den Demidofschen Eisenhütten und auf der Hütte Dugna bei Kaluga, in Hamburg, Günthersfelde bei Ilmenau, auf Dobrahütte bei Lehesten im Thüringer Walde und an mehreren Plätzen in Sachsen.

Die außerordentlich großen Verkohlungsöfen beanspruchten sämtlich eine sehr lange Abkühlungszeit, die unter Zuhilfenahme von Kühlröhren doch immerhin noch vier Wochen und in anderen Fällen bis zu einem Vierteljahre betrug.

Zum Zwecke der Gewinnung des Holzessigs bauten zuerst, im Jahre 1810, die Gebrüder Mollerat in Frankreich eine fest- und aufrechtstehende schmiedeeiserne Retorte mit etwa 3 Kubikmeter Fassungsraum. Die Einmauerung war aus Ziegelsteinen hergestellt. Die Feuerung lag unter der Retorte und die Heizzüge wanden sich um den Zylinder herum nach oben und gingen von da in den Schornstein. Obgleich schon Professor Lampadius, wie Vollhann in dem erwähnten Buche bemerkt, den Holzessig durch Destillation über Schwefelsäure so zu reinigen wußte, daß er beinahe frei von dem brenzlichen Geruche wurde, was auch etwas später anderen durch Neutralisierung mit einer Base und deren Wiederzersetzung vermittels Schwefelsäure gelang, die industrielle Gewinnung reiner Essigsäure und damit die Herstellung eines zu Genußzwecken geeigneten Essigs kam doch erst einige Jahrzehnte später in Übung. Erst von da an wurde auch die Holzverkohlung lohnender. Darin ist vielleicht der Grund des baldigen Eingehens mancher der um 1820 in Deutschland errichteten Anlagen zu suchen.

Das zweite Nebenprodukt, von dem die wirtschaftliche Balanzierung eines Betriebes zur Laubholzdestillation in vielen Gegenden mit hohen Holzpreisen zum Teile abhängt, ist der Holzgeist, der im Jahre 1812 von Taylor in den Holzdestillaten entdeckt wurde. Es gab Zeiten, kurze schwankende Zeiten zwar nur, wo der aus dem Holzgeiste verdichtete Methylalkohol so gut bezahlt wurde, daß sich auf seine alleinige Gewinnung schon ein Verkohlungsbetrieb aufbauen ließ. Ein großer Teil des Holzgeistes wird heutzutage zur Denaturierung, zur Entwertung des Spiritus für Genußzwecke verwandt.

In den Vereinigten Staaten von Nordamerika begann im Jahre 1830 James Ward in North Adams, Massachusetts, die industrielle Herstellung von Holzessig, und James A. Emmons und A. S. Saxon stellten zuerst essigsauren Kalk und Holzgeist her. George C. Edwards errichtete im Jahre 1874 die Burcey Chemical Works in Binghampton, Neuyork, deren Aufgabe in der Veredelung des von den verschiedenen Werken hergestellten rohen Holzgeistes lag. Die Wiedergewinnung der im Rauch aus den Holzkohlenmeilern in Michigan entweichenden flüchtigen Stoffe bezweckte eine Reihe von Patenten, die 1876 dem Dr. H. M. Pierce erteilt wurden. Nach dem Digest of Patents relating to chemical industries, 1900, ergibt sich, daß bereits im Jahre 1863 M. A. Le Brun Virloy ein Patent für einen besonderen Ofen zur Verkohlung organischer Stoffe sich erteilen ließ. Und das nächste, A. H. Emory im Jahre 1865 geschützte Verfahren bezweckte bereits die Gewinnung des Terpentins durch Destillation mit Dampf, die in unserer Zeit, vor weniger als 10 Jahren für denselben Zweck noch einmal erfunden wurde. Hiernach kamen noch mehrere andere Patente, die auf die Destillation von Holz abzielten. Aber das im Jahre 1872 J. D. Stanley erteilte Patent ist von gewissem Interesse, da dieser eine Anlage in Wilmington, Northcarolina, errichtete, die zwar infolge ungenügenden finanziellen Rückhalts und wahrscheinlich auch aus anderen Gründen sich an dieser Stelle nicht halten konnte, aber doch schließlich durch Übertragung an die Spiritine Chemical Company im Jahre 1878 bis auf den heutigen Tag fortbestand und mit mehr oder weniger Erfolg betrieben wurde. Seit jener Zeit wurden zahlreiche Verfahren geschützt, die zum größten Teil Nachahmungen deutscher oder französischer Arbeitsweisen waren, und jedes Jahr bringt neue Patente zu der bereits zahlreichen Reihe.

Wie in Amerika, waren es auch in Europa die siebziger Jahre, die eine Anzahl von Anlagen ins Leben treten sahen, von denen in Frankreich und Deutschland eine Reihe noch heute bestehen.

Die Verkohlung im großen Maßstabe wurde insbesondere in Verbindung mit bedeutenden Hüttenwerken versucht, die in fast keinem Falle so viel Holzkohlen zu beschaffen vermögen, wie sie verarbeiten könnten. Solche großen Anlagen findet man hauptsächlich in Nordamerika und in Schweden. In Schweden wendete man auch besonders der Verkohlung von Nadelhölzern schon früh die Aufmerksamkeit zu. Bereits um die Zeit von 1760 begann man zu diesem Zwecke rechteckige Öfen mit 6 bis 25 Kubikmeter Fassungsräumen zu bauen. Einen großen Versuch bildete der im Jahre 1780 in Ankarsrinnshütte gebaute Ofen mit einem Inhalte von 160 Raummeter, aber er bot nur geringe Vorteile gegenüber der billigen Meilerverkohlung. Im Jahre 1820 trat Schwarz auf mit neuen Bauweisen, bei denen es bereits auf die Gewinnung der Nebenprodukte und im engeren Sinne auf die des wertvollen Teers abgesehen war. Nach Finnland gingen diese Bauweisen mit einigen Abänderungen über und bürgerten sich als Ottelinsche Öfen ein. Die später folgenden Ljunbergschen Öfen bildeten wiederum eine Abänderung der letzteren.

Wie in Amerika, Frankreich und Deutschland, so entstanden auch in Schweden um die gleiche Zeit, in den siebziger Jahren, zahlreiche Holzverkohlungsanlagen, bei denen neben der Holzkohlenerzeugung die Wiedergewinnung der Nebenprodukte den Hauptzweck bildete. Zylindrische oder konische eiserne Retorten wurden in wagrechter, aufrechter oder geneigter Anordnung mit Fassungsräumen bis zu 15 Kubikmeter verwandt. Viele dieser Anlagen gingen wieder ein. Erst in der zweiten Hälfte der neunziger Jahre kam man mit dem Bau der großen Karboöfen mit Fassungsräumen von 350 bis 450 Raummeter auf die Nadelholzverkohlung im großen Umfange zurück. Der erste dieser Öfen wurde in Grötingen in Sämtland errichtet, nachdem man vorher an demselben Orte durch Experimentieren mit kleinen Retorten, von denen je zwei gekuppelt waren, Erfahrungen gesammelt hatte. Und damit kamen zugleich andere Verfahren und Bauweisen auf, auf die wir Gelegenheit finden werden, zurückzukommen.

Wie schon erwähnt, wurde die Anwendung des Dampfes zur Destillation bereits im Jahre 1865 durch ein amerikanisches Patent geschützt. Das erste deutsche Patent, in dem die Anwendung überhitzten Dampfes erwähnt wird, stammt aus dem Jahre 1881 und zielte auf die eine besondere Sorgfalt erfordernde Herstellung der Holzkohle für Schießpulverfabrikation ab. Seit dieser Zeit ist das gleiche Verfahren nicht nur in Amerika, sondern auch in Schweden nochmals erfunden. Elfström ließ sich 1903 auf sein Verfahren, das auf der Anwendung des Dampfes als Mittel zur direkten Wärmezuführung beruht, ein schwedisches Patent erteilen.

Eine große Anzahl sich auf die trockene Destillation des Holzes beziehende Untersuchungen sind von Violette, Vincent, Stolze und anderen ausgeführt, die einige allgemeine Schlüsse, was die Art und Weise der Ausführung der Verkohlung betrifft, zulassen. Auf Grund dieser Untersuchungen läßt sich allgemein die Regel aufstellen, daß man, um in erster Linie Gas und Holzkohle zu erzeugen, wie etwa in der Kohlendestillationsindustrie, die Destillation schnell und zwar in kleinen Retorten durchzuführen hat, da diese eine schnelle Erhitzung des Holzes gestatten. Für die Erzeugung von Ölen und Essigsäure würde aber langsame Erhitzung in großen Retorten vorzuziehen sein. Inwieweit die Art des Befeuerns die Güte, Natur und Menge der einzelnen Holzdestillate beeinflußt, geht am besten aus den in der Tabelle I zusammengestellten Ergebnissen von Senff hervor, die auf 100 Kilogramm Holz bezogene Gewichtsteile darstellen. Die Versuche dazu wurden in einer kleinen gußeisernen Röhre in der Weise ausgeführt, daß die Holzbeschickung (4 bis 6 kg), um schnelle Erhitzung zu erzielen, in die glühende Retorte geschoben und während drei Stunden der Einwirkung der gleichen Wärme ausgesetzt wurde. Um die Zahlen für langsame Verkohlung zu erhalten, wurde die Retorte in völlig kaltem Zustande beschickt und dann langsam während 6 Stunden befeuert.

I. Der Einfluß langsamer und schneller Verkohlung auf die erhaltenen Destillate und Rückstände.

	Gesamt-Destillat	Teer	Holzessig: roh	Holzessig: Säuregehalt	Reine Essigsäure	Holzkohlen, trocken	Unverdichtbare Gase
Weißbuche　　langsam	52,40	4,75	47,68	13,50	6,43	25,37	22,23
(Carpin. betulus *L*) schnell	48,52	5,55	42,97	12,18	5,23	20,47	31,01
Birke　　langsam	51,05	5,46	45,59	12,36	5,63	29,64	19,71
(Betula alba *L*.) schnell	42,98	3,24	39,74	11,16	4,43	21,46	35,56
Rotbuche　　langsam	51,65	5,85	45,80	11,37	5,21	26,69	21,66
(Fagus silvatica *L*.) schnell	44,35	4,90	39,45	9,78	3,86	21,90	33,75
Eiche　　langsam	48,15	3,70	44,45	9,18	4,08	34,68	17,17
(Quercus robur *L*.) schnell	45,24	3,20	42,04	8,19	3,44	27,73	27,03
Lärche　　langsam	51,61	9,30	42,31	6,36	2,69	26,74	21,65
(Pinus larix *L*.) schnell	43,77	5,58	38,19	5,40	2,06	24,06	32,17
Tanne　　langsam	46,92	5,93	40,99	5,61	2,30	34,30	18,78
(Pinus abies *L*.) schnell	43,35	6,20	40,15	4,44	1,78	24,24	29,41

Diese Tabelle wird dem Holzverkohler insofern von Nutzen sein können, als er durch Vergleichung seiner eigenen Destillationsergebnisse mit den obigen Angaben leicht feststellen kann, wie er etwa bislang seine Retorte befeuert hat.

Stolze hat durch sorgfältige Verkohlung die in der Tabelle II zusammengestellten Zahlen erhalten, die bis auf die in Kubikmetern angegebenen Gase Gewichtsteile von 100 Kilogramm Holz darstellen.

II. Holzdestillationsausbeuten nach Versuchen von Stolze.

	Holzessig	Gehalt an wasserfreier Säure	Teer	Holzkohlen	Unverdichtbare Gase cbm
Birke	44,9	8,9	8,6	24,4	9,8
Rotbuche	44,0	8,6	9,5	24,6	10,8
Weißbuche	42,5	7,6	11,1	23,9	10,0
Eiche	43,0	7,7	9,1	26,1	10,0
Föhre	42,3	4,2	11,9	26,6	12,5

Die in diesen beiden Tabellen zusammengestellten Ergebnisse sind aus Versuchen in kleinem Maßstabe gewonnen. Aßmus erhielt aus Versuchen im industriellen Maßstabe die in der Tabelle III wiedergegebenen Zahlen, die ebenfalls Gewichtsteile aus 100 Kilogramm Holz darstellen.

III. Auf industrieller Grundlage erhaltene Holzdestillationsausbeuten.

	Holzessig	Essigsaurer Kalk	Gehalt an wasserfreier Säure	Teer	Holzkohle	Rohe Leichtöle	Rohe Schweröle
Birke	46,0	5,2	3,9	8,0	23,5	1,2	4,5
Birkenborke . . . {	22,0	0,6	0,4	30,0	18,5	21,6	3,0
	20,0	0,7	0,5	20,0	22,0	12,0	4,7
Eiche.	42,0	6,0	4,5	8,8	27,5	0,8	3,3
Föhre	42,0	3,2	2,4	10,5	22,0	1,3	5,7
Kiefer	44,5	3,0	2,3	9,5	22,6	0,6	3,5

Eine bemerkenswerte Tatsache bildet der geringe Gehalt des aus Föhren und Kiefernholz gewonnenen Holzessigs an wasserfreier Essigsäure und ebenfalls die große Gasmenge aus Föhrenholz. Daraus erklärt es sich wohl, warum vielfach in Betrieben, die Kiefernholz destillieren, gar kein Versuch gemacht wird, den Holzessig aufzuarbeiten.

Der Unterschied zwischen den verschiedenen Erträgen von Laub- und Nadelhölzern geht noch übersichtlicher aus der Gegenüberstellung in Tabelle IV hervor.

IV. Ausbeuten an Holzdestillaten und Rückständen aus einem Raummeter Holz nach Bureau of Chemistry, U. S. A.

	Holzkohlen	Rohholzgeist	Essigsaurer Kalk	Teer	Holzöle	Terpentin
	Scheffel	l	kg	l	l	
Laubhölzer . . . {	11—14 (98—125 kg)	8,3—12	18—25	8—21	—	—
Harzige Nadelhölzer {	7—11 (70—98 kg)	2—4	6,5—12,5	30—60	30—60	{ 12—26 [1] 2—11 [2]
Sägemehl (aus Laubhölzern) . . . . {	7—9,5 (70—87 kg)	2—4	6—9,5	—	—	—

[1] Aus sehr schwerem, harzreichem Kiefernholze.
[2] Aus Nadelholzsägemehl.

Violette fand bei seinen Holzverkohlungsversuchen, daß bei langsamer Erhitzung bis auf 150° C. noch keine Zersetzung des Holzes eintrat, nur das in dem Holze als Feuchtigkeit enthaltene Wasser wurde bei dieser Temperaturhöhe ausgetrieben. Erhitzt man aber weiter, so beginnt sofort die Zersetzung, und zwar lassen sich dabei drei verschiedene Destillationsstufen unterscheiden, je nach den darin gebildeten und überdestillierten Produkten. Zwischen 150° C. und 280° C. entstehen und gehen all die wertvollen wässerigen Säureprodukte über. In der dann folgenden Wärmezone, die bis zu 350° C. reicht, erfolgt die Bildung flüssiger und gasförmiger Kohlenwasserstoffe, die auf der letzten Stufe von 350° bis 430° C. fortgesetzt und beendet wird, wo hauptsächlich die schweren und größtenteils festen Kohlenwasserstoffe übergehen.

Auf Grund dieser Beobachtung hat man mehrfach versucht, die gesamte Destillationsarbeit in eine fraktionierende Destillation zu verwandeln, bei der die nacheinander gebildeten Destillationsprodukte auch nacheinander in der Reihenfolge ihrer Entstehung getrennt übergetrieben und aufgefangen werden. Da sich dazu aber die indirekte Beheizung mittels Feuergase nicht gut verwenden läßt, so griff man dafür zur direkten Wärmezufuhr und zog zu diesem Zwecke entweder Dampf oder sauerstoffarme Gase heran.

II. Grundsätze der Destillation.

Unter Destillation versteht man das Verfahren, welches in der Erwärmung von Stoffen in geschlossenen Behältern zum Zwecke ihrer Verwandlung in Dämpfe oder Gase und der nachfolgenden Wiederverdichtung oder -verflüssigung dieser Dämpfe besteht. Zuweilen hinterbleibt dabei ein Rückstand, auf den die angewendete Wärme keine Einwirkung mehr ausübt. Die bei der Destillation gebildeten Dämpfe können aus ganz anderen Stoffen bestehen, als die der Destillation unterworfenen. Und stellt die zu destillierende Masse eine Mischung von Stoffen dar, so haben zuweilen die Dämpfe jedes dieser verschiedenen Stoffe die Neigung, ganz für sich oder mit anderen Stoffen von ähnlichen physikalischen Eigenschaften zusammen überzudestillieren.

In allen Fällen nehmen die bei der Destillation gebildeten Dämpfe einen bedeutend größeren Raum ein, als der gleiche Stoff in seinem ursprünglichen festen oder flüssigen Zustande. Ein Beispiel hierfür bietet Wasser. Wird es in Dampf übergeführt, so nimmt es einen etwa siebzehnhundertmal größeren Raum als zuvor ein, wenn der Dampf nicht unter Druck steht. Im allgemeinen vergleicht man den Unterschied im Raum, den ein Stoff im festen oder flüssigen und im gasförmigen Zustande einnimmt, im Verhältnis von $1:1000$. Dieser Punkt muß beim Entwerfen von Destillierapparaten wohl berücksichtigt werden.

Die Scheidung eines Stoffes von einem anderen bildet den Zweck der Destillation; infolgedessen stellt sie auch ein Reinigungsverfahren dar. Bei Flüssigkeiten tritt im allgemeinen keine Zersetzung beim Destillieren ein, obschon das nicht für alle Fälle zutrifft. Zuweilen muß man, um eine Zersetzung zu verhüten, die Destillation unter vermindertem Luftdrucke, im sogenannten Vakuum durchführen. Aber sobald Überhitzung des Stoffes stattfindet, folgt auch eine Zersetzung. Die letztere läßt sich beim Destillieren fester Stoffe nur mit großen Schwierigkeiten vermeiden, bloß wenn sie leicht schmelzen oder sehr elementarer oder mineralischer Natur sind, können sie einer solchen Destillation unterworfen werden. Bei Stoffen organischer Natur tritt stets eine mehr oder weniger starke Zersetzung ein.

Unterwirft man organische Stoffe durch Wärmezuführung unter Luftabschluß einer Destillation, so spricht man von trockener Destillation. Diese Bezeichnung schließt also immer die Zersetzung mit ein. Die bei der Destillation entwickelten und hernach wieder verflüssigten Stoffe nennt man Destillate oder Destillationsprodukte. Leicht flüchtig nennt man einen Stoff, der sich schon bei geringer Wärmezufuhr aus dem festen oder flüssigen in den gasförmigen Zustand überführen läßt. Manche Stoffe können nicht verflüchtigt werden und zu diesen gehört das Holz. In den meisten Fällen aber hat die Zufuhr von Wärme die Umwandlung eines Stoffes in Dampf zur Folge. Bei manchen tritt dieses bei niedrigeren Temperaturen als bei anderen ein. Man könnte deshalb annehmen, daß beim Destillieren einer aus zwei oder mehr Stoffen mit sehr verschiedenen Siedepunkten zusammengesetzten Mischung der Stoff zuerst verdampfen oder überdestillieren müßte, der den niedrigsten Siedepunkt besitzt. Liegen die Siedepunkte jedoch ziemlich dicht beisammen, so kann es vorkommen, daß sich aus einem der Stoffe gleich ein schwerer Dampf bildet, der die Destillation verzögert. Eine allgemeine Regel ist deshalb von Wanklyn aufgestellt, nach der sich die Menge eines jeden überdestillierenden Bestandteiles durch Multiplikation seiner Spannung beim Siedepunkte der Mischung mit seiner Dampfdichte ergibt.

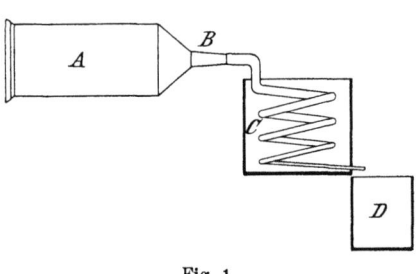

Fig. 1.

Der Apparat zur Ausführung der Destillation besteht in erster Linie aus fünf Hauptteilen: der Retorte oder der Destillierblase; dem Blasenhelm oder -Aufsatz, der zuweilen, bei Apparaten zur fraktionierenden oder zerlegenden Destillation, von ziemlich verwickelter Bauweise ist; dem Verflüssigungskühler, aus einem die Kühlflüssigkeit (wenn nicht die Luft als Kühlmittel angewendet wird) enthaltenden Behälter mit der Schlange, dem Kühlrohre oder einer anderen Vorrichtung zur Durchleitung der zu verdichtenden Dämpfe bestehend; der Vorlage, die irgend ein zum Auffangen der verflüssigten Destillate geeignetes Gefäß bilden kann; den Rohrverbindungen zum Aneinanderschalten der einzelnen Teile.

Die zum Destillieren von Wasser angewendeten Gefäße erhalten gewöhnlich die Gestalt einer Blase, aber auch zylindrische Formen findet man für diesen Zweck. Sie können durch Feuer oder Feuergase oder auch vermittels Dampfes geheizt werden. Die gleichen Destillierblasen lassen sich natürlich auch für andere Stoffe verwenden. Im IV. Kapitel wird eine solche Blase zum Destillieren von Terpentin eingehender betrachtet werden.

Zur trockenen Destillation ist die in Fig. 1 gezeigte Form geeigneter. Solch eine Retorte hat gewöhnlich keinen Helm oder Aufsatz.

Bei der frühesten Art der Verkohlung von Holz wurde kein Apparat zum Auffangen der Dämpfe gebraucht, man ließ sie vielmehr in die Luft entweichen. Der nach dem Abtreiben sämtlicher flüchtigen Stoffe ver-

bleibende Rückstand war das einzige wertvolle Material, das gewonnen wurde. Zur Ausführung dieses Verfahrens dienten zuerst Gruben, in denen das Holz aufgeschichtet und dann mit einer Erddecke überworfen wurde. Vorgesehene Zugkanäle sorgten für die Zuführung einer solchen Luftmenge, wie zur langsamen Verkohlung nötig war. Die Chinesen sehen für diesen Zweck einen Schornstein vor, der bis zur Sohle der Grube hinabgeführt wird. Später kamen dann die Meiler auf, die aus einem sorgfältig aufgeschichteten Holzhaufen bestehen, dessen äußere Oberfläche mit einer Decke aus Erde und Lösche (Kohlendreck) beworfen wird. Man sieht dabei einige wenige Öffnungen vor, die eine begrenzte Luftmenge einlassen. Angezündet wird der Meiler in der Mitte, das dabei verbrannte Holz erzeugt die Wärme zum Abtreiben der flüchtigen Stoffe aus den übrigen Teilen des Meilers. Die Holzkohle bleibt schließlich zurück, die infolge der ungenügenden Luftzufuhr nicht mit verbrennen konnte.

Diese Art der Nutzbarmachung von sonst nicht zu verwertendem Holz mag in einigen besonderen Gegenden noch die beste sein; es ist aus diesem Grunde in Fig. 2 ein solcher Meiler wiedergegeben, der den Namen welscher oder italienischer Meiler führt, weil seine Bauweise hauptsächlich in Italien üblich ist. Er besitzt einen mittleren, aus drei oder vier in die Erde gerammten Pfählen gebildeten Schacht, dem

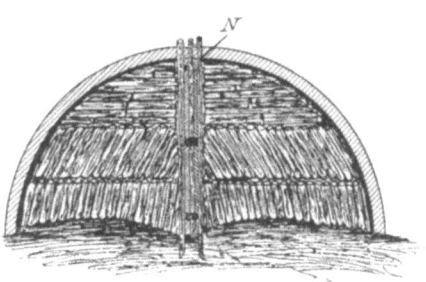

Fig. 2.

sogenannten Quandelschacht. Die Pfähle werden voneinander durch Keile N (Fig. 2) getrennt gehalten. Die Holzscheite werden aufrecht, mit etwas Neigung nach der Mitte zu um den Schacht gruppiert, und zwar in zwei Schichten übereinander. Der darüber befindliche Raum wird dann so mit wagerecht liegenden Holzstücken ausgefüllt, daß die kuppelartige Form des Meilers entsteht. Das ganze wird zuletzt mit Erde bedeckt und angezündet.

Der slawische Meiler ist ähnlich dem italienischen gebaut, doch besitzt er in der Mitte gewöhnlich nur einen Pfahl. Über dem Boden wird vom äußeren Umfange nach dem Innern zu ein niedriger Kanal vorgesehen, der das Anzünden des Meilers in der Mitte erleichtert.

Der in Norwegen bekannte Schwartensche Meiler eignet sich besonders zur Verkohlung von Planken. Zur Bildung der mittleren Achse werden mehrere Planken zusammengebunden und in den Boden getrieben. Um die Achse herum werden erst eine Anzahl Blöcke aufgeschichtet, die dem Meiler schon die richtige Gestalt geben. Die zu verkohlenden Planken werden nun mit ihrer hohen Kante ringsherum gegen den Blockhaufen gestellt; kämen sie flach zu liegen, so würde die aufsteigende Wärme nur schwer hindurchdringen können. Wie beim slawischen Meiler, wird auch hier über dem Boden eine kleine Zündgasse vorgesehen und das Ganze dann mit einer Erddecke bekleidet.

Das Kohlenbrennen erfordert bedeutende Erfahrung, will man dabei die möglichst größte Ausbeute an Holzkohlen und diese zugleich frei von ungenügend verkohlten Stücken gewinnen. Zuerst ist das im Holz enthaltene Wasser mit möglichst wenig Wärme abzutreiben, und ziemlich viel Luft muß zu Anfang eingelassen werden, um das Feuer in den Gang zu bringen und seine schnelle Ausbreitung herbeizuführen. Das Entweichen des Wasserdampfes und der ersten Holzdämpfe geht unter beträchtlichem Pfeifen und Zischen vor sich, in der Erddecke entstehen Risse und zuweilen bilden sich auch explosive Gasgemische, die ganze Stücke der Decke fortschleudern oder auch ein Einfallen des Meilers zur Folge haben können. Alle bloßgelegten Stellen müssen sofort wieder bedeckt werden. Den Fortgang und das Ende der Verkohlungsarbeit erkennt man an dem

Fig. 3.

Aussehen des durch die Risse entweichenden Rauches. Sobald die wässerigen Dämpfe und der schwere Rauch der nächsten Stufe im Aussehen eine hellere Farbe annehmen, so ist das ein Zeichen, daß nur noch wenig zersetzbare Stoffe vorhanden sind. Um nun auch diese abzutreiben, ohne dadurch die schon fertige Holzkohle in Mitleidenschaft zu ziehen, muß die Luftzufuhr vermindert und die Wärme veranlaßt werden, sich von oben nach unten und vom Kerne nach dem Umfange fortzupflanzen. Zeigt der Rauch schließlich eine blasse mit Blau gemischte Farbe, so sind die teerigen Stoffe verbraucht; der blaue Rauch kommt bereits von verbrennender Holzkohle. Diesem vorzubeugen, werden nun sämtliche Luftlöcher so dicht als nur möglich verstopft, worauf der Meiler sich allmählich abkühlt. Ist die Abkühlung genügend weit vorgeschritten, so entfernt man die Erddecke und löscht alle etwa noch glühenden Kohlen mit Wasser. Ein Meiler erfordert, bis er vollständig verkohlt ist, Tag und Nacht beständige Wartung. Die zur Verkohlung nötige Zeit schwankt je nach der Größe des Meilers; manche brauchen bis zu zwei Wochen.

Da die Scheite bei diesen Meilern stehend geschichtet werden, heißen sie auch stehende Meiler, zum Unterschied von den liegenden Meilern, bei denen die Holzscheite der Länge nach aufgehäuft werden. Ein Meiler dieser Bauweise ist in Fig. 3 wiedergegeben. Er besitzt eine rechteckige Kastenform und wird ringsherum durch eine Einfassung unterstützt. Die einzelnen in die Erde gerammten Pfosten werden mit Planken, Schindeln, Brettern oder auch durch Klötze untereinander verbunden. Das hintere Ende des Meilers läßt man etwas ansteigen, und das Holz wird so eingeschichtet, daß zwischen der Schichtung und Einfassung ein Luftraum bleibt, der mit Erde bis obenhin ausgefüllt wird. Zur oberen Abdeckung des Meilers wird auch hier wiederum eine Erdlage verwendet. Zum Anzünden sieht man am vorderen Ende die in der Abbildung mit C kenntlich gemachte Tür vor. Ist der Meiler einmal angezündet, so erfordert er nur so viel Bedienung, wie zum Zustopfen der in der Decke entstehenden Risse und zur gleichmäßigen Durchfeuerung sich als nötig erweist. Ist ein Teil des Holzes verkohlt, so wird er am vorderen, niedrigen Ende herausgezogen. Dieser Meiler wird vielfach im Süden Deutschlands in Rußland und Schweden angewendet.

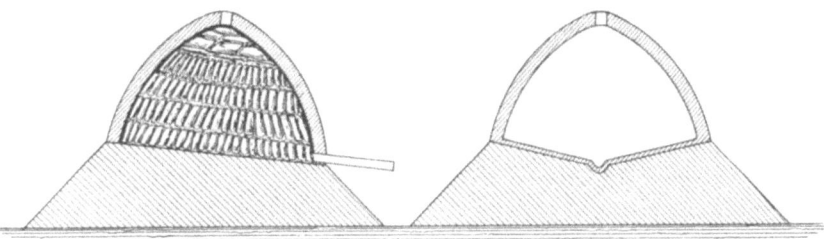

Fig. 4.   Fig. 5.

In Amerika ist die Meilerköhlerei, so wie sie bis jetzt ausgeführt wird, keine sehr lohnende Beschäftigung. Im Süden wird sie meistens von Negern betrieben, die damit gerade so ihr Leben fristen. Ein Meiler, wie zum Beispiel der italienische, ist so einfach zu bauen und kann unmittelbar in der Nähe, wo das Rohmaterial zu haben ist, errichtet werden, daß er schon deshalb immer noch Anwendung findet. Er erfordert kein Anlagekapital und das Einhüllmaterial ist immer zur Hand. Seine Nachteile sind natürlich offenkundig; ein großer Teil der gebildeten Kohle verbrennt mit, in die übrigen dringt immer Schmutz ein und viele unvollständig verkohlte Stücke finden sich stets mit dazwischen. Wenn zudem noch die Kohle mit Wasser gelöscht werden muß, so wird sie brüchig und verliert an Güte.

Zur Gewinnung von Teer benutzt man an vielen Orten, in Rußland besonders und in den nordamerikanischen Carolinastaaten, den in den beiden Fig. 4 und 5 dargestellten Teermeiler. Für diese Verkohlung verwendet man hauptsächlich harziges Holz, das in kleine Stücke gespalten und in Lagen übereinander aufgeschichtet wird. Sowie die Masse genügend erhitzt ist, beginnt der Teer herauszutröpfeln und wird durch Rinnen in eine Grube oder direkt in Fässer geleitet.

Diese Art der Holzverwertung stellt im Süden der Vereinigten Staaten und auch anderswo im gewissen Sinne noch eine Industrie dar; der dabei gewonnene Teer findet immer einen guten Absatz. Diese Teergewinnung stellt sich im Süden der Vereinigten Staaten insofern billiger, als sie eigentlich sein sollte, weil sie hauptsächlich von den in den Terpentingärten beschäftigten Arbeitern während der Jahreszeit betrieben wird, wo die Gartenarbeit brach liegt.

Wie aus den beiden Figuren deutlich genug hervorgeht, wird der Meiler auf einem niedrigen Erdhügel aufgebaut, dessen Fläche mit Ton bestrichen oder mit Dachziegeln bekleidet und so angelegt ist, daß eine

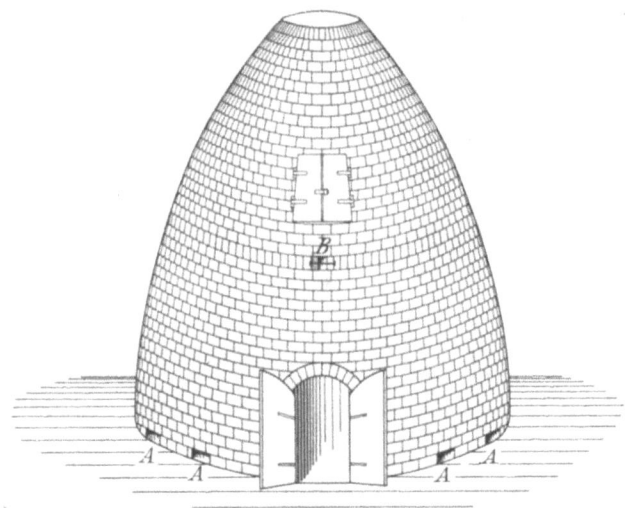

Fig. 6.

nach einer Seite Gefälle erhaltende Rinne entsteht. Der Meiler wird am Boden angezündet und das Feuer pflanzt sich nach der Mitte zu fort. Die Destillationsdämpfe entweichen an der Domspitze des Meilers. Der größte Teil der Holzkohle wird mit verbrannt, da es hauptsächlich auf die Gewinnung des Teeres abgesehen ist. Der Letztere sammelt sich am Boden des Meilers und wird in gewissen Zwischenräumen, gewöhnlich morgens, ausgelassen. Im allgemeinen dauert es erst einige Tage, ehe der Teerfluß beginnt, der dann ziemliche Wärme mitbringt. Um ihn vor dem Entzünden zu schützen, leitet man ihn mindestens 1 Meter weit von jeder Flamme fort. Der Teer wurde früher gewöhnlich in etwa 150 Kilogramm haltende Fässer verpackt, die gleich an Ort und Stelle für diesen Zweck hergestellt wurden. Jetzt aber ist es Brauch, den Teer in alten Ölfässern, die etwa 190 Liter fassen, zu verkaufen. Preisangaben werden deshalb meist auf dieser Grundlage gemacht.

Wenn sich auch die freistehenden Meiler dieser Art leicht aufbauen lassen, die unterstützten werden doch oft vorgezogen, mit der Abänderung, daß man an Stelle der Plankeneinfassung, wie in Fig. 3, Ziegelsteine benutzt und daraus auch die obere Abdeckung herstellt. Die ersten dieser Ziegelmeiler waren halbkugelig gebaut, etwa wie ein schwedischer Ofen, nur daß hier und da Ziegel zur Bildung von Luftlöchern ausgelassen waren. Das Holz wurde von oben und durch eine Tür über dem Boden eingeworfen, durch dieselbe Tür angezündet und später, wenn der Inhalt durchgekohlt und abgekühlt war, als Kohle wieder entleert.

Eine andere, jetzt für den gleichen Zweck verwendete Ofenform ist unter dem Namen Bienenkorbofen und in Deutschland wohl auch als ostpreußischer Ofen bekannt. Aus Fig. 6 ist die Bauweise ersichtlich. Diese Öfen sind ganz aus Ziegeln und gewöhnlich mit einem Durchmesser von 7,5 Meter und einer dem Durchmesser gleichen Höhe hergestellt. Sie fassen ungefähr 145 bis 150 Raummeter Holz. Die Ziegelsteine werden zwei Schichten stark in einem Kreise herum gelegt, und zwar macht man die innere Schicht bis zur halben Höhe des Ofens aus feuerfesten Steinen; zu dem übrigen genügt eine Schicht aus gewöhnlichen roten Ziegeln. Zur Verstärkung der Mauern werden in gewissen Zwischenräumen Eisenbänder B mit Spannbolzen angebracht.

Fig. 7.

Manche behaupten, Meileröfen seien nicht so gut als die gewöhnlichen, mit Erde abgedeckten Meiler. Aber Versuche und Erfahrung zeigen eine Ausbeute an Holzkohlen von 400 Kilogramm gegen ungefähr 310 Kilogramm aus Meilern. Und manche Eisenwerke ziehen die Ofenkohle der Meilerkohle vor. Der Unterschied in den Erträgen an Holzkohle genügt, die besonderen Ausgaben für die Ziegelsteine zu decken.

Bei dem abgebildeten Ofen sind die beiden Türen aus Eisen hergestellt und in Angeln gehängt; die obere dient zum Einwerfen des Holzes und die untere, außer zum Einbringen der unteren Holzlagen, zum Entleeren der Holzkohle. Über dem Boden sind die notwendigen Öffnungen zur Lufteinfuhr gelassen, die mit Ziegelsteinen zugestellt werden können, wenn es nötig wird.

Eine andere noch zu erwähnende Ofenform zeigt Fig. 7. Die Vorderwand dieses Ofens wird quadratisch hergestellt und oben mit einem Bogen abgedeckt. Er ist gewöhnlich etwa außen 5 Meter breit nnd ebenso hoch und erhält eine Länge bis zu 12 Meter. Ungefähr 290 bis 300 Raummeter Holz lassen sich darin unterbringen. Die Wände werden bei dieser Größe etwa ein und einhalb Stein stark gemacht und von einem Rahmen aus 25 × 25 Zentimeter Bauholz unterstützt. Die Anlagekosten eines solchen Ofens lassen sich an jedem Orte leicht ermitteln, und die Arbeitsweise ist die gleiche wie bei dem Bienenkorbofen; die Türen dienen zum Füllen und Entleeren und die Öffnungen über dem Boden zum Einlassen der Verbrennungsluft.

Bei allen diesen Öfen wurde bis vor kurzem kein Versuch zur Wiedergewinnung der Dämpfe gemacht. In Michigan hatte man eine Zeitlang Übersteigrohre zum Kühlen angebracht, allein eingebürgert hat sich diese Praxis nicht. Und doch ist die Rückgewinnung der Dämpfe gar nicht so schwierig, es ist nur nötig, sie mittels eines geeigneten Rohres durch einen Kühler zu leiten, damit sie sich verflüssigen können.

Die Betrachtung der verschiedenen, auf die Gewinnung der verflüchtigten Stoffe ausgehenden Destillationsverfahren wird im nächsten Kapitel begonnen werden.

sich mit Hilfe der Tür D regeln läßt. Die Holzbeschickung wird über dem Rost F aufgebaut und die zur Destillation erforderliche Wärme durch Verbrennen eines Teiles des Holzes erzeugt. Die Verbrennungsgase gehen zusammen mit den Destillationsdämpfen durch das Übersteigrohr G nach dem Kühler. Die Größe des Rostes kann den jeweiligen Verhältnissen angepaßt werden. Wie aus der Figur hervorgeht, erfordert der Bau eines solchen Ofens eine große Anzahl Ziegelsteine, aber man braucht die Wände auch nicht ganz so stark zu machen, ebenso kann der Türgang fortfallen und die Tür direkt in der Ofenwand angebracht werden.

In Amerika kommen bei dem Verfahren von Pierce ähnliche Öfen zur Anwendung. Die erzeugten unverdichtbaren Gase werden vom Kühler zurück unter den Ofen geführt und dort mit so viel Luft, wie zu ihrer Verbrennung erforderlich ist, entzündet. Die heißen Gase werden dann durch die Holzbeschickung des Ofens hindurch geleitet. Dieses Verfahren wird später beschrieben werden, ebenso ein ähnliches, das in England angewendet wird.

Hahnemann machte den Versuch, die Beschickung des Ofens statt von unten, von oben zu heizen, indem er in die Mitte des Ofens einen Schacht einbaute, der am Boden Öffnungen hatte, durch den die Verbrennungsgase, nachdem sie die Holzmasse von oben bis unten durchströmt hatten, wieder nach oben entweichen konnten. Über dem Boden des Ofens war ein Rohr zum Ableiten der Destillate vorgesehen; es ist wohl ohne weiteres ersichtlich, daß die leichten Destillationsdämpfe mit den Heizgasen zusammen in die Luft entweichen würden.

Auch eine Verbesserung des Bienenkorbofens hat man für diesen Zweck versucht. Innerhalb des Ofens wurde ein zweiter Ofen zur Aufnahme der zu destillierenden Holzbeschickung vorgesehen, der von dem Zwischenraume aus beheizt wurde. Die Verbrennungsprodukte entwichen dabei oben. Dieser Gedanke war an und für sich wohl ganz gut, aber die Gestalt der Heizkammer ist gerade nicht die geeignetste, um die Heizgase genügend gut ausnutzen zu können.

Der von Reichenbach konstruierte Ofen mit Heizröhren wird in der einen oder anderen Form auch heute noch vielfach verwendet. Die Retorte bestand bei dem Reichenbachschen Ofen aus einer rechteckigen, aus Ziegelsteinen aufgebauten Kammer, die so luftdicht als nur möglich gemacht und mit geeigneten Türen zum Beschicken und Entleeren versehen war. Die Heizgase leitete man in geschlossenen Röhren durch die Retortenkammer hindurch. Die Heizröhren wurden dabei allmählich glühend rot und verkohlten den Retorteninhalt. Die Destillationsdämpfe und der Teer wurden über dem Boden abgeleitet.

Als Mittel zum Verkohlen von Holz für den Zweck der Gewinnung der flüchtigen Destillate hat der Ofen im allgemeinen viele Nachteile. Sobald die Notwendigkeit des möglichst vollkommenen Luftausschlusses sich herausstellte, kamen auch Retorten auf, die zugleich die Wärme besser durch-

III. Die zur trockenen Destillation von Holz erforderlichen Apparate und Vorrichtungen.

Es ist bereits schon angeführt worden, daß die zur Ausführung der trockenen Destillation notwendigen Apparate aus der Retorte, dem Übersteig- oder Verbindungsrohre, dem Verflüssigungskühler und der Vorlage bestehen. Die älteste Retortenform ist wohl der aus Ziegelsteinen aufgemauerte Ofen. Solch ein Ofen unterscheidet sich von einer eisernen Retorte insofern, als bei ihm die Luft nie ganz ausgeschlossen werden kann, sondern immer bis zu einem gewissen Grade Zugang hat. Eine Eisenretorte dagegen ist gewöhnlich ein so luftdicht als nur möglich abgeschlossener Behälter.

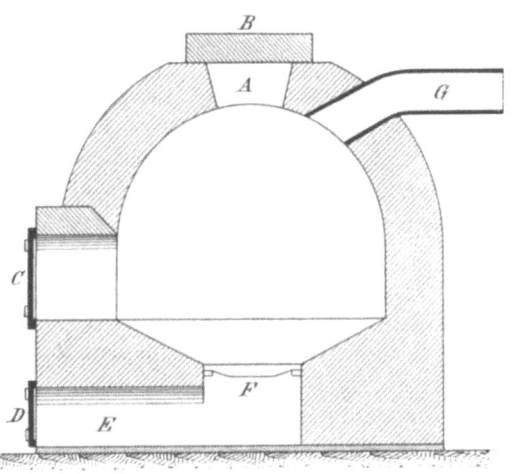

Fig. 8.

Als die Bedeutung der Rückgewinnung der verflüchtigten Stoffe genügend klar erkannt war, wurde in Schweden eine Verbesserung der im vorhergehenden Kapitel beschriebenen Meileröfen versucht, um sie diesem Zwecke entsprechend verwenden zu können. Das Übersteigrohr bildete nun einen bestimmten Auslaß für die Gase und Dämpfe, und daraus ergab sich dann auch bald die Einrichtung zum Regeln der Luftzufuhr. So entstand der sogenannte schwedische Ofen, der die in Fig. 8 wiedergegebene Konstruktion erhielt. Er besteht aus einem kurzen zylindrischen Teile mit der darauf sitzenden Halbkugel. Oben ist die Beschickungsöffnung A mit dem Deckel B und seitlich der kurze Gang mit der Tür C vorgesehen, die ebenfalls zum Einbringen des Holzes und später zum Entleeren der Holzkohle dient. In den trichterförmigen Boden mündet durch den Rost F der Luftzuführungskanal E, dessen Luftdurchgangsöffnung ließen. Zuerst verfiel man auf Gußeisen, dann auf Ton, und jetzt macht man die Retorten meist aus Schmiedeeisen, hauptsächlich aus Kesselblech; hier und da wird man auch noch Gußeisen, wie z. B. in Trzynietz, Österreich-Schlesien, und an manchen Stellen selbst Ton vorfinden. Eine Tonretorte brennt nicht so leicht durch, es ist jedoch schwierig, sie luftdicht zu halten, da sie gar zu leicht Risse bekommt, durch die dann die Destillate entweichen, sobald die Retorte etwas unter Druck steht. Gußeisenretorten müssen ziemlich dicke Wandungen erhalten, um genügend widerstandsfähig zu werden; schmiedeeisernen Retorten gegenüber haben sie den Vorteil, daß sie nicht so leicht durchbrennen. Aber auch Gußeisenretorten bekommen leicht Risse, und wenn diese groß genug sind, so ist das Vorkommen gefährlicher Explosionen gar nicht ausgeschlossen. Ausbessern lassen sich gußeiserne Retorten nicht besonders gut.

Eine aus Kesselblech angefertigte Retorte bietet manche Vorteile; sie kann mit bedeutend dünnerer Wandung hergestellt werden, die die Wärme leicht durchläßt. Zuweilen kommt es wohl vor, daß sie infolge ungleicher Ausdehnung oder innerer Spannungen reißen, doch höchst selten. Dagegen brennen sie sehr leicht durch. Sie können jedoch stets durch Aufschrauben oder besser Aufnieten eines Flickens leicht wieder ausgebessert werden.

Tonretorten erhalten im allgemeinen die bei Gasretorten übliche halbeliptische Form, sie werden auch in ähnlicher Weise wie die Gasretorten gebraucht. Gußeisenretorten werden im allgemeinen sehr einfach gestaltet, wie die eine oder andere liegende oder stehende Blechretorte. Bei schmiedeeisernen oder Kesselblechretorten herrschen verschiedene Formen vor, meistens stellen sie aber rechteckige Kasten oder Zylinder wie die Dampfkessel dar. Unregelmäßige Formen kommen jedoch auch in Anwendung.

Mit Öfen bezeichnet man gewöhnlich nur solche Verkohlungseinrichtungen, bei denen der eigentliche Verkohlungsraum aus Steinen aufgebaut ist, aber diese Unterscheidung ist eine mehr oder weniger willkürliche und wird nicht immer beibehalten. Solche Öfen werden auch vielfach zur Verkohlung von Nadelholz verwendet und zu diesem Zwecke einzeln oder auch paarweise angeordnet, wie die Öfen der chemischen Fabrik Pluder (vergleiche Fig. 86 und 87), oder auch, wie bei dem Philipsonschen Verfahren (vergleiche Fig. 90 und 91), für einen ununterbrochenen Betrieb zu Ringen von dreien oder vieren aneinander geschaltet. Sie sind meist mit Türen zum Beschicken, andere aber auch nur mit Einwurföffnungen versehen. In fast allen Größen, mit Fassungsräumen für 2,5 Raummeter bis zu 20 und mehr Raummeter kommen sie vor, und bei für ununterbrochenen Betrieb gebauten Kanalöfen, wie die Gröndalschen, geht man bis zu Fassungsräumen für 130 und mehr Raummeter. In Amerika baut man sie gewöhnlich in einer Größe von 8,5 Meter Länge, 1,8 Meter Breite und 2,2 Meter Höhe. Der Boden der

Verkohlungskammer wird mit Schienen versehen, auf denen die Holzbeschickung auf Stahlwagen eingefahren werden kann. Diese Wagen halten bis zu 9 Raummeter Holz; ein Ofen der obigen Größe würde also zwei solcher Wagen aufnehmen können. Zuweilen werden diese Öfen aber auch bis zu 15 Meter lang gebaut und können dann vier Wagen als eine Beschickung aufnehmen. Diese Öfen werden vielfach dort angewendet, wo billiges Naturgas als Brennstoff zur Verfügung steht.

In den meisten Fällen verwendet man jedoch jetzt eiserne Retorten zum Holzdestillieren, die in allen Gestalten vorkommen und in allen Größen. Die Verschiedenheiten zielen vielfach mehr auf die Erlangung eines Patentschutzes ab, als daß sie praktischen Bedürfnissen entsprächen.

Welche Größe der Destillationsretorte sich für den Terpentinabtrieb aus Holz am besten eignet, ist noch immer der Gegenstand von Meinungsverschiedenheiten. Manche halten kleinräumige Retorten für wirksamer und andere ziehen aus demselben Grunde großräumige vor. In Wirklichkeit hängt viel von dem Verfahren, nachdem man arbeiten will und von dem Destillationsprodukte ab, auf das man es besonders abgesehen hat. Eine Tatsache steht fest: eine große Retorte kann in der Mitte nicht so leicht und wirksam beheizt werden als eine kleine, wenn man indirekte, äußere Beheizung anwendet. Holz ist ein schlechter Wärmeleiter, und wenn die Retorte, wie sie es sein sollte, um den gebotenen Raum vorteilhaft auszunutzen, gut gefüllt ist, so ist das an den äußeren Retortenwandungen liegende Holz stets bereits verbrannt, ehe das in der Mitte befindliche genügend durchgekohlt ist. Aus diesem Grunde baute Reichenbach in seinen Ofen Heizröhren ein, die die Wärme gleichmäßiger verteilen halfen, und diese Heizröhren trifft man noch immer wieder bei der verschiedensten Ofen- und Retortenkonstruktion an. Man hat auch versucht, diesem bei großen Retorten besonders hinderlich hervortretenden Nachteile durch Nutzbarmachung des Wärmeausstrahlungsvermögens erhitzter Ziegelsteinwände zu begegnen. Als Vorbild hat man sich dafür der Arbeitsweise eines Backofens erinnert, bei dem die von dem oberen Bogengewölbe ausgestrahlte Wärme sich in einem gemeinsamen Mittelpunkte sammelt und hier nun eine größere Heizwirkung als im übrigen Teile des Ofens ausübt, unter deren Einfluß das Innere eines Brotes durchgebacken wird, ohne daß währenddem die äußere Kruste verbrennt.

Bei gewöhnlicher Feuerung werden nur gewisse Teile des Retortenmantels zu derselben Temperatur erwärmt, mit strahlender Wärme aber läßt sich eine gleichmäßigere Wärmeverteilung erzielen. Wenn auch für großräumige Retorten die direkte Wärmezufuhr nicht besonders vorteilhaft zu sein scheint, bei dem Dampfdestillierverfahren für die Gewinnung des Terpentins, wo allein Dampf zur Anwendung kommt, trifft dieses nicht zu. Bei diesem Verfahren kann man leicht den Dampf mit jedem Holzteile in unmittelbare und gleichmäßige Berührung bringen, man braucht das Dampfrohr eben nur in die Mitte der Retorte zu verlegen. Was die zu wählende Retortengröße betrifft, so kommt hierfür deshalb auch nur eine Beschränkung in Betracht, die von der Bedingung abhängt, daß die Retorte sich sehr schnell füllen und entleeren lassen muß. Handelt es sich jedoch um ein ununterbrochen fortlaufendes Arbeitsverfahren, so fällt auch diese Einschränkung fort.

Früher gab man den Retorten eine solche Größe, daß ihr Inhalt, unter Einhaltung der Bedingungen für die Erzielung einer aus den meisten Produkten bestehenden Ausbeute, in ungefähr zwölf Stunden durch und durch verkohlt war. Aus diesem Grunde finden wir Retorten von 1,75 bis 2 Meter Länge und mit einem Durchmesser von 0,75 bis 1 Meter, wenn sie liegend angewandt wurden; stehende Retorten machte man ungefähr 2,3 Meter hoch und gab ihnen einen Durchmesser von 1,2 bis 1,5 Meter. Ganz allmählich ist man aber zu immer größeren Retorten übergegangen, und jetzt werden sie zumeist von einer Größe verwendet, daß ihr Inhalt in 24 Stunden einmal verkohlt und entleert werden kann.

Die in der Laubholzdestillationsindustrie und jetzt auch mit gewissem Erfolge für Nadelholz verwendeten und am meisten üblichen Retorten haben, bei einem Durchmesser von 1,25 Meter, eine Länge von 2,75 Meter und fassen etwa 2,5 Raummeter Holz. Machte man sie dagegen 3,5 Meter lang, so würden sie 3 Raummeter aufnehmen können, was jedenfalls vorzuziehen wäre. Der Übersteigrohrstutzen wird ungefähr 375 Millimeter im Durchmesser vorgesehen, und die Türen dieser Retorten werden gut schließend eingerichtet. Zuweilen werden sie paarweise eingemauert, manchmal aber auch einzeln. In manchen Fällen sind sie den Flammen des Feuerraumes unmittelbar ausgesetzt, eine Bauweise, die nicht empfohlen werden kann. Die Wandungen brennen längst nicht so schnell durch und werfen sich auch nicht so leicht, wenn sie vor den direkten Flammen geschützt sind. Wagen zur Aufnahme der Holzbeschickung findet man bei Retorten dieser Größe sehr selten, da sie zu viel Raum fortnehmen würden. Die Stärke der Wandungen dieser Retorten ist verschieden, gewöhnlich aber 9,5 bis 12,5 Millimeter. In Rübeland im Harz arbeitet man mit 12 Millimeter starken Retorten, aber auch für größere verwendet man kaum stärkere Bleche. In der Laubholzverkohlungsanlage der Algona Steel Company, Sault-Sainte-Marie, Ontario, Kanada, von der weiter hinten einige Angaben zu finden sind, haben die Retorten bei einer Länge von 14 Meter, einer Breite von 1,9 Meter und einer Höhe von 2,55 Meter eine Stärke von nur 9,5 Millimeter.

Auch andere Größen finden sich in Nadelholzdestillationsanlagen mit Durchmessern von 1 bis 3 Meter und Längen von 1,5 bis 10 Meter.

Beim Entwerfen einer Retorte sind gewisse Dinge wohl in Betracht zu ziehen, wenn äußere Beheizung zur Anwendung kommt. Eine vollkommene Retorte gibt es nicht, noch kann es eine solche geben, denn bei ihr müßte die Bedingung erfüllt werden, daß jedes Holzteilchen zu gleicher Zeit und für die gleiche Zeitdauer zu demselben Wärmegrade erhitzt würde.

Ließe sich solch eine Retorte auch konstruieren, so würde sie jedoch höchst wahrscheinlich nicht zu füllen sein. Da nun die Hauptschwierigkeit darin besteht, die Mitte der Retorte zu erwärmen, so liegt der Gedanke nahe, daß eine lange Retorte mit kleinem Durchmesser wohl die geeignetste sein müsste. Allein das ist nicht der Fall; wohl ließe sich die Mitte dabei leicht von der äußeren Wärme durchdringen, aber es würde nur schwer zu vermeiden sein, daß bei einer größeren Länge die entwickelten Destillationsdämpfe mit den heißen Retortenwandungen in Berührung kommen und sich daran infolge eintretender Überhitzung zersetzen. Zum Teil könnte man dem ja durch Anbringung mehrerer Ausgangsöffnungen vorbeugen, aber dadurch würden wiederum die Herstellungskosten erhöht.

Um nun der Retorte den gewünschten, für zweckmäßig erkannten Fassungsraum geben zu können, ohne dabei gezwungen zu sein, entweder ihre Länge oder umgekehrt ihren Durchmesser zu groß zu machen, muß

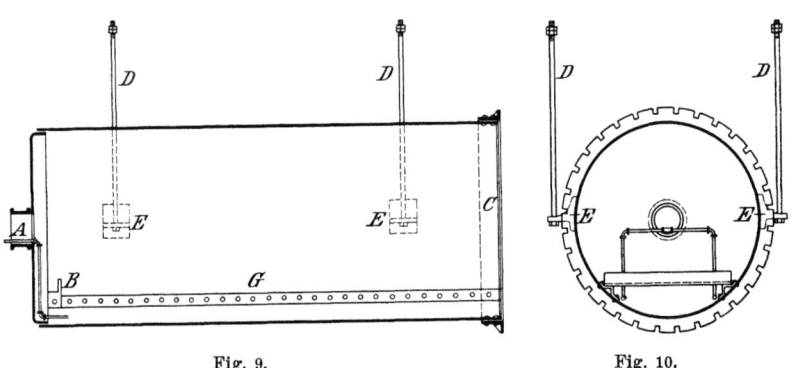

Fig. 9.   Fig. 10.

man schon zu einem Vergleiche sich verstehen: man muß eine gewisse, vielleicht eintretende Zersetzung und die Notwendigkeit eines größeren Wärmeaufwandes zur Erreichung der Mitte der Beschickung mit in den Kauf nehmen. Die Länge wird deshalb so gewählt, daß nur geringe Zersetzung eintreten, und der Durchmesser so, daß die Beschickung in einer gegebenen Zeit destilliert werden kann.

Die Konstruktion einer liegenden Retorte mit einem größeren Fassungsraume, der die Verwendung von Wagen zur Beschickung des Holzes wünschenswert macht, zeigt im Seitenschnitt Fig. 9 und in Vorderansicht Fig. 10. Zur Ausführung der trockenen Destillation sollten diese Retorten nur aus dem besten Flußeisen oder Stahl mit hoher Zugspannung hergestellt werden. Der Mantel soll aus so wenig Teilen als möglich zusammengesetzt sein, wobei natürlich die Retortengröße so einzurichten ist, daß man die im Handel üblichen Blechgrößen verwenden kann. Die Nietung der verschiedenen Teile kann gar nicht sorgfältig genug ausgeführt werden, jedes schadhafte Niet kann unangenehme Betriebsstörungen hervorrufen, besonders wenn es an einer schwer zugänglichen Stelle sitzt.

Neuerdings hat man auch begonnen, die einzelnen Bleche zusammenzuschweißen. Das kommt wohl hauptsächlich nur für kleinere Retorten in Betracht, sollte aber stets, wenn sich die höheren Kosten mit dem Nutzen vereinbaren lassen, vorgezogen werden. Läßt es sich nur irgend möglich einrichten, so sollten die einzelnen Übersteig- und sonstigen Rohrstutzen so angebracht werden, daß die Retorte gedreht werden kann, wenn sie anfängt, durchzubrennen. Die Übersteigrohre sollten weit genug sein, damit die Destillationsdämpfe schnell entweichen können. Zur Einführung oder anderweitigen Anbringung eines Pyrometers müssen Vorrichtungen getroffen werden. Am Türende läßt man die Retorte auf einen angenieteten Gußeisenring ausgehen, gegen den ein entsprechender, mit der Tür vernieteter Ring gut paßt. Zum Anpressen der Tür verwendet man entweder Klappschrauben oder auch Keile. Sind die Türen nicht sehr groß, so genügt es wohl, wenn sie in Angeln gehängt werden, bei großen Retorten müssen sie jedoch unten mit einem auf dem Boden gleitenden Rade versehen werden, welches das Gewicht der Tür beim Öffnen der Retorte aufnimmt. Zuweilen werden die Türen auch, wie die von Trockenöfen, an Gegengewichten aufgehängt, oder sie werden von besonderen Hebemaschinen, Kranen oder Winden, hochgezogen (vergleiche Fig. 64).

Bei der Einmauerung der Retorte sollte man das Gewicht möglichst vom Mauerwerke fernhalten. Entweder erreicht man das durch Aufhängen der Retorte mittels Hängestangen an I-Eisen oder ⊐-Eisen, oder man benutzt Winkellaschen, wie an Dampfkesseln, und stellt da Gasrohre oder Gußeisenpfosten unter. Was man nun auch benutzt, so sollte man doch stets die Teile der Unterstützungsvorrichtungen, die etwa der Einwirkung des Feuers ausgesetzt sind, aus Gußeisen machen, das nicht so leicht wegbrennt. Und zu berücksichtigen ist natürlich, daß die Retorte „arbeitet", für ihre Ausdehnung bei der Erwärmung muß immer Raum vorgesehen werden.

Bei kleinen Retorten ordnet man vielfach nur einen Feuerungsraum für zwei Retorten an; gleich hinter der Feuerbrücke zweigen sich dabei die Züge nach den beiden links und rechts sitzenden Retorten ab. Bei langen Retorten müssen meist zwei Feuerungen vorgesehen werden, die entweder an den beiden Längsenden sich befinden oder sich auch in der Mitte der Längsseite gegenüber sitzen.

Eine Retorteneinmauerung sollte sorgfältig aufgemauert und gut mit feuerfesten Steinen ausgekleidet werden. Unter dem unvermeidlichen stets abwechselnden Heizen und Abkühlen leidet die Einmauerung beträchtlich, nur die beste Arbeit des Maurers würde hierfür gut genug sein. Die Fugen sollen ziemlich eng gemacht und die feuerfesten Steine nur mit dem besten Schamottemörtel gesetzt werden; am besten eignet sich als Mörtel das Material, aus dem die Schamotteziegel selbst hergestellt sind.

26   Die zur trockenen Destillation von Holz erforderlichen Apparate usw.

Rahmen, wie sie bei Dampfkesseln an der Stirnwand angewendet werden, würden den Stirnwänden der Retorten- und Feuerungseinmauerung einen guten Halt und zugleich ein gutes Aussehen geben. Bei einer liegenden Retorte treten gerade über ihr gar zu leicht Risse im Mauerwerke auf, der Rahmen sollte deshalb um die ganze Retorte herumfassen. Die Wände sollten durchgehende Verbindungsstangen erhalten, einfache Anker versehen nicht denselben Dienst. Ein wagerecht über dem Hinterende der Retorte angebrachter und mit dem Stirnwandrahmen durch einen langen Bolzen verbundener Bock würde der Rückwand sehr zugute kommen. Einmauerungen, bei denen diese Vorsichtsmaßregeln sorgfältig beachtet sind, werden wenig Störungen und Unannehmlichkeiten mit sich bringen.

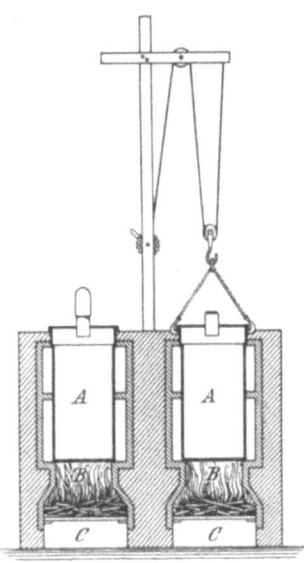

Fig. 11.

Vielleicht empfiehlt es sich, in gewissen kühleren Teilen der Einmauerung Rollen anzuordnen. Ist die Retorte an der unteren Seite bereits angebrannt, so wird sie etwas herabgelassen und auf diesen Rollen herumgedreht und damit eine noch widerstandsfähige Stelle des Mantels der heißesten Feuerzone ausgesetzt. Eine solche Anordnung werden wir im V. Kapitel zu betrachten Gelegenheit haben.

Eine senkrecht stehende Retorte und ihre Einmauerung ist in Fig. 11 wiedergegeben. Dieselben Regeln, wie für liegende Retorten, gelten für sie. In dem Maße, wie die abdestillierten Dämpfe nach oben steigen, sind sie auch in Gefahr, sich an den unter der Einwirkung der ebenfalls steigenden Feuerwärme beträchtlich heiß werdenden Wandungen im oberen Retortenteile zu zersetzen. Hält man den Retortenboden dagegen kühl, so dient er zugleich als ein guter Abzug für die Dämpfe, aber ein großer Teil des nutzbaren Retortenraumes geht dabei verloren, da dort, wo das Holz nicht völlig durchkohlt werden kann, sich auch keines befinden sollte. Diese aufrecht stehenden Retorten werden hauptsächlich in Frankreich häufig verwendet; sie gewähren den Vorteil, daß man die fertige Retorte mit Hilfe geeigneter Hebevorrichtungen, wie Winden und Krane, herausheben und gleichzeitig eine vorher gefüllte wieder in den heißen Feuerraum einsetzen kann. Während dieser Zeit kann die ausgehobene Retorte zum Abkühlen des Inhaltes hingesetzt werden.

Abänderungen dieser Retorte unter Beibehaltung des ihnen zugrunde liegenden Gedankens findet man im Süden und Westen der Vereinigten

Staaten. In einer Anlage in Georgetown, South-Carolina, arbeitet man mit aus dünnen Ziegeln aufgebauten Retorten, in die eiserne Körbe zur Aufnahme der Beschickung gesenkt werden. An der Küste des Stillen Ozeans dagegen benutzt man auch gitterartige eiserne Körbe, macht aber die Retorten statt aus Tonziegeln aus Eisen. Mit den einsetzbaren Körben wird in der gleichen Weise wie mit herausnehmbaren Retorten gearbeitet, nur daß man dabei wiederum besondere Kühler nötig hat, in die die Körbe sofort nach der Herausnahme oder schon während derselben eingeschlossen werden. Eine solche Einrichtung verringert bedeutend die Abnutzung der Retorte und des Mauerwerks. Eine der besten Retorten dieser Art werden wir in einem späteren Kapitel näher kennen lernen. Bei einigen feststehenden aufrechten Retorten versieht man den Boden mit starkem Gefälle nach einer Seite und läßt die Holzkohle dort durch eine Öffnung herausgleiten; oder man macht auch den Boden wie eine Tür aufklappbar, worauf die Kohle unmittelbar in einen darunter gestellten verschließbaren Wagen gestürzt werden kann.

Hiermit erschöpft sich, was allgemein über Retorten und ihren Bau zu sagen wäre. Es gibt eine ganze Anzahl Retorten von besonderer Bauweise, die wir im V. Kapitel besprechen werden. Viele davon beziehen sich auf die Behandlung kleinstückiger Abfälle, wie Sägespäne, Sägemehl und für diesen Zweck besonders zerraspeltes Holz. Nur drei davon machen Anspruch auf eine ununterbrochene Betriebsweise. Bei mehreren dieser Retorten handelt es sich um besondere Durchrühreinrichtungen, die das Durchdringen der Beschickung mittels direkter oder indirekter Wärme erleichtern und zugleich die Bildung von Hohlräumen vermeiden sollen.

Holzkohlenkühler. — Sie bestehen meistens aus einfachen Eisenblechkasten und werden in Verbindung mit solchen Retorten notwendig, wo die Holzkohlen in glühendem Zustande gezogen werden. Ihre äußere Gestalt muß deshalb in den meisten Fällen mit der Retortenform übereinstimmen. Wo Wagen in Anwendung kommen, baut man die Kühler den Retortentüren gegenüber in derselben Richtung auf, zieht die Wagen in heißem Zustande so schnell als möglich hinein und verschließt ihre Türen luftdicht. Eiserne Körbe zieht man in Kühlkasten, die der Retorte gleich gebaut werden. Bei kleineren liegenden Retorten kommen oft fahrbare Kühlkasten zur Verwendung, die vor die Retortentür geschoben und in die die Holzkohlen so schnell als möglich hinein gekratzt werden, worauf der Deckel zugeklappt und am äußeren Rande mit Lehm luftdicht gemacht wird.

Übersteigrohre, Gasabscheider und Gasleitungen. — Die Verbindungsleitungen zwischen Retorten und Kühlern werden zweckmäßig so kurz als nur möglich gemacht. Wird aber nicht jede Retorte unmittelbar mit einem besonderen Kühler verbunden, sondern wird, wie das in manchen Anlagen der Fall ist, für mehrere Retorten ein gemeinsamer großer Kühler vorgesehen, so hat man eine Hauptsammelleitung nötig, in die die einzelnen

Übersteigrohre münden und von der aus das gemeinschaftliche Rohr zum Kühler geht. Dabei müssen Vorkehrungen getroffen werden, die verhüten, daß die Destillationsdämpfe von einer Retorte in eine andere gelangen können. Hierzu können nun entweder Ventile, und zwar Schieberventile oder Flüssigkeitsabschlüsse dienen, wie sie bei der sogenannten hydraulischen Vorlage von Gasretorten zur Anwendung kommen. Ventile verschmieren sich sehr leicht, und wenn sie, wie es bei den meist sehr weiten Übersteigrohren erforderlich ist, sehr groß und deshalb aus Eisen hergestellt werden müssen, so werden sie bald von den Essigsäuredämpfen der Destillate weggefressen und deshalb undicht werden. Eine Flüssigkeitsvorlage ist aus diesem Grunde Ventilen bei weitem vorzuziehen. In Fig. 12 ist eine solche Vorlage der Länge nach und in Fig. 13 von der Seite gesehen wiedergegeben. Man läßt die Übersteigrohre A nur wenig mit den Enden B in die Flüssigkeit tauchen, gerade so weit, daß die Gase nicht wieder zurückströmen können. Die Flüssigkeit selbst hält man mit Hilfe des Überlaufs D auf gleicher Höhe.

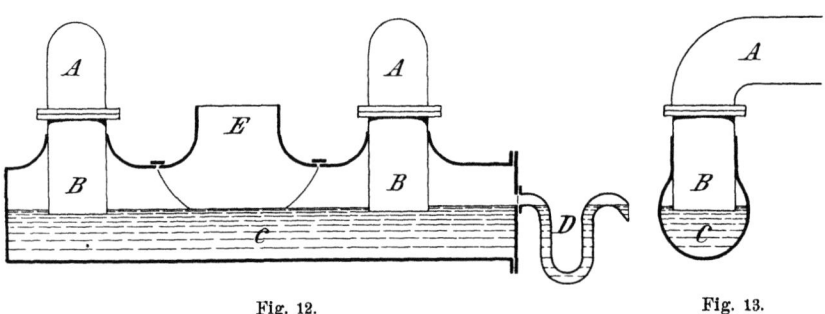

Fig. 12. Fig. 13.

Wegen der zerstörenden Wirkung der Destillationsdämpfe empfiehlt es sich, die Übersteigrohre und die Vorlage aus Kupfer herzustellen; dieses Metall wird noch am wenigsten angegriffen. Schmiedeeisen sollte überhaupt nicht dafür verwendet werden; Gußeisen ist dem gegenüber schon widerstandsfähiger. Die Rohre sollten weit genug gemacht und so eingerichtet werden, daß sie ohne besondere Schwierigkeiten zu reinigen sind. An Stelle der Bogenkrümmer würden T-Stücke oder noch besser +-Stücke anzuordnen sein, deren unbenutzte Stutzen mit Vollflanschen verschlossen und als Zugänge beim Reinigen benutzt werden. Es ist stets besser, die Rohre in irgend einer Weise mit Kühlwasser in Berührung zu bringen, da dadurch die Bildung des Teerabsatzes, der mit der Zeit tief einbrennt, vermieden wird. Bei der Verarbeitung von harz- und teerreichem Holze ist eine solche Kühleinrichtung von ziemlicher Wichtigkeit. Die Größe der Rohre kann leicht auf Grund der in einem gewissen Zeitraume aus dem Holz entwickelten Gase und Dämpfe (siehe unter Ausbeuten) berechnet werden. Die Dämpfe nehmen dabei wenigstens einen tausendmal so großen Raum als die flüssigen Produkte ein; um sicher zu gehen, rechne man lieber mit einer siebzehnhundertmal größeren Raumausbreitung, wobei dann über den sich in den Rohren verflüssigenden Produkten genügend Platz für die schnelle Abführung der unverdichtbaren Gase bleibt. In der Retorte, wie in den Übersteigröhren, soll der etwa herrschende Druck 0,1 Kilogramm auf den Quadratzentimeter nicht übersteigen. Die Rohrwandungen brauchen deshalb nur eine solche Stärke zu haben, daß sie steif genug sind, um den gewöhnlichen äußeren Beanspruchungen standhalten zu können. Bei den Dampfdestillationsverfahren zur Gewinnung des Terpentins muß natürlich auf die im gegebenen Falle angewendete Dampfspannung Rücksicht genommen werden.

Außer der Verbindungsleitung zwischen Retorte und Kühler wird eine Gasableitung nötig werden, die das unverdichtbare Gas vom Kühlerauslaufe entweder nach einem Gasbehälter oder direkt zur Retortenfeuerung führt. Zur Abscheidung der Gase von den verflüssigten Produkten benutzt man verschiedene Vorrichtungen, deren einfachste in Fig. 14 wiedergegeben ist. Sie besteht aus einem schwanenhalsartig gekrümmten Rohre mit einem messingnen Abzweigstück vor der ersten Krümmung. Das Schwanenhalsrohr, vielfach Syphon genannt, bildet einen einfachen Flüssigkeitsabschluß, vor dem die Gase sich abscheiden und durch das Abzweigrohr entweichen können. Ist etwa das Gasventil sorgloserweise geschlossen gelassen, so würde sich ein Druck

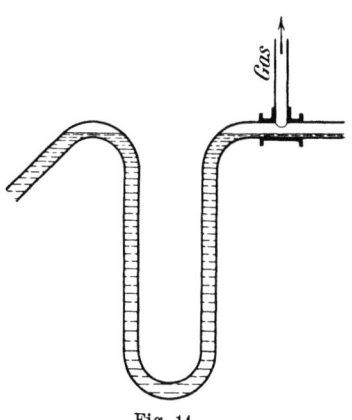

Fig. 14.

bilden, der die Flüssigkeit aus dem Schwanenhalsrohre herausblasen und so frühe genug auf die Nachlässigkeit aufmerksam machen wird. Das Gasrohr ist möglichst aus Kupfer herzustellen, da jedoch der größte Teil der Essigdämpfe bereits durch Verflüssigung entzogen ist, so wird auch oft anderes Material, das billiger als Kupfer ist, dazu verwendet. Ein Holzrohr würde sich für diesen Zweck sehr gut eignen. Es ist ratsam, dem Gasrohre eine solche Richtung zu geben, daß es nach dem Gasscheider ein Rückwärtsgefälle besitzt. Die etwa mit dem Gas mitgerissenen Flüssigkeitsteilchen würden dann von selbst wieder zurückrollen. Und schaltet man in die Gasleitung ein Gefäß mit Kalkmich ein, so ließen sich darin die mitgegangenen Säuredämpfe binden, was dem Rohre zugute käme. Dieses Gefäß müßte von Zeit zu Zeit gereinigt und mit frischem Kalk beschickt werden; der gebildete essigsaure Kalk wird in solchen Anlagen, wo man ihn regelmäßig herstellt, mit verwertet.

Andere Bauweisen von Gasabscheidern sind in den beiden folgenden Fig. 15 und 16 dargestellt. Der Apparat in Fig. 15 wird in verschiedenen

Anlagen im Süden der Vereinigten Staaten benutzt. *C* zeigt den Anschluß an den Kühler. Die in dem erweiterten Zylinder abgeschiedenen Gase werden oben abgeleitet und entweder durch *A* in die Luft oder durch *B* nach der Feuerung geführt. Die flüssigen Destillationsprodukte treten durch das punktierte Tauchrohr in den davor stehenden Behälter über und werden je nach ihrer mit den verschiedenen Destillationsstufen sich verändernden Natur (Terpentin, Teeröle, Teer) durch einen der Hähne in den vorgesehenen Trichter gelassen, von wo sie nach besonderen Sammelbehältern fließen.

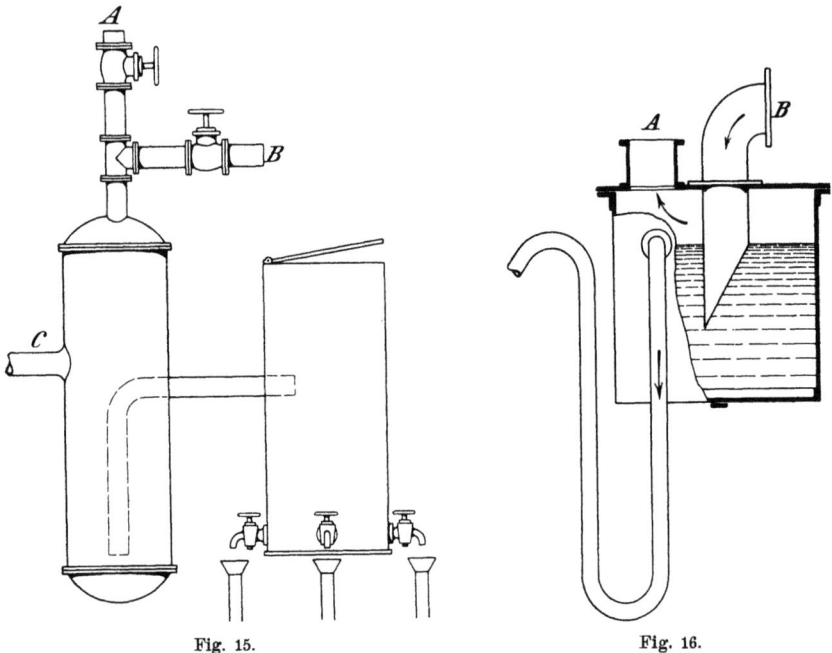

Fig. 15.   Fig. 16.

In Lake-Charles, Louisiana, findet der in Fig. 16 dargestellte Gasabscheider Verwendung. Das Ausflußrohr des Kühlers taucht dabei zur Bildung eines Flüssigkeitsabschlusses etwas unter die Oberfläche der flüssigen Destillate des Behälters; auf diese Weise wird einem Zurückschlagen der Gase in die Retorte vorgebeugt, sollten sie sich vielleicht aus irgend einem Grunde entzünden. Man läßt das Rohr höchstens 16 bis 17 Millimeter eintauchen, der dadurch in der Retorte erzeugte Druck ist nur sehr gering. Bei dieser Einrichtung erhält man aus dem Schwanenhalsrohre einen stetigen Ausfluß flüssiger Produkte.

Zuweilen schaltet man auch noch andere Vorrichtungen und Apparate in die Übersteigleitung ein — auf einige davon werden wir noch Gelegenheit finden hinzuweisen —, die beste Arbeitsweise scheint aber die zu sein, bei der man die Destillate so schnell als möglich ohne hinderliche

Zwischenapparate aus dem Holze herausholt. Werden die flüssigen Produkte nicht unmittelbar in dem als Vorlage dienenden Gefäße aufgefangen, so benutzt man meist Rinnen, zuweilen auch Rohre, um sie dahin zu leiten. Als allgemeine Regel gilt dabei, daß alle Röhren und Gefäße aus Kupfer oder Holz hergestellt werden müssen, sobald die Flüssigkeiten oder Dämpfe, mit denen sie in Berührung kommen, Säure enthalten. Holzbottiche und Holzrinnen werden in weitem Maße verwendet.

Verflüssigungskühler.

Einer der wichtigsten Apparate einer Holzdestillationsanlage ist der Verflüssigungskühler oder Kondensator. Er kommt im allgemeinen in drei verschiedenen Bauweisen zur Anwendung: als Schlangenkühler, Röhrenkühler und Kastenkühler. Außerdem gibt es aber noch eine Reihe von Abänderungen dieser drei Grundformen. Was von den übrigen Rohrleitungen gesagt wurde, gilt auch hier: die Teile des Kühlers, die mit den Dämpfen in Berührung kommen, sind aus Kupfer herzustellen, wenn die Destillate Säure enthalten.

Die Wirksamkeit eines Kühlers hängt einmal von der Menge und Temperatur des Kühlmittels, dann aber auch von der Dauer der Berührung der Kühlfläche mit jedem Teilchen der zu kühlenden oder zu verdichtenden Dämpfe und schließlich noch von der Geschwindigkeit ab, mit welcher die beiden Stoffe, die ihre Wärme austauschen sollen, aneinander vorbeigeführt werden. Rohre mit verhältnismäßig kleinem Durchmesser bieten im Verhältnis zu ihrem räumlichen Inhalte eine größere Kühlfläche; aus diesem Grunde verfiel man auf die Konstruktion der Röhrenkühler, bei denen zahlreiche Röhren von geringem Durchmesser zur Anwendung kommen. Bei größeren Kühlerausführungen dürfen diese Rohre jedoch nicht zu klein gewählt werden. Ein Schlangenkühler muß stets ziemlich groß werden, da bei ihm nur ein Rohr zur Aufnahme und Durchleitung der umfangreichen Destillationsdämpfe in Frage kommt. Im Verhältnis, wie die Dämpfe im Kühler sich verdichten, kann natürlich auch der Durchmesser des Kühlrohres verringert werden.

Bei Gasen und Dämpfen scheint es eine feststehende Regel zu sein, daß sie nicht schnell gekühlt oder erwärmt werden können, wenn sie nicht mit einem Metalle, im obigen Falle mit Rohrwänden, in Berührung kommen. Aus diesem Grunde kann auch der Kastenkühler nicht als ein wirksamer Kühlapparat angesehen werden, denn die Menge der zu gleicher Zeit sich in der Kühlkammer aufhaltenden Gase oder Dämpfe steht in keinem günstigen Verhältnis zur vorhandenen Kühlfläche. Der wirksamste Kühler ist aber stets auch der teuerste, deshalb finden andere Kühler immer noch vielfach Verwendung; die Anlagekosten stellen sich dabei geringer.

Die bei der Destillation von Holz entwickelten Dämpfe sind von einer solchen Beschaffenheit, daß ihre gründliche Verdichtung und Kühlung eine unbedingte Notwendigkeit ist; geschieht das nicht, so gehen nicht nur wertvolle Produkte verloren, sondern die Gasableitungsrohre werden zudem in kurzer Zeit zerstört werden. Ebenso ist es ratsam, sie schnell zu kühlen, um jeden sich etwa in der Retorte bildenden Druck sofort zu entlasten. Je größer der in der Retorte herrschende Druck ist, um so mehr Teer und andere Stoffe werden zersetzt und die Bildung unverdichtbarer Gase dadurch begünstigt. In Anlagen zur trockenen Destillation von Holz sollte eigentlich stets irgend eine Vorrichtung zum Absaugen der Destillate zur Anwendung kommen, damit die letzteren so schnell als möglich aus der Retorte, wo sie immer der Möglichkeit der Zersetzung ausgesetzt sind, entfernt werden. In vielen Anlagen versteht man sich jetzt auch zur Einführung solcher Absaugevorrichtungen, wozu ein Flügelexhaustor, wie sie in Kohlengaswerken im Gebrauch sind, sehr geeignet ist.

Ein Verflüssigungskühler für Holzdestillationsanlagen besteht außer aus dem Kühlrohre, Kühlkasten oder der Kühlschlange, noch aus dem Behälter zur Aufnahme des Kühlwassers, der aus Holz oder gutem Flußeisen gefertigt und mit einem Wassereinlaßstutzen über dem Boden und einem Überlaufe unter dem oberen Rande versehen sein muß. Das kalte Wasser läßt man unter Druck unten eintreten, es wird dann das bereits erwärmte vor sich her nach oben und zum Überlaufe hinausdrängen. Die Kühlrohre dagegen ordnet man innerhalb des Behälters so an, daß die Strömung der zu kühlenden und verflüssigenden Dämpfe und Gase von oben nach unten gerichtet ist. Die schon ziemlich gekühlten Stoffe kommen dann zuletzt, ehe sie austreten, immer noch mit dem kühlsten Wasser in Berührung; das angewärmte Wasser auf der Oberfläche übt auf die frisch einströmenden, noch ungekühlten Dämpfe doch noch eine bedeutende Kühlwirkung aus, entsprechend der hohen Temperatur, die die Dämpfe mitbringen.

Da die schnelle Kühlung der Destillate sehr wünschenswert ist, sollte man in solchen Anlagen, wo eine Sammelleitung für die aus den einzelnen Retorten kommenden Dämpfe im Gebrauch ist, Vorsorge treffen, schon diese Leitung mit Kühlwasser versehen zu können. Ihre Oberfläche würde in dieser Weise bereits eine nennenswerte Kühlwirkung ausüben, die um so mehr zu schätzen ist, da es sich oft ereignet, daß diese Leitung außerordentlich heiß wird und dann die schweren Teerablagerungen verkokt, die sich nur sehr schwierig wieder entfernen lassen und zuweilen auch die Leitung verstopfen. Bei mit Wasserkühlung versehener Rohrleitung kann das natürlich nicht vorkommen; die schweren Teerdämpfe würden sich verflüssigen und in diesem Zustande aus dem in Fig. 12 gezeigten Überlaufe austreten und unmittelbar in den Teerauffangbehälter gelangen.

Den ersten Teil der Kühlanlage sollte deshalb also bereits die als Flüssigkeitsvorlage zur Anwendung kommende Sammelleitung der gasförmigen Destillate bilden.

In manchen Anlagen, wo man den Terpentin nach dem Verfahren der trockenen Destillation gewinnt, gebraucht man oft zwei nacheinander zur Anwendung kommende Verflüssigungskühler, um zu vermeiden, daß der Terpentin den ihn beträchtlich entwertenden schlechten Geruch annimmt, der später nur mit Schwierigkeiten zu entfernen ist. Um in einem solchen Falle die Destillationsdämpfe nach dem einen oder anderen Kühler lenken zu können, läßt sich die Verwendung von Ventilen nicht gut umgehen. Übersteigrohr und Ventil müssen dann beide mit Wasserkühlung versehen werden, wenn nicht die bedenklichsten Störungen infolge allgemeiner Verschmierung der Ventile durch Teer und dergleichen mit in den Kauf genommen werden sollen.

Bei dieser Arbeitsweise läßt man zu Anfang der Destillation, wenn die Wasserdämpfe den ersten Terpentin mitbringen, die Destillationsdämpfe durch ein gewöhnlich mit kleinem Durchmesser gewähltes Rohr in den besonderen Verflüssigungskühler treten. Hernach wird das Ventil umgeschaltet und damit die weite Übersteigleitung geöffnet, die nach dem Teerkühler führt. Wenn es sich dabei nicht um ein Produkt von ganz bestimmter Güte handelt, kann diese Anordnung nicht besonders empfohlen werden, da sie nicht nur die Beschaffung eines zweiten Kühlapparates, sondern auch eines aus Messing herzustellenden, ziemlich großen und deshalb kostspieligen Ventils mit sich bringt. Die Herstellung dieses Ventils aus Gußeisen ist ausgeschlossen, da der Ventilsitz und das Gewinde bald von den Säuredämpfen zerstört sein würden. Die Scheidung der verschiedenen Destillationsprodukte sollte am Kühlerauslaufe vorgenommen werden, ähnlich wie das beim Destillieren anderer Stoffe, Petroleum und dergleichen, Gebrauch ist. Geringe in den Kühlerröhren zurückgelassene Teerspuren können entweder mittels Durchspülungen oder dadurch entfernt werden, daß man sie mit den ersten Terpentinläufen der nächsten Destillation auflöst und mischt und später durch ein besonderes Reinigungsverfahren wieder abscheidet.

Kastenkühler. — Ein einfacher rechteckiger Kasten aus Kupfer, mit den notwendigen Öffnungen für den Eintritt der zu verdichtenden Dämpfe und zum Auslaufe der verflüssigten Produkte versehen und in einen Wasserbottich oder eisernen Wasserbehälter gestellt, bildet bereits einen Kastenkühler. Diese einfache Bauweise ist alles, was sich zu seinem Gunsten sagen läßt. Bei dem Bilfingerschen Verfahren ist die innere Kammer des Kastenkühlers mit Holz ausgekleidet. Eine Umkehrung der Anordnung, indem man das Kühlwasser in die innere Kammer und die zu verdichtenden Dämpfe in den Außenraum treten läßt, wäre vielleicht besser, da dabei von der Kühlwirkung der äußeren Luft Gebrauch gemacht und die Kühlfläche etwas vergrößert würde. Die Bauweise mag dann nicht ganz so einfach sein, aber man erhielte mit weniger Material die gleiche Kühlwirkung, falls der Kühler aus Eisen hergestellt werden kann. Die Anwendung von Kupfer erhöhte die Kosten bei dieser Bauweise allerdings beträchtlich, da fünf oder sechs Wandungen hinzu kämen.

Schlangenkühler. — Nächst dem Kastenkühler besitzt der Schlangenkühler die einfachste Form. Seine Bauweise geht aus der Fig. 17 hervor. Wie bereits erwähnt, muß die Schlange, da es das einzige Rohr zur Aufnahme der Destillate bildet, ziemlich weit, entsprechend dem großen Umfange der Dämpfe gemacht werden. Wie in der Figur angedeutet, hat der Kühlkasten unten über dem Boden einen Wassereinlauf und einen Überlauf oben. Vielfach macht man die Schlangen, statt aus Kupfer, der Billigkeit halber aus Ton, aber auch in gewissen Fällen, zum Beispiel bei der Destillation von Essigsäure, aus Silber.

In den verschiedenen Industrien kommen mehrere Bauweisen dieses Kühlers zur Anwendung. Den in der Eisindustrie meist gebrauchten Kühler

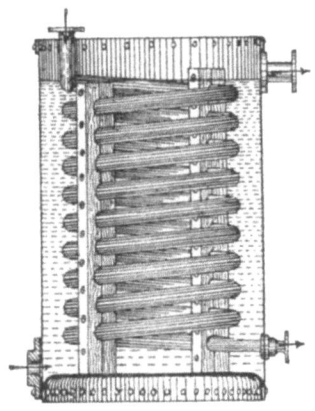

Fig. 17.

der aus einer Anzahl von senkrecht übereinander angeordneten, wagerecht verlaufenden und an den Enden mittels Krümmer aneinander geschalteten Röhren besteht, und bei dem das Kühlwasser, von oben aus einer wagerechten Verteilungsrinne auslaufend, an den Röhren herunter rieselt, hat man auch in anderen Zweigen der Technik mit Erfolg angewandt. Er eignet sich aber nicht besonders für Dämpfe. Ließe man sie, wie eine zu kühlende Flüssigkeit, auch von unten in den Kühler eintreten, so würden die verflüssigten Stoffe bald einen Rückdruck erzeugen, und kehrt man die Richtung um, so hätte das eine ungenügende Ausnutzung des Kühlwassers zur Folge, da beide dann, statt einander entgegen, in der gleichen Richtung strömten. Diesem Nachteil begegnete man dadurch, daß man die Rohranordnung beibehielt, das ganze aber in einen äußeren Kasten stellte, in den das Kühlwasser nun von unten eintrat und oben heiß ablief.

Solche Kühler sind in vielen Destillationsanlagen im Gebrauch. Sollen die Rohre gereinigt werden, so mußte man früher, um an sie heran zu kommen, entweder das Rohrsystem herausnehmen oder das Kühlwasser aus dem Kasten ablaufen lassen. Um das unnötig zu machen, läßt man bei neueren Konstruktionen dieses Kühlers die einzelnen Rohre an beiden Enden durch die Kastenwände hindurch ragen und verbindet sie untereinander außerhalb durch Krümmer. Das ist eine entschiedene Verbesserung. Fig. 18 zeigt einen nach diesem Grundsatze gebauten Kühler, wie er in einer Holzdestillationsanlage in New-Orleans im Gebrauch ist. Der äußeren Kastenform wegen nennt man diese Kühler fast überall Kastenkühler, sie haben aber mit den wirklichen Kastenkühlern nichts gemein. Die einzelnen Röhren müssen natürlich dort, wo sie durch die Kastenwände hindurchgehen, mit geeigneten Stoffbüchsen versehen werden, die außer der wasserdichten Abdichtung auch der Längenausdehnung und Zusammenziehung der Rohre Rechnung tragen.

Bei der trockenen Destillation setzen sich in den Röhren immer teerige Bestandteile ab, die nicht durch Waschen zu entfernen sind. Bei dieser Kühlerbauweise braucht man, wenn eine Reinigung erforderlich wird, nur die Krümmer abzunehmen, um völligen Zugang zu den einzelnen Rohren zu erhalten.

Statt der Holzkasten, die gar zu leicht undicht werden, verwendet man jetzt meistens Kasten aus Eisenblech mit einer Stärke von 4 Millimeter an aufwärts, je nach der Größe des Kastens. Und um ein Rohrsystem nicht zu hoch machen zu müssen, kann man abwechselnd ein Rohr seitlich heraustreten lassen und erhält so eine zweite Reihe senkrecht

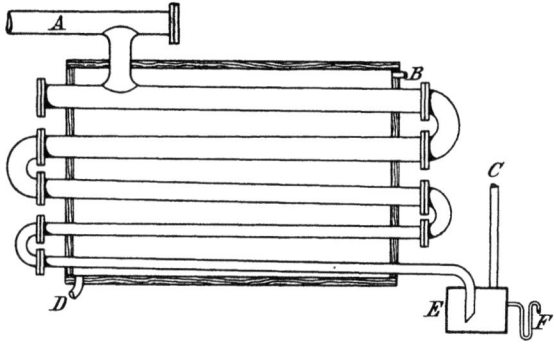

Fig. 18.

untereinander liegender Rohre. Der entstandene Zwischenraum wird durch Zusammenrücken der Rohre ausgefüllt, wobei jedoch darauf gesehen werden sollte, daß jedes Rohr immer noch genügendes Gefälle erhält, damit die zu Flüssigkeiten verdichteten Stoffe schnell genug ausfließen können. Will man zu große Rohrdurchmesser vermeiden und damit eine bessere Kühlwirkung erzielen, so kann man mehrere solcher Rohrsysteme in einem Kasten nebeneinander aufstellen. Das Übersteigrohr von der Retorte mündet dann erst in ein weites, quer über dem Kasten liegendes Verteilungsrohr, von wo die Destillationsdämpfe die einzelnen Rohrsysteme durchströmen. Vor dem Auslaufe muß dannwieder um eine quer liegende Sammelleitung vorgesehen werden.

In Gaswerken stellt man die Rohre auch senkrecht und läßt sie unten in einen gemeinsamen Kasten münden, wo sich die Gase von den Flüssigkeiten scheiden. Zum Kühlen benutzt man hierbei die atmosphärische Luft. Solche Luftkühler verwandte man früher auch zuweilen in Destillationsanlagen. Bei den Drommartschen versetzbaren Öfen legte man vom Kopfe des Ofens an eine Anzahl Röhren mit Gefälle auf ein Holzgerüst.

Gegenstromkühler mit Doppelröhren. — Der Gegenstromgrundsatz, das aneinander Vorbeiströmen der Wärme austauschenden Stoffe in entgegengesetzten Richtungen, findet seine vollkommenste Anwendung bei dem Doppelrohrgegenstromkühler, dessen Bauweise aus den Fig. 19 und 20 hervorgeht. Die Kühlerrohre sind, wie bei dem vorher beschriebenen Kühler, mit Gefälle in einer senkrechten Ebene angeordnet und ihre geraden Strecken unmittelbar mit einem Wasserrohre umgeben. Die Krümmer der inneren Rohre liegen bloß, so daß sie für Reinigungszwecke leicht abzunehmen sind. Die eine Längenausdehnung gestattende Befestigung der Krümmer und die Verbindung der Wasserrohre untereinander zeigt die Schnittdarstellung in Fig. 20. Das Kühlwasser tritt durch den unteren Stutzen C ein und läuft durch B heiß aus, die zu verdichtenden und zu kühlenden Gase und Dämpfe strömen in entgegengesetzter Richtung bei A ein und durch D, wo ein Gasabscheider anzuschließen wäre, aus. Die inneren Rohre müßten natürlich bei Säuren enthaltenden Dämpfen aus Kupfer hergestellt werden; die äußeren Kühlwasserröhren werden dagegen meist aus Eisen gemacht.

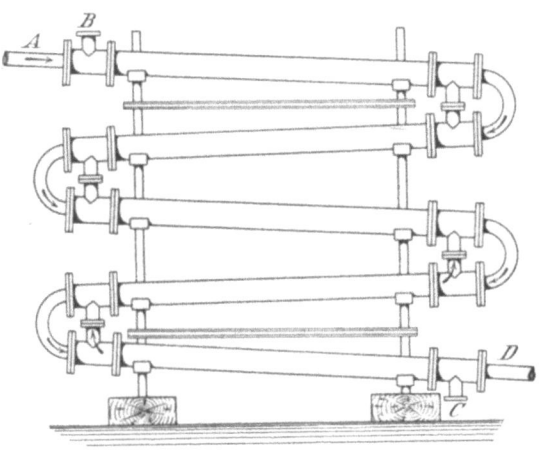

Fig. 19.

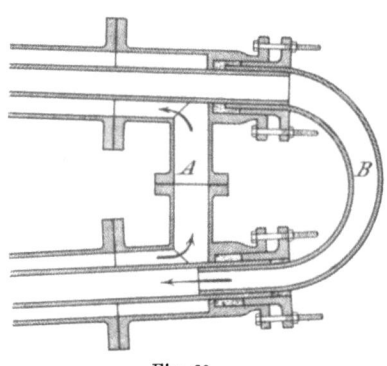

Fig. 20.

Röhrenkühler. — Die bislang angeführten Kühler hatten, mit Ausnahme des Kastenkühlers, zwar auch Röhren als Kühlelemente, allein bei dem Röhrenkühler treten die Röhren in besonderer Gestalt und Anordnung auf: mit geringem Durchmesser und in Bündeln von großer Anzahl. Den Grund dafür haben wir schon festgestellt. Neben den erreichten Vorteilen bringt der Röhrenkühler, verglichen mit den übrigen, jedoch auch gewisse Nachteile mit sich: seine Bauweise ist verwickelter, die Möglichkeit des Undichtwerdens deshalb größer, und bei der bisweilen üblichen Konstruktion wird ein großer Teil der Kühlfläche nicht genügend ausgenutzt. Diesem letzteren Nachteile könnte leicht abgeholfen werden, indem man den Kühler völlig unter Wasser stellt, so daß auch der Deckel der Kopfkammer gekühlt wird. Den letzteren läßt man jetzt meist aus dem Wasser herausragen, um ihn leicht abnehmen zu können.

Einen Röhrenkühler, wie er in Dampfdestillationsanlagen häufig zur Anwendung kommt, zeigt Fig. 21. In dieser Bauweise hat er sich seit längerer Zeit in der Laubholzdestillationsindustrie bewährt. Manchmal kommt er auch mit einigen Abänderungen vor, die fast ausnahmslos darauf hinausgehen, seine Reinigung zu erleichtern. Man tut gut, sich in dieser Hinsicht vorher mit den Ansichten der verschiedenen Apparatefabrikanten vertraut zu machen.

Der äußere Mantel sollte, wie schon bei den übrigen Kühlern erwähnt wurde, aus gutem Flußeisen hergestellt sein. Der innere Teil ist ganz aus Kupfer herzustellen und darf nicht unmittelbar auf dem Boden des Wasserbehälters, sondern muß auf niedrigen Unterstützungen stehen, damit das Kühlwasser auch von unten wirken kann. Die Kupferröhren müssen an beiden Enden gut in zwei Messing- oder Rotgußplatten eingewalzt werden, die zugleich die Böden der Kopf- und Fußkammer des Kühlers bilden. Die letztere wird mit einem sogenannten Handloche versehen, um sie bequem reinigen zu können.

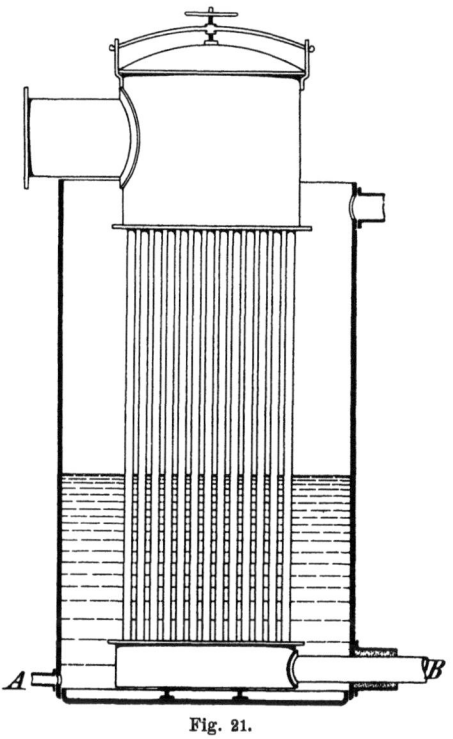

Fig. 21.

Die verflüssigten Destillate sammeln sich in der Fußkammer an und gehen von da durch B zum Gasscheider. Die Kopfkammer dient zur Verteilung der einströmenden zu verdichtenden Dämpfe und sollte deshalb möglichst groß sein, damit in der Retorte sich kein Druck bildet. Es würde immer gut sein, sie etwas größer als nötig zu machen, die einströmenden Dämpfe und Gase könnten sich dann sofort ausdehnen und dadurch die Retorte entlasten. Den Deckel der Kopfkammer macht man gewölbt und drückt ihn mittels Druckschraube und Spannbügel luftdicht an. Bei größeren Ausführungen würde es nötig werden, statt des Bügels rings am Umfange herum Klappschrauben zu verwenden. Zur Abdichtung des Kühlerauslaufrohres im Wasserkastenmantel verwendet man eine Stopfbüchse oder einen Vorkopf.

Diese Röhrenkühler werden für andere Zwecke auch vielfach liegend angewendet; für die Verdichtung der Holzdestillate ist aber die stehende Form meist vorzuziehen, da es besser ist, die Dämpfe oben eintreten und die verflüssigten Stoffe unten auslaufen zu lassen.

Die einzelnen Röhren macht man gewöhnlich 2,5 bis 4 Millimeter stark, bei einem Durchmesser von 38 bis 50 Millimeter und einer Länge von 2 bis 3 Meter. Bei der Einteilung der Röhrenplatten ist darauf zu sehen, daß die einzelnen Röhren weit genug voneinander entfernt angeordnet werden, einmal, um die Platten nicht zu sehr zu schwächen und dann aber auch, um zugleich das Einwalzen zu erleichtern.

Größe der Kühlfläche. — Für praktische Zwecke genügt es, zu sagen, daß 2 bis 3,5 Quadratmeter für jeden zu destillierenden Raummeter Holz ausreichend sind. Man hat dabei die durchschnittliche Temperatur des vorhandenen Kühlwassers in Betracht zu ziehen; es ist ratsam, dieser Betrachtung die Wassertemperatur in den heißen Sommermonaten zugrunde zu legen. Für die südlichen Länder soll man deshalb lieber die obere Zahl für die Bemessung der Kühlfläche wählen.

Bei einer eingehenden Betrachtung dieses Gegenstandes müßten folgende Punkte berücksichtigt werden: 1. die Menge der in einer gewissen Zeit zu verflüssigenden Gase oder Dämpfe; 2. ihre Strömungsgeschwindigkeit; 3. ihre Temperatur beim Eintritt in den Kühler; 4. die Temperatur des vorhandenen Kühlwassers; 5. das Material der Kühlflächen.

Die Menge beziehungsweise der Umfang der Destillationsdämpfe könnte ungefähr durch Vervielfältigung der Raummenge der in einer gewissen Zeit verflüssigten Produkte mit der Zahl 1700 ermittelt werden. Nehmen wir an, es wären 600 Liter flüssiger Destillate in 16 Stunden übergetrieben, so würden sie im gasförmigen Zustande einen Rauminhalt von ungefähr

$$1700 \cdot 0{,}6 = 1020 \text{ Kubikmeter}$$

einnehmen. Dazu kämen noch die unverdichtbaren Gase. 600 Liter flüssiger Destillate würden ungefähr 3 Raummeter Holz entsprechen. Und erhält man aus einem Raummeter ungefähr 100 Kubikmeter unverdichtbarer Gase, so ergeben 3 Raummeter Holz 300 Kubikmeter bei etwa $100°$ C. Bei der trockenen Destillation von Holz steigt die Temperatur in der Retorte bis gut über $400°$ C. Die Gase und Dämpfe werden bei einer solchen Temperatur etwa den doppelten Raum als bei $100°$ C. einnehmen, so daß wir insgesamt mit einer Gasmenge von

$$(1020 + 300) \cdot 2 = 2640 \text{ Kubikmeter}$$

in 16 Stunden zu rechnen hätten. In einer Stunde würden also durchschnittlich

$$\frac{2640}{16} = 165 \text{ Kubikmeter}$$

überdestillieren, wobei man noch zu berücksichtigen hat, daß die Entwicklung der flüchtigen Destillate sich nicht gleichmäßig über die 16 Stunden verteilt.

Für das Kühlen dieses Produktes läßt sich keine allgemeine Regel geben, die mehr als eine ganz oberflächliche Schätzung darstellte. Bei dem Dampfdestillationsverfahren gestaltet sich die Rechnung ziemlich einfach, da es sich dabei nur um die Verdichtung und Kühlung einer gewissen Menge Dampf, dessen Temperatur und Druck bekannt ist, in einem gewissen Zeitraume handelt. Die Berechnung fußt auf der Anzahl von Wärmeeinheiten, die unter gegebenen Verhältnissen durch eine Kupferoberfläche hindurch geleitet werden. Temperatur, spezifische Wärme, spezifisches Gewicht, Menge und so weiter der verschiedenen Dämpfe und Gase müßten als Faktoren für die Berechnung bekannt sein, ebenso die Wärme des Kühlwassers beim Ein- und Austritt.

Die Wärmeübertragung zwischen einem Gase und einer Flüssigkeit unterliegt ganz anderen Gesetzen, als die zwischen zwei Flüssigkeiten. Man hat deshalb bei Verflüssigungskühlern stets zwei Tätigkeiten zu unterscheiden: das Kühlen zur Verdichtung der Dämpfe und das weitere Kühlen der daraus sich ergebenden Flüssigkeiten. In jedem Falle ist dabei aber der Temperaturunterschied der beiden wärmeaustauschenden Stoffe ein wichtiger Faktor. Und in der Tat wird um so mehr Wärme in einem gewissen Zeitraume übertragen, je größer der Temperaturunterschied ist. Wo, wie bei der Kühlung von Holzdestillationsgasen, der Temperaturunterschied stets ein sehr großer ist, wirkt das Kühlwasser selbst beim Siedepunkte noch als Kühlmittel. Der Kühler sollte deshalb von einer solchen Länge sein, daß das Wasser mit mindestens 90° C. abläuft. Auch die Geschwindigkeit, mit der die beiden Stoffe an den Kühlflächen vorbei strömen, beeinflußt die Kühlwirkung. Ist die vorhandene Kühlfläche ziemlich klein, so könnte man die Leistung dadurch verbessern, daß man eine größere Wassermenge mit erhöhter Geschwindigkeit an der Kühlfläche vorbeiströmen läßt. Das würde jedoch nur dann von Vorteil sein, wenn das Kühlwasser ohne weiteres und billig zu haben ist. Es ist wirtschaftlicher, mit einem größeren Kühler zu arbeiten, als Wasser pumpen zu müssen.

Auch die Natur und Dicke des Materials der Kühlflächen beeinflußt die Wirksamkeit eines Kühlers. Kupfer steht als bester Wärmeleiter obenan. Bei vollständig sauberen Oberflächen der Metalle — eine Bedingung, die in der Praxis höchst selten eintritt — fand Peclet, daß die in einem gewissen Zeitraume hindurch geleitete Wärmemenge der Metalldicke umgekehrt proportional ist. Bei einem so guten Wärmeleiter, wie Kupfer, kann man die durch die Materialdicke bedingte Verminderung des Wärmeleitungsvermögens ruhig vernachlässigen, zumal der hohe Preis des Kupfers die Verwendung von besonders hohen Materialstärken für technische Zwecke ausschließt. Die Wandstärke ist dabei allein mit Rücksicht auf Widerstandsfähigkeit zu wählen. Kupferrohre mit Wandstärken von 1,5 Millimeter werden für die verschiedensten Zwecke verwende.

Vorlagen und Absetzgefäße.

Bei der trockenen Destillation und bei den übrigen auf die Gewinnung des Terpentins und Teers aus Holz ausgehenden Verfahren müssen die öligen Stoffe von den wässerigen in irgend einer Weise getrennt werden. Die Verflüssigungskühler entleeren die Destillationsprodukte gewöhnlich direkt in die aus irgend einem geeigneten Behälter bestehende Vorlage oder erst in Rinnen, die sie dann nach den dazu bestimmten Behältern leiten. Bei der Dampfdestillation bestehen die ersten übergetriebenen Destillate aus Wasser und Öl und bei der trockenen Destillation aus bereits etwas Säure enthaltendem Wasser und Öl. Läßt man dieses Gemisch eine Zeitlang stehen, so scheidet es sich in zwei Schichten, die obere, aus den öligen, und die untere, aus den wässerigen Produkten bestehend. Man kann nun entweder das Wasser nach unten ablassen oder durch eingetauchte Rohre abziehen, oder man läßt die obere Schicht durch ein Überlaufrohr abfließen. In der gleichen Weise kann man auch die teerigen Produkte von dem Säurewasser trennen, nur daß sich dabei oft das Wasser oben und der Teer unten absetzt.

Die Destillate gebrauchen gewöhnlich ziemlich lange Zeit, ehe eine vollständige Abscheidung eintritt, es ist deshalb erforderlich, mehrere Vorlagen vorzusehen; während die eine mit dem Kühlerauslaufe in Verbindung steht, läßt man die Flüssigkeiten sich in den anderen absetzen.

Im Süden der Vereinigten Staaten haben sich Holzbehälter zum Auffangen des Terpentins nicht als besonders dienlich erwiesen. Das rohe Öl weicht oft den zum Dichtmachen der Holzbehälter gebrauchten Leim auf und verursacht so ein Lecken. Ein Eisen- oder Tongefäß ist das einzig brauchbare für den Rohterpentin.

Für ein Teer- und Säuredestillat eignet sich wiederum Eisen nicht, und man ist daher gezwungen, auf Holz als Material für die Absetzgefäße zurückzugreifen. Solche Holzbehälter müssen stets mit nachziehbaren Spannvorrichtungen versehen sein. Runde Holzbottiche sollten aus Pechkiefernholz (im Handel meist unter dem englischen Namen Pitch-pine bekannt) und mit mindestens 4 bis 5 Eisenbändern und Spannschrauben gefertigt sein. Man macht sie unten um so viel größer, daß die einzelnen 60 bis 70 Millimeter breiten Dauben bei ungefähr 1,2 Meter Höhe um 50 Millimeter von der Senkrechten abweichen.

Zuweilen stellt man auch Absetzgefäße dadurch her, daß man im Boden Gruben auswirft und die Seiten mit Brettern bekleidet und gehörig leimt.

Es ist nur nötig, daß alle diese Gefäße passend angebrachte Rohre und Ventile erhalten, damit die abgeschiedenen Flüssigkeiten abgezogen und zum Reinigen in die Destillierblasen gepumpt oder gedrückt werden können. Als Auslaufhähne bewähren sich hölzerne Bierhähne mit genügend großer Bohrung sehr gut.

Es ist ratsam, für jedes Rohprodukt Aufspeicherungsbehälter von solcher Größe oder Anzahl vorzusehen, daß sie mindestens für eine Woche ausreichen. Besonders wichtig ist das bei den teerigen Produkten, da sie sich um so reiner absetzen, je länger sie ungestört stehen können. Hierfür sollten sieben Behälter vorgesehen werden, von denen jeder einen Fassungsraum für die Produkte eines Tages haben muß, oder richtiger ist es, wenn sieben Behälter vorhanden sind, von denen jeder das Doppelte der Teer-Destillierblase faßt. Jedes Absetzgefäß würde dann sieben Tage stehen können, ehe das Wasser und die Säure, die beide etwa die Hälfte des Raumes einnehmen, abgezogen und der Rückstand in die Teerblase gefüllt wird.

IV. Die Reinigung der Rohprodukte.

Die in den im vorigen Kapitel beschriebenen Behältern gesammelten Rohprodukte erfordern noch eine gewisse Behandlung, um sie in verkäufliche Produkte umzuwandeln.

Der rohe Terpentin besteht zum größten Teil aus Terpentinöl, Harzöl, Harz und den mehr oder weniger harzigen und extraktiven Stoffen, wie sie im Holze enthalten sind. Bei dem Terpentine, wie er in Amerika im allgemeinen gewonnen wird, genügt eine ein- oder zweimalige Destillation zu seiner Veredelung; er hat dann eine weiße Farbe und einen angenehmen Geruch. In manchen Fällen muß man ihn jedoch erst mit einem geeigneten Alkali behandeln, um die Säureharze vor dem Destillieren zu entfernen. In einigen Betrieben tut man Natronlauge direkt in die Destillierblase, was aber nicht zu empfehlen ist, da sich dabei, wenn Harzöle zugegen sind. Es bildet Verbindung, die später, in den letzten Stadien der Destillation, von dem direkten, eingeblasenen Dampfe wieder zersetzt wird und mit in das gereinigte Terpentinöl überdestilliert, das letztere wieder harzig macht und dessen Eigenschaft als Trockenmittel stark beeinträchtigt. Wird aber die Destillation unterbrochen, bevor die Zersetzung eintritt, so bedeutet das eine geringere Ausbeute an Terpentinöl.

Kalk dagegen, wenn er angewendet wird, könnte direkt in die Blase getan werden, da er eine nicht leicht wieder zersetzbare Verbindung bildet. Aber Kalk ist gerade kein sehr geeignetes Reinigungsmittel, wenn er auch billig ist und seinen Zweck insofern erfüllt, als er das Säureharz ausscheidet. Er gebraucht lange Zeit, um zu wirken, und bildet, wenn er unmittelbar in die Blase gefüllt wird, eine schwer zu entfernende und die Heizwirkung beträchtlich herabsetzende Schicht an den Wänden und Heizröhren, was sich bald an dem höheren Dampfverbrauche bemerkbar machen würde.

Natronlauge eignet sich noch am besten als Reinigungsmittel. Eine schwache Lösung davon nur sollte angewendet und tüchtig mit dem Rohöle in einem stehenden oder liegenden zylindrischen Waschapparate durchgerührt werden. Zu diesem Zwecke wendet man entweder Druckluft oder zweckmäßig konstruierte Rührarme innerhalb des Waschzylinders an. Man läßt dann die Mischung sich setzen und zieht am Boden die Lauge so vollständig als nur möglich ab. Zu diesem Zwecke empfiehlt es sich, den Waschzylinder mit einem ziemlich langen Flüssigkeitsstandglase auszustatten, in dem man die Scheidungslinie zwischen Lauge und Öl beobachten kann (vergleiche die Fig. 127 und 128). Ist die Lauge entfernt, so wird das Öl mit Wasser in der gleichen Weise durchgewaschen und das letztere durch Absetzenlassen wieder ausgeschieden. Das daraus hervorgehende Öl wird in die aus Kupfer oder Eisen hergestellte Destillierblase gepumpt und mit Hilfe von Dampf destilliert.

Destillierblasen für Terpentin.

Die Konstruktion einer etwa 3000 Liter fassenden, kupfernen Destillierblase geht aus der Fig. 22 hervor. Das Rohöl und das zum Destillieren erforderliche Wasser wird durch den Stutzen A eingefüllt und der Destillationsrückstand durch E entleert. Zur Heizung dient die über dem Boden liegende Dampfschlange, die durch die Seitenwand der Blase

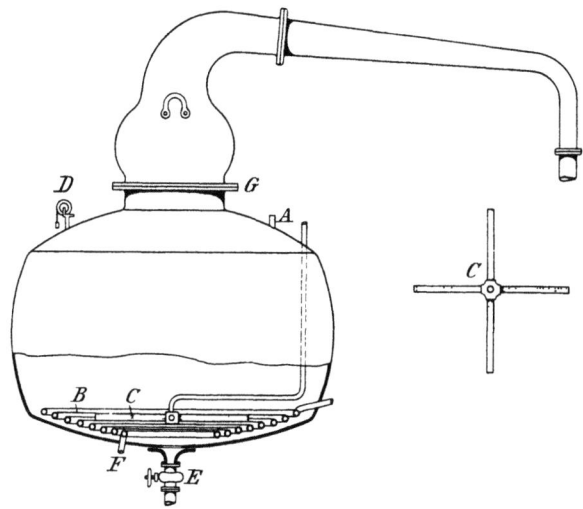

Fig. 22.

eintritt und deren Austrittsende F mit dem notwendigen Dampfwasserableiter zu verbinden ist. Über dieser Rohrschlange ist noch das kupferne Rohrkreuz C vorgesehen, das durchlöchert ist und zum direkten Einblasen von Dampf dient. Um die Blase bei etwa eintretender plötzlicher Abkühlung und der damit verbundenen starken Luftverdünnung vor Zusammenbruch zu bewahren, ist das Vakuumventil D vorgesehen. Der Blasenhelm ist mit der Blase durch Flanschenverschraubung G luftdicht verbunden, und das Übersteigrohr führt nach einem gewöhnlichen Schlangen- oder Röhrenkühler.

Je größer der Durchmesser einer Destillierblase ist, eine um so größere Verdampfoberfläche ergibt sich. Manche Apparatebauanstalten machen deshalb die Blasen ziemlich flach und mit großem Durchmesser. Zugleich soll man aber immer darauf sehen, daß der Inhalt nicht bis zum letzten Tropfen verdampft und damit die Schlange bloßgelegt wird. Bei sehr weiten Blasen wäre schon eine ziemliche Flüssigkeitsschicht nötig, allein die Rohre zu bedecken. Aus diesem Grunde zieht man meistens vor, den Durchmesser gleich der Höhe zu machen. Die Stärke der Wandungen ergibt sich aus der inneren oder — wie bei der Verdampfung im Vakuum — äußeren Beanspruchung. Praktische Erfahrungen geben für die Bestimmung der Wandstärke stets die sicherste Grundlage ab, deshalb wird man immer Unterschiede je nach den Fabrikanten und ihren besonderen Erfahrungen antreffen. Die McMillan Bros. Company, Mohill, Alamba, machen den Oberteil einer 7500 Liter fassenden Blase 2,6 Millimeter stark, den Boden dagegen 3,25 Millimeter und die Seitenwand aus 2,3 Millimeter Kupferblech. Eine Blase von dieser Größe mit 30 Meter Kupferrohr, 2,3 Millimeter stark und 50 Millimeter im Durchmesser, einem durchlöcherten Kreuz, wie in Fig. 22, und all den übrigen Verbindungen und Ausstattungen kostet etwa 3300 bis 3800 Mark, je nach der Anzahl der Zubehörteile und dergleichen.

Hat der Heizdampf seine Verdampfungswärme an den Blaseninhalt abgegeben, so geht er wieder in den flüssigen Zustand über. Bleibt dieses Dampfwasser im Rohre stehen, so wird dadurch die Heizwirkung bedeutend herabgesetzt. Es so schnell als möglich aus der Dampfschlange zu entfernen, ist eine Vorbedingung für die wirtschaftliche Ausnutzung des Heizdampfes. Hierzu dienen die Dampfwasserableiter, die an das hintere Ende der Rohrschlange angeschlossen werden und so eingerichtet sind, daß sie wohl das Wasser abführen, den Dampf aber zurückhalten. Ein solcher Dampfwasserableiter sollte immer groß genug gewählt werden. Arbeitet man mit gespanntem Dampfe, so hat das sich in der Röhre unter Druck verdichtende Wasser einen etwas höheren Siedepunkt, kommt es nun in den Ableiter, so tritt als Folge der höheren inneren Wärme eine teilweise Wiederverdampfung ein, die dann oft den Eindruck hervorruft, als sei der Dampfwasserableiter undicht. Die Hauptsache ist stets, daß der Ableiter groß genug gewählt wird.

Die Größe der erforderlichen Heizfläche und des Ableiters läßt sich im voraus feststellen, indem man der Berechnung Wasser als Inhalt der Blase zugrunde legt. Trotzdem der eigentliche Siedepunkt von Terpentin zwischen 156° bis 165° C. liegt, hat das Wasser- und Ölgemisch, wie es gewöhnlich zum Destillieren kommt, doch keinen höheren Siedepunkt als Wasser allein. Nach Anschauung anderer soll es sich hierbei allerdings nicht um ein Verdampfen, sondern nur um ein Mitreißen des Öles handeln. Bei mit Wasser mischbaren Flüssigkeitsgemengen läßt sich der Siedepunkt der Mischung leicht rechnerisch bestimmen, wenn die dazu nötigen Angaben, wie das bei häufig vorkommenden Stoffen auch der Fall ist, bekannt sind. Die Vorgänge beim Verdampfen mit Wasser von solchen Stoffen, die sich mit dem Wasser nicht mischen, sind, obwohl gerade sie in der Technik oft der Destillation mit direktem Dampfe unterworfen werden, noch sehr wenig erforscht. Bei der Zugrundelegung von Wasser als Blaseninhalt bleibt man aber insofern immer noch auf der sicheren Seite, als Terpentin bei einer spezifischen Dichte gleich 0,872 die spezifische Wärme von 0,472 besitzt, wogegen die spezifische Wärme des Wassers gleich 1 ist.

Es kann sich an dieser Stelle nicht darum handeln, eine eingehende wissenschaftliche Darstellung der Ursachen und Grundsätze des Heizens und Kühlens zu geben, aber ein kurzer Hinweis auf die dabei wesentlichen Punkte würde wohl dazu beitragen, daß die dafür benutzten Apparate richtig gehandhabt werden, denn sehr viel hängt von der verständnisvollen Bedienung solcher Apparate ab. Was schon bei Gelegenheit der Beschreibung der Kühler über den Wärmeaustausch durch metallene Wände gesagt wurde, gilt im gleichen Maße auch hier. Die Dicke der Heizschlange, wenn nicht Kupfer benutzt wird, das Material und die Beschaffenheit der Heizfläche, ob rein oder mit einer Schicht eines schlechten Wärmeleiters bedeckt, die Bewegung der wärmeaustauschenden Stoffe und der Temperaturunterschied zwischen dem Heizmittel und der zu heizenden Flüssigkeit beeinflussen im großen Maße die während eines gewissen Zeitraumes übertragene Wärmemenge. Die letztere ist um so größer, je größer der Temperaturunterschied ist. Will man deshalb an bereits siedendes Wasser, um es zu verdampfen, noch Wärme übertragen, so muß man stets gespannten Dampf anwenden, der eine höhere Temperatur als 100° C. besitzt, oder man muß den Siedepunkt des Wassers durch Verringerung des über der Wasseroberfläche herrschenden Luftdruckes erniedrigen. Der Druck, unter dem der Dampf in die Heizschlange eintritt, hat höchstwahrscheinlich keinen Einfluß auf die Wärmeübertragung, sondern allein der Umstand der höheren Wärme, die er mitbringt.

Aber auch das Zeitmaß spielt eine Rolle bei der Wärmeübertragung, denn welche Temperatur der Dampf auch besitzt, die Wärmeübertragung nimmt immer einen gewissen Zeitraum in Anspruch. Als Grundlage der Berechnung gilt nun die Anzahl Wärmeeinheiten, die für einen Grad des Temperaturunterschiedes in einer Stunde durch einen Quadratmeter Oberfläche hindurch geleitet wird. Und als Wärmeeinheit oder Kalorie betrachtet man die Wärme, die nötig ist, um die Temperatur von 1 Liter Wasser von 4° C. auf 5° C. zu erhöhen.

Beim Erwärmen von kaltem Wasser beobachtete man, daß 700 Wärmeeinheiten übertragen wurden. Peclet aber fand, daß beim Verdampfen von siedendem Wasser mehr als dreimal so viel, etwa 2500 Wärmeeinheiten für jeden Grad Temperaturunterschied durch die Heizfläche hindurchgingen. Diese höhere Wärmeübertragung ist jedenfalls der beim Sieden bedeutend stärkeren Bewegung des Wassers zuzuschreiben. Andere wiederum erhielten Zahlen, die weniger große Unterschiede zeigen. So zum Beispiel beobachtete man an Speisewasservorwärmern, daß bis zu 100° C. 1000 Wärmeeinheiten und beim Sieden 1800 Wärmeeinheiten übertragen wurden (höchst wahrscheinlich durch Eisenröhren). Diese Experimente wurden mit sauberen Röhren vorgenommen, in der Technik muß man aber immer mit mehr oder weniger schmutzigen Heizflächen rechnen, die die Wärmeleitungsfähigkeit der Röhren bedeutend herabsetzen. Beim Destillieren von harzigen Ölen fand man, daß nur etwa ein Drittel der obigen Zahlen als der für den praktischen Betrieb gültige Wärmeleitungskoeffizient in Rechnung gesetzt werden kann. Und beim Verdampfen von Zuckersaft, dessen Wasser schwieriger als in unserem Falle zu destillieren ist, wurden 730 bis 1040 Wärmeeinheiten übertragen.

Nimmt man nun den Wärmeleitungskoeffizient zu hoch an, so würde man eine kleine Heizfläche, einen großen Dampfwasserableiter und andererseits einen kleinen Verflüssigungskühler und einen großen Kühlwasserverbrauch erhalten. Und wenn dann aus irgend einem Grunde die Heizschlange nicht vollkommen arbeitet, so würde daraus eine unangenehme Sache entstehen, denn die Schlange läßt sich nicht ohne weiteres auswechseln. Besser kann man sich schon helfen, wenn der angenommene Wärmeleitungskoeffizient durch die wirklichen Ergebnisse weit übertroffen wird, man braucht dann nur einen größeren Dampfwasserableiter anzuhängen und die Kühlwassermenge zu vergrößern.

Um für alle Fälle sicher zu gehen, empfiehlt es sich, den Wärmeübertragungskoeffizienten mit etwa 850 für beide Tätigkeiten, für das Anwärmen der Flüssigkeit bis zum Siedepunkte und für das Verdampfen, einzusetzen. E. Hausbrand[1]) hat für die Ermittelung des Wärmeübertragungskoeffizienten beim Verdampfen die folgende Formel aufgestellt, in der die Einflüsse, die Rohrlänge und Rohrdurchmesser auf die Menge der in einer Zeiteinheit übertragenen Wärme ausüben, berücksichtigt sind.

$$k_v = \frac{1900}{\sqrt{d \cdot l}},$$

worin d der Durchmesser und l die Länge der Rohrschlange in Metern ausgedrückt bedeuten. Das gibt etwas höhere Werte, berücksichtigt man aber darin, daß in der Praxis, besonders in unserem Falle, die Heizschlangen unvermeidlicherweise immer unsauber sind, so kommt man der obigen Zahl schon wieder näher.

Die Kühlwirkung der die Blase umgebenden Luft muß durch vermehrte Wärmeentwickelung ausgeglichen werden, um die Dämpfe bis zu dem Punkte hochtreiben zu können, wo das Übersteigrohr nach dem Verflüssigungskühler abbiegt. Setzt man dafür bei Kupfer etwa 5 Wärmeeinheiten für eine Stunde, einen Grad Temperaturunterschied und für einen Quadratmeter Blasenoberfläche, den Helm und das aufrechte Stück des Übersteigrohres mit eingeschlossen, so kommt man damit dem wirklichen Wärmeverluste ziemliche nahe.

---

[1]) E. Hausbrand, Verdampfen, Kondensieren und Kühlen, 4. Aufl. Berlin. 1904.

Erfahrungsgemäß kann man auf 1 Quadratmeter einer eisernen Rohrschlange ungefähr 40 Liter Wasser und auf derselben Fläche einer Kupferschlange 100 bis 120 Liter Wasser in 1 Stunde verdampfen.

Die Größe des Dampfwasserableiters ergibt sich aus der in einem gewissen Zeitraume verbrauchten Dampfmenge. Hat der Dampf seine Verdampfungswärme an das zu erwärmende oder zu verdampfende Wasser abgegeben, so verdichtet er sich wieder zu Wasser, das so schnell als möglich abgeleitet werden soll. Den Dampfwasserableiter wählt man jedoch stets etwas größer als unbedingt erforderlich ist.[1]) Von Wichtigkeit ist auch die Bestimmung der Größe des Dampfrohres. Obgleich eine große Dampfgeschwindigkeit einen vorteilhaften Einfluß auf den Wärmeaustausch ausübt, so kommen doch noch andere Erwägungen in Betracht, die es ratsam erscheinen lassen, sie nicht über 30 Meter anzunehmen. Das Dampfeintrittsventil soll etwas größer als das Dampfrohr sein, damit keine Drosselung des Dampfes eintritt.

Destillierblasen für Teer.

Hierunter werden wir nur die Destillierblasen betrachten die zur Abtreibung der leichten Öle zur Anwendung kommen, in denen der Teer selbst aber nicht destilliert wird.

---

[1]) Ein praktisches Beispiel einer solchen Berechnung kann mit dem abgebildeten, 3000 Liter fassenden Destillierapparate durchgeführt werden. Will man 2000 Liter in 10 Stunden überdestillieren, wie groß müßte dann die Heizschlange und der Dampfwasserableiter sein, wenn die Heizung mit gesättigtem Dampfe von 5 Atmosphären Druck ausgeführt würde?

Um 1 Liter Wasser von 100° C. zu verdampfen, muß man ihm 537 oder rund 540 Wärmeeinheiten zuführen. Zur Verdampfung von 2000 Liter wären also

$$2000 \cdot 540 = 1\,080\,000 \text{ Kalorien}$$

erforderlich. Rechnet man die durch Wärmeabgabe an die Luft entstehenden Verluste zu etwa 4 von je 100 der aufgewendeten Wärmeeinheiten, so würde die gesamte zur Verdampfung erforderliche Wärmemenge betragen

$$1\,080\,000 + 0{,}04 \cdot 1\,080\,000 = 1\,123\,200 \text{ Kalorien.}$$

In einer Stunde wären aufzuwenden

$$\frac{1\,123\,200}{10} = 112\,320 \text{ Kalorien.}$$

Die Temperatur des Dampfes beträgt bei 5 Atmosphären Druck ungefähr 150° C., der Temperaturunterschied zwischen den wärmeaustauschenden Stoffen daher
$$150 - 100 = 50° \text{ C.}$$

Für jeden Grad dieses Unterschiedes überträgt 1 Quadratmeter Heizfläche in der Stunde 850 Kalorien, für den gesamten Temperaturunterschied demnach

$$50 \cdot 850 = 42\,500 \text{ Kalorien.}$$

Die rohe Flüssigkeit wirkt sehr angreifend auf Eisen, da sie Säuren und Tanninstoffe enthält, man sollte deshalb nur Kupfer dafür gebrauchen. Manche entfernen auch vor der Destillierung die organischen Verbindungen, die sich ganz dunkel färben, wenn sie mit Eisen in Berührung kommen.

Dann muß man aber auch noch unterscheiden, ob zur Beheizung direktes Feuer oder ein Wärmeübertragungsmittel, wie Dampf, in Anwendung kommen soll. Für den ersten Fall stellt man die Blase meist in zwei Formen her; entweder in der Gestalt einer Steinkohlenteerblase mit einem der Höhe gleichen Durchmesser und einem Boden, der um etwa ein Sechstel seines Durchmessers nach dem Innern der Blase zu durchgebeult ist, um dem Feuer eine größere Heizfläche zu bieten; oder man ordnet die Blase in der Art eines Dampfkessels liegend an. Bei beiden ist gewöhnlich oben ein Mannloch und im übrigen sind Stutzen für Thermometer und Dampfanschluß vorgesehen. Die Destillationsdämpfe werden bei ihnen genau so, wie bei einem Terpentindestillierapparate, oben abgeführt und zum Verflüssigungskühler geleitet.

Eine für Dampfheizung eingerichtete Destillierblase ist jedoch stets vorzuziehen, da bei ihr die notwendige Temperaturhöhe genauer innegehalten und auf diese Weise der Teer vor dem Anbrennen geschützt werden kann. Eine solche Blase ist in jeder Hinsicht wie die bereits beschriebene Terpentinblase zu bauen und einzurichten; ist sie aus Kupfer hergestellt, so wird sie sich als sehr leistungsfähig erweisen. Ihre Größe müßte allerdings der Menge des zu verarbeitenden Teers angemessen werden; es wird bedeutend mehr Teer als Terpentin gewonnen.

Die Heizschlange wird nur zum Anwärmen des Wassers und zum Abtreiben der Leichtöle benutzt, der Teer dagegen wird nicht destilliert.

Die Blase muß so aufgestellt werden, daß der Teer ohne Schwierigkeiten abgezogen und in einen Aufspeicherungsbehälter geleitet werden kann. Ein ununterbrochen arbeitender Destillierapparat ist für den Abtrieb der Leichtöle bislang noch nicht eingeführt; es würde aber nicht schwer halten, für eine Anlage, wo das Rohmaterial in genügender Menge gewonnen wird, einen einfachen Apparat dieser Art zu konstruieren.

Daraus ergibt sich die gesuchte Heizfläche zu
$$\frac{112320}{42500} = 2{,}6 \text{ Quadratmeter.}$$

$2^1/_2$ Quadratmeter Heizfläche würden vollauf genügen. Nach der obigen allgemeinen Angabe, nach der man in 1 Stunde auf 1 Quadratmeter Kupferrohrheizfläche 100 Liter verdampfen kann, würden schon 2 Quadratmeter Heizfläche ausreichend sein.

Bei dieser Verdampfungstätigkeit wird nur von der latenten oder Verdampfungswärme des Heizdampfes Gebrauch gemacht, die bei Dampf von 5 Atmosphären Druck ungefähr 500 Kalorien beträgt. Daraus ergibt sich die stündliche Leistung des erforderlichen Dampfwasserableiters zu
$$\frac{112320}{500} = 200 \text{ bis } 300 \text{ Liter.}$$

Destillierblase für Holzöl.

Das in der Teerblase überdestillierte Öl kann zur weiteren Reinigung noch einmal in der Terpentindestillierblase destilliert werden. Macht man aber die Blase hierfür aus Eisen mit einem Kupferhelm und einer Kupferschlange, so kann das Öl erst mit Ätznatron oder anderen Chemikalien behandelt und dann, nachdem die Natronlauge wieder abgezogen ist, zum zweitenmale destilliert werden. Wurde der Terpentin nicht vollständig aus den Teerprodukten abgeschieden, so wird der erste Auslauf bei dieser Wiederdestillierung im technischen Sinne weiß erscheinen. Wirkliches Holzöl sollte aber keinen Terpentin enthalten, sondern sollte aus einer Mischung gewöhnlichen Holzöles und verschiedener Kolophonium- oder Harzdestillate, wie sie aus Holz gewonnen werden, bestehen.

Destillierblasenhelme und -aufsätze.

Der Holzterpentin, wie er gewöhnlich gewonnen wird, enthält einige Leichtöle, deren Entfernung wünschenswert ist; der Terpentin würde sonst zu schnell trocknen. Außerdem befinden sich in dem Rohöle Schweröle, die oftmals mit dem Dampf überdestillieren, wenn die Destillationsarbeit zu heftig durchgeführt wird. Um ein ruhiges, sicheres Arbeiten der Blasen zu erzielen, sind verschiedene Vorrichtungen im Gebrauch. Anstelle des gewöhnlichen Helms (vergleiche Fig. 22) wird zuweilen das in Fig. 23 wiedergegebene Rohr mit verhältnismäßig geringem Durchmesser auf die Blase gesetzt und bis zu einer ziemlichen Höhe hoch geführt, ehe es nach dem Verflüssigungskühler umbiegt. Ein solches Rohr bietet eine ziemlich beträchtliche Kühlfläche für die Luft, so daß man damit schon ein wenig fraktionieren, das heißt die Destillate zerlegen kann. Man beheizt die Blase so, daß die leichten Öle erst übergehen und hernach das Terpentinöl. In Fig. 24 ist ein gewöhnlicher Helm mit einem solchen Rohre verbunden. Die leichten Dämpfe gehen durch das enge Rohr zum Verflüssigungskühler für die Leichtöle; sind sie sämtlich abdestilliert, so wird das obere Ventil geschlossen und das weite Rohr für die Terpentindämpfe geöffnet. In Fig. 25 ist dagegen nur wieder ein Übersteigrohr vorhanden, das unten helmartig erweitert auf die Blase gesetzt wird. Zwei Wasserbecken sind in gewisser Entfernung voneinander um das Rohr herum gelegt, von denen das obere einen Wasserzufluß, das untere einen Abfluß besitzt. Durch an der Unterseite des oberen Beckens vorgesehene Löcher rinnt das Wasser heraus, am Rohr herunter in das untere Sammelbecken. Den Verflüssigungskühler stellt man zweckmäßig so tief, daß das vom unteren Becken ablaufende Wasser in den Wasserbehälter des Kühlers geleitet werden kann. Mit dieser teilweisen Wasserkühlung kann man die schweren Dämpfe in der Blase zurückhalten. Wenn auch diese Vorrichtungen einfach sind, so ist das Verfahren an und für sich doch ziemlich roh.

In Fig. 26 ist ein Aufsatz wiedergegeben, der schon eine verwickeltere Bauweise zeigt. Er war ursprünglich dazu bestimmt, auf den Retortenkühler gesetzt zu werden, sein richtiger Platz ist aber doch wohl der des Blasenhelms.

Der Aufsatz ist in den Wasserbehälter A eingebaut, der oben den Wasserzufluß K und unten das Wasserabzugsrohr R mit dem aufrechten Schenkel besitzt. Der Aufsatz selbst setzt sich aus einer Anzahl von hohlen Scheiben zusammen, die nach oben kegelartig durchgedrückt und so übereinander angeordnet sind, daß ihre Hohlräume mit dem mittleren Dämpferohre P in Verbindung stehen. Zwischen den einzelnen Scheiben oder Becken, die mittels der Stege H untereinander gestützt werden, sind

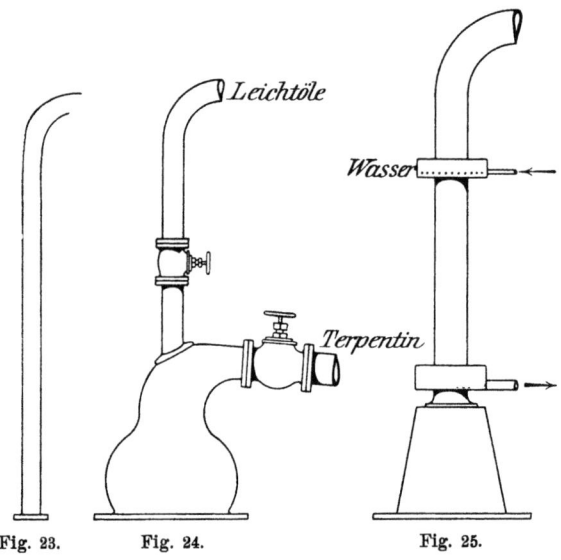

Fig. 23.   Fig. 24.   Fig. 25.

genügend große Zwischenräume gelassen, in denen das Kühlwasser des äußeren Wassermantels kreisen kann. Innerhalb der Hohlräume der Scheiben B und des mittleren, aufsteigenden Rohres P erstrecken sich von der Mitte nach dem Umfange Blechteller D, die entsprechend der Gestalt der hohlen Scheiben wie umgekehrte Trichter geformt sind. Diese Teller verhindern die durch P aufsteigenden Destillationsdämpfe am direkten Durchströmen und zwingen sie, durch die Hohlräume der Scheiben an den vom Wasser gekühlten Flächen entlang zu streichen. Die sich dabei verdichtenden Stoffe sammeln sich im unteren Becken an. Die übrigen Dämpfe gehen weiter, stoßen gegen den zweiten Teller und werden hier wiederum gezwungen, den gleichen Weg, um den Tellerrand herum, zu verfolgen. Dies wiederholt sich noch zweimal, ehe die Dämpfe durch das oben angeschlossene Rohr M zum eigentlichen Kühler geleitet werden. Die sich in den einzelnen Becken verflüssigten Öle von verschiedenen physikalischen

Eigenschaften können durch die vorgesehenen, mit Ventilen ausgestatteten Rohren N abgelassen werden. Zu Anfang der Destillation sollten diese Ventile so lange geschlossen bleiben, bis in den einzelnen Becken die verschiedenen ihnen zukommenden Temperaturen erreicht sind. Zu dieser Feststellung muß jedes Beckenauslaufrohr mit einem Thermometer versehen sein, das zweckmäßig zwischen dem Ventile und dem Wassermantel angebracht wird. Verdichten sich zu Beginn der Destillationsarbeit gleich im unteren Becken die ersten Leichtöldämpfe, so werden sie, da die Ventile den Auslauf geschlossen halten, bei zunehmender Erwärmung allmählig wieder verdampft; das wiederholt sich vielleicht noch einmal oder zweimal, bis die ganz leichten Öle in die ihnen zukommende Abteilung gelangt sind.

Was bei diesem Aufsatze für den praktischen Betrieb sich als nicht besonders angenehm erweist, ist die Notwendigkeit, das Wasser von oben nach unten strömen lassen zu müssen.

Diesem Aufsatze in der Wirkungsweise ähnlich sind die Rektifiziersäulen, bei denen eine Reihe von durchlöcherten Tellern mit Überläufen, die die Flüssigkeit nach unten weitergeben, zu einer Säule übereinander angeordnet sind. Bei ihnen kommt außer Luftkühlung kein Kühlmittel in Anwendung. Um aber doch die Temperaturregelung der ein-

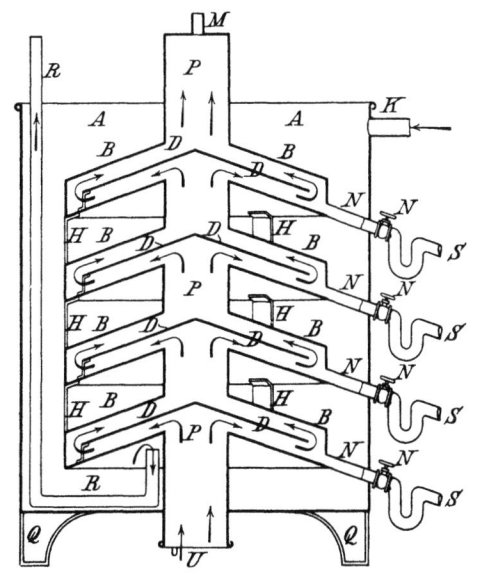

Fig. 26. Destillierblasenaufsatz nach Hege.

zelnen Teller in der Hand zu haben, verbindet man diese Säulen gewöhnlich mit einem Rückflußkühler, der einen Teil der durch die Säule hindurchgegangenen Dämpfe niederschlägt und nach den Rektifiziertellern zurückschickt. Man benutzt diese Säulen zur Ausscheidung der spiritartigen Leichtöle des Terpentins. Hernach, wenn diese sämtlich abgetrieben sind, kann man die Säule ausschalten und den Terpentin unmittelbar nach dem Kühler übergehen lassen. Die Bauweise eines solchen Säulendestillierapparates gibt Fig. 126 wieder; auf die Wirkungsweise und die Anwendung kommen wir später noch einmal zurück.

Ließe sich der durch gewöhnliche Trockendestillation gewonnene Terpentin von dem schlechten Geruch, den er annimmt, wenn er mit Teerdämpfen gemischt aus dem Holze gewonnen wird, gänzlich befreien — was im großen Maße, wenigstens in einem der amerikanischen Werke auch gelingen soll, — so wäre die Trockendestillation, ähnlich wie sie für Laubhölzer zur Ausführung kommt, vielleicht auch für Nadelhölzer das geeignetste Verfahren, selbst wenn die Ausbeute geringer ausfiele. Aber nach diesem Verfahren einen angenehm riechenden Terpentin herzustellen, gelingt selbst den geschicktesten Destillateuren, die danach arbeiten, nicht; eine Spur eines widrigen Geruches und ein leichter farbiger Anflug bleibt immer.

Alkoholdestillierblasen und Kalkpfannen.

Nur selten wird der Holzgeist in Nadelholzdestillationsanlagen wiedergewonnen; die Ausbeute ist im Verhältnis zu den zu verdampfenden Wassermengen zu gering. Das gleiche gilt vom Holzessige, an dem die Nadelhölzer etwa halb so reich als Laubhölzer sind. Zuweilen trifft man jedoch in Deutschland, Frankreich und Schweden Nadelholzdestillationsanlagen, die das wässerige Säuredestillat aufarbeiten. Zu diesem Zwecke sind im allgemeinen drei Destillierblasen erforderlich. In die erste wird das früher in den Absetzbottichen vom Teer abgeschiedene Säurewasser gefüllt und der Alkohol und Holzessig in die zweite Destillierblase überdestilliert, die mit Kalkmilch, in der der Holzessig gebunden wird, gefüllt ist. Der Holzgeist durchstreicht noch die dritte, ebenfalls Kalkmilch enthaltende Blase, wo schon eine Rektifizierung stattfindet, und wird schließlich am Kühlerauslaufe aufgefangen. Im Norden der Vereinigten Staaten bringt man diesen Rohholzgeist unmittelbar in den Handel; er wird in besonderen Werken in Säulendestillierapparaten weiter rektifiziert. In Europa wird der Holzgeist meist in den Holzdestillationsanlagen selbst bis auf einen Methylalkoholgehalt von etwa 80 Prozent rektifiziert.

Die durch Bindung des Holzessigs in der Kalkmilch gewonnene essigsaure Lauge wird in großen flachen Eisenblechpfannen eingedampft, die wie die Salzpfannen gebaut und mit den Abgasen von den Retortenfeuerungen oder mit Dampf geheizt werden. Man versieht sie wohl auch mit Dunsthauben, die die ätzenden Wasserdämpfe fortleiten, damit die letzteren nicht ins Gebäude gelangen. In Fig. 118 und 119 ist eine solche Pfanne wiedergegeben.

Auf die Einzelheiten des Arbeitsganges wird im VI. Kapitel näher eingegangen werden.

Verflüssigungskühler. — Was von Retortenkühlern gesagt wurde, gilt im allgemeinen auch für die Verflüssigungskühler der Destillierblasen. Nur daß es bei diesen nicht so notwendig ist, Vorrichtungen und dergleichen zum Reinigen anzubringen, da das Öl an und für sich durch seine auflösende Eigenschaft als ein Reinigungsmittel wirkt. Und da man unbedingt darauf sehen muß, daß bei der Destillation kein Teer mit übergeht, so ist die Reinhaltung des Kühlers eine einfache Sache.

Für die Größenbestimmung von Verflüssigungskühlern für diese und ähnliche Zwecke hat man jedoch schon etwas bessere Unterlagen, als das bei den Retortenkühlern der Fall war. Aus der stündlich zu verdampfenden Flüssigkeitsmenge ergibt sich, wieviel Wärme den Dämpfen zu entziehen ist, einmal um sie zu verflüssigen, und dann, um diese Flüssigkeit selbst so weit abzukühlen, daß sie mit einer Temperatur von ungefähr 20° C. am Kühlerauslaufe erscheint. Diese zwei Tätigkeiten des Verflüssigungskühlers müssen wohl unterschieden werden, denn die Wärmeübertragung von Dämpfen an eine Flüssigkeit unterliegt etwas anderen Bedingungen, als der Wärmeaustausch zweier Flüssigkeiten unter sich. Diese Unterscheidung muß auch bei der Berechnung der Kühleroberfläche durchgeführt werden. Wir können jedoch auf diesen Gegenstand nicht weiter eingehen. E. Hausbrand hat in seinem oben bereits angeführten Buche eine Anzahl von aus sorgfältigen Experimenten gewonnenen Ergebnissen gesammelt und daraus für die am häufigsten vorkommenden Fälle Formeln abgeleitet, deren Gebrauch für die Praxis er zugleich durch mehrere nützliche Tabellen erleichtert hat. Auf dieses Buch können wir nur hinweisen. Dabei soll nur noch darauf aufmerksam gemacht werden, daß alle mathematischen Rechnungsergebnisse für die Praxis nur bedingten Wert haben können; sind dabei nicht die besonderen, je nach den verschiedenen Zwecken stets wechselnden Umstände sorgfältig berücksichtigt, so können sie sogar irreleitend sein.

Kühlwasser. — Ist die in einem gewissen Zeitraume zu entziehende Wärmemenge bekannt, so läßt sich daraus die erforderliche Kühlwassermenge leicht ermitteln. Tritt das Kühlwasser zum Beispiele mit 15° C. in den Kühler ein und mit 75° C. aus, so trägt jedes Kilogramm Wasser 60 Wärmeeinheiten mit sich fort. Soviel mal 60 Wärmeeinheiten zu entziehen sind, ebenso viele Kilogramm Wasser hat man stündlich zum Kühlen nötig.

Aufspeicherungsbehälter.

Macht man die im vorhergehenden Kapitel besprochenen Vorlagen zur Aufnahme der verflüssigten Retortendämpfe von genügender Größe, so tragen sie schon beträchtlich zur Aufspeicherungsfähigkeit einer Anlage bei. Außer diesen sind aber noch Aufspeicherungsbehälter für die gereinigten Produkte erforderlich. Manche Anlagen sind so eingerichtet, daß die Verflüssigungskühler auf einem oberen Stockwerke des Gebäudes, die Aufspeicherungsbehälter aber direkt im nächsten Stockwerke darunter stehen, wodurch ein Hochpumpen der gereinigten Produkte erspart wird. Im allgemeinen kann man aber sagen, daß eine Pumpe, besonders wenn sie innen nur mit Messing ausgekleidet ist, sich billiger stellt, als ein besonderes Stockwerk. Ein gewöhnlicher Eisenbehälter ist zur Aufnahme des Terpentins nicht sehr geeignet, ist er dagegen gut verzinkt oder gar emailliert, so wird er seinen Zweck sehr gut erfüllen und wird auch dauerhaft sein. Ein Anstrich aus Bleiweiß wird in manchen Fällen mit Erfolg angewendet, besser aber ist stets eine eingebrannte Glasemaille.

Verzinkte Behälter werden gewöhnlich so gebaut, daß sie aufrecht stehen, und erhalten einen durchgedrückten Boden. Emaillierte Flußeisenbehälter kommen dagegen in liegender und auch stehender Anordnung vor; die ersteren sind dort besser, wo es an Raum nach oben mangelt, die aufrechtstehenden lassen sich dagegen besser messen. Sie werden gewöhnlich in Teilen hergestellt, die, mit Winkeleisenringen versehen, zusammengeschraubt den Behälter bilden.

Die Aufspeicherungsbehälter für den Teer können aus gewöhnlichem Eisen bestehen. Der erste, der zweckmäßig ungefähr den doppelten Fassungsraum der Teerblase erhält, dient zur Aufnahme und Kühlung des aus der Blase kommenden heißen Teeres. Ist der Teer abgekühlt, so kann er in einen großen Aufspeicherungsbehälter gepumpt werden, der auf Pfeiler gestellt sein sollte, damit der Teer daraus direkt in Fässer gefüllt werden kann.

Die Aufspeicherungsfähigkeit einer Anlage sollte für Teer reichlich bemessen werden, denn der Absatz dieses Produktes wird erst nach und nach ein regelmäßiger werden.

Verpackung und Versand.

Für die Verpackung des Terpentins sind eichene, mit acht Reifen versehene Fässer die geeignetsten. Sie halten gewöhnlich ungefähr 200 Liter. In einigen Werken verwendet man auch Fässer mit nur sechs Reifen, sie sind aber schwieriger dicht zu halten. Die Reifen müssen gut angetrieben und die Fässer selbst innen geleimt sein. Das Leimen wird gewöhnlich so ausgeführt, daß man 15 bis 20 Liter heißen Leim in das Zapfloch füllt, den Stöpsel einstößt und dann das Faß tüchtig nach allen Richtungen rollt, damit jede Stelle des Innern vom Leim überzogen wird. Hernach stellt man es so auf, daß der Leim wieder auslaufen kann. Zuweilen wird es sich als notwendig herausstellen, zwei- oder dreimal zu leimen, wobei man ungefähr für jedes Faß ein halbes Kilogramm Leim verbraucht. Wird kein Wasser mit dem Terpentinöle eingefüllt, so halten die Fässer eine geraume Zeit dicht; natürlich dürfen sie nicht der Sonne ausgesetzt werden.

Für den Versand ist ein Kesselwagen, vielfach Tankwagen genannt, besser, da er nicht so leicht leck wird, aber er ist gewöhnlich nicht so rein, wie er sein sollte. Reinigt man die Innenfläche und bestreicht sie mit Schellack, so hält sich jedoch das Öl sehr gut darin.

Für Teer werden oft alte Ölfässer verwendet. Sie sollten stets erst gründlich ausgebessert und gut getränkt werden, ehe der Teer hineingefüllt wird. Auch die Teerfässer dürfen nicht in die Sonne gestellt werden, sonst werden sie sicherlich im warmen Wetter lecken. Natürlich kann der Teer ebenfalls vorteilhaft in Kesselwagen versendet werden.

Der Holzgeist wird gleichfalls in Fässern versendet, die entweder aus Eisen oder Holz hergestellt sein können, die eisernen sind wohl vorzuziehen.

Der essigsaure Kalk wird von den Trockenpfannen unmittelbar in Säcke geschaufelt, die einen halben Zentner oder darüber fassen, und ist damit versandfertig.

V. Apparate und Apparatezusammenstellungen neuerer Destillationsanlagen.

In den vorhergehenden Kapiteln haben wir bereits die Grundformen der zur Ausführung der Destillation von Holz erforderlichen Apparate und Vorrichtungen kennen gelernt. Diese verschiedenen Apparate kommen in neueren Anlagen mit gelegentlichen Abänderungen oder Verbesserungen und in vielerlei Zusammenstellungen zur Anwendung, in Übereinstimmung mit dem besonderen Verfahren, nach dem man arbeitet.

Bei der Destillation von Laubhölzern hat man es im allgemeinen nur mit einem Arbeitsverfahren, der trockenen Destillation oder Verkohlung zu tun. Die Nadelhölzer liefern jedoch andere Produkte, die von je eine andere Behandlung als wünschenswert, ja als notwendig haben erscheinen lassen. Deshalb werden wir zwischen einer Anzahl verschiedener Verfahren unterscheiden müssen, deren Verschiedenheit aber auch noch durch die wechselnde Beschaffenheit des jeweiligen Rohmaterials bedingt wird. Die forstwirtschaftlichen Holzabfälle lassen sich im allgemeinen mit Ganzholz, was die Art der Verarbeitung bei der Destillation betrifft, vergleichen, denn Ganzholz muß ja auch erst, ehe es destilliert werden kann, bis zu einer gewissen Größe zerkleinert werden, genau so wie Wurzelholz und langes Knüppelholz. Aber die industriellen Holzabfälle kommen meist in ganz anderer Form vor, die besondere Bedingungen für die Durchführung der Destillation schaffen.

Man könnte nun die verschiedenen Verfahren einmal nach dem Gesichtspunkte einteilen, ob bei ihnen die Wärmezuführung direkt, indirekt oder direkt und indirekt erfolgt. In diese drei Klassen würden sich die meisten Verfahren zwanglos einreihen lassen. Eine andere Einteilung ist jedoch für das vorliegende Buch gewählt, die mehr auf den Wert der einzelnen Verfahren für die praktische Ausführung und auf ihre bisherige Anwendung in der Praxis Rücksicht nimmt. In die erste Klasse dieser Einteilung sollen alle die Arbeitsweisen eingereiht werden, bei denen in der Hauptsache Dampf allein für die Destillation zur Anwendung kommt. Die zweite Klasse bilden die Verfahren, bei denen die in der ersten Klasse eingereihte Dampfdestillation mit der trockenen Destillation so verbunden ist, daß sie einander folgen. Die trockenen, meist auf eine völlige Verkohlung ausgehenden Destillationsverfahren bilden die dritte Klasse. Für jene Verfahren, die irgend einen besonderen, nicht für allgemeine Verhältnisse passenden Zug aufweisen, ist eine vierte Klasse vorgesehen. Hierzu gehören vor allem die für die Destillation von Sägespäne und Sägemehl ersonnenen Verfahren, ebenso auch die, bei denen drehbare Retorten, versetzbare Retorten und auch solche Retorten zur Anwendung kommen, die mit Fördereinrichtungen für das zu destillierende Gut versehen sind.

Da man von trockener Destillation spricht, wäre es vielleicht folgerichtiger, die Dampfdestillation nasse Destillation zu nennen; man könnte sie auch noch, im Gegensatze zur Verkohlung, die immer eine vollständig durchgeführte Destillation darstellt, unterbrochene Destillation nennen. Die Bezeichnung Dampfdestillation ziehen wir aber vor, da sie zugleich das Destillationsmittel angibt.

Die meisten dieser Verfahren sind durch Patente geschützt. Bei der nachfolgenden Besprechung haben wir es nur mit dem Gegenstande der Patente zu tun, und wir werden keinen Versuch machen, irgend einen Wert den Patenten selbst zuzuschreiben.

Bei der Betrachtung dieser Verfahren wäre es wünschenswert, etwas von der Zusammensetzung des Nadelholzes und der Destillationsprodukte voraus zu schicken. Da über diesen Gegenstand aber ein besonderes Kapitel handelt, so muß darauf verwiesen werden. An dieser Stelle genüge es, hervorzuheben, daß der Hauptzweck der Dampfdestillation in der Ausziehung und Gewinnung des Terpentins besteht, während es bei den übrigen Verfahren darauf abgesehen ist, möglichst alle Holzdestillationsprodukte zu gewinnen.

Harzreiches Holz besteht, außer aus der Holzfaser, noch aus Harzen mit verschiedenen anderen Stoffen. Bei einer hohen Temperatur ist der Harzgehalt des Holzes beständiger als die Holzfaser, es ist deshalb nur nötig, die Temperatur in Betracht zu ziehen, die zuerst die Zellulose in Mitleidenschaft zieht. Es geschieht dieses im Grunde bereits bei 160° C., allein, man kann ruhig die Temperatur etwas erhöhen, ohne den Destillaten Schaden zuzufügen.

Das Harz auszuziehen, ohne dabei die Holzfaser zu beschädigen, dazu könnten drei oder vier Verfahren herangezogen werden. Das Harz könnte einmal mit einem geeigneten Lösemittel ausgezogen und durch Verdampfen des letzteren gewonnen werden. Wo denaturierter Spiritus billig ist, wie er es jetzt in den Vereinigten Staaten zu werden verspricht, würde dieses möglicherweise das beste Verfahren sein, aber ein beträchtliches Kapital müßte in Lösemittel gesteckt werden. Man könnte jedoch gleichfalls das Harz mit trockener Hitze ausschmelzen oder auch dazu Dampfwärme verwenden, oder man könnte es unter gleichzeitiger Erhitzung ausquetschen. Ausziehung durch Dämpfung des Holzes würde höchstwahrscheinlich die größte Ausbeute gewähren, bei anderen Verfahren wird stets ein Teil im Holze zurück bleiben, der nicht mehr herausgeholt werden kann.

In den ersten Dampfdestillationsanlagen zur Ausziehung der Öle arbeitete man mit großstückigem Holze, das hernach verkohlt wurde. Dieses Verfahren kam im Anfange dieses Jahrhunderts wieder auf und wurde weiter entwickelt. Aber eine andere Erfindung hatte auf diese Industrie einen größeren Einfluß, als etwa irgend ein besonderes Destillationsverfahren, nämlich die der Holzschleifmaschine, die in Amerika den Namen „Hog" führt. Mit Hilfe dieser Maschine ließ sich das Holz in einer billigen Weise zerraspeln, wodurch die Möglichkeit geboten wurde, die Destillation des Terpentins in nur einem Bruchteile der Zeit auszuführen, die früher dazu erforderlich war.

Zuerst wandte man hochgespannten Dampf an, allein, bald ging man immer mehr mit dem Dampfdrucke herunter, bis man auf 0,7 bis 1 Atmosphäre Druck kam, wie er jetzt meist angewendet und als der geeignetste Druck erachtet wird. Nach der Ansicht des Verfassers ist die Anwendung eines Vakuums zusammen mit genügender, die Lostrennung der Öle bewirkender Dampfwärme noch besser. Unter gewöhnlichem atmosphärischen Drucke destillieren die im Harze enthaltenden Öle bereits in einer Dampfhülle von 100° C. Es scheint, als handelt es sich dabei mehr um die Dampfmenge als um den Dampfdruck. Um die Öle schnell überzutreiben, sollte deshalb der Dampf stets in reichlicher Menge eingelassen werden.

Wiggins, Smith und Walker führten in dem Massachusetts Institute of Technology Experimente aus, um festzustellen, welche Temperatur des eingeblasenen Dampfes sich als die geeignetste erwiese, wenn die Destillation unter einem Drucke von 2,8 Atmosphären ausgeführt wird. Ihr Ergebnis war, „daß die beste Bedingung mit Rücksicht sowohl auf die Terpentin- als auch auf die Harzausbeute erfüllt ist mit einer anfänglichen Temperatur von 175° C. und Fortsetzung der Destillation mit bis auf 400° C. überhitztem Dampfe". Bei dieser Destillationsweise erhält man eine große Harz- und Terpentinausbeute. „Unter 170° C. geht das Öl nur langsam über und wird schließlich zu destillieren aufhören, wenn nicht die Temperatur erhöht wird. Geht die Temperatur aber über 200° C. hinaus, so wird die Ausbeute dadurch nicht verbessert; der Terpentin nimmt einen brenzlichen Geruch an und seine Farbe verändert sich. Die Harzausbeute scheint bei höherer Wärme abzunehmen; das Harz wird zersetzt und mit dem Terpentine überdestilliert."

Diese Beobachtungen beziehen sich natürlich nur auf die Destillation unter 2,8 Atmosphären Druck. Sie zeigen jedoch, daß ein ganz gewisser Wärmegrad bessere Ergebnisse liefert, als eine höhere oder niedrigere Temperatur, aber dieser Wärmegrad müßte noch für die verschiedensten Drücke ermittelt werden. Der Verlust an Harz bei hoher Temperatur mag einer Zersetzung oder auch tatsächlicher Destillation zuzuschreiben sein. Unter atmosphärischem Drucke kann Harz mit überhitztem Dampfe destilliert werden, ohne das mehr als eine geringe Zersetzung eintritt, ebenso unter Luftverdünnung mit gesättigtem Dampfe. Läßt man Dampf allein auf zerkleinertes Holz einwirken, so destilliert im allgemeinen der Terpentin über und die größte Menge des Harzes bleibt in der Retorte, etwas geht natürlich auch mit dem Dampfe über.

Entschließt man sich für die trockene Destillation mit oder ohne Dampfanwendung, so sollte man entweder ein solches Verfahren für die praktische Ausführung wählen, bei dem der Terpentin dem Holze bei einer Temperatur entzogen wird, die noch keine Zersetzung der Holzfaser herbeiführt, oder ein Verfahren, mit dem zugleich eine besondere Arbeitsweise für die Reinigung und Veredelung der gewünschten Destillate verbunden ist. Bei der ersteren Art von Verfahren muß der zur Verwendung kommende Apparat möglichst die Bedingung erfüllen, daß der Terpentin damit leicht dem Holze entzogen und das letztere darnach mit dem geringsten Aufwande an Feuerungsmaterial und gleichzeitig unter größter Schonung der Retorte selbst verkohlt werden kann. Ist der Terpentin abdestilliert, so hat das Holz noch denselben Umfang wie vorher und ist gewöhnlich trocken und in einem guten Zustande für die trockene Destillation. In dem Verhältnisse, wie die trockene Destillation fortschreitet, nimmt auch der Umfang des Retorteninhaltes allmählich ab, aus diesem Grunde sind jene Retortenbauweisen, bei denen die Wärmezuführung nur von oben erfolgt, nicht die vorteilhaftesten, denn gerade, wenn die intensivste Wärme am notwendigsten ist, fällt das Verkohlungsgut mehr und mehr von der Wärmezuführungsstelle fort. In den meisten Fällen könnte man diesem Nachteile durch umschaltbare Feuerungszüge entgegenwirken.

Ist die Retorte besonders vor der zerstörenden Einwirkung der heißesten Gase geschützt, so erfordert das einen größeren Aufwand an Feuerungsmaterial; das letztere trifft auch zu, wenn man Beschickungswagen benutzt. Die Abnutzung der Retorte ist bei Anwendung von Retortenwagen größer, da der Retortenmantel in diesem Falle stärker erhitzt werden muß. Eine kleine Retorte erfordert mehr Arbeitskräfte im Verhältnisse zu einer großen, hat aber, verglichen mit seinem Inhalte, eine größere Heizfläche. Die Anwendung von Dampf ist bei diesen Verfahren in Verbindung mit Scheitholz unter denselben Bedingungen empfohlen, als bei zerkleinertem Destillationsgut, nur das in diesem Falle dem Dampfe längere Zeit zum Wirken gelassen werden muß.

Dampfdestillationsverfahren.

Hierunter sollen die Verfahren betrachtet werden, bei denen Dampf mit oder ohne Druck für die Abdestillierung des Terpentins in Anwendung kommt. Als Ausbeuteprodukt kommt allein Terpentin in Frage, wenn auch hier und da eine Nutzbarmachung der Rückstände versucht wurde.

Das Dampfdestillationsverfahren besitzt mehrere entschiedene Vorteile gegenüber den übrigen Verfahren. So zum Beispiel nimmt die Destillationsarbeit bei ihm nur 1 bis 6 Stunden in Anspruch, während sie bei den anderen von 24 bis 48 Stunden dauert. Der gewonnene Terpentin ist von einer gleichmäßigeren Güte, die Retorte wird dabei nicht zerstört und der aus dem Abtriebe hervorgehende Rückstand genügt zur Erzeugung des zur Destillation und zum Pumpen des Kühlwassers erforderlichen Dampfes. In Gegenden aber, wo eine Nachfrage nach Holzkohle besteht, hat das Dampfdestillationsverfahren den unbestreitbaren Nachteil, daß mit ihm an eine Nutzbarmachung eines Holzes von geringer Güte nicht zu denken ist, ausgenommen, wenn das Rohmaterial, wie zum Beispiel Sägemehl, für einen ganz geringen Preis zu haben ist. Wo das Holz verhältnismäßig teuer ist, wird man mit dem Dampfdestillationsverfahren nicht genügend Terpentin gewinnen, um den Holzpreis decken zu können.

Dies alles muß wohl überlegt werden, ehe man an die Errichtung einer Anlage geht. Ausführlicher ist hierauf im VIII. Kapitel eingegangen, auf das hiermit verwiesen wird.

Überblickt man die Patente über diesen Gegenstand, so findet man, daß die Anwendung von gesättigtem und auch überhitztem Dampfe mit oder ohne Druck seit dem Jahre 1865 geschützt ist, und höchst wahrscheinlich ist dieser Gebrauch auch schon älter. Seit dem Jahre 1853 wurde in Rußland und Schweden der Hesselsche Thermokessel zur Verkohlung angewandt, bei dem nach Hessel Dampf zum schnellen Anwärmen der Beschickung eingeblasen wurde. Wie es scheint, gebrauchte man ihn also nicht zum systematischen Abdestillieren des Terpentins.

Seit jener Zeit aber sind zahlreiche Patente für im Grunde das gleiche Verfahren erteilt, nur daß dabei die jeweiligen Retorten abgeändert oder besonderen Zwecken angepaßt wurden. Da diese Verfahren sämtlich mit nachfolgender Verkohlung verbunden waren, werden sie unter der nächsten Überschrift zu berücksichtigen sein.

Krugsches Verfahren. — Von den Verfahren, die nach der Abtreibung des Terpentins die Destillation unterbrechen, gewann das von Krug zuerst große Beachtung. Es wurde von der Standard Turpentine Company ausgenutzt, die ihre erste Anlage in Waycroß, im Staate Georgia errichtete. Sie bestand aus einer gewöhnlichen Laubholzdestillationseinrichtung; die Retorten erhielten gewölbte Böden, um den Druck besser aushalten zu können, und waren mit je einem Druckmesser und zwei Übersteigleitungen mit Absperrventilen versehen, von denen die eine zum Terpentinverflüssigungskühler, die andere zum Teerkühler führte. Das Ventil im Terpentinübersteigrohre bestand aus einem gewöhnlichen Entlastungsventile, das sich bei einem bestimmten Drucke öffnete.

In Fig. 27 ist die Anordnung und Bauweise der Retorten wiedergegeben. Zwei Retorten sind jedesmal so zusammengeschaltet, daß ihre vier Übersteigrohre B und D sich zu zweien vereinigen und zu je einem gemeinschaftlichen Kühler führen. a sind die Dampfzuführungsrohre, die aber gewöhnlich nicht benutzt wurden, man führte den Dampf am vorderen

60 Apparate und Apparatezusammenstellungen neuerer Destillationsanlagen.

Ende von oben ein und bließ ihn durch eine durchlöcherte Schlange in das Rohmaterial. Die Retorten waren mit einer gewöhnlichen Einmauerung versehen, damit, wenn es nötig wurde, zur Verkohlung des Rückstandes auch äußere Wärmezuführung angewendet werden konnte. Das in der Terpentinübersteigleitung B sitzende Ventil B_3 ist ein gewöhnliches, das dahinter vorgesehene dagegen das erwähnte selbsttätige Entlastungsventil. Das erstere dient zum gänzlichen Absperren der Leitung. Mit D_2 sind zwei einfache Absperrventile der Teerübersteigleitung D bezeichnet, die aber höchstwahrscheinlich bald nach der Inbetriebsetzung infolge gründlicher Verschmierung durch Teer und Pech ihren Dienst versagt haben werden. Die Terpentindämpfe gehen nach dem Kühler C, die Teerdämpfe nach E.

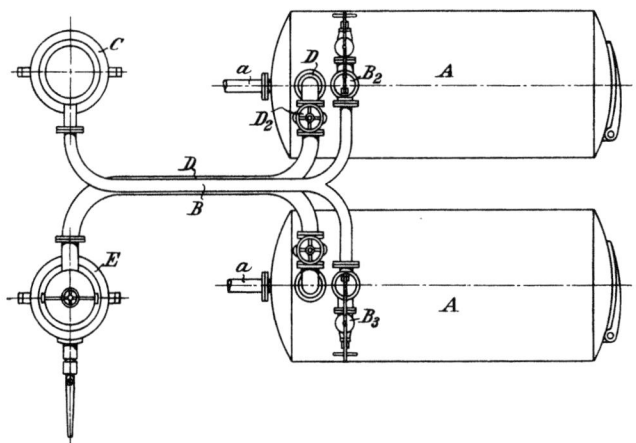

Fig. 27.

Das Ziel dieses Verfahrens war die Abdestillierung des Öles mit nachfolgender Verkohlung des Rückstandes, wenn sich das als wünschenswert herausstellen sollte. Bei den ersten Versuchen aber begegnete man den von uns schon früher erkannten Schwierigkeiten; eine der größten lag in dem Umstande, daß der Dampf in der gewöhnlichen Destillationszeit selbst unter Druck nicht alles Öl aus einem Holzklotze zu entfernen vermag. Um diesem Übelstande abzuhelfen, zerkleinerte man das Holz in einer Holzschleifmaschine und destillierte es dann. Unter diesen Umständen soll die Ausziehung des Terpentins von großem Erfolge begleitet gewesen sein. Natürlich war jetzt an eine Verkohlung des Rückstandes nicht mehr zu denken, denn dazu war das Holz nicht mehr großstückig genug. Bei dieser Anlage stellte sich aber nun sofort noch eine andere Schwierigkeit ein: die Füllung der Retorten mit dem sehr fein zerkleinerten Holze. Da die Retorten wagerecht lagen, blieb nichts anderes übrig, als es mit der Hand einzuwerfen und auf dem gleichen Wege wieder herauszuholen. In einer anderen, von derselben Gesellschaft errichteten Anlage wurden die Retorten stehend angeordnet, so daß nun Fördereinrichtungen zum Beschicken Anwendung finden konnten. Dieses Verfahren war interessant und Anerkennung gebührt denen, die es förderten. Vielfach ist es nachgemacht, und zwar in der verschiedensten Weise, wobei zuweilen gespannter und bei anderen wieder ungespannter Dampf zur Anwendung kam. Die Verbesserungen jedoch bezogen sich meist ausnahmslos auf die mechanische Behandlung des Rohmaterials. Ob aber alle diese Patente gültig sind, ist wohl zu bezweifeln.

Dampfdestillation nach Hoskin. — Hier begegnen wir schon dem Versuche, auch den Rückstand der Dampfdestillation nutzbar zu machen. Eine der dafür vorgeschlagenen Arten bildet die Verarbeitung des zerraspelten Holzes und auch des Sägemehls zu Papierzeug.

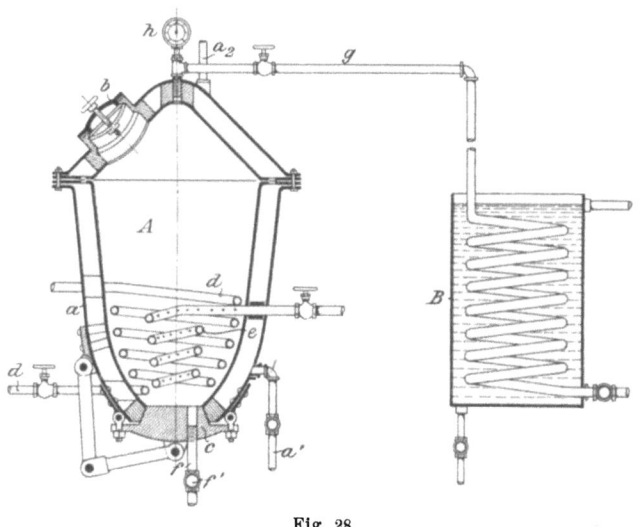

Fig. 28.

Hoskin gibt nun an, wie der Terpentin aus dem zerkleinerten Holz abzudestillieren ist und wie der daraus hervorgehende Rückstand durch Behandlung mit Ätznatron zu Papierzeug verwandelt werden kann.

Die dazu erforderliche Apparatur ist in Fig. 28 wiedergegeben. A ist ein Druckkessel, vielfach Digester genannt, der aus starkem Blech hergestellt und mit mindestens 10 Atmosphären Druck geprüft sein muß. Er ist mit einem Dampfmantel a umgeben, in den die Dampfein- und Dampfauslaßrohre a_1 und a_2 münden. Im Innern des Drucktopfes sind zwei Dampfschlangen d und e vorgesehen, von denen e durchlöchert ist und zum Einblasen von direktem Dampfe dient. Die luftdicht verschließbare Beschickungsöffnung ist bei b und die ebenfalls luftdicht verschließbare Entleerungs- und Reinigungsöffnung im Boden bei c angeordnet. In der Mitte des aufschraubbaren Deckels befindet sich das mit einem Ventile und dem Druckmesser h versehene Übersteigrohr g, das nach dem Terpentinverflüssigungskühler B führt. Im Boden aber ist außerdem das Auslaßrohr f mit dem Ventile f_1 vorgesehen.

Man arbeitet mit dem Apparate in der folgenden Weise. Das zerraspelte Holz wird eingefüllt, der Druckkessel sorgfältig verschlossen und angewärmt. Der Terpentin wird mit Zuhilfenahme direkten Dampfes abgetrieben und in dem Kühler wieder verflüssigt. Während dieser Tätigkeit schmilzt das Harz aus und sammelt sich über dem Boden an, von wo es durch die Leitung f abgezogen wird. Bei dieser Destillationsarbeit muß Sorge getragen werden, daß das Holz nicht zu stark erwärmt und damit das Papierzeug verdorben wird. Ist sämtlicher Terpentin übergetrieben, so wird dem verbleibenden Rückstande Ätznatronlauge von einer Dichte von ungefähr 1,2 zugesetzt. Während der nun folgenden, je nach der Güte und Menge der behandelten Holzart 6 bis 12 Stunden in Anspruch nehmenden Erwärmung wird der Druck bis auf 5 bis 6 Atmosphären erhöht. Danach kann die alkalische Flüssigkeit abgezogen und so, wie es bei der Papierherstellung üblich ist, weiter behandelt werden, um aus ihr die verschiedenen Bestandteile durch Trockendestillation zurückzugewinnen.

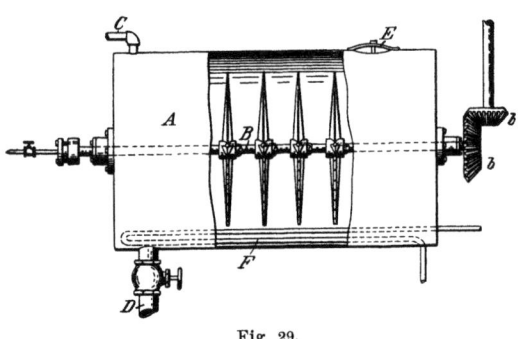

Fig. 29.

Das Papierzeug wird vermittels Dampfes ausgeblasen, nachdem zu diesem Zwecke die Bodenklappe c geöffnet ist. Auf die Güte des aus Nadelholz hergestellten Papiers werden wir später noch zu sprechen kommen.

Bei diesen Verfahren könnten die hintereinander getrennt ausgeführten Arbeitsgänge zu einem vereinigt werden, indem man den Terpentin während der Behandlung des Holzes mit Ätznatronlauge abdestilliert. Es liegt kein vernünftiger Grund vor, warum das vorher ausgeführt werden müßte.

Verfahren nach Mallonee. — Das nun zunächst zu betrachtende Verfahren unterscheidet sich von dem Krugschen in einer wichtigen Beziehung, indem es nämlich Rührvorrichtungen zum Durchrühren des Holzschliffs während der Abtreibung des Terpentins vorsieht. Es ist deshalb als eine Weiterbildung des Krugschen Verfahrens zu betrachten.

Die wesentlichen Teile der Apparatur gehen aus den beiden Fig. 29 und 30 hervor. A ist die Retorte, durch deren Mitte sich die von dem Winkelräderpaare bb angetriebene hohle Welle B zieht. Die letztere trägt eine Anzahl gußeiserner Rührarme, die wie dreieckige Pyramiden geformt sind und an ihrer breiten Vorderfläche durchlöcherte Rohrstücke tragen, die ihrerseits mit dem Hohlraume der Welle durch besondere, nicht die Nabe der Rührflügel schwächende Rohrkrümmer in Verbindung stehen. Das Übersteigrohr C führt nach dem Terpentinverflüssigungskühler, und das am Boden mündende Rohr D dient zum Ablassen des heißen Harzes. Zur Erwärmung des Holzschliffs ist die Rohrschlange F vorgesehen. Das Mannloch E dient zum Beschicken und Reinigen.

Die zweite in Fig. 30 gezeigte Retorte dient zum Ausziehen der nach der ersten Behandlung noch immer im Holze verbliebenen schwereren Öl- und Harzreste. Die Retorte unterscheidet sich von der in Fig. 29 dargestellten nur dadurch, daß sie keine Rührvorrichtung, dagegen aber, um den hierin angewendeten Arbeitsdruck besser widerstehen zu können, gewölbte Böden besitzt. Außer der Heizschlange H ist noch die durchlöcherte Dampfeinblaseleitung J vorgesehen.

Zur Inbetriebsetzung wird die erste Retorte durch E (Fig. 29) mit Wasser und dem zu behandelnden Holze beschickt und gleichzeitig werden die Rührflügel in Tätigkeit versetzt. Ist die Retorte genügend angefüllt, so beginnt man, mit Hilfe der Dampfschlange F den Inhalt zu heizen, bis das Wasser zum Destillieren kommt, was sich durch Befühlen des Übersteigrohres C feststellen läßt. Nun wird Frischdampf unter geringem Drucke durch die hohle Welle und vor den Rührflügeln

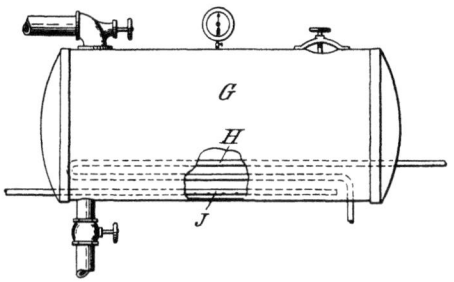

Fig. 30.

her eingeblasen, wobei der Terpentin übergetrieben und im Kühler wieder verflüssigt wird. Hört das Öl zu destillieren auf, so wird der direkte Dampf abgestellt und die Heizung noch für eine kurze Zeit mit Hilfe der Heizschlange fortgesetzt, damit das ausgeschmolzene Harz sich absetzen und durch D abgezogen werden kann. Das wässerige Holzzeug wird dann in die zweite Retorte G übergeführt und hier unter einem Drucke von 4 bis 7 Atmosphären erhitzt; zuvor wurde eine schwache Ätznatronlösung zugesetzt. Das vorgesehene Entlastungsventil öffnet sich bei einem bestimmten Drucke und läßt die Terpentindämpfe nach dem Kühler entweichen. Hört das Öl schließlich zu fließen auf, so wird der Druck allmählig wieder erniedrigt und der Retorteninhalt dann entleert. Der verhältnismäßig hohe Druck, unter dem der zweite Teil der Destillationsarbeit durchgeführt wird, soll die Schaumbildung zurückhalten und das Durchlaugen unterstützen.

Es scheint die Absicht des Urhebers dieses Verfahrens gewesen zu sein, die größte Menge des leicht abzutreibenden Terpentins mit Hilfe der Rührvorrichtung in der möglichst kürzesten Zeit überzudestillieren und den schwerer heraus zu hohlenden Rest hernach einem Druck und einer höheren Temperatur zu unterwerfen. Damit aber dabei nicht etwa

64 Apparate und Apparatezusammenstellungen neuerer Destillationsanlagen.

das Säureharz sich zersetzt, mit überdestilliert und den Terpentin entfärbt, wird es mit Ätznatron zurückgehalten.

Die Apparatur weist keine besonderen vorteilhaften Züge auf. Die Rührarme würden ziemlich unwirksam sein, wenn die Retorte nahezu mit Holz gefüllt wäre. Im übrigen aber hat man mit Rührwellen dieser Art keine guten Erfahrungen gemacht, die Rührarme zeigen gar zu leicht die Neigung, an der Nabe abzubrechen. Benutzt man zur Füllung zugleich Wasser, so entlastet das zwar die Rührarme bedeutend, wenn jedoch die dazu eingelassene Wassermenge nicht sehr groß ist — eine große Wassermenge würde wieder einen bedeutend höheren Wärmeverbrauch mit sich bringen —, so läßt sich die Bildung von Kanälen an den Stellen, wo die Flügel kreisen, voraussehen. Und die Notwendigkeit der Beschaffung, Umfüllung und Heizung zweier Retorten ist als ein Hindernis anzusehen. Übrigens steht diese Notwendigkeit gar nicht fest, wir sehen keinen Grund, warum nicht die zweite Retorte allein, wenn sie mit der Rührvorrichtung

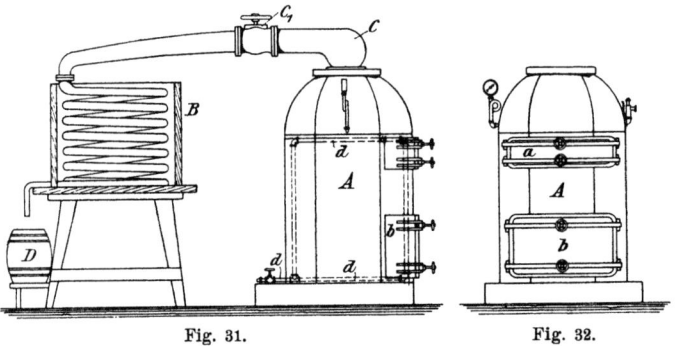

Fig. 31.   Fig. 32.

der ersten ausgestattet ist, genügen sollte. Die zwei Arbeitsgänge könnte man nach wie vor getrennt ausführen, falls darauf besonderer Wert gelegt wird.

Verfahren nach Hirsch. — Die Schwierigkeit der Füllung und Entleerung wagerecht liegender Retorten, wie sie bei der Krugschen und Malloneeschen Anlage auftrat, ist bei diesem Verfahren durch Anwendung stehender Retorten beseitigt. Die Bauweise der Retorte geht aus den Fig. 31 und 32 hervor. Das zerkleinerte Holz wird durch die obere Tür a eingefüllt und nachher, wenn der Terpentin abdestilliert ist, durch die untere Tür b wieder entfernt. Direkter Dampf wird durch die punktierte Leitung d eingeblasen, bis der Druck ungefähr 4 Atmosphären erreicht hat. Dann wird das Ventil C_1 im Übersteigrohre C geöffnet, worauf der Terpentin nach dem Kühler entweicht. Das Ventil C_1 könnte zu diesem Zwecke auch, wie bei den vorhergehenden Verfahren, als Entlastungsventil ausgebildet werden. Zeigt das Destillat des Kühlerauslaufes nur noch geringe Spuren von Terpentin, so wird der Dampf abgestellt, die Retorte entleert und die nächste Beschickung vorgenommen. Die

Dampfeinblaseleitung d ist durch den unteren Teil wie auch durch den oberen Teil und vor den Türen her geführt — mit den Durchlöcherungen natürlich stets nach der Mitte der Retorte gerichtet —, damit der Dampf von allen Seiten auf das Holz einwirken kann. Was sich im übrigen zu seinen Gunsten oder gegen dieses Verfahren einwenden läßt, geht aus der Figur hervor.

Von einer großen Anzahl von Gesellschaften werden durch Patente geschützte Apparate angeboten, die fast durchweg der Retortenbauweise gleichen, die wir nun betrachten wollen.

Verfahren nach Gardner. — Wir finden hier die beste Anordnung zur Ausführung der Dampfdestillation im Vergleich zu allen übrigen. Bei dem Dampfdestillationsverfahren hängt der ganze Erfolg allein von der mechanischen Anordnung zur Behandlung des Rohmaterials ab. Bei den oben beschriebenen Ausführungsanlagen läßt sich ohne weiteres voraussehen, daß, wenn es sich um die Destillation von Sägemehl oder eines anderen, nur verhältnismäßig geringe Ausbeuten gebenden Rohmaterials handelt, die Betriebskosten durch die zur Beschickung und Entleerung erforderliche Handarbeit viel zu hoch kommen würden. Wir werden sehen, wie einfach dieser Nachteil bei der Gardnerschen

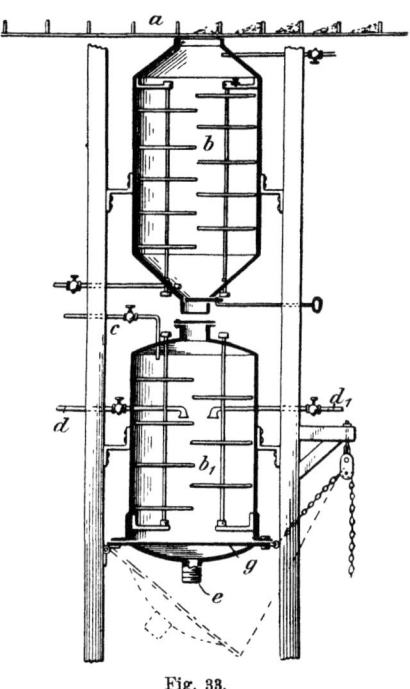

Fig. 33.

Retortenanordnung beseitigt ist. Solange nicht eine brauchbare Konstruktion einer drehbaren Retorte ersonnen ist, mit der in einem gewissen Zeitraume eine um so viel höhere Ausbeute erzielt wird, daß damit die höheren Beschaffungskosten gedeckt werden können, wird die Anordnung von Gardner — und natürlich auch die verschiedenen Abänderungen, die davon bestehen — sich als die beste unter gewöhnlichen Verhältnissen erweisen.

Mallonee gibt als Grund für die Anordnung von Rührvorrichtungen in seiner Retorte unter anderem an, daß damit die Ausbeute nicht nur beträchtlich vergrößert, sondern auch die zur Destillation erforderliche Zeit bedeutend verringert wird. Dazu eignet sich jedoch eine senkrecht angebrachte Rührwelle mit Flügeln viel besser, als eine wagerechte. Bei der Behandlung von Sägemehl jedoch, das sich nicht leicht durchrühren läßt, hat noch keine Rührvorrichtung völlig zufriedenstellende Ergebnisse gezeigt.

Die Fig. 33 zeigt die Retortenbauweise und -anordnung. Man verwendet jedoch in der Praxis meist nur eine Retorte und ersetzt die obere oft durch einen gewöhnlichen Kasten.

Die Fördervorrichtung a bringt das zerkleinerte Holzzeug und das Sägemehl ununterbrochen heran und läßt es in den oberen Kasten fallen, wo sich die zu einer Beschickung erforderliche Menge während der in der unteren Retorte vor sich gehenden Behandlung der vorhergegangenen Be-

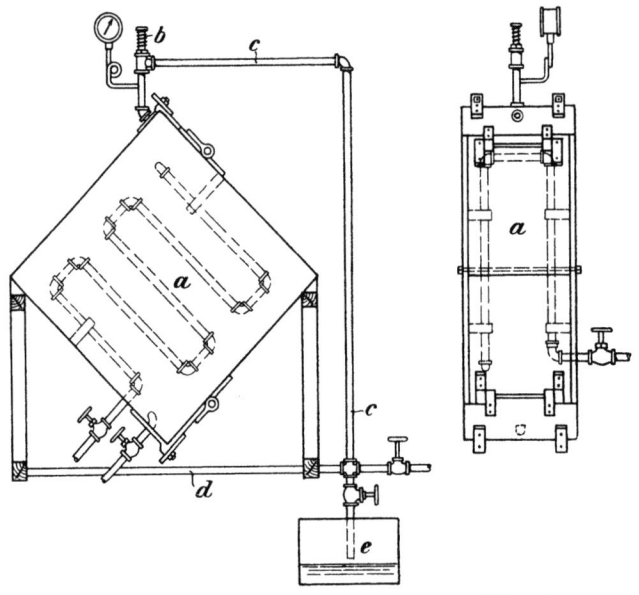

Fig. 34.   Fig. 35.

schickung aufspeichert. Ist die untere Retorte zur Aufnahme einer neuen Füllung bereit, so öffnet man ihren oberen Stutzen und den Entleerungsschieber des Kastens oder der oberen Retorte und läßt das Rohmaterial nach unten fallen, schließt die Retorte wieder und bläst, während die Rührvorrichtungen in Tätigkeit gesetzt werden, durch die Leitungen c, d und d_1 Dampf ein. Die Destillate gehen durch das Rohr e, das von dem falschen Boden g vor Verstopfung geschützt ist, nach dem Kühler.

Ist das Öl sämtlich aus dem Rohstoff abdestilliert, so entleert man den Rückstand einfach durch Herunterlassen des Retortenbodens. Dieser Rückstand trocknet schnell und kann als Feuerungsmaterial verwendet werden.

Verfahren nach James. — Bei diesem Destillationsverfahren besteht die Retorte, wie aus den Fig. 34 und 35 ersichtlich ist, aus einem rechteckigen Kasten, der auf einer der schmalen Kanten steht. An den beiden großen Seitenwänden ziehen sich Dampfschlangen im Zickzack hin und her; direkter Dampf wird an der tiefsten Stelle eingeblasen. An den Schmalseiten befindet sich oben die Einfüllöffnung und unten die Entleerungsklappe. Die Destillation wird unter Druck ausgeführt und die Destillate entweichen durch das vorgesehene Entlastungsventil b und die Leitung c.

Diese Retorte hat eine ganz ungeeignete Form, um inneren Druck widerstehen zu können. Man hat deshalb, um dem Ausbeulen der Seitenwände vorzubeugen, Stehbolzen vorgesehen. Das Verfahren besitzt im

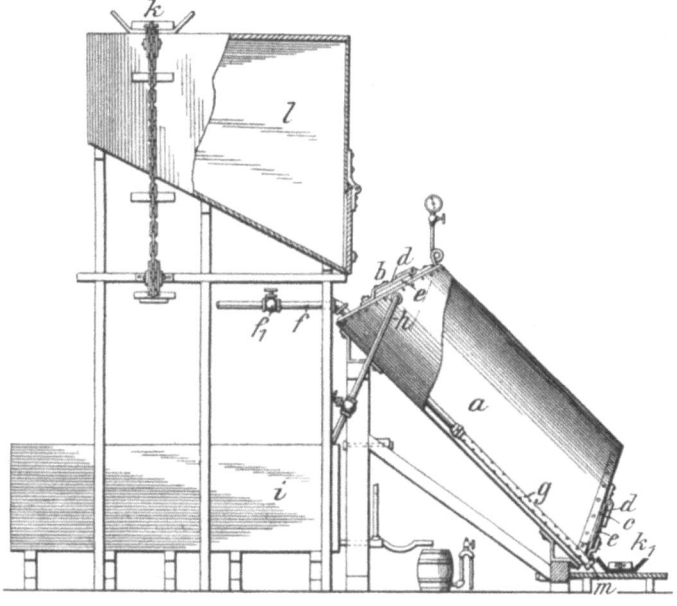

Fig. 36.

übrigen alle schon bei anderen gekennzeichneten Nachteile. Um weniger Kühlwasser nötig zu haben, wird es durch die Leitung d unmittelbar in die Dämpfeleitung c eingeführt. Doch dafür würde ein einfacher Einspritzverflüssigungskühler viel geeigneter sein.

Verfahren nach Fiveash und Leonard. — Hier begegnen wir dem Gardnerschen Gedanken in anderer Form und ohne Rührvorrichtung. Statt senkrecht steht die Retorte geneigt, wie aus Fig. 36 hervorgeht, hat aber sonst auch wieder die druckwiderstandsfähigere Zylinderform. Die Böden bilden mit der Achse des Zylinders keine rechte, sondern spitze beziehungsweise stumpfe Winkel, der untere Boden kommt dadurch in eine mehr senkrechte, der obere in eine mehr wagerechte Lage. Da keine Rührvorrichtungen vorgesehen sind, mußte man möglichst darauf sehen, tote Räume, in die der Dampf nicht eindringen kann, fortzuschaffen. Im oberen Boden befindet sich die Beschickungsöffnung b und im unteren die Entleerungsöffnung e. Zur dampfdichten Abdichtung der diese Öffnungen verschließenden Klappen d hat man die letzteren mit einem Ringe aus Blei oder dergleichen bekleidet. Man vergleiche hierzu die in Fig. 37 in Vorderansicht und teilweisem Schnitt wiedergegebenen Einzelheiten. Das Dampfeinblaserohr f mit dem Ventil f_1 ist nur in der unteren Hälfte g durchlöchert, damit der Dampf die ganze Holzmasse von unten nach oben durchstreichen muß, ehe er mit dem abdestillierten Öle durch das Rohr h nach dem Kühler i übergehen kann. Das Dampfrohr ragt durch den unteren Boden hindurch und ist von außen mit einer aufgeschrobenen Kapsel m verschlossen.

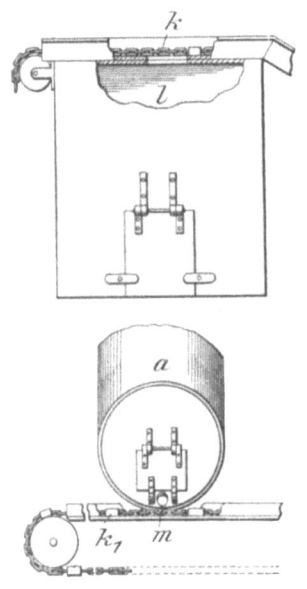

Fig. 37.

Das zu entölende Rohmaterial, nämlich Abfälle aus Sägemühlen, Sägemehl und Hobelspäne — oder auch zerschliffenes Holz — wird direkt von der Mühle ständig durch die Fördervorrichtung k herangebracht und in dem Kasten l aufgespeichert. Die Konstruktion der Fördervorrichtungen k und k_1 — die letztere dient zum schnellen Fortschaffen des in der Retorte erschöpften Holzzeuges — geht klar aus den Figuren hervor.

Man arbeitet mit dieser Apparatur genau so, wie mit der Gardnerschen.

Obwohl diese Einrichtung im allgemeinen allen gewöhnlichen Ansprüchen genügen wird, so ist doch das Fehlen der Rührvorrichtung in vielen Fällen, besonders, wenn es sich um die Bearbeitung von Sägemehl handelt, ein Mangel. Die Holzbeschickung schrumpft bald zusammen — sie „sackt" sich — und es bildet sich dann über ihr, an der oberen Mantelseite entlang, ein Gang, den der Dampf stets als Ausweg vorziehen wird.

Verfahren nach McMillan. — Dem Bestreben, daß erschöpfte Rohmaterial sofort nach der Beendigung der Abdestillierung des Terpentins schnell aus der Retorte entfernen zu können, verdankt die in Fig. 38 dargestellte Retorte ihre Konstruktion. Innerhalb der allseitig geschlossenen, aufrecht stehenden Retorte ist ein an Stellschrauben hängender Zylinder J vorgesehen, der aus mehreren durch die Bolzenschrauben L aneinander drückbaren Teilen besteht. Das der Destillationsarbeit zu unterwerfende zerschliffende Holz, Sägemehl oder die Sägespäne wird durch die Leitung D in den inneren Zylinder gefüllt und dann der Einwirkung des durch A eingeblasenen Dampfes unterworfen. Die Destillationsdämpfe gehen durch die Leitung E nach dem Kühler und das ausgeschmolzene Harz wird durch die Leitung R im Boden der Retorte abgezogen, die durch einen darüber angeordneten durchlöcherten Boden vor Verstopfung geschützt ist.

Ist sämtlicher Terpentin abgetrieben, so werden alle Ventile geschlossen und die einzelnen Wandungsteile des inneren Zylinders durch Herausdrehen der Bolzenschrauben L geöffnet. Die Holzmasse fällt darauf auf den falschen Boden der Retorte, von wo sie mittels Dampfes oder Luft, durch A und A' eingeblasen, durch die Ausblaseleitung B entfernt werden kann, nachdem zu diesem Zwecke der in B vorgesehene Schieber geöffnet ist.

Während des Dämpfens schwellt das Holz immer etwas an, es ist in diesem Zustande dann nicht leicht aus der Retorte zu entfernen. Dem ist bei dieser Retortenkonstruktion in sinnreicher Weise Rechnung getragen. Führt man die Destillation in einer Retorte mit Rührvorrichtungen aus — und um die besten Ausbeuten zu erzielen, sollte man das —, so besteht jedoch diese Schwierigkeit beim Entleeren des Rückstandes nicht, denn die Rührarme lockern das Material stets so weit auf, daß es leicht von selbst aus einer ganz gewöhnlichen Retorte, wie zum Beispiele der Gardnerschen, herausfällt.

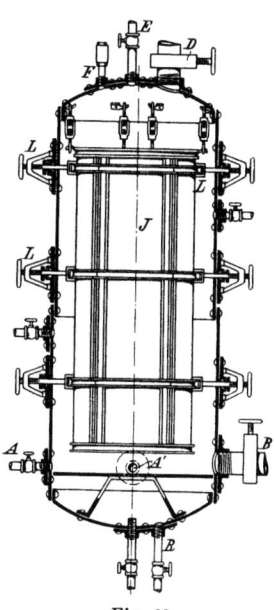

Fig. 38.

Bei dem Dampfdestillationsverfahren ist für die wirtschaftliche Balanzierung eines praktischen Unternehmens nur ein ganz geringer Spielraum gelassen. Deshalb müssen vor allen Dingen die einzelnen Apparate so einfach und so billig als möglich hergestellt werden; das ist der Gesichtspunkt, unter dem die Gardnersche Retorte wie auch die in den Fig. 36 und 37 dargestellte Anlage konstruiert wurde. Die McMillansche Retorte ist viel zu teuer, zumal die Einrichtung keinen Einfluß auf eine bessere Ausbeute hat. Was durch das mechanische Ausblasen des erschöpften Holzzeuges an Zeit gewonnen wird, geht zum Teil wieder durch die zum Öffnen und Schließen der einzelnen Zylinderteile erforderliche Handarbeit — es handelt sich um das Zurückziehen und nachherige Wiedereinschrauben von mindestens 12 Schrauben — verloren.

In den Fig. 39 und 40 sind zwei photographische Aufnahmen aus einem Dampfdestillationsbetriebe wiedergegeben, wo nach dem Krugschen Verfahren gearbeitet wird. In der ersten Abbildung sieht man auf die Vorderseiten der Retorten und in der zweiten auf die Rückseiten, mit den Terpentinverflüssigungskühlern davorstehend.

Kombinierte Dampf- und Trockendestillationsverfahren und Trockendestillations- oder Verkohlungsverfahren.

Zwei Arten der trockenen Destillation von Holz sind im Gebrauch, bei der einen wird Dampf zur vorherigen Abdestillierung des Terpentins verwendet, bei der anderen kommt überhaupt kein Dampf zur Anwendung. Anlagen, die nur für die letztere Art der Destillationsarbeit eingerichtet sind, können leicht zu der ersteren Art mit verbundener Dampfdestillation umgewandelt werden, indem man nur ein Dampfeinblaserohr anzulegen braucht. Die Zusammenfassung beider Verfahren in einem Abschnitte ist deshalb zweckmäßig.

Die Anwendung von Dampf bei der trockenen Destillation ist vielfach als schädlich für das gewonnene Öl und auch als ein die Destillationszeit verlängerndes Mittel erachtet. Dem steht jedoch die Tatsache gegenüber, daß man in den meisten Anlagen unter Zuhilfenahme von Dampf besseres Öl und auch im ganzen bessere Ergebnisse erzielt.

Die Dampfdestillation mit nachfolgender Verkohlung würde ein wahrhaft ideales Verfahren sein, stände dem nicht das eine Hindernis im Wege, daß der Dampf in der gewöhnlichen Zeit nicht sämtlichen Terpentin aus Holz in Form von Klötzen oder Scheiten heraus zu holen vermag, ohne dabei die Holzfaser in Mitleidenschaft zu ziehen. Läßt man den Dampf dagegen lange genug auf das Holz einwirken, so kann man auf diese Weise auch aus größeren Holzstücken sämtlichen Terpentin abtreiben, das ist genügend bewiesen, insbesondere mit zersägtem Knüppelholz. Wird das Holz aber zerschliffen, so würde der Dampf zwar das Öl ohne weiteres herausholen, wie wir das bei den Dampfdestillationsverfahren gesehen haben, allein das Holz wäre für die nachfolgende Verkohlung verdorben, und ohne Erzeugung einer leicht verkäuflichen Holzkohle kann sich eine Verkohlungsanlage einmal nicht bezahlt machen.

Die Verkohlung von Sägemehl stellte sich bis vor kurzem als ziemlich schwierig heraus, die feine Holzmasse verkohlt leicht an der Retortenwandung, die Wärme kann jedoch nicht bis zur Mitte der Retorte, selbst wenn die letztere nur einen geringen Durchmesser hat, durchdringen. Besondere Retortenbauweisen, auf die wir später näher eingehen werden, überwinden diese Schwierigkeit; die aus der Destillationsarbeit hervorgehende feine Kohle muß sich aber zu einem guten Preise absetzen lassen,

Fig. 39. Eine Dampfdestillationsanlage, in der nach dem Krugschen Verfahren gearbeitet wird. Blick auf die Beschickungsenden der Retorten.

Fig. 40. Eine Dampfdestillationsanlage, in der nach dem Krugschen Verfahren gearbeitet wird. Blick auf die Rückseiten der Retorten und die Verflüssigungskühler.

soll sich eine solche Anlage bezahlt machen. Die Verdichtung des Kohlenstaubs zu Kohlenziegeln oder -blöcken mag viel dazu beitragen, wenn man ein geeignetes Bindemittel findet.

Aber solange eine solche Anlage nicht ihre wirtschaftliche Lebensfähigkeit beweist — wir werden noch eine ganze Anzahl solcher und ähnlicher Anlagen näher zu betrachten Gelegenheit finden, die mit ihren zum Teil sinnreichen Einrichtungen und trotz der versprechensten Aussichten sich auf die Dauer nicht halten konnten —, solange kann als Hauptbedingung bei den nun eingehender zu betrachtenden Destillationsanlagen gelten, daß sie in unmittelbarer Nähe nicht nur einer Quelle harzreichen Holzes, sondern auch eines guten Marktes für die Holzkohle gelegen sein müssen. Ungeeignete Lage war die Ursache des Mißlingens vieler Unternehmungen in dieser Industrie. Hat aber eine solche Anlage eine günstige Lage, so sind diese Destillationsverfahren im allgemeinen viel wertvoller und aussichtsreicher, als das Dampfdestillationsverfahren für sich allein, weil bedeutend mehr wertvolle Produkte dabei gewonnen werden, während nur billiger, sonst unbrauchbarer Holzabfall als Feuerungsmaterial zur Verwendung zu kommen braucht. Ein Verfahren, bei dem das Holz nutzbar gemacht werden kann, ohne daß man einen Teil davon zum Speisen der Feuerungen der Anlage zu gebrauchen hat, wäre in der Tat das wünschenswerteste Verfahren. Ob es überhaupt möglich ist, bleibt dahingestellt. Bei dem Dampfdestillationsverfahren mag sich die Verwendung des Holzrückstandes zur Herstellung von Alkohol, Oxalsäure oder möglicherweise Zellulose als eine zufriedenstellende Lösung des Problems erweisen.

Je nachdem, ob bei den nachfolgenden Verfahren liegende oder stehende Retorten zur Verwendung kommen, werden wir sie in zwei Abteilungen gruppieren.

1. Liegende Retorten.

Das Wheelersche Verfahren zur Gewinnung der Öle aus Nadelholz wurde im Jahre 1870 durch Patent geschützt. Fig. 41 zeigt die Anlage mit den später hinzugefügten Verbesserungen.

Das Übersteigrohr I saß ursprünglich oben in der Mitte der Retorte und wurde erst später in die dargestellte Lage gerückt. Der Dampf wird durch die Leitung e in die Retorte A eingeblasen; die abdestillierten Terpentindämpfe gehen durch I nach der mit heißer Kalkmilch angefüllten Vorlage O und von da nach dem Kühler V. Die schweren Kreosotdämpfe dagegen werden durch die Leitung K nach dem Kühler R geführt und die flüssigen Destillate sammeln sich in dem Gasabscheider T an. Die in dem Rohre K etwa verdichteten schweren Teerdämpfe fließen durch die Leitung Y abwärts, durch die später, wenn die Rohrleitungen K und I abgesperrt sind, die von dem Rohr H vom Boden der Retorte abgeführten unverdichtbaren Gase und die gebildeten schweren Dämpfe hochziehen und nach dem Kühler R gelangen können. Die beständigen brennbaren Gase werden in einem Gasbehälter aufgefangen.

Zu Beginn der Destillationsarbeit wird die Retorte während 3 bis 4 Stunden langsam geheizt und mittels schwachen Feuers auf einer sehr niedrigen Temperaturhöhe gehalten. Gleichzeitig wird Frischdampf eingeblasen und der Terpentin übergetrieben. Die Dampfzufuhr und das Terpentinübersteigrohr werden dann abgesperrt und die Temperatur während der nächsten zwei Stunden auf 230° C. gehalten; die dabei gebildeten Dämpfe gehen durch K und die verflüssigten Produkte trennen sich von den mitgeführten Gasen in T. Danach wird die Vorlage zum Auffangen der Destillate ausgewechselt und die Temperatur der Retorte gesteigert. Die zwischen 300° und 400° C. gebildeten Dämpfe gehen ebenfalls durch K zum Kühler. Diese Heizperiode dauert weitere 6 Stunden. Nachdem das Ventil k geschlossen und die Leitung H geöffnet ist, gehen die Gase zusammen mit dem Teerauslauf, der etwa eine Stunde anhält, durch H.

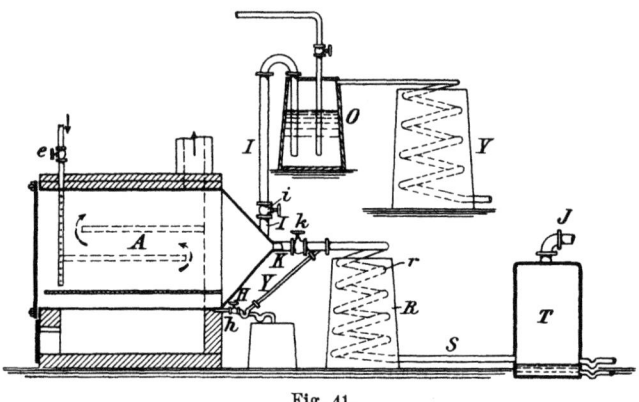

Fig. 41.

Da die Retorte nur verhältnismäßig klein ist — sie hält ungefähr $3^1/_2$ Raummeter —, wird sie trotz der hohen Temperatur nicht so stark mitgenommen, als das bei einer größeren der Fall sein würde. Die bei diesem Verfahren durchgeführte getrennte Auffangung der Destillate werden wir auch bei späteren Verfahren wieder antreffen.

Das Wheelersche Verfahren war nicht das erste, aber die vor ihm aufgekommenen haben nicht solche Bedeutung, daß sie hier beschrieben werden müßten.

Erwähnt wurde bereits im I. Kapitel das Verfahren von Stanley, es kam aber erst nach Wheeler auf. Die Apparatur wurde an die Spiritine Chemical Company verkauft, die sie, entsprechend dem noch zu beschreibenden Verfahren von Hansen, verbesserte.

Verfahren nach Messau. — Dieses Verfahren ist insofern von Interesse, als bei ihm bereits zwei Züge auftreten, auf die wir noch öfter hinweisen werden: 1. die Überhitzung des angewendeten Dampfes und 2. die Einführung von Luft direkt in die Beschickung.

In der Fig. 42 stellt A die Retorte dar. Sie ist aus Kesselblech und mit einer Neigung nach hinten hergestellt, die das Ausfließen der flüssigen Teerprodukte am hinteren Retortenende und die Entleerung der Holzkohle erleichtert. Der Boden ist gänzlich vor Berührung mit Heizgasen geschützt, die im Zickzack nur an den Seitenwänden entlang streichen. Das über dem Retortenboden liegende Holz kann natürlich nicht völlig durchkohlen. Um das aber zu erreichen, bläst man, nachdem der Abtrieb der flüchtigen Stoffe nahezu beendet ist, durch die Leitung G etwas Luft in die Beschickung, mit der die schweren Pechrückstände verbrennen. Die Verkohlung wird dadurch vervollständigt. Auf dieses Hilfs-

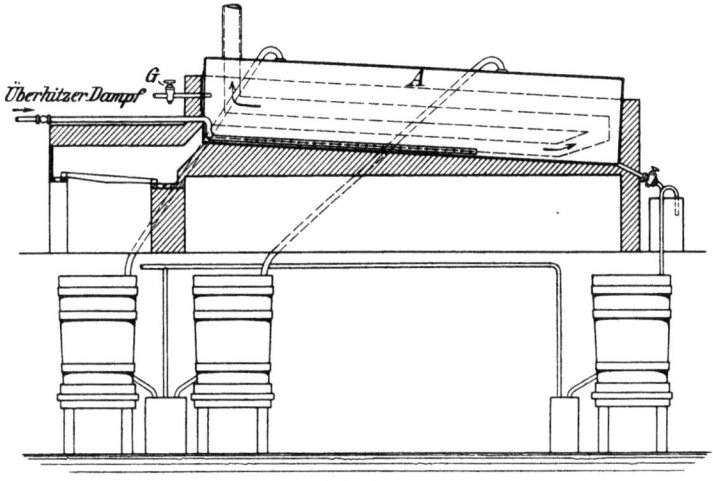

Fig. 42.

mittel hat man auch später immer zurückgegriffen, wo je flache, unbeheizte Retortenböden die völlige Durchkohlung während des Abtriebs verhinderten.

Die Destillationsarbeit vollzieht sich im übrigen wie bei den vorhergehenden Verfahren: der Terpentin wird bei niedriger Temperatur abdestilliert, dann kommen die Teeröle, und der Teer selbst wird im flüssigen Zustande abgezogen.

Bei einer Abänderung dieses Verfahrens kommt eine bienenkorbähnliche, aus Ziegelsteinen aufgebaute Retortenkammer in Anwendung.

In Deutschland wurde im Jahre 1881 dem Grafen zur Lippe ein Verfahren zur Verkohlung mit überhitztem Dampfe geschützt, bei dem das Verkohlungsgut auf 2 bis 3 Raummeter fassende Wagen in die Retortenkammer geschoben wurde. Die Verkohlungszeit dauerte 10 bis 12 Stunden.

Verfahren nach Hansen und Smith. — Die dabei zur Anwendung kommende Retortenbauweise ist in der Laubholzdestillationsindustrie unter dem Namen Doppelender bekannt, weil unter jedem

Retortenende eine Feuerungskammer vorgesehen ist. Ursprünglich war das Verfahren hauptsächlich für die Gewinnung von Holzkreosot bestimmt, das damals zum Tränken von Bauhölzern gebraucht wurde.

Die Konstruktion und Einmauerung der Retorte ist aus den Fig. 43 und 44 ersichtlich. Man machte sie ungefähr 9 Meter lang mit einem Fassungsraum für 20 Raummeter Holz, das auf Wagen eingefahren wurde.

Die auf den Rosten unter beiden Enden der Retorte erzeugten Feuergase streichen unter die Gewölbekappe a_1 hin, die die Retorte vor der direkten Berührung mit den Flammen schützt, ziehen durch die am hinteren Ende jeder Feuerungskammer an beiden Seiten vorgesehenen Öffnungen a_2 und werden dann von den eingeschobenen Zwischenwänden b_2 im Zickzack an den Retortenwänden entlang zum Schornsteine b_3 geführt. Die Destillationsprodukte entweichen oben durch das in der Mitte vorgesehene Rohr f.

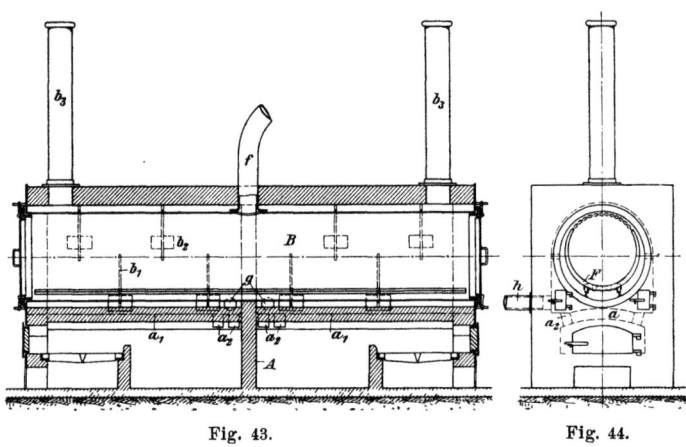

Fig. 43. Fig. 44.

Ist die Beschickung vollständig verkohlt, so werden die Feuer gelöscht und der Heizraum und die Retorte mittels kalter, durch das Rohr h eingeblasener Luft gekühlt (man vergleiche hierzu, was weiter unten über die Verwendung von Retortenwagen ausgeführt ist).

Verfahren nach Koch. — Es bestehen mehrere Anlagen, die nach diesem Verfahren arbeiten; sie sind sämtlich in derselben Weise gebaut. Aus dem einen oder anderen Grunde haben sie sich aber fast alle als mißlungene Unternehmen erwiesen. Die Hauptursache scheint dabei in der verwendeten Holzart zu liegen, die nur eine geringe Ausbeute lieferte; und ungünstige Marktverhältnisse taten das ihrige.

Bei dieser Einrichtung treten zwei Züge auf, die beide einen erheblichen Einfluß auf die Betriebskosten ausüben: nämlich der Einbau eines vollen Gewölbebogens zum Schutze der Retorte, und dann die Anwendung von völlig geschlossenen Wagen. Bedeutend höherer Brennstoffverbrauch ist die Folge. Während der letzten, intensive Wärme erfordernden

Destillationsperiode geht ein zu großer Teil der aufgewendeten Wärme in den Schornstein über. Die Gewölbekappe schützt in wirksamer Weise den Retortenboden und ist von großem Werte bei großräumigen Retorten und an solchen Plätzen, wo das Feuerungsmaterial billig ist. Die Verwendung von Wagen gestattet im allgemeinen ein zeitersparendes Beschicken und schnelles Ziehen der fertigen Kohle. Man hat jedoch in Anlagen, wo Wagen dieser Konstruktion in Anwendung waren, gefunden, daß das Holz nicht gleichmäßig erwärmt wurde; in einigen Teilen ist es bereits mehr als verkohlt, während in anderen erst noch der Terpentin abdestilliert. Werden die Abmessungen der Züge in besseren Verhältnissen gewählt und die Wagen, statt aus dickem Vollblech, gitterartig aus gutem Flach- und Winkeleisen gebaut, so wird sich die Heizung zweifellos besser durchführen lassen. In allen Fällen sollte man aber dort, wo Wagen in Anwendung kommen, Holzkohlenkühler vorsehen, um wirklichen Nutzen von dem Gebrauche der Wagen zu haben.

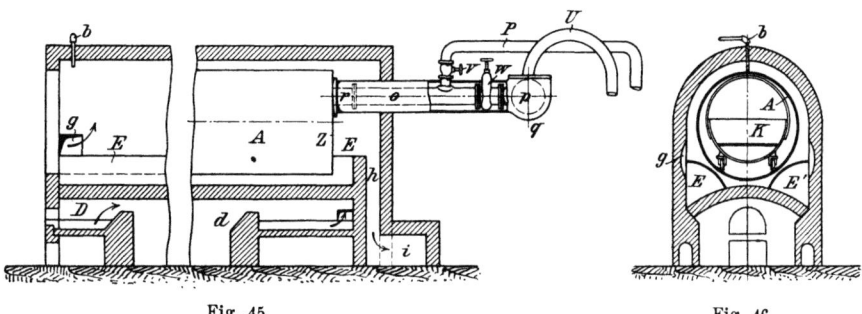

Fig. 45. Fig. 46.

Aus den Fig. 45 und 46 geht die Retortenkonstruktion und die Art der Einmauerung hervor. Die Retorte kann von verschiedener Länge sein und die Destillationsarbeit damit gestaltet sich in der folgenden Weise. Das Holz wird auf Wagen K eingebracht, die Retortentür wieder luftdicht verschlossen und ein Feuer auf dem Roste D entzündet. Die Feuergase streichen unter dem Gewölbebogen hin nach dem Hinterende, gelangen dann durch die angedeuteten Öffnungen in die beiden seitlichen Feuerzüge E, E' (Fig. 47) und strömen wieder nach dem Vorderende zurück, wo sie durch die schlitzartigen Kanäle g in den die Retorte A direkt umhüllenden Heizraum sich ergießen und darin nochmals nach hinten ziehen. Durch den Fuchs i strömen sie schließlich in den Schornstein über.

Ist diese Feuerung und Einmauerung in den richtigen Verhältnissen konstruiert, so würde sie ihren Zweck sehr gut erfüllen. Bei der Verwendung von Öl als Feuerungsmaterial wird man jedoch die Erfahrung machen, daß bei starker Feuerung die Rückwand der Züge sehr leicht einfällt, eine Gefahr, die man bei Holzfeuerung dagegen nicht zu fürchten hat.

Ist die Retorte bei Beginn der Heizung genügend warm geworden, so wird erst der Terpentin mittels überhitzten Dampfes, der durch b eingeblasen wird, abgetrieben. Danach wird die Destillation bis zur Verkohlung durch äußere Beheizung allein fortgesetzt und beendet. Die Dämpfe entweichen durch r. Der Schieber W in der Übersteigleitung ist während der Terpentinabtreibung geschlossen, die Terpentindämpfe gehen dann durch das Rohr P nach dem Terpentinverflüssigungskühler. Ist diese Vordestillation beendet, so wird das Ventil V geschlossen und W geöffnet. Die schweren Dämpfe gehen durch die Vorlage p und dann mit den unverdichtbaren Gasen durch U nach dem Teerkühler und Gasabscheider. Um einer Verkokung der schweren Teerablagerungen vorzubeugen, ist nicht nur die Vorlage p, sondern auch das Rohr o mit einem Wassermantel umgeben.

In der Praxis hat man sich bald veranlaßt gesehen, den Übersteigstutzen r von oben, wo er vorher mit einem Kreuzstück an das Rohr o angeschlossen war, an die Rückwand Z der Retorte zu verlegen. Der Wassermantel ist dabei bis an die Rückwand der Retorte herangeführt. Auf diese Weise hat man es erreicht, daß die Bildung und Verkokung einer Teerablagerung im Übersteigrohre nicht mehr auftreten kann. Bei manchen Ausführungen hat man auch — was nur empfohlen werden kann — am vorderen Ende des Retortenbodens ein Ausflußrohr für das aus dem Holz ausschmelzende Harz und den sich gleich in der Retorte wieder verflüssigenden Teer angebracht; diese Produkte brauchen dann nicht verdampft zu werden.

Wie schon ausgeführt wurde, könnte man unter den geeigneten Bedingungen mit einer solchen Anlage in befriedigender Weise die Destillation von Holz durchführen, wenn sie mit den richtigen Abmessungen gebaut ist. Mit der jetzigen Bauweise ist ein beträchtlicher Feuerungsmaterialverbrauch verbunden.

Retortenwagen wurden in der Laubholzdestillationsindustrie schon angewandt, ehe dieses Verfahren aufkam. Auch schon bei der Retorte von Hansen und Smith haben wir ihre Anwendung kennen gelernt. Wie diese Wagen in einzelnen gebaut sein sollen, darüber werden wir weiter unten noch etwas auszuführen haben.

In der Laubholzdestillationsindustrie hat man kleine Retorten mit großem Erfolge angewandt. Zur Destillation von Nadelholz eignen sie sich natürlich ebenso gut. Eine der erfolgreichsten Anlagen im Süden der Vereinigten Staaten, wo man nach dem trockenen Destillationsverfahren arbeitet, besteht aus einer Reihe solcher Retorten.

Badgleys und Inderlieds Verbesserungen für den Einbau und die Lagerung von Retorten. — Kleine Retorten baut man oft zu Paaren ein und legt die gemeinsame Feuerung dazwischen. Um dabei dem Mauerwerke genügenden Halt geben zu können, konstruierte Badgley die in den Fig. 47 und 48 erläuterte Einmauerungsweise. Gegen die Vor-

und Rückwand wird je eine umgekehrte gußeiserne Gabel gelegt, die durch vier lange, den ganzen Ofen durchziehende Spannschrauben verbunden und in ihrer Stellung gehalten werden. Der Gewölbebogen a über dem Feuerungsraume ist jetzt zwischen die vordere und hintere Gabel fest eingespannt und erhält so einen guten Halt. Der Länge nach das Mauerwerk durchziehende, die Vorder- mit der Rückwand verbindende Spannschrauben sind auch noch im übrigen Teile des Mauerwerks vorgesehen.

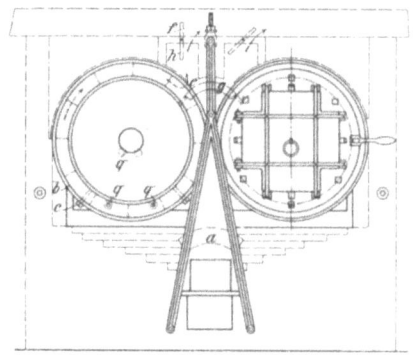

Fig. 47.

Die Retorten sind so gelagert, daß sie nicht nur gedreht, sondern auch, wenn sie gänzlich abgenutzt sind, herausgenommen werden können, ohne daß zu diesem Zwecke die Einmauerung oder ein Teil davon niedergerissen zu werden braucht. An den Stellen, wo die Feuerungswärme am unmittelbarsten einwirkt, bekommt die Retorte bald Beulen und brennt mit der Zeit durch. Läßt sie sich aber rechtzeitig drehen, so kann man die Retorte nahezu gleichmäßig abnutzen, indem man immer wieder neue, noch widerstandsfähige Stellen des Mantels in die heißeste Gegend bringt.

Vorn liegt die Retorte in dem gußeisernen Ringe b, der unten mit einem breiten, rechteckigen Fuße das Gewicht auf das Mauerwerk überträgt. Der Ring ist um einen beträchtlichen Teil größer im Durchmesser als die Retorte, dieser Zwischenraum wird mit feuerfesten Ziegeln ausgefüttert.

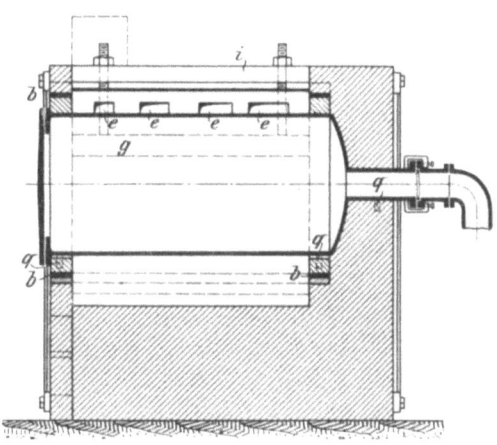

Fig. 48.

Die Retorte selbst liegt auf den beiden Bolzenschrauben c, mittels denen sie fest gegen den inneren Rand der oberen Hälfte des Futters gepreßt und in dieser Stellung gehalten wird. Will man sie drehen, so löst man die Schrauben so weit, bis die Retorte auf die aus Antifriktionsmetall hergestellten Rollen q zu liegen kommt, worauf die Drehung leicht auszuführen ist. Außer diesen beiden vorderen in dem Steinfutter liegenden Rollen sind einmal am hinteren Ende zwei weitere, genau so untergebrachte und dann aber noch unter dem in der Rückwandsmitte befestigten Übersteigstutzen zwei Rollen vorgesehen.

Um die Retorte auszuwechseln, braucht man nur das Schamottesteinfutter zu entfernen und erhält damit Raum genug zum Herausziehen, selbst wenn die Retorte bedeutend geschwollen ist. Die Feuerungsgase nehmen den durch punktierte Pfeile angedeuteten Verlauf, erst unter die Retorte her, dann darüber hin und schließlich durch die kleineren länglichen Öffnungen e in den Sammelzug h, der der Länge nach sich seitlich über die Retorten hinzieht. Der Durchgang von diesem Zuge nach dem Fuchs, der quer auf dem Retortenmauerwerke liegt, wird durch Drosselklappen f geregelt. Mit Hilfe dieser Drosselklappen kann man auch die Heizgase von einer Retorte nach der anderen ablenken. Die in den Zug h führenden länglichen Öffnungen e werden nach dem Hinterende der Retorte zu allmählig größer, wodurch die Heizgase vom vorderen Retortenende nach hinten abgelenkt werden.

Der Bogen g, der an dem eisernen Träger i hängt (vergleiche Fig. 48) und an der dem Feuer ausgesetzten Unterseite mit feuerfesten Ziegeln ausgefüttert ist, reicht nicht ganz bis an die Retortenwandungen heran, sonst würde entweder die Retorte mit ihren Beulen nicht zu drehen sein, oder der Bogen müßte bei diesem Versuche zerbrechen. Zur Ausfüllung des dadurch entstandenen Schlitzes dienen zwei schmale, über die ganze Retorte sich hinziehende Klappen, deren drehbare Zapfen ins Mauerwerk zu liegen kommen und von außen bedient werden können. Diese Klappen geben beim Drehen der Retorte ohne weiteres nach, fügen sich der jeweiligen Retortenweite und Form an und versperren den Heizgasen den Rückzug in den Feuerungsraum.

Wie aus der Figur ersichtlich, kann man die Tür nach einer erfolgten Drehung der Retorte durch Versetzen der Angelbolzen stets wieder so anbringen, daß sie sich in einer wagerechten Ebene dreht.

Die Inderliedsche Retorte ist bedeutend einfacher im Einbau, sie liegt vorn auf zwei Rollen, hinten auf Kugeln und besitzt einen eigenen Feuerraum ohne Schutzgewölbe, so daß also selbst die Flammen die Retortenwandung treffen können.

Baut man die Retorten, statt zu Paaren, einzeln in eine besondere Einmauerung, so erhöht das zwar die Anlagekosten, man kann dabei aber die Destillationsarbeit in jeder Retorte bedeutend besser überwachen, was bei der Verarbeitung von Nadelholz ein nicht zu unterschätzender Vorteil ist.

Retortenbauweise nach Chapman mit Feuerungseinrichtung für Sägemehl und dergleichen Feuerungsmaterial. — Will man Nadelholz im großen in Retorten mit beträchtlichen Fassungsräumen destillieren, so würden dazu sich die in der Laubholzdestillationsindustrie mit Erfolg angewandten großräumigen Retorten in gleicher Weise eignen. Gewöhnlich werden sie mit Naturgas- oder mit Ölfeuerung beheizt. Mit der

Feuerungseinrichtung von Chapman kann man jedoch auch Sägemehl und ähnliche Holzabfälle dazu verwenden.

Die Konstruktion geht aus Fig. 49 hervor. Diese Retorte stellt ebenfalls einen sogenannten Doppelender dar, das heißt, an jedem Ende ist eine Feuerungskammer vorgesehen. Der Boden der Eisenblechretorte ist durch einen durchlöcherten Ziegelbogen E geschützt. Ein Teil der Feuergase, nicht aber die Feuerungsflamme, geht durch die Löcher e, die größere Menge jedoch streicht unter den Bogen hin und windet sich unter den Querbogen E_1 hindurch in den Retortenheizraum. Sind die Löcher zu groß, so gehen auch die Flammen mit hindurch und brennen ein Loch in den Retortenboden. Die für die Feuerung bestimmten Holzabfälle werden ständig durch die senkrechte Öffnung e über der Rostmitte zu-

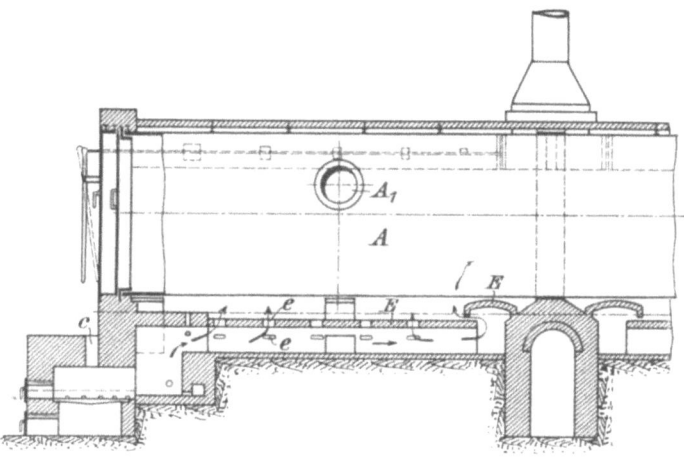

Fig. 49.

sammen mit der zur Verbrennung erforderlichen Luft zugeführt. Das Feuerungsmaterial verbrennt also von oben nach unten. Die Destillationsdämpfe entweichen durch die seitlichen Öffnungen A_1.

Diese Retorten haben in der großen Holzdestillationsanlage der Algona Steel Company in Sault Ste. Marie (Canada) Anwendung gefunden, wo zwanzig davon in täglichem Betriebe sind. Die Retorten bestehen dort aus 9,5 Millimeter starkem Kesselblech und haben bei einer Breite von 2 Meter und einer Höhe von 2,5 Meter eine Länge von 14 Meter. Die Anordnung der Doppeltüren an jedem Retortenende geht aus der Fig. 49 hervor. Jede Retorte hat ihren eigenen Schornstein und eigenen Kupferkühler. Die Abfälle der Sägemühle werden bei dieser Anlage mittels einer an jedem Retortenende vorgesehenen Kettenfördervorrichtung in Kästen, die auf einem höheren, von den Retortenabdeckungen gebildeten Stockwerke stehen, gehoben und gleiten von da durch eine am oberen Ende in Angeln hängende Rinne, die vor den Retortentüren her nach unten führt und während der Beschickung der Retorte durch Hochklappen aus dem Wege geschafft werden kann, direkt in die Speiseöffnungen der Feuerungen hinunter. Die unverdichteten brennbaren Destillationsgase werden zusammen mit dem Teer zur Heizung der Kesselanlage (1500 Pferdestärken) verwendet. Jede Retorte faßt 4 Wagen, von denen jeder 7 Raummeter trägt. Die Wagen sind mit ganz niedrigen Rädern versehen und bestehen oben aus Gitterwerk. Die ganze Anlage verarbeitet täglich über 600 Raummeter Laubholz, die Destillationszeit beträgt 18 bis 20 Stunden und der Betrieb geht nahezu ununterbrochen vor sich. Zum Abkühlen der Kohle sind hinter jeder Retorte zwei Kühler vorgesehen, so daß sie beinahe 48 Stunden kühlen kann. Das Ziehen der Wagen und das Beschicken erfolgt mechanisch mittels Seilgetriebe.

Für Nadelholzdestillation müßten diese Retorten mit geeigneten Dampfeinblaseröhren ausgestattet werden; im übrigen würde die Destillation

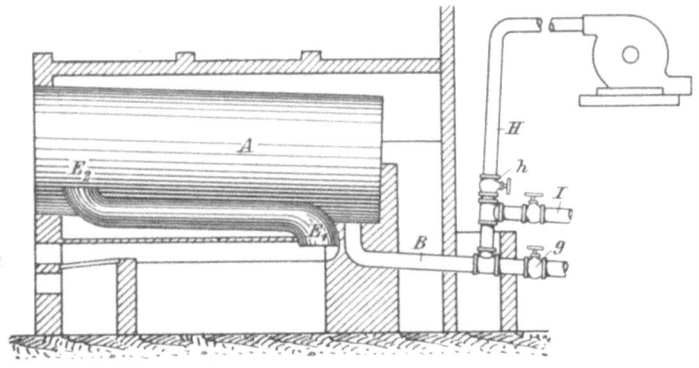

Fig. 50.

ähnlich so durchzuführen sein, wie bei der beschriebenen Laubholzdestillationsanlage.

Verfahren nach Gilmer. — Die in Fig. 50 veranschaulichte Retorteneinrichtung stammt von einem Manne, der Erfahrung in Laubholz- wie auch in Nadelholzdestillation gesammelt hat. Eine aus zwanzig solcher Retorten bestehende Anlage ist jetzt im Betriebe, von denen je fünf zu einer Batterie zusammengestellt sind. Zwischen je zwei Batterien steht ein Kessel. Die ganze Anlage bildet im Grundrisse ein Quadrat, links und rechts stehen je zwei Batterien und die Übersteigrohre liegen sämtlich in dem Gange dazwischen, die Beschickungsenden der Retorten sind also einander abgewandt. Ein Kühler kommt jedesmal für ein und dieselbe Ölsorte von einer Reihe von Retorten in Anwendung. Ventile sind angeordnet für die Überwachung der Dämpfe jeder einzelnen Retorte.

Die Gilmersche Retorte und Einmauerung wurde nach mehrjähriger Arbeit mit der Kochschen Einrichtung konstruiert, man wird deshalb gewisse Ähnlichkeiten erwarten können.

Die Retorte A (vergleiche Fig. 50) ist mit etwas Gefälle nach hinten eingemauert und an dem tiefsten Punkte mit der Übersteigleitung B versehen. Die letztere ist so in Mauerwerk gelegt, daß sie vor der direkten Einwirkung der Feuerungsgase geschützt ist, sie bekommt dabei so viel Wärme, wie zur Flüssighaltung des Teers erforderlich ist. Bei der Kochschen Feuerungseinrichtung gelangten die vom hinteren Retortenende zurückkommenden Heizgase durch einen Schlitz im Mauerwerk direkt an die Seitenwände der Retorten, hier dagegen werden sie durch einen Rohrkrümmer gerade hoch nach oben geleitet. Der Zweck dieser Einrichtung ist leicht einzusehen: man wollte die Destillation möglichst von oben nach unten durchführen; die Destillationsdämpfe werden unten abgesaugt, müssen also auch von oben nach unten die Retorte durchziehen.

Die Destillationsprodukte nicht oben, sondern vom Boden abzuleiten, ist an und für sich ein guter Gedanke, der im weitesten Maße bei stehenden Retorten, besonders an der Küste des Stillen Ozeans, Anwendung gefunden hat. Die Terpentindämpfe sind außerordentlich leicht, man könnte deshalb versucht sein, zu denken, daß es doch besser wäre, sie oben abzuleiten. Das ist soweit wohl ganz richtig, allein ihre Menge ist so unverhältnismäßig gering im Vergleiche zu den übrigen bedeutend schwereren Produkten, daß es einfacher erscheint, sie sämtlich vom Boden abzusaugen. Dabei erübrigt sich natürlich auch die Notwendigkeit, die flüssig abzuleitenden Teerprodukte verdampfen zu müssen, ein Vorteil, der wohl ins Gewicht fällt, denn er bedeutet nicht nur eine Ersparnis an Feuerungsmaterial, sondern auch eine höhere Teerausbeute.

Beabsichtigt man, wie in diesem Falle, die verschiedenen Destillate einzeln, möglichst unvermischt abzuziehen, so ist es unter keinen Umständen ratsam, einen Teil der Retorte zu stark zu erhitzen; es würde dann bald in diesem Teile die Destillation bis zur Teerabgabe fortgeschritten sein, ehe aus den übrigen Teilen der Terpentin vollständig abgetrieben ist; der letztere würde also mit Teerprodukten verunreinigt werden.

Es ist allgemein bekannt, daß es schwieriger ist, die Retorte von oben als von unten zu heizen. Einen anderen Nachteil dieser Art der Beheizung haben wir bereits früher erwähnt. In dem Grade, als die Destillation fortschreitet, fällt das Holz mehr und mehr in sich zusammen, der schlechtleitende Zwischenraum zwischen oberer Retortenwandung und dem Holze wird größer und größer und ist schließlich, wenn in der letzten Periode die stärkste Wärme erforderlich wird, zur Hälfte des Retortenhalbmessers angewachsen.

Daraus geht hervor, daß das wünschenswerte weder eine Beheizung von oben, noch eine solche von unten, sondern eine gleichmäßig von allen Seiten erfolgende Wärmezuführung von bestimmter Temperatur ist, die langsam stärker und stärker wird, bis das Holz gut durchkohlt ist. Wenn man im Zusammenhange damit die Destillationsprodukte von unten abzieht, so würden dann die günstigsten Bedingungen im Verein mit nur geringer Zersetzung der Harze und Destillationsdämpfe geschaffen sein.

Von den abdestillierten Stoffen gehen die leichten Öle durch das aufsteigende Rohr H zu einer Sammelleitung, in die die gleichen Rohre von den übrigen Retorten derselben Reihe münden. Später, wenn die entsprechende höhere Temperatur erreicht ist, wird die Leitung H abgesperrt und J geöffnet; die da hindurch entweichenden schweren Dämpfe gehen in eine zweite Sammelleitung. Der gegen das Ende der Destillation auslaufende Teer wird unmittelbar durch g abgeleitet. Die unverdichtbaren Gase werden in allen Fällen hinter den Kühlerausläufen abgeschieden.

Die gesammelten Rohprodukte werden nach einem besonderen Gebäude überführt, wo sie, je nach ihrer Natur, verschieden behandelt werden. Zu diesem Zwecke werden in dieser Anlage Kupferdestillierblasen benutzt, die sämtlich von gleicher Größe und mit den erforderlichen Heizschlangen, Übersteigrohren und so weiter versehen sind. Im allgemeinen wird der Terpentin einmal destilliert, dann mit Kalk behandelt und durchgelüftet und schließlich nochmals ganz langsam und vorsichtig destilliert, wobei darauf gesehen wird, daß keine den Terpentin entfärbende Stoffe mit übergehen. Die Übersteigrohre haben nur einen geringen Durchmesser und sind zu einer beträchtlichen Höhe hochgeführt, ehe sie mit dem Verflüssigungskühler verbunden sind. Zum Auffangen des Terpentins dienen verzinkte Gefäße. Das Wasser wird von Zeit zu Zeit abgelassen und das zurückbleibende Öl dann zum Versand in Fässer gefüllt.

Verfahren nach Broughton. — Bei diesem Verfahren ist die Dampfdestillation mit nachfolgender Verkohlung verbunden. Zugleich wird auch hierbei versucht, die von der Retorte kommenden Öle direkt zu fraktionieren oder zu zerlegen. In vieler Hinsicht gleicht dieses Verfahren dem von Bilfinger, bei dem aber nicht liegende, wie hier, sondern stehende Retorten zur Anwendung kommen. Die Bauweise der Retorte und die Zusammenstellung der Apparate geht aus den Fig. 51 und 52 hervor. Die Arbeitsweise nach diesem Verfahren weicht nicht sehr von anderen ab.

Die Retorte ist mit etwas Gefälle nach vorn eingemauert, wo zugleich die Beschickungstür a angeordnet ist. Die Feuerungsroste b sind am hinteren Ende zu beiden Seiten der Retorte vorgesehen. Die Flammen streichen an den Längsseiten der ovalen Retorte hoch und gehen dann sofort in den Schornstein. Wie die Figuren es veranschaulichen, können die Flammen nicht an die Retortenwandungen herankommen, aber diese Einrichtung erscheint doch nur als ein etwas armseliger Ausweg, die Kochsche Einmauerung ist demgegenüber in jeder Beziehung besser. Das Übersteigrohr E führt erst nach der Vorrichtung F, F', G, wo die schweren Öle von den leichten getrennt werden. Die letzteren gehen dann durch H nach dem Kühler J und werden in der Vorlage L aufgefangen. Die Pumpe O dient zum Heben des Terpentins in das Vorwärmegefäß Q; die vorgewärmte Flüssigkeit tritt durch R_1 nach dem eigentlichen Destillierapparate S über, wo der Terpentin abgetrieben wird und nach dem Kühler V und der Vorlage W geht.

Ist die Retorte beschickt und wieder luftdicht verschlossen, so wird Dampf von ungefähr 150° C. durch D zum Abtreiben des größten Teiles des Terpentingehalts eingeblasen. Das nimmt etwa 6 Stunden in An-

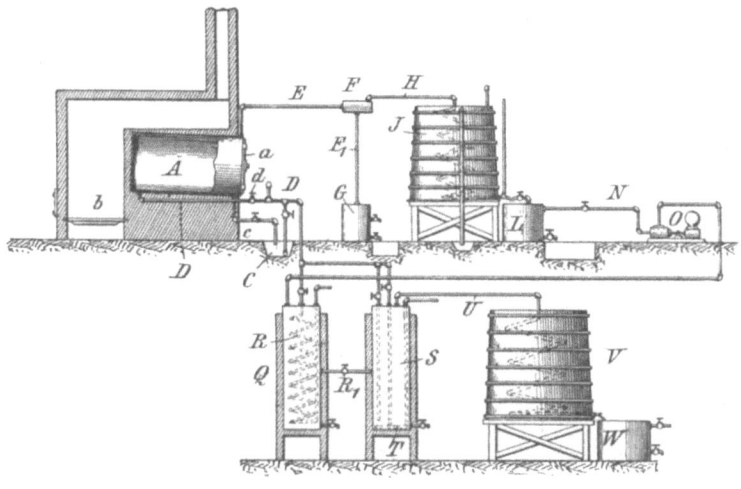

Fig. 51.

spruch. Danach beginnt die äußere Beheizung durch Anzünden der beiden Rostfeuerungen. Die Retorte wird nun auf 230° bis 260° C. gebracht und während weiterer 6 Stunden auf dieser Temperaturhöhe gehalten. Der Dampf wird dann abgestellt und die Temperatur allmählig bis auf 430° C. erhöht und so lange aufrecht erhalten, bis das Holz völlig durchkohlt ist. Der während der ersten 6 Stunden übergehende Terpentin entweicht durch E, F, H und J nach der Vorlage L, die schweren Öle sondern sich in F ab und fallen durch F_1 nach G, von wo sie von Zeit zu Zeit abgezogen werden. Der während der nächsten sechsstündigen Periode übergehende Terpentin mit bereits etwas Kreosotgehalt geht denselben Weg, die Teeröle

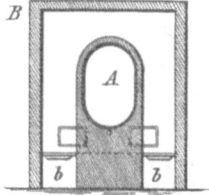

Fig. 52.

und ein Teil des Kreosots scheiden sich in F ab und fließen nach G hinunter, der Terpentin mit dem übrigen Kreosot wird im Kühler verdichtet. Der sich in der Retorte gebildete Teer fließt sofort von der tiefsten Stelle der Retorte A ab und gelangt durch c in die Rinne C.

Dies umfaßt alle die erforderlichen Arbeiten zur Gewinnung der Rohprodukte. Eine Reinigungsarbeit wird nur mit dem Terpentin vorgenommen, der sich in der Vorlage L von dem mitverdichteten Wasser scheidet und von der Pumpe O in den Vorwärmer Q gehoben wird. Dieser Vorwärmer versieht die Stelle eines Aufspeicherungsbehälters. Hat sich darin eine genügende Ölmenge angesammelt und ist sie bis etwa zum Siedepunkte erwärmt, so läßt man sie durch R_1 nach dem Destillierapparate S übertreten, der außer mit einer gewöhnlichen Heizschlange T noch mit einem Dampfeinblaserohr ausgestattet ist, mit dessen Hilfe man den Terpentin übertreibt, durch U in den Kühler V treten läßt und in W auffängt.

Die Form dieses Destillierapparates ist gerade nicht die günstigste.

Im übrigen bietet dieses Verfahren nichts besonders Neues. Ließe sich aber auf diese Weise der sämtliche Terpentin dem Holze entziehen, ohne daß er entfärbt wird oder bereits einen brenzlichen Geruch annimmt, so hieße das einen bedeutenden Fortschritt gegenüber den älteren

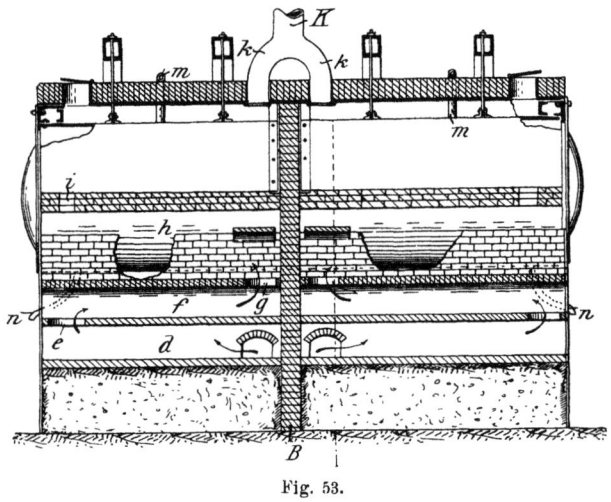

Fig. 53.

Arbeitsweisen. Aber es ist wohl zweifelhaft, ob bei dem während der zweiten Destillationsperiode gewonnenen Terpentin eine in dieser Art durchgeführte Reinigung zur Gewinnung eines kreosotfreien Öles genügt.

Verfahren nach Mallonee. — In manchen Betrieben, die nach dem Malloneeschen Verfahren arbeiten, benutzt man Dampf zur vorherigen Abtreibung des Terpentins und in anderen wiederum nicht, je nach den besonderen Ansichten der jeweiligen Betriebsleiter.

Von Mallonee stammen verschiedene Verfahren, von denen wir das Dampfdestillationsverfahren bereits besprochen haben. In den Fig. 53 und 54 ist die Konstruktion und Einmauerung einer liegenden Retorte wiedergegeben. Sie hat an jedem Ende eine Rostfeuerungseinrichtung und der Boden der Retorte ist so geschützt, daß er nie eine zu hohe Temperatur erreicht.

Die auf dem Roste a erzeugten Heizgase streichen unter den Ziegelsteinbogen b hin, biegen vor der Zwischenwand B (Fig. 53) nach beiden

Seiten ab, treten durch die Öffnungen c in die beiden nach vorn zurückgehenden Züge d ein, gelangen dann durch e in die wieder nach hinten gehenden Züge f und werden schließlich noch einmal durch g, h nach vorn zurückgeleitet, ehe sie durch die Öffnung i in den die obere Retortenhälfte umgehenden Heizraum treten können. Schon in den Zügen h kommen die Heizgase mit einem Streifen der Retortenwandung in Berührung, damit dies jedoch nicht gleich beim Eintritt geschieht, ist über den Durchgängen g (Fig. 53) ein flacher Ziegel eingeschoben. Die Abgase von den beiden völlig unabhängig voneinander angeordneten Feuerungen gehen durch die beiden Hosenrohre k in den gemeinsamen Schornstein K, den jede Retorte für sich besitzt.

Die Retorten ruhen nicht auf dem Mauerwerke, sondern hängen, durchaus unabhängig davon, vermittels Hängestangen an besonderen, aus

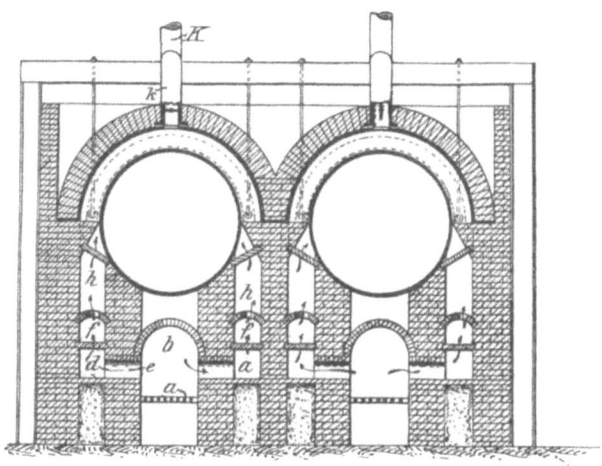

Fig. 54.

U-Eisen aufgebauten Gerüsten, von denen hier vier vorgesehen sind. Die mittlere, die beiden Feuerungsräume trennende Mauer B müßte bald einfallen, würde sie nicht besonders von zwei Blechen gehalten, die mit Winkeln wiederum an der Retortenwandung befestigt sind.

Die sich in der Retorte gleich wieder verflüssigenden Destillate fließen vom Boden direkt durch die Rohre n ab, die zu diesem Zwecke natürlich in zwei Flüssigkeitsabschlüssen enden müssen. Die flüchtigen Destillate entweichen zusammen mit den unverdichtbaren Gasen durch die Rohrleitungen m, von denen für jede Retortenhälfte eine vorgesehen ist.

In einem früheren Patente ließ sich Mallonee die getrennte Auffangung der in den verschiedenen Destillationsperioden übergehenden Destillate und ein Reinigungsverfahren für die Öle schützen.

Es ist überraschend, daß, obwohl Koch und auch Wheeler diese getrennte Auffangung der Destillate bereits 16 Jahre früher und Bilfinger

88 Apparate und Apparatezusammenstellungen neuerer Destillationsanlagen.

(siehe unter: Stehende Retorten) es mindestens schon längst ausführte, ehe dieses Patent angemeldet wurde, diese Tatsache doch fast nicht bekannt war.

Mallonee läßt zwar alle Destillate durch ein einziges Übersteigrohr und ein und denselben Kühler gehen, benutzt aber zur Zerlegung beziehungsweise zur zerlegenden Auffangung der Produkte den in Fig. 15 (Seite 30) dargestellten Gasabscheider mit Vorlage.

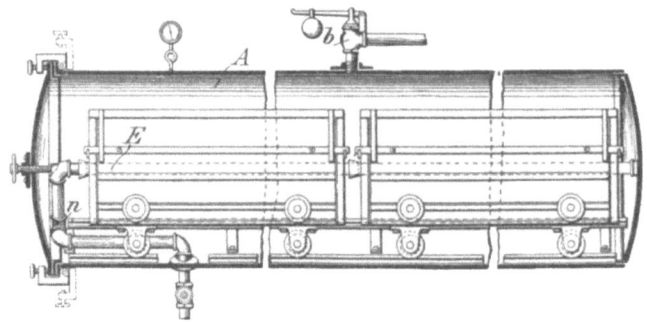

Fig. 55.

Zu Anfang der Destillationsarbeit wird Dampf in die Retorte eingeblasen, der den Abtrieb der leichten Öle erleichtert. Die Destillate werden schwerer, je weiter die Destillation fortschreitet. Man hält einen der drei vorgesehenen Auslaufhähne (vergl. Fig. 15, Seite 30) offen, bis die flüssigen Destillate eine Dichte von 0,92 erreicht haben. Darauf wird dieser Hahn geschlossen und der nächstfolgende geöffnet, der als Auslauf für alle Destillate aufwärts bis zu einem spezifischen Gewichte von 0,96 dient. Die in der letzten Periode übergehenden ganz schweren Teere gehen durch den dritten Auslaufhahn.

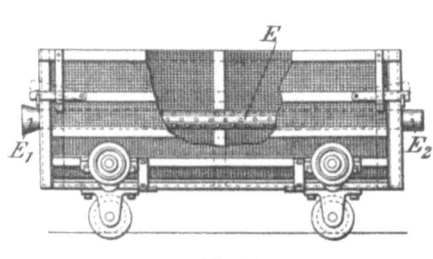

Fig. 56.

Auf die Reinigungsverfahren werden wir in einem besonderen Kapitel noch ausführlicher eingehen.

Retortenwagen nach Palmer. — Fig. 55 veranschaulicht die Stellung der Wagen innerhalb der Retorte und Fig. 56 die Bauweise der Wagen. Es kommt darauf an, die Dampfeinblaseleitung so anzuordnen, daß der Dampf die Holzbeschickung in allen ihren Teilen möglichst gründlich trifft. Das erreicht man natürlich am besten, wenn die durchlöcherte Dampfleitung die Mitte der Wagen der Länge nach durchzieht, wie es bei der abgebildeten Konstruktion der Fall ist. Dieser Gedanke war jedoch bereits schon ausgenutzt, ehe Palmers Bauweise bekannt wurde. In Fig. 64 ist eine Aufnahme aus einer Anlage wiedergegeben, wo solche Wagen mit einem in der Mitte liegenden Dampfeinblaserohre zur Überdestillierung des Terpentins aus zersägtem Knüppelholze verwendet werden. In dieser Anlage wird nach der Abtreibung des Terpentins die Destillation bis zur Verkohlung des Holzes fortgesetzt.

Da aber diese aus offenem Gitterwerke bestehenden Wagen jedenfalls in jeder Hinsicht die besten sind, so wollen wir hier kurz an der Hand der Palmerschen Konstruktion auf die wichtigsten, beim Entwerfen solcher Wagen zu beachtenden Punkte eingehen.

Die Palmerschen Wagen laufen auf drei Geleisen, eines davon liegt in der Mitte am tiefsten Punkte der Retorte, die beiden übrigen seitlich und etwas höher. Der Wagen selbst ist aus Flacheisen hergestellt und mit Drahtgewebe überzogen. Zur schnellen Entleerung kann die eine Seite mitsamt den beiden Rädern herunter geklappt werden (vergleiche Fig. 56). Das die Wagenmitte durchziehende durchlöcherte Rohr endet an einer Seite in einem Trichter, in den das stumpfe Rohrende des nächsten Wagens hineinpaßt. Für den Rohrabschluß des hintersten Wagens ist am festsitzenden hinteren Retortenboden eine ähnlich geformte Kappe vorgesehen. Die Dampfzufuhr erfolgt vom vorderen Retortenende aus durch das drehbare Verbindungsrohr n, das, wenn die Wagen innerhalb der Retorte in ihrer richtigen Stellung sich befinden, mit Hilfe der vorgesehenen Schraubenspindeln so fest als möglich in die Dampfleitung E des ersten Wagens gedrückt wird; dabei werden auch die übrigen Rohrverbindungen bis zu einem geringen Grade zusammengedrückt. Diese losen Verbindungen genügen, um den Dampf über die ganze Rohrlänge zu verteilen.

Beim Ausziehen der Kohlenwagen löst man erst die Spindelschraube ein wenig, öffnet die Tür, klappt die winklige Rohrverbindung n herunter und hat dann freien Raum zur Entfernung der Wagen.

Für eine Verkohlungsanlage müssen die Wagen von größerer Steifigkeit sein, als das bei der abgebildeten Palmerschen Konstruktion der Fall ist, die nur für eine Dampfdestillationsanlage bestimmt war. Besondere Festigkeit ist dem Untergestell zu geben, damit die Räder nicht bei der unter dem Einflusse der hohen Verkohlungswärme eintretenden Ausdehnung oder Verziehung des Metalls aus den Geleisen springen. Die äußere Form der Wagen ist dem Retortenquerschnitt so anzupassen, daß keine toten Räume entstehen, die nicht nur nicht ausgenutzt werden können, sondern auch die Wärmedurchleitung erschweren. Bei alledem muß man aber mit Verziehungen und Verbiegungen der Wagen, wie auch mit Werfen der Retorten rechnen; es muß stets noch soviel Raum bleiben, daß die Wagen in heißem Zustande herausgezogen werden können.

Die Maschen des Drahtgewebes, oder was man an dessen Stelle verwendet — durchlochtes Blech oder dergleichen —, müssen groß genug sein, damit sie sich nicht mit Teer und Harz verschmieren können. Das Gleiche gilt von den Löchern des Dampfeinblaserohres.

Zwei Schienen sind natürlich dreien bei weitem vorzuziehen. Sie sind billiger, genügen vollständig und bringen noch den Vorteil mit sich, daß bei ihrer seitlichen Anordnung die tiefste Stelle der Retorte als Teeransammlungs- und Ablaufrinne frei bleibt. In der Laubholzdestillationsindustrie hat man oft die Erfahrung gemacht, daß sich die Räder mit Teer verschmieren, bis sie überhaupt nicht mehr zu drehen sind, ein Übelstand, den man durch Anordnung von Rollenlagern an Stelle der gewöhnlichen Büchsenlager entgegenzuwirken versucht hat. Bei der Nadelholzdestillation hat man mit viel größeren Teermengen zu rechnen, hält man jedoch den Boden der Retorten kühl, wie wir das schon öfters als wünschenswert zur Erzielung einer großen Teerausbeute von guter Beschaffenheit hervorgehoben haben, so wird sich dieses Übel weniger bemerkbar machen. Für Reinigung des Retortenbodens sollte man aber durch Anbringung von Kratzeisen unter den Wagen sorgen; das Abkratzen des Teeres erfolgt dann selbsttätig beim Ausziehen der Wagen.

Retorten nach Danner. — Auch Danner kombiniert die Dampfdestillation mit nachfolgender Verkohlung, verwendet aber zur Verkohlung nicht äußere Beheizung mittels Feuerungsgase, sondern überhitzten Dampf. Das gewährt natürlich eine sorgfältige Regelung der jeweilig erforderlichen Temperaturhöhe und eine verhältnismäßig saubere Durchführung der Destillationsarbeit.

Die in den Fig. 57 und 58 veranschaulichte Retorte besteht aus einer äußeren aus Wellblech hergestellten Retortenkammer A und einem inneren mit Rädern ausgestatteten Retortenbehälter B, in dem das Verkohlungsgut vor der Einführung in die Verkohlungskammer aufgestapelt wird. Die Retortenkammer ist außen mit zwei Schichten Isoliermaterial b und c und der Hülle d aus Leinwand oder dergleichen überzogen. Auch die mit Klappschrauben angedrückte Tür e — die dampfundurchlässige Abdichtung wird mit Hilfe eines eingeklemmten Ringes g aus weichem Metalle oder dergleichen bewirkt — ist mit einer Isolierdecke f bekleidet, die die Wärmeausstrahlung vermindert. Am tiefsten Punkte der Retortenkammer ist das Teerableitungsrohr h angebracht, das in eine für mehrere Retorten gemeinsame Teerleitung i mündet. Der Holzbehälter B ist bis auf die vordere halbkreisförmige Klapptür k und die obere Öffnung l, die außen von einer Flüssigkeitsrinne m umgrenzt wird, geschlossen und ruht und läuft mit seinen vier Rädern auf zwei seitlichen Schienen n. In dem ringförmigen Raume zwischen Retortenkammer und Retortenwagen liegen an jeder Seite je drei durchlöcherte Dampfeinblaserohre o, die an der Rückseite der Retortenkammer (Fig. 58) von der überhitzten Dampf zuführenden Leitung p gespeist werden. Über dem Boden des Retortenwagens liegen gleichfalls drei durchlöcherte Dampfeinblaserohre r, die nicht nur mit der Leitung p, sondern auch mit der Frischdampfleitung q

Kombinierte Dampf- und Trockendestillationsverfahren usw. 91

durch Öffnen der entsprechenden Ventile verbunden werden können. Die Verbindung zwischen den fest im Wagen liegenden Rohren r und den in

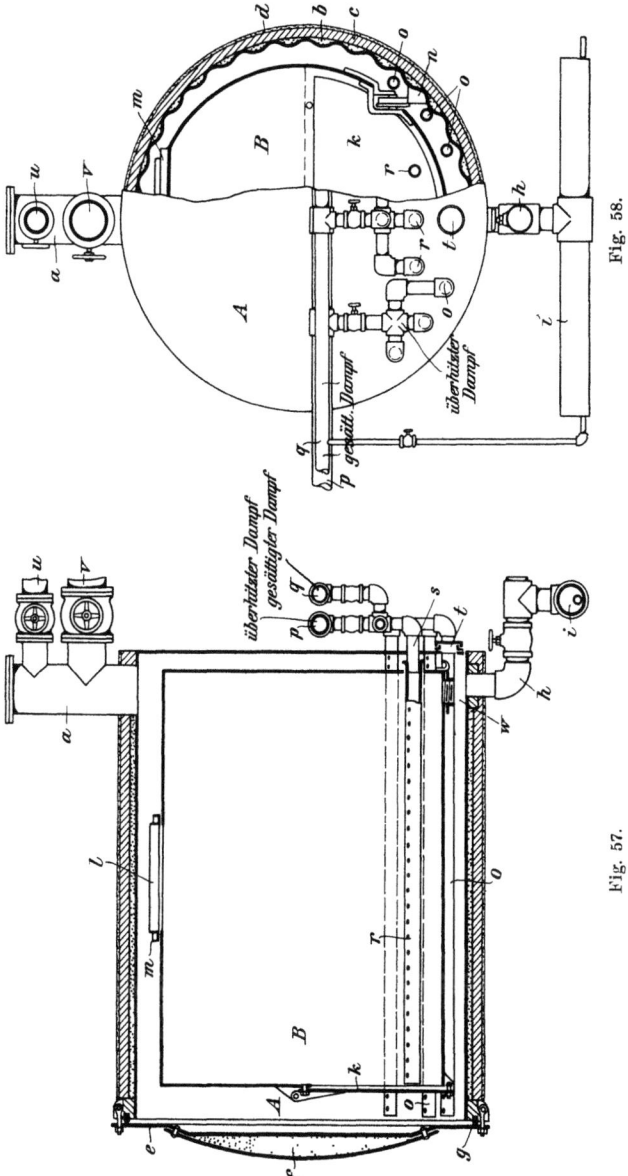

der Rückwand der Retortenkammer befestigten Rohrstutzen s ist nur eine lockere Glockenverbindung, die beim Einfahren des Wagens durch Andrücken hergestellt wird. Um das zu erleichtern, sind die Wagen hinten mit einem Haken für eine Kette versehen, die durch die von außen verschließbare Öffnung t gezogen und entfernt wird.

Dem Teerauslaß gegenüber ist oben der Übersteigstutzer a angeordnet, von dem aus das obere Rohr u nach dem Terpentinkühler, das untere v dagegen nach dem Teerkühler führt.

Zur Inbetriebsetzung wird der Wagen mit dem zu einer solchen Größe zerkleinerten Holze gefüllt, daß die sich ergebende Holzkohle den Marktanforderungen entspricht. Je kleiner die Holzstücke sind, je leichter und schneller läßt sich der Terpentingehalt während der ersten Destillationsperiode abtreiben, man hat jedoch darauf Rücksicht zu nehmen, daß die Holzkohle für den Verkauf eine gewisse Größe haben muß. Die Tür des Wagens wird verschlossen und der Wagen selbst nun in die Retortenkammer gezogen. Ist die letztere ebenfalls wieder luftdicht verschlossen, so werden die Ventile im Teerablaßrohre und in der Terpentinübersteigleitung geöffnet und die Abdestillierung des Terpentins damit begonnen, daß man überhitzten Dampf von p aus zur äußeren Anwärmung des Holzbehälters in die Retortenkammer, gesättigten Dampf jedoch von q aus durch die Rohre r direkt in die Beschickung bläst. Ist der Terpentin auf diese Weise abgetrieben, so sperrt man die Zuführung gesättigten Dampfes ab und bläst jetzt auch überhitzten Dampf direkt in die Holzmasse, die dabei verkohlt wird. Die Destillationsprodukte der zweiten Periode entweichen durch die Teerübersteigleitung v. Der sich im Retortenwagen ansammelnde Teer fließt ständig während beider Perioden durch die Öffnung w in die Teersammelleitung i, durch deren Innern zur Flüssighaltung des Teeres eine Dampfleitung gelegt ist.

Ist die Beschickung verkohlt, so läßt man die Retortenkammer erst wieder etwas abkühlen (etwa 2 Stunden lang) und verschließt beim Ziehen des Wagens die obere Öffnung l mit einem Deckel, dessen Rand in die ringförmige Rinne faßt, ebenfalls die untere Teerausflußöffnung w mit einem Gewindepflock und die Dampfrohre mit Stöpseln. Der Retortenwagen kommt dann unter einen Kühlwassersprüher, wobei sich die Rinne m mit Wasser anfüllt und einen luftdichten Abschluß bewirkt. Die Retortenkammer kann nun sofort wieder mit einem vorbereiteten Wagen beschickt werden.

Überhitzter Dampf ist ein ziemlich kostspieliger Wärmeträger; seine Fortleitung ist stets von Wärmeverlusten begleitet, die die Vorteile der Zentralisierung einer größeren Anlage meist wieder aufheben. Der erforderliche Überhitzer ist zudem einem ziemlich erheblichen Verschleiße ausgesetzt. Bei kleinen Retorten geht ein großer Teil der aufgewendeten Wärme in den Kühler. Auch von Feuergasen läßt sich nur ein verhältnismäßig geringer Teil ihrer inneren Wärme ausnutzen, man hat aber nicht, wie bei der Anwendung überhitzten Dampfes, nötig, den unverwerteten Rest im Kühler aufzunehmen. Ein großer Kühlwasserverbrauch ist stets mit der Anwendung überhitzten Dampfes als Wärmeträger verbunden. Anders ist es, wenn man es so wie Elfström macht, auf dessen Verfahren wir im folgenden zu sprechen kommen. Elfström experimentierte auch erst jahrelang, ehe er mit seiner jetzigen Destillationsweise hervortrat; er wird alle diese Schwierigkeiten während seiner Versuche genügend kennen gelernt haben, das scheint aus der besonderen Art hervorzugehen, wie er ihnen aus dem Wege geht.

Aus größeren Holzstücken läßt sich der Terpentingehalt nicht völlig mit gesättigtem Dampfe allein abtreiben; das ist oft genug bewiesen.

Die Dannerschen Rohrverbindungen sind ja nun insofern vorteilhaft, als sie die Anwendung beider Dampfarten gestatten. Denn mit überhitztem Dampfe läßt sich der vorherige Abtrieb des Terpentins auch aus Stückenholz bewerkstelligen.

Aber ganz so einfach ist die Destillation mit überhitztem Dampfe nicht, was die nachherige Verkohlung betrifft, und wer nicht vorher durch genügend lange Versuche Erfahrungen damit sammeln kann, lasse sich lieber in dieser Richtung nicht auf größere Unternehmungen ein.

Diese Verkohlungsweise mit überhitztem Dampfe unter Ausschluß jeglicher äußeren Beheizung ist schon früher vielfach zur Anwendung gekommen, hauptsächlich zur Erzeugung der vormals für die Herstellung von Schießpulver verwandten Holzkohle, die besonderen Reinheits- und anderen Bedingungen entsprechen mußte. Mehrfach wurde dieses Verfahren durch Patente geschützt. In neuester Zeit hat jedoch das in Schweden in großem Maßstabe zur Anwendung gekommene Verfahren von Elfström die Aufmerksamkeit erregt, das uns hier besonders angeht, da es zur Verkohlung von harzreichem Kiefernholz und insbesondere von Kiefernstubben angewendet wird.

Destillationsverfahren nach Elfström. — Die erste Anlage kleineren Umfanges, in der nach diesem Verfahren gearbeitet wurde, war die der Norrländska Tradedestillationsbolaget in Umeå. Sie bestand aus zwei hintereinander geschalteten liegenden Retorten mit je 15 Raummeter Fassungsvermögen. Von einem kleinen Dampfkessel aus wurde der Dampf durch einen Überhitzer und von da durch die erste Retorte geschickt. Die flüssigen Produkte konnten am Boden abfließen, die oben entweichenden flüchtigen mußten erst noch einmal durch einen Überhitzer streichen und konnten dann — mit geringerer Temperatur als bei der ersten — durch die zweite Retorte und von da, mit den abdestillierten Stoffen beladen, direkt nach dem Kühler strömen.

Bei einer größeren im Jahre 1905 in Verbindung mit einer Sägemühle in Sundvall errichteten Anlage sind in der gleichen Weise 10 Retorten hintereinander geschaltet, von denen jede in einem anderen Destillationsstadium sich befindet. Ehe das flüchtige Gemisch von Dampf mit den abdestillierten Stoffen von einer Retorte in die andere strömen kann, muß es einen dazwischen liegenden Überhitzer durchstreichen, der es auf die für die nächste Retorte der Reihe erforderliche Temperaturhöhe bringt. Ist der am weitesten vorgeschrittene Inhalt der ersten Retorte vollständig verkohlt, so wird sie aus der Reihe ausgeschaltet, während am anderen Ende eine frisch beschickte Retorte angeschlossen wird. In die fertige Retorte wird jetzt für eine Zeitdauer von einer Stunde gesättigter Dampf eingelassen, der die Kohle löscht und dabei Wärme aufnimmt. Der auf diese Weise vorerhitzte Dampf strömt durch einen Überhitzer und dann mit Verkohlungstemperatur in die erste Retorte der Reihe. Das aus der fertigen Retorte kommende Dampf- und Gasgemisch wird durch siedendes Wasser geleitet, wo sich die schweren Öle (mit Siedepunkten zwischen 200° und 250° C.) verdichten; die daraus hervorgehenden flüchtigen Stoffe mit dem überhitztem Dampfe gehen den bereits beschriebenen Weg vom Überhitzer zur nächsten Retorte und so fort, bis sie schließlich zum Kühler gelangen.

Der Kühlung mit Dampf folgt eine solche unter einem direkten feinen Wasserregen, die ebenfalls eine Stunde in Anspruch nimmt. Danach kann die Kohle bereits gezogen werden.

Bei einer Reihe von 10 hintereinander geschalteten Retorten mit 20 bis 30 Raummeter Fassungsvermögen nimmt die Destillationsarbeit 12 bis 20 Stunden in Anspruch, das Ziehen der Kohle und Neubeschicken etwa 4 bis 5 Stunden; jede Retorte kann demnach einmal in 24 Stunden abdestilliert werden.

Einige Angaben über Betriebskosten und so weiter gibt Elfström in einer skandinavischen Zeitschrift[1]), sie sind jedoch zu allgemeiner Natur, als daß man sichere Schlüsse daraus ziehen könnte. Er hebt aber ausdrücklich hervor, daß die leichten Öle beim Durchgange durch den Überhitzer keine Verschlechterung erleiden sollen (vergleiche hierzu die im XI. Kapitel angeführten Untersuchungsergebnisse, aus denen unter anderen auch der in bezug auf die Güte des Öles verschlechternde Einfluß einer Überhitzung der Terpentindämpfe hervorgeht). Die übrigen Angaben sind dagegen, nach dem was wir bisher über die Destillation mit Dampf ausführten, sehr verständlich. Die Ausbeute soll ungefähr um 17 vom Hundert größer sein, als die durch gewöhnliche trockene Destillation erhaltene, und die Güte der Öle ist derart, daß sie um 25 bis 50 vom Hundert bessere Preise erzielen. Der Terpentin soll frei von brenzlichem Geruche sein und dem französischen in jeder Hinsicht gleichkommen. Daß natürlich die auf diese Weise gewonnene Holzkohlenausbeute ziemlich groß und von besonderer Güte sein muß, ist leicht einzusehen. Aber in der Güte des gewonnenen Terpentins soll die Stärke dieses Verfahrens liegen.

Es frägt sich nur, wie hoch die Betriebskosten sich stellen. Die weitere Angabe, von Elfström selbst herrührend, daß der Feuerungsmaterialverbrauch bei einem Betriebe in großem Maßstabe nur etwa ein Sechstel des Gewichts der gewonnenen Holzkohle ausmachen soll, klingt etwas unwahrscheinlich.

---

[1]) Teknisk Tidskrift 1905, S. 289 bis 291.

Die zwischen je zwei Retorten eingeschalteten Überhitzer bedürfen einer sorgfältigen Regelung. Der Vorteil dieser Hintereinanderschaltung der Retorten liegt in der wirtschaftlichen Wärmeausnutzung. Der am Ende der Reihe erforderliche Kühler muß ziemlich groß sein, dafür aber genügt ein Kühler, wo sonst zehn nötig wären. Einen großen Teil der Destillate kann man unmittelbar aus den Retorten in flüssigem Zustande abführen, da die letzteren ja auf ganz verschiedenen Wärmestufen gehalten werden und die aus den vorhergehenden Retorten kommenden hochsiedenden Produkte sofort wieder verdichten. Und die Dampfmenge, die sonst für eine einzelne Retorte erforderlich wäre, versieht hier die Dienste des Heizmittels für 10 Retorten, das bedeutet eine beträchtliche Ersparnis an Kühlwasser und Kühlfläche. Denn das machte bislang die Schattenseite der Destillation mit direkter Wärmezuführung aus: die große Raummenge der zu kühlenden Gase. Daran sind viele Versuche in dieser Richtung gescheitert. Wir werden darauf noch einmal hinzuweisen haben.

Gröndalsche Kanalöfen. — Wie wir bereits schon einmal erwähnt haben, besteht in Eisen produzierenden Ländern, wie zum Beispiele Schweden, Finnland und anderen, eine solche Nachfrage nach Holzkohlen, daß sie einfach nicht gestillt werden kann. In Nordamerika geht man mehr und mehr zur Verwendung von Koks für die Hochofenfüllungen über, obwohl er kaum die Holzkohle ersetzen kann. In Schweden werden nur etwa ein Zwölftel der Holzkohlen in Retorten oder Öfen gewonnen, die Meilerverkohlung muß noch die größte Menge liefern. In Anbetracht dieser besonderen Umstände kann man es schon verstehen, wenn im Jahre 1904 das Eiseninstitut Schwedens den Gröndalschen Kanalofen als den zurzeit besten beurteilte, trotzdem die wirklichen Ergebnisse an Erträgen weit hinter den Erwartungen zurückblieben.

Es herrschen hier eben Verhältnisse, die sich nicht ohne weiteres auf andere Länder übertragen lassen. Unter diesem Gesichtspunkte hat man diesen Ofen zu betrachten.

Die Meilerverkohlung ist langwierig, erfordert jedesmaligen Auf- und Abbau der Meiler. Demgegenüber hat ein ununterbrochen arbeitender Betrieb, bei dem täglich auf einen gewissen, gleichbleibenden Holzkohlenertrag zu rechnen ist, seine bedeutenden Vorteile, selbst wenn die Anlage- und Betriebskosten dabei beträchtlich höher kommen. Aus diesem Bedürfnisse und dem Bestreben heraus, die Nebenprodukte der Destillation zu gewinnen, entstand der Gröndalsche Kanalofen, dessen Länge 100 bis 150 Meter beträgt. Der Kanal selbst ist in drei Kammern abgeteilt, die durch hochziehbare Blechtüren abgetrennt sind. Die erste Kammer dient zum Vortrocknen, die zweite zur eigentlichen Verkohlung und die dritte zur Abkühlung der Holzkohlen. Nur die mittlere Kammer ist an den Seiten und oben von einem Heizraume umgeben, in dem Generatorgas zusammen mit den unverdichtbaren Holzgasen mit eingeführter Luft verbrannt wird. Die hierbei erzeugten Verbrennungsprodukte durchstreichen den Heizraum oder die Muffel der Mittelkammer und treten dann unmittelbar in die Vorwärmekammer ein, geben ihre Wärme an die Holzbeschickung ab und gehen danach, mit den dabei abdestillierten Ölen beladen, nach dem Kühler. Bevor das Gas aber zur Verbrennung in die Muffel der Mittelkammer gelangen kann, muß es die dritte, die Kohlekühlkammer durchstreichen, wobei es den glühenden Kohlen einen Teil der Wärme entzieht. Das Gas nimmt demnach, indem es von der dritten zur zweiten und dann zur ersten Kanalkammer zieht, den entgegengesetzten Weg der Holzbeschickung, die, auf Wagen geladen, erst die Vorwärmekammer, dann die Verkohlungskammer und schließlich die Abkühlkammer durchläuft. Es wird nur immer ein Wagen zu gleicher Zeit an einem Ende eingeführt und am anderen Ende ein fertiger gezogen. Damit dabei nicht die Luft ungehindert in den Ofen eintreten kann, sind an beiden Enden je ein besonderer Vorraum vorgesehen. Soll ein neuer Wagen voll Holz eingefahren werden, so wird die Tür zum Vorraum geöffnet, der Wagen hineingeschoben und die Tür wieder geschlossen. Nun zieht man sämtliche, zwischen den beiden äußeren Vorräumen befindliche Türen hoch, stößt den neuen Wagen in die erste Kammer und schiebt dabei die ganze Wagenreihe um eine Wagenlänge vor; der letzte, am längsten im Ofen gewesene Wagen kommt dann in den hinteren Vorraum zu stehen und kann, nachdem die inneren Türen wieder geschlossen sind, herausgezogen werden. Um das Vorrücken der Wagen ohne Maschinenkraft bewirken zu können, müßte der ganze Kanal nach hinten zu mit etwas Gefälle angelegt werden. Sonst ist eine über den Kanalboden hinschleifende endlose Kette vorzusehen, an die die Wagen gehängt werden, wie das in der Anlage zu Pitkäranta in Finnland der Fall ist, wo zwei dieser Kanalöfen im Betriebe sind.

Um Explosionen zu verhüten, erzeugt man in der Muffel des Verkohlungsraumes einen geringen Überdruck, indem man die zur Verbrennung erforderliche Luft nicht unmittelbar, sondern auf Umwegen, aus einer geringen Tiefe oder in ähnlicher Weise in den Verbrennungskanal eintreten läßt. Der Boden des Retortenkanales erhält zur leichteren Fortleitung des Teeres eine kleine Aushöhlung und Gefälle nach den Ableitungsstellen.

Die Beschickungswagen, die in der Anlage zu Pitkäranta aus 3 Millimeter starkem Bleche mit 25 Millimeter weiten Durchlöcherungen und halbkreisförmigem Boden hergestellt und 2,2 Meter lang, 2 Meter hoch und 1 Meter breit sind, laufen natürlich auf Schienen. Von den 100 Meter langen Öfen in Pitkäranta faßt jeder 43 Wagen zu gleicher Zeit. Jede Stunde wird ein Wagen abgezogen, das heißt also, daß er im ganzen 43 Stunden im Ofen war. Und da jeder Wagen 3 Raummeter trägt, beläuft sich die Leistung eines Ofens in 24 stündiger Tageszeit auf 72 Raummeter.

Bei einem später erbauten Ofen hat man die Wagen doppelt so groß gemacht. Die Baukosten betrugen ungefähr 17 000 Mark, wozu noch die Kosten für 50 Wagen kommen, von denen jeder auf etwa 500 Mark zu stehen kommt.

Eine andere Anlage solcher Öfen betreibt die Harrängsbolaget zu Ala, Ljusne, in Schweden. Von allen Anlagen aber gilt in bezug auf die wirkliche Ausbeute das gleiche: sie blieb hinter dem erwarteten Ölertrage weit zurück. Aber auch die Holzkohlenausbeute fiel wider Erwarten um $1/4$ geringer aus.

Wir glauben nicht, daß bei den Gröndalschen Kanalöfen die Kühlung der Destillationsgase eine vollständige sein konnte, die Kühlflächen hätten zu dem Zwecke zu große Abmessungen erhalten müssen, denn Generatorgase, wie alle übrigen Feuerungsgase, geben ihre Wärme nur schwer und langsam wieder ab. Und die geringere Ausbeute zeigt an, daß ein Teil der Kohle und selbstverständlich damit auch der übrigen Produkte der direkten Verbrennung in der Retortenkammer selbst anheim fielen.

Diese Vermutung bestätigt uns die Bauweise des verbesserten Gröndalschen Kanalofens, wie sie aus den Fig. 59, 60, 61, 62 und 63 hervorgeht. Wesentlichen Veränderungen ist der Ofen untergangen, obschon der Grundsatz, auf dem er beruht, beibehalten ist. Was uns jedoch besonders bemerkenswert dünkt, ist die Tatsache, daß man zur alleinigen mittelbaren Heizung zurückgegangen ist, indem man Heizelemente innerhalb der Retortenkammer anwendet. An jeder Seite läuft eine im Querschnitt längliche Röhre aus feuerfestem Materiale mit äußerer Wellblechbekleidung zwischen Kammerwand und der Wagenreihe vom hinteren Ende der Kanalkammer nach dem vorderen, dem Beschickungsende zu, wo sie dann schließlich nach unten in den nach dem Schornsteine führenden Fuchs mündet. Wie die Kammer zur Ausschaltung jedes nicht auszunutzenden Raumes und zur Erreichung einer genügenden Festigkeit gebaut wird, geht klar genug aus den Figuren hervor. An drei Stellen sind innerhalb der eigentlichen Verkohlungskammer im Boden Teerablaßrohre in der im Schnitt, Fig. 61, gezeigten Weise angebracht, die in einzelne Teergruben mit Überlaufrohren nach den Sammelleitungen A münden; die Sammelleitungen führen nach den zwei Teerrinnen B unterhalb der beiden hintereinander geschalteten Kühler (vergleiche Fig. 63). In der Bogenabdeckung sind über den Teerablaßröhren drei Übersteigrohre für die flüchtigen Destillate vorgesehen, die in die Sammelleitung C münden und zur vorherigen Ausscheidung des sich inzwischen bereits wieder verdichteten Teeres Verbindungsrohre D mit den Teerabflußleitungen besitzen. Die zu verflüssigenden Destillate gehen erst durch den einen und dann noch durch den zweiten der beiden Kühler, worauf die unverdichtbaren Gase durch die Gasleitung E nach dem Hinterende der Retorte zurück gebracht und mit den in der Generatorfeuerung (vergleiche hierzu die Schnittdarstellung in Fig. 60) erzeugten Gasen mit durch F eingelassener Luft verbrannt werden. Die hieraus hervorgehenden Verbrennungsprodukte

98 Apparate und Apparatezusammenstellungen neuerer Destillationsanlagen.

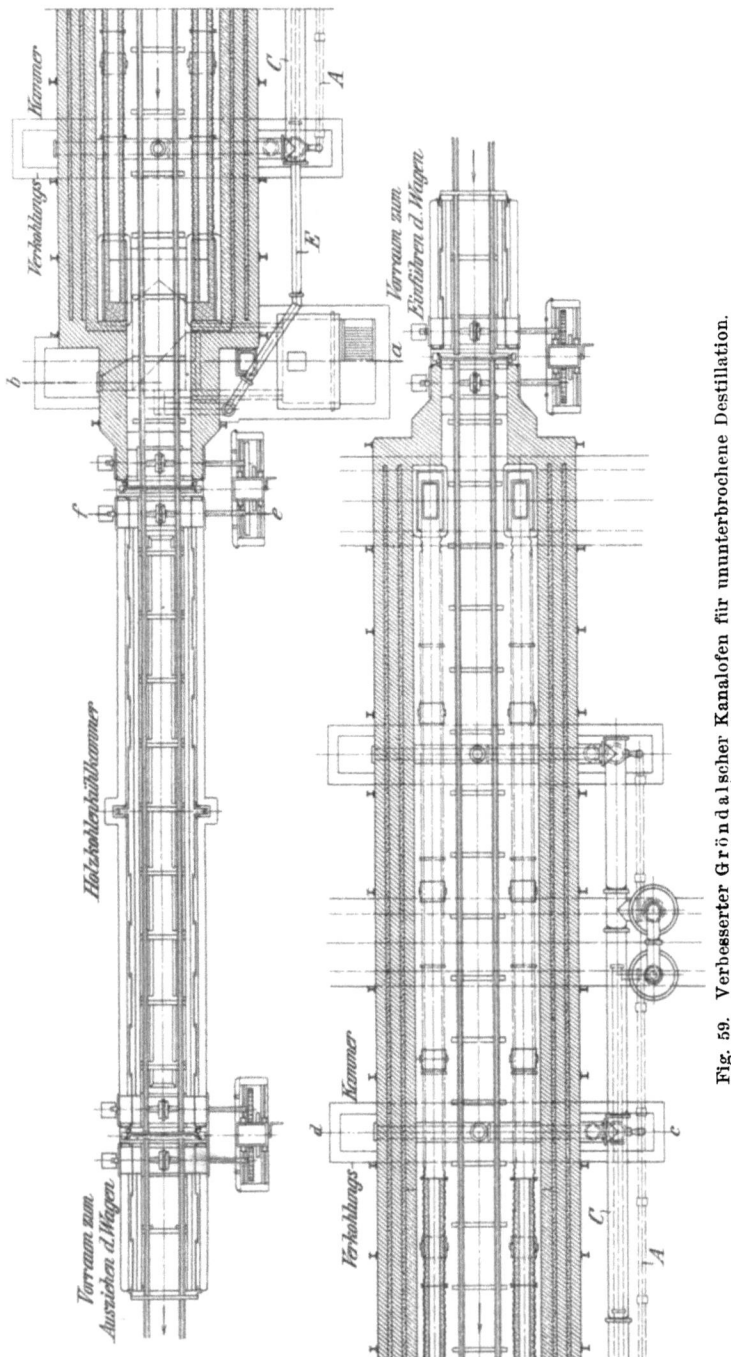

Fig. 59. Verbesserter Gröndalscher Kanalofen für ununterbrochene Destillation.

Kombinierte Dampf- und Trockendestillationsverfahren usw.

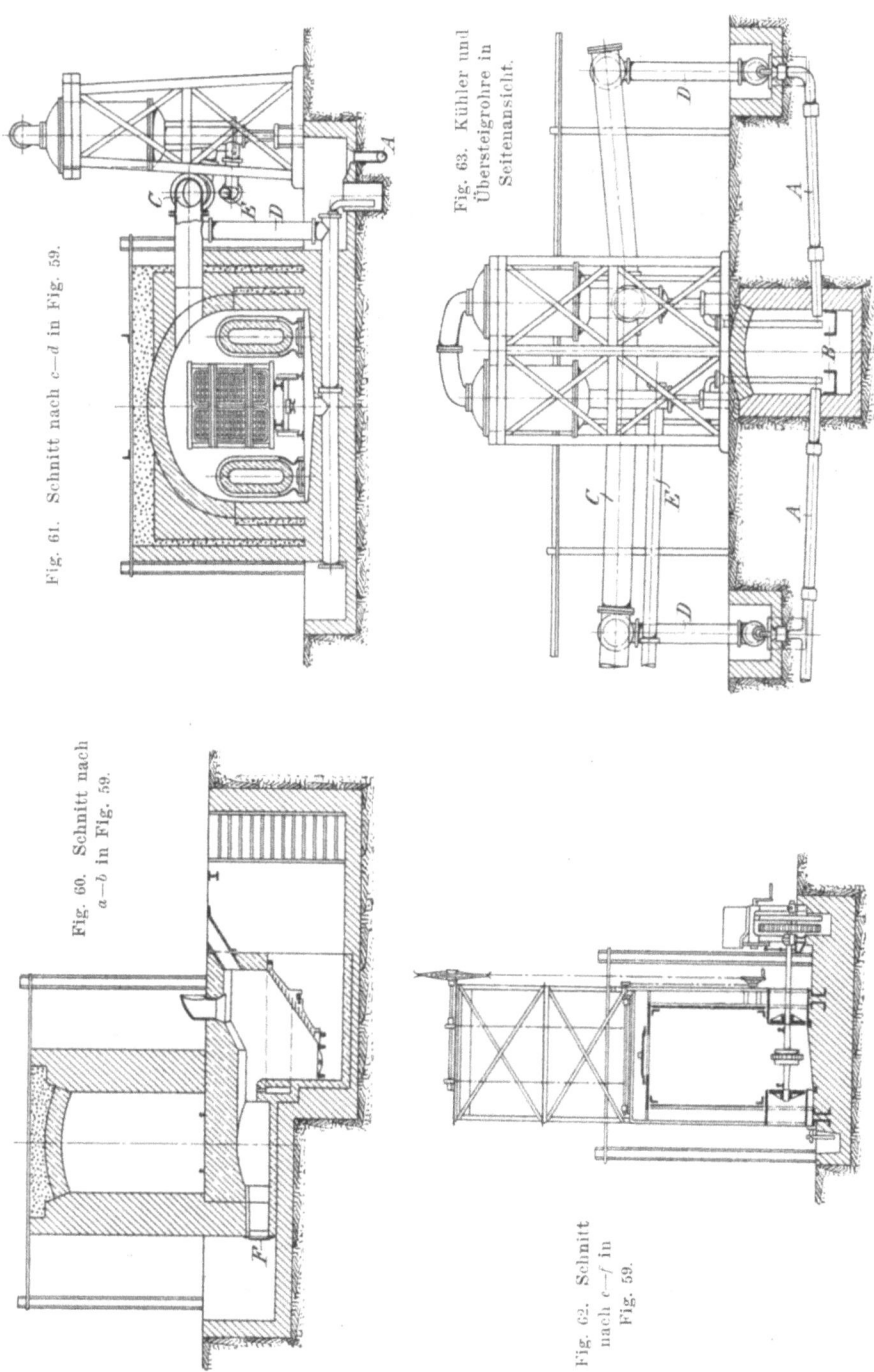

Fig. 61. Schnitt nach c—d in Fig. 59.

Fig. 63. Kühler und Übersteigrohre in Seitenansicht.

Fig. 60. Schnitt nach a—b in Fig. 59.

Fig. 62. Schnitt nach e—f in Fig. 59.

verteilen sich in die beiden Heizröhren und durchstreichen darin die Retortenkammer. Der Betrieb gestaltet sich genau so, wie bei der früheren Bauweise. Wird angenommen, daß der Ofen im geregelten Betriebe sich befindet, so würde jede Stunde ein vollbeladener Wagen an der rechten Seite in die dort vorgesehene Vorkammer geschoben und die Außentür dann wieder luftdicht verschlossen werden. Nun sind zunächst sämtliche zwischen den beiden Vorkammern liegende Zwischentüren hochzuziehen, und darauf kann die ganze Wagenreihe von Hand unter Zuhilfenahme der an drei Stellen vorgesehenen Kurbelwerke um eine Wagenreihe vorgeschoben werden. Der neue Wagen steht somit jetzt an der kühlsten Stelle der Verkohlungskammer; der in der Verkohlung am weitesten vorgeschrittene Wagen ist dabei in den Kühlkanal und der am längsten abgekühlte in den hintersten Vorraum geschoben worden, von wo er nun, nachdem sämtliche Zwischentüren wieder geschlossen sind, gezogen werden kann. Diese Tätigkeit wiederholt sich alle Stunden. Der Kühlkanal ist aus Eisenblechen aufgebaut, wie das die Fig. 59 und 62 erkennen lassen.

Der abgebildete Ofen hat eine Gesamtlänge von ungefähr 66 Metern, und zwar mißt die eigentliche Verkohlungskammer 40 Meter, die Kohlekühlkammer 17 Meter und jeder Vorraum etwa 4,5 Meter.

*   *   *

Außer auf überhitzten Dampf als Wärmeträger zur direkten Heizung des Destillationsgutes verfiel man in der Laubholzdestillationsindustrie aber auch auf andere Mittel. Generatorgas, wie es Gröndal verwendet, bildet eines davon. Mit ihm experimentierte seit dem Jahre 1891 hauptsächlich der Russe Waisbein. Was diese Versuche immer wieder anregte, war die Möglichkeit, auf diese Weise die Holzdestillation zu einer fraktionierenden Destillation zu gestalten, die ganze Arbeit in zwei oder drei innerhalb gewisser Temperaturgrenzen sich haltenden Destillationsperioden zu zerlegen. Damit wurde einem Vermischen der Destillationsprodukte verschiedener Perioden und die damit einhergehende, nachherige Wiederzersetzung oder wenigstens Verschlechterung und Mengenverminderung bereits gebildeter Produkte vorgebeugt. Waisbein glaubte nun, die Regelung der Temperatur der Gase durch einfache Drosselung leicht erreichen zu können, darauf wenigstens fußte die Bauweise seiner im Jahre 1897 in St. Petersburg errichteten Versuchsanlage[1]), die aus einer Generatorfeuerung, drei hintereinander geschalteten, stehenden Retorten, einer Strahlpumpe zur Erzeugung des notwendigen Zuges und dem Kühler bestand. Der Generator wurde erst zum in den Gang bringen mit einem Schornsteine verbunden, der nachher wieder ausgeschaltet wurde.

Durch Drosselung der Generatorgasleitung konnte man nun zwar die Temperatur der Gase bis auf 280° C. herunter drücken, allein die Drosselung mußte dafür so stark sein, daß nur ein ganz schwacher Gas-

---

[1]) Organ des südrussischen Technologenvereins 1898, S. 12.

strom in die Retorten gelangte. Und damit ging die Destillationsarbeit nur ungemein langsam vonstatten. Bei vollständig offener Leitung dauerte die Destillation des Retorteninhaltes nur etwa eine Stunde, die Temperatur der Gase betrug dabei aber weit über 280° C.; an eine Zerlegung in zwei Perioden war also nicht zu denken.

Einem Übelstande, auf den wir schon hingewiesen haben, hatte man auch bei der Einrichtung dieser Anlage — begreiflicherweise — keine Rechnung getragen. Die vorgesehenen Kühlerflächen reichten längst nicht aus. Der Alkohol konnte infolgedessen gar nicht verdichtet werden. Und Alkohol bildet neben Holzessig ein Nebenprodukt, auf das eine Laubholzdestillationsanlage schlechterdings nicht verzichten kann.

Wie die Patente anzuzeigen scheinen, ging Waisbein später dazu über, die unkondensierbaren Holzgase an die Stelle der Generatorgase zu setzen; sie wurden, ehe sie zur Retorte gelangten, durch einen Überhitzer auf die erforderliche Temperaturhöhe gebracht.

C. Weyland wurde zu dem gleichen Zwecke die Anwendung eines Teerdämpfekohlensäurestromes geschützt, der aber nur während der ersten, hauptsächlich Azeton liefernden Periode zur Anwendung kommen soll. Die weitere Destillation erfolgt durch äußere Beheizung.

Verfahren nach Adams. — Die hierbei zur Anwendung kommende Retorte ist im Querschnitte unten rechteckig und oben zur Abdeckung halbkreisförmig. Seitlich und oben ist sie in gewissem Abstande von einem zweiten Eisenmantel umgeben. Durch den in dieser Weise gebildeten Heizraum streichen die Feuergase vom am vorderen Ende vorgesehenen Roste aus nach hinten, eingeschobene Zwischenwände zwingen sie, dabei einen Zickzackweg zu nehmen. Vom Hinterende der Retorte treten die Heizgase unmittelbar in den Schornstein über.

Als Retortenboden dient ein flacher Teller, der nach hinten zu etwas Gefälle besitzt, damit der Teer ständig durch das vom tiefsten Punkte ausgehende Ablaßrohr ausfließen kann. Die Übersteigrohre, von denen mehrere vorgesehen sind, sitzen oben in der gewölbten Abdeckung der Retorte.

Der Boden wird nicht beheizt, es ist deshalb auch schwerlich möglich, durch äußere Beheizung allein das Holz durch und durch zu verkohlen. Um das aber zu erreichen, sind an verschiedenen Stellen im Boden Luftzuführungsleitungen angebracht, die in Tätigkeit gesetzt werden, wenn die Destillationsarbeit sich ihrem Ende zuneigt. In dem Luftstrahle verbrennt noch der in den unvollkommen verkohlten Stücken verbliebene Rückstand schwerer Teeres. Die Produkte dieser Verbrennung gehen nicht durch die Übersteigleitung, sondern entweichen durch ein dafür vorgesehenes Entlastungsventil.

Diesem Auswege der Zuhilfenahme eingeblasener Luft zur Vervollständigung der Verkohlung, auf den schon Messau bei seiner Retorte mit unbeheiztem Boden zurückgriff, werden wir noch bei anderen Verfahren

102 Apparate und Apparatezusammenstellungen neuerer Destillationsanlagen.

begegnen, die im nächsten Abschnitte, unter stehenden Retorten, näher zu betrachten sind.

In Fig. 64 ist eine Aufnahme aus einem Betriebe wiedergegeben, wo die Dampfdestillation mit nachfolgender Verkohlung verbunden ist. An der rechten Seite stehen die ziemlich großräumigen Retorten und an der linken die Holzkohlenkühler. In dem Raume dazwischen läuft die Schiebebühne, auf der die Retortenwagen (über deren Bauweise vergleiche Seite 89) von der Retorte in den Kühler überführt werden. Die Türen der Kohlenkühler sind durch Gegengewichte ausbalanziert, die Retortentüren aber werden von einer elektrischen Winde hochgezogen.

Fig. 64. Aufnahme aus einer kombinierten Dampf- und Trockendestillationsanlage.

2. Stehende Retorten.

Obwohl eine liegend angeordnete Retorte sich viel leichter heizen läßt, so gibt es doch eine Reihe von Verfahren, bei denen stehende Retorten zur Anwendung kommen. Mit einer solchen stehenden Retorte, besonders wenn ihr Durchmesser bedeutend geringer als ihre Höhe ist, sollte man besseren Teer herstellen können, als mit einer liegenden, aus dem einfachen Grunde, weil es dabei nicht so notwendig ist, den Boden heiß zu halten, um das Holz vollständig durchkohlen zu können.

Verdampft man den Teer, so bricht er in eine Reihe dünnerer Produkte auf und hinterläßt einen Koksrückstand in der Retorte. Hält man den Retortenboden dagegen kühl, so läßt sich die Verdampfung des Teeres zum größten Teile vermeiden. Bei stehenden Retorten bildet nun der Boden nur eine verhältnismäßig kleine Fläche, dieser Umstand gibt der stehenden Retorte trotz der größeren Schwierigkeit ihrer Beheizung ihren besonderen Wert.

Die älteste stehende Retorte war wohl die von den Gebrüdern Mollerat im Jahre 1810 in Frankreich zur Gewinnung von Holzessig errichtete. Sie bestand aus einem schmiedeeisernen Zylinder mit 3 Raummeter Fassungsvermögen.

In Frankreich sind die stehenden Retorten noch heute vorherrschend, die herausnehmbaren haben aber die feststehenden allmählig gänzlich verdrängt, wenigstens in der Laubholzdestillationsindustrie. In Amerika hat die Retortenbauweise von Mathieu ziemliche Verbreitung gefunden.

Die älteste für Nadelholzdestillation verwandte stehende Retorte ist zweifellos der sogenannte Thermokessel von Hessel, der hauptsächlich

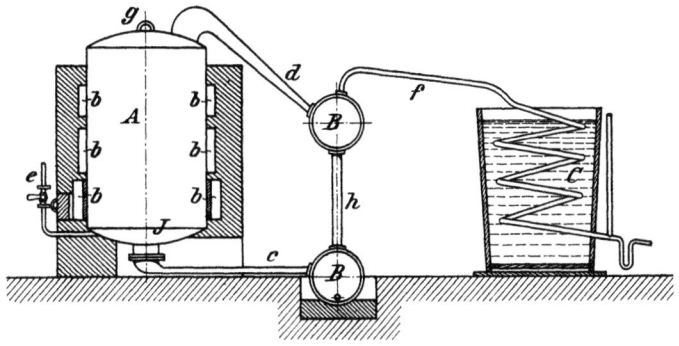

Fig. 65.

viel in Rußland zur Verarbeitung harzreicher Hölzer auf Kienöl und Holzessig in Anwendung gekommen sein soll. Nach Hessel geht seine Verwendung auf das Jahr 1853 zurück.

Hesselscher Thermokessel. — Seine Bauweise und Einmauerung veranschaulicht Fig. 65. Der stehende Zylinder wird gewöhnlich aus 6 bis 8 Millimeter starkem Bleche angefertigt und erhält bei einem Durchmesser von 2,3 Meter eine Höhe von 3,25 Meter. Der untere Teil der zylindrischen Wandung ist zum Schutze gegen die Einwirkung der heißen Feuergase mit Lehm bekleidet, der Boden aber liegt ganz im Mauerwerk, so daß weder er noch das Teerablaßrohr c unmittelbar von der Hitze getroffen werden können. Die Heizgase winden sich, vom Feuerungsraum ausgehend, in 15 bis 18 Zentimeter weiten Kanälen dreimal um den Retortenkörper herum. Das Holz wird durch das Mannloch g eingeworfen, das Feuer entzündet und zur schnellen Anwärmung (nach Hessel) überhitzter Dampf durch die Leitung e über den Boden in die Beschickung geblasen. Die flüchtigen Destillate strömen durch die Übersteigleitung a in die als Luftkühler wirkende Tonne B, wo sich die schwereren Stoffe,

Kreosot und später Teer, abscheiden und in die untere Tonne B' fallen. Die übrigen Destillate werden im Kühler C verdichtet. Der Teer läuft, so wie er in der Retorte niedertropft, durch c in die Tonne B'. Die erzeugte Holzkohle wird durch eine Öffnung über dem Boden herausgezogen.

Wir glauben nicht, daß bei der Verwendung dieser Apparatur an eine systematische Vordestillation mit Dampf zur Abtreibung und Gewinnung klaren Terpentins gedacht wurde. Nichtsdestoweniger eignet sie sich aber sehr gut dazu.

Man wird in den nachfolgenden amerikanischen Verfahren, die entstanden, nachdem die Hesselsche Retorte durch einen Konsularbericht dort allgemeiner bekannt geworden war, eine große Änlichkeit in bezug auf die äußere Bauweise der Apparate mit der Hesselschen Anordnung feststellen können.

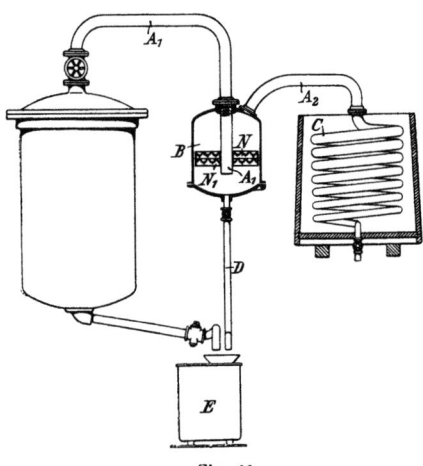

Fig. 66.

Verfahren nach Roake. — Was hierbei zu betrachten ist, bezieht sich ausschließlich auf Ausscheidung der schweren Dämpfe aus den leichten durch Verdichtung in einer besonderen, zwischen Retorte und Kühler eingeschalteten Vorlage B (Fig. 66), die der Tonne B bei der Hesselschen Anordnung entspricht. Diese Vorlage ist ziemlich groß gemacht, damit die Bewegung der von der Retorte kommenden und durch A_1 über dem Boden eintretenden Dämpfe möglichst stark verlangsamt wird. Dadurch erhalten die schweren Bestandteile mehr Gelegenheit, sich zu verdichten und abzusetzen, wonach sie dann durch D herunter in die Teervorlage E fließen können. Die leichten Dämpfe jedoch strömen durch A_2 nach dem Verflüssigungskühler; die in B eingeschobenen, rostartigen Zwischenwände N und N_1 bieten ihnen beim Hindurchströmen eine große Kühlfläche.

Dieser Teerdämpfeabscheider könnte natürlich ebensogut in Verbindung mit liegenden Retorten Verwendung finden.

Destillationsverfahren nach Bilfinger. — Das nun zunächst zu betrachtende Verfahren ist vielleicht unter allen denen mit stehenden Retorten am meisten zur Anwendung gekommen.

Die allgemeine Anordnung der Anlage geht aus Fig. 67 hervor. A ist die mit ihrem oberen Ende aus der Einmauerung hervorragende Retorte, B ein Kastenkühler. Das Auslaufrohr dieses Kühlers ist vor dem Schwanenhalsrohre mit dem Gasleitungsrohre b und dahinter mit drei Auslaufhähnen c, d und e versehen, mit deren Hilfe die flüssigen Destillate verschiedener Destillationsperioden in drei unterschiedliche Sorten zerlegt werden. Unter jedem Hahne ist ein besonderer Auffangtrichter mit einem Ableitungsrohr vorgesehen, durch den das Öl in den dafür bestimmten besonderen Aufspeicherungsbehälter fließt. Das Faß C erfüllt hier den gleichen Dienst, wie der Roakesche Teerdämpfeabscheider. Außer dem oberen Übersteigrohr a ist am Boden der Retorte noch das Teerablaßrohr h und in der Mitte, für schwere Dämpfe, die Ableitung f vorgesehen, die unten mit der Teerleitung h vereinigt ist. Dieses mittlere Übersteigrohr f wurde erst später im Betriebe hinzugefügt, wodurch man noch eine Zerlegung der Dämpfe direkt in der Retorte erreichte.

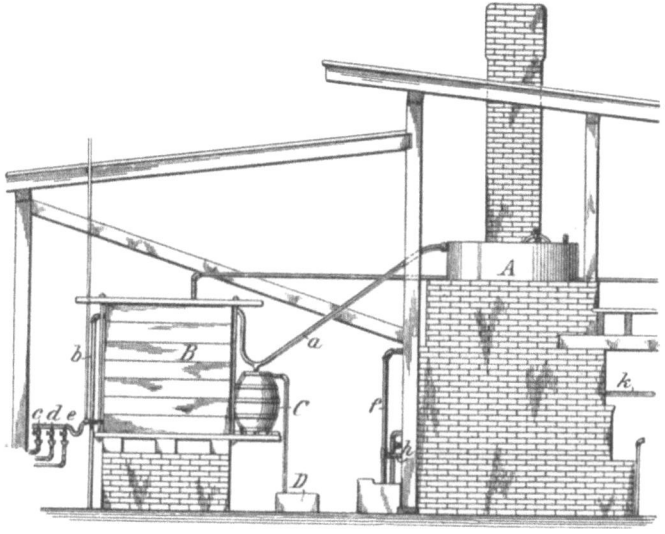

Fig. 67.

Die Bauweise der Einmauerung und der Retorte mit der Heizschlange im Innern veranschaulichen die Fig. 68 und 69. Die Retorte ist nicht rund im Querschnitt, sondern oval und ist mit einer zweiten so eingemauert, daß die Feuerung dazwischen zu liegen kommt. Roste werden nicht benutzt, da die Feuerung ohne solche besser geregelt werden kann. Der Kohlerückstand wird durch das Mannloch o an der Vorderseite der Einmauerung herausgezogen. Damit das Teerauslaufrohr h nicht durch Holz- oder Kohlenstücke verstopft werden kann, ist über ihm das Sieb l vorgesehen. Der Teer wird in dem Kasten u aufgefangen und darin von der hindurchgeführten Dampfleitung flüssig erhalten. Der Dampf wird dadurch überhitzt, daß die Dampfleitung erst durch die Feuerzüge geführt wird, ehe sie die Retorte von oben bis unten durchschlängelt; hat sie unten die erste Retorte verlassen, so geht sie zur zweiten, indem sie zuvor erst wieder die dazwischen liegenden Heizzüge von unten nach oben durchzieht, dann zur dritten und so weiter. Zur direkten Einblasung von Dampf ist unmittelbar über dem Retortenboden ein kurzes Rohr abgezweigt.

Zur mechanischen Heranbringung des zersägten Holzes waren in den Betrieben Fördereinrichtungen vorgesehen, die es vor dem Mannloche *m* jeder Retorte entleerten, worauf es dann von Hand in die letztere hineingeworfen wurde. Die Destillationsarbeit begann dann, nachdem das Beschickungsmannloch wieder luftdicht verschlossen war, mit Entzündung eines ganz schwachen Feuers. In manchen Anlagen wird vollständig ohne Dampf destilliert. Die Temperatur wird ganz niedrig gehalten, so daß für eine gewisse Zeit ein sehr klares weißes Öl überdestilliert und vom Kühlerauslauf unmittelbar durch das dafür bestimmte Rohr in seinen eigenen Aufspeicherungsbehälter fließt. In dem Maße, wie die Temperatur steigt, geht die Farbe der Destillate mehr und mehr ins Gelbe über: das ist

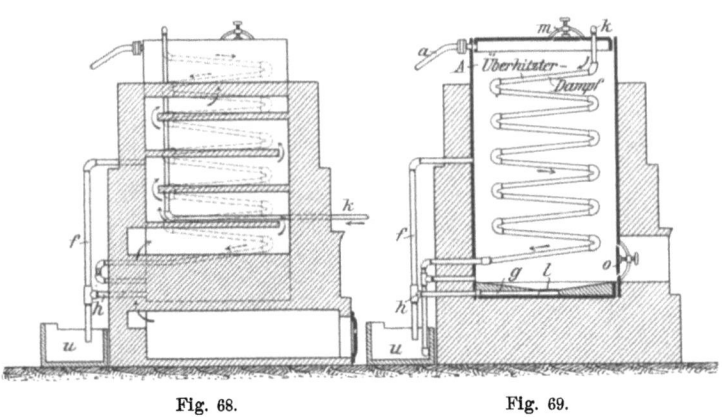

Fig. 68.   Fig. 69.

das Zeichen zum Schließen des ersten und Öffnen des zweiten Auslaufhahnes. Auf den späteren Destillationsstufen nimmt das Öl einen unangenehmen, durchdringenden Geruch an und ziemliche Gasmengen kommen mit über, die man jedoch meist in die Luft entweichen läßt. Das Öl dieser letzten Periode wird wiederum besonders durch Öffnen des letzten und Schließen der übrigen Hähne aufgefangen. Der größte Teil des Harzes und Teers ist in der Zwischenzeit durch die Leitung *h* in den Teerkasten und von da in die Teergrube geflossen. Das Holz wird nicht vollständig durchkohlt, sondern die Destillationsarbeit mit der Erzeugung einer sogenannten Rotkohle oder gerösteten Holzkohle abgebrochen. Der durch dieses Verfahren erzeugte Teer ist von einer besonderen Güte, da er nicht von dem während der letzten Periode der vollständig durchgeführten trockenen Destillation gebildeten schwarzen Teere verunreinigt wird.

Eine nach diesem Verfahren eingerichtete Anlage umfaßt gewöhnlich zehn oder noch mehr Retorten, die in eine Reihe nebeneinander eingemauert werden und von denen jede etwa 3 bis 3,6 Raummeter Holz faßt. Eine einzige Destillation nimmt ungefähr 36 Stunden in Anspruch, jede Retorte kann demnach, wenn man Sonntags um 12 Uhr nachts die Wochenschicht beginnt und Sonnabend 12 Uhr nachts beendet, etwa viermal in der Woche beschickt und abdestilliert werden.

Die verschiedenen Sorten Öle, auf diese Weise gewonnen, werden wieder destilliert und sind dann für den Verkauf fertig.

Von den vielen Anlagen, die zur Ausnutzung dieses Verfahrens errichtet wurden, haben sich alle oder doch ziemlich alle als mißlungene Unternehmen herausgestellt. Mit dem Bilfingerschen Verfahren, wie mit vielen anderen, können die verschiedenen Nebenprodukte wohl aus dem Holze gewonnen werden und zwar in ausgezeichneter Güte, aber man kann nicht erwarten, daß eine Anlage, die nur Terpentin und Teer produziert und die zur Abtreibung einer einzigen Beschickung 36 Stunden erfordert, so erfolgreich sein soll, als eine nur 1 bis 6 Stunden in Anspruch nehmende Dampfdestillation. Und wie das bei allen trockenen Destillationsverfahren eben unvermeidlich ist, so werden auch bei dieser Arbeitsweise die Retorten von den Feuergasen stark beschädigt und fangen bald zu lecken an.

Eine trockene Destillation, die keine verkäufliche Holzkohle erzeugt, kann natürlich nicht in erfolgreichen Vergleich mit einem Dampfdestillationsverfahren treten, denn der dabei außer dem Terpentine gewonnene Teer besitzt keinen solchen Wert, um die Unkosten seiner Gewinnung zu rechtfertigen. Läßt sich für die Holzkohle ein hoher Preis erzielen, so mag eine Verkohlungsanlage sich an manchen Plätzen bezahlt machen, wo eine Dampfdestillation nicht lohnend zu betreiben wäre. Das würde besonders in den Fällen und an den Orten zutreffen, wo das Holz als Rohmaterial mehr kostet, als der daraus gewonnene Terpentin.

Das Mißlingen der verschiedenen Bilfingerschen Anlagen hat einen stark niederdrückenden Einfluß auf die ganze Holzterpentinindustrie ausgeübt, die eigentlich nie in einer besonders ermutigenden Lage gewesen ist, aber jedesmal einen Aufschwung erlebte, sobald ein neues Patent erteilt worden war. Die Besitzer dieser Anlagen haben sich jedoch den erlittenen Schaden selbst zuzuschreiben; in den meisten Fällen hatten sie die Auswahl zwischen besseren und jedenfalls längere Zeit erprobten Verfahren.

Jetzt verlangt man Arbeitsweisen, die höchstens 24 Stunden, vorzugsweise aber noch weniger Zeit zur Destillation einer Beschickung in Anspruch nehmen, und andere, die dieser Bedingung nicht entsprechen, sollten gar nicht in Betracht kommen. Ein Unternehmer, der mit dem Bilfingerschen Verfahren Erfahrungen gemacht hat, besitzt jetzt ein Vorurteil gegen alle trockenen Destillationsverfahren, die er als vollständige Verfehlungen betrachtet. Er ist ein überzeugter Anhänger der Dampfdestillation geworden, die ihm zufriedenstellende Ergebnisse geliefert hat.

Verfahren nach Palmer. — Die Bauweise der Retorte und Einmauerung und die Anordnung der übrigen Apparate geht aus der Fig. 70 hervor. Die Retorte ist durch einen sogenannten falschen Boden in zwei Räume a_1 und a_2 geteilt, in den oberen kommt die Holzbeschickung. Man beginnt die Destillation mit einer mittelstarken Feuerung und bläst zu gleicher Zeit gesättigten Dampf durch die Leitung r in den unteren Retortenraum. Die Öl- und Wasserdämpfe gehen durch die Übersteigleitung b nach dem Kühler e; was sich dabei an schweren Teer- und Kreosotdämpfen in den beiden Schwanenhalskrümmern bereits wieder verdichtet, fällt entweder durch c in den Dampfraum a_2 zurück oder sammelt sich in der Kreosotvorlage d an. Die im Kühler verflüssigten Destillate fließen vom Kühlerauslaufe f in eine der beiden Vorlagen h_1 und h_2, von

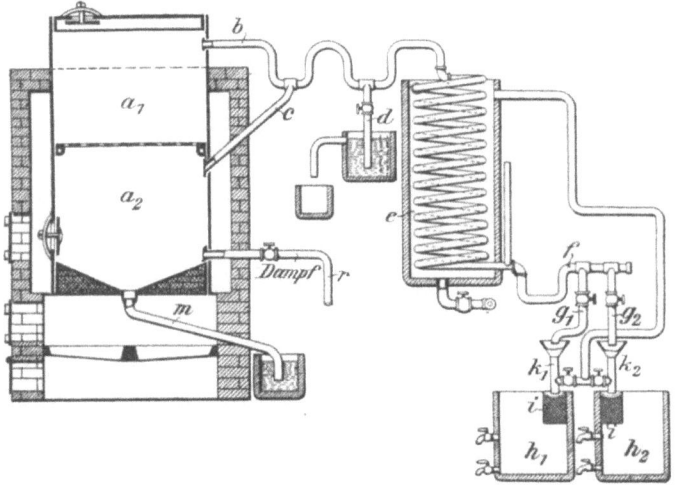

Fig. 70.

denen die eine für den klaren Terpentin, die andere aber zur Auffangung der schweren Öle der späteren Destillationsperiode gebraucht wird. Jede dieser Vorlagen ist mit einem Filter i ausgestattet, in den das flüssige, aus einem der Rohre g_1, g_2 kommende Destillat hineinläuft. Das warme Wasser vom Kühler e wird durch die Ölleitungen k_1, k_2 und die Filter geschickt und soll eine schätzbare Reinigungswirkung durch Entfernung einiger der im Öl mitgeführten Unreinheiten ausüben.

Das aus dem Holze ausschmelzende Harz und der sich bildende Teer tropfen durch die mit Dampf angefüllte Kammer a_2 und fließen durch das im Boden mündende Rohr m sofort in die Teervorlage. Auch der sich in der Übersteigleitung b wieder verdichtende Teer muß erst durch die Dampfhülle tropfen, ehe er ausfließen kann. Daraus geht der Zweck der Anordnung dieser besonderen Dampfkammer hervor.

Um die Holzkohle entfernen zu können, muß sie erst durch Herunterklappen des durchlöcherten Bodens in die untere Kammer gestürzt werden, wo für die Entleerung ein Mannloch vorgesehen ist.

Obwohl dieses Verfahren dem Bilfingerschen in vielen Stücken gleicht, ist es doch nicht so gut. Der Retortenboden ist nicht genügend geschützt, um die Überhitzung des Teers zu verhüten, und die Lage des Teerausflußrohres konnte kaum unglücklicher gewählt werden. Der Teer würde darin sofort verkoken und das Rohr selbst bald abbrennen. Dem ließe sich natürlich leicht abhelfen, indem man es an die Seite rückt und ins Mauerwerk verlegt, wenn man nicht vorzieht, die ganze Feuerungsanlage zu ändern.

Im übrigen gelten, in bezug auf die erforderliche Destillationszeit, die bei dem Bilfingerschen Verfahren erwähnten Einwände auch für dieses

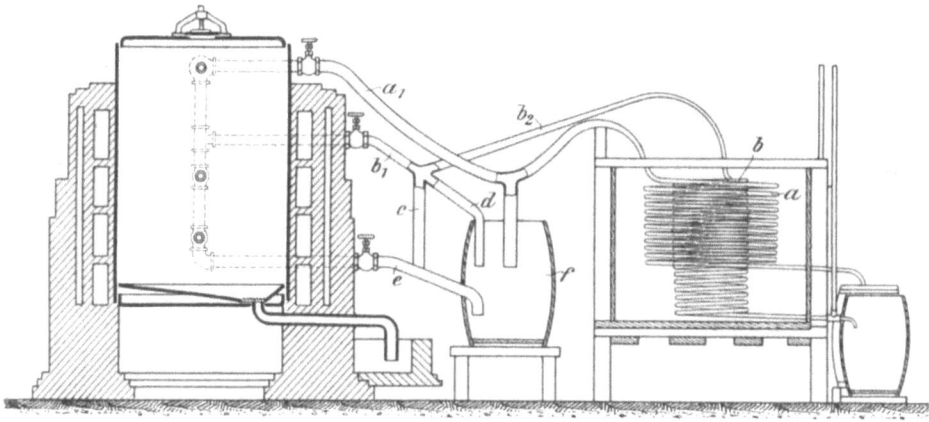

Fig. 71.

Verfahren. Die Öle werden um so besser, je langsamer die Destillationswärme gesteigert, das heißt, je länger die Verkohlung hinausgezogen wird — um so teurer wird jedoch auch der Betrieb.

Verfahren nach Douglas. — Dieses Verfahren ist gleichfalls offenbar eine Verbesserung des Bilfingerschen. Die Retorten (vergleiche Fig. 71) werden so zu Paaren eingemauert, daß die Feuerung dazwischen zu liegen kommt. Die Retortenböden werden nicht beheizt und sind mit Gefälle nach einer Seite versehen, von wo das Teerablaßrohr nach außen führt. Die Heizgase winden sich steigend mehrfach um den Retortenmantel herum und gehen dann unmittelbar in den Schornstein. In verschiedenen Höhen sind drei Übersteigrohre angebracht, die sich mit denen von der benachbarten Retorte vereinigen. Zwei in einem gemeinschaftlichen Kühlkasten untergebrachte Kühlschlangen kommen zur Anwendung, zum Unterschiede von den vorhergehenden Verfahren, wo alle Destillate durch einen einzigen Kühler strömten und erst am Kühlerauslaufe in drei verschiedene Produkte zerlegt wurden. Für die ganz schweren Teerdämpfe ist kein Kühler, sondern nur eine Teertonne vorgesehen, in die die Übersteigrohre unter der Flüssigkeitsoberfläche münden. Die in dem Zwischenraume zwischen zwei Retorten liegenden Übersteigstutzen sind gut vor der Wärme der darunter liegenden Feuerungskammer geschützt.

Die Betriebsweise ist ähnlich der der vorhergehenden Verfahren. Das Holz wird durch das Mannloch im Deckel eingefüllt und später als Kohle durch ein anderes Mannloch über dem Boden herausgezogen. Dampf kommt nicht zur Anwendung. Zuerst wird ein niedriges Feuer aufrecht erhalten, wobei die leichten Dämpfe aufsteigen und durch das obere Rohr a^1 nach dem Kühler a gehen und in einer besonderen Vorlage aufgefangen werden. Was sich an Kreosotdämpfen unterwegs verdichtet, fällt direkt in das Faß f. In dem Maße, wie die Erwärmung fortschreitet, werden die Destillationsdämpfe schwerer und steigen nicht mehr bis zum oberen Übersteigstutzen, sondern entweichen durch den mittleren in die Leitung b_1; was sich bereits wieder verflüssigt hat, fällt durch eines der Rohre d, c in das Faß f, die übrigen leichteren Dämpfe strömen durch b_2 nach der Kühlschlange b, und darin verdichtet, werden sie in einer zweiten Vorlage aufgefangen. Das untere Übersteigrohr e führt unmittelbar nach dem Fasse f, und die dadurch noch etwa entweichenden leichten Öldämpfe können durch c nach der Kühlschlange b gelangen. Der Teer wird flüssig abgeleitet und in dem vorgesehenen Teertroge gesammelt.

Auch dieses Verfahren besitzt die Schattenseiten des Bilfingerschen, was die erforderliche Destillationszeit anbetrifft.

Verfahren nach Clark und Harris. — Es handelt sich hier um ein ziemlich ausgearbeitetes Verfahren zur direkten Zerlegung der aus der Retorte kommenden Dämpfe.

Mit ihrem Patente, daß sie sich hierauf haben erteilen lassen, scheinen die Urheber sich ein Verfahren zur Gewinnung von Kiefernöl (über die Anwendung dieser Bezeichnung siehe Kapitel IX) haben schützen lassen wollen. In den Ansprüchen wird behauptet, daß Kiefernholz nur eine geringe Menge Terpentin als ein Edukt, das heißt als einen bereits darin vorhandenen Stoff abgibt, während der größte Teil des Öles ein Zersetzungsprodukt sei, das sich erst bildet, wenn die Temperatur 115° bis 150° erreicht. Und weiter wird darin behauptet, daß deshalb die Kiefernöle nicht mit Dampf von niedriger Temperatur überzutreiben wären. Wäre dieses wirklich der Fall, so könnten die modernen Dampfdestillationsanlagen, bei denen Dampf von 0,35 bis 0,7 Atmosphären Überdruck zur Anwendung kommt, aus harzreichem Holze nur eine geringe Menge Terpentin abtreiben. Die tatsächliche Praxis liefert jedoch unter diesen Umständen eine Ausbeute von 14 bis 15 Liter auf den Raummeter Holz. Was Edukte und Produkte des Kiefernholzes sind, werden wir in einem besonderen Kapitel erörtern.

Kombinierte Dampf- und Trockendestillationsverfahren usw. 111

Die Fig. 72 veranschaulicht die zur Ausführung dieses Verfahrens erforderlichen Apparate und ihre Zusammenstellung. Zur Inbetriebsetzung wird die Retorte a mit Kiefern- oder Föhrenholz beschickt und in irgend einer geeigneten Weise allmählig erwärmt. Der während der Destillation gebildete Teer kann sofort durch die stets offene Teerableitung, die durch einige Dampfrohrwindungen warm gehalten wird, in die Teervorlage fließen.

Die flüchtigen Destillationsprodukte gehen durch das obere Übersteigrohr nach dem Luftkühler d, wo die schweren Öle sich verdichten und auf den Boden fallen. Sie können von da durch die Leitung d_3 abgezogen werden. Es ist jedoch ratsam, sie für eine Weile in der Trommel

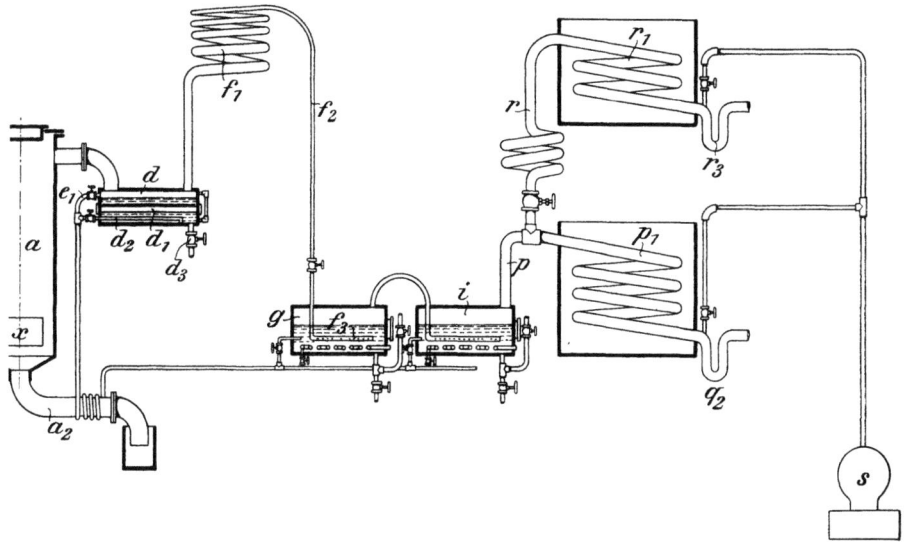

Fig. 72.

stehen zu lassen, damit die nachkommenden Destillationsdämpfe durch ihre Wärme, die sie mitbringen, die etwa mit verdichteten Kiefernöle wieder verdampfen können, die sonst mit den schweren Ölen abgezogen würden und so verloren gingen. Besser schützt man sich jedoch gegen solche Verluste infolge frühzeitiger Verdichtung dadurch, daß man den Luftkühler mit zwei Dampfleitungen d_2 und e_1 versieht, von denen die erstere, über dem Boden liegende geschlossen, die zweite jedoch zum direkten Einblasen offen ist. Die Temperatur kann dann genau geregelt werden, damit kein Niederschlagen der Kiefernöle eintritt. Das offene Dampfrohr e_1 kann zugleich gute Dienste zum Reinigen der Vorlage leisten und veranlaßt auch die flüchtigen Dämpfe, weiterzuströmen. Es empfiehlt sich, das Ablaßrohr d_3 als Überlauf auszubilden, indem man es außerhalb der Vorlage erst wieder soweit hochführt, daß die Oberfläche des Flüssigkeitsinhaltes etwa mit der unteren Kante des Dampfeinblaserohres zusammenfällt; der

Dampf kann dann ständig über die Oberfläche hinstreichen. Die leichten Destillate strömen von dem Luftkühler d durch die Kühlschlange f_1 und zwar von unten nach oben, damit die darin noch verdichteten Bestandteile wieder nach d zurückfließen können. Die hieraus hervorgehenden Leichtöle gelangen nun durch f_2 und das durchlöcherte Rohr f_3 in die Vorlage g, die mit Kalkmilch zur Bindung der mitgeführten Holzessigdämpfe angefüllt und ebenfalls mit Flüssigkeitsstandglas, Heizschlange und Dampfeinblaserohr ausgestattet ist. Die sich etwa zu Anfang bildenden Karbonate werden natürlich von einem Säureüberschusse sofort wieder zersetzt und Kalkazetat ergibt sich. Die in dieser Vorlage nicht gebundenen Dämpfe strömen nach einer zweiten, genau so gebauten Vorlage, die aber mit einer Ätznatronlauge von 1,21 spezifischer Dichte angefüllt ist. Dieses Alkali bindet die schweren Öle, woraus ein lösliches Desinfektionsmittel als verkäufliches Produkt hervorgeht. Die Terpentindämpfe strömen durch p aufwärts; was davon nicht durch die von Luft gekühlte Schlange r hindurchgeht, wird im Kühler p_1 weiter verdichtet und gekühlt, während die leichten, unangenehm riechenden Öle im oberen Kühler r_1 zur Verdichtung kommen. Die unverdichtbaren Gase werden vor den Schwanenhalsrohren r_3 und q_2 abgeschieden und von der Pumpe S abgesogen, die auf diese Weise den in der ganzen Apparatenreihe erforderlichen Zug erzeugt.

Die folgenden von Clark und Harris herrührenden Temperaturfeststellungen geben ein ungefähres Bild von dem Zusammenwirken der Apparate:

Temperatur in der Retorte . . . . 115° bis 427° C.
„ im Luftkühler d . . . . . . 85° „ 105° „
„ in der Kalkmilchvorlage g . . . 92° „ 100° „
„ in der Ätznatronvorlage i . . . 87° „ 100° „

Die Feststellungen wurden durch Einhängen von Thermometern in die Dämpfe und bei der Retorte ins Übersteigrohr erhalten. Bei diesen Versuchen wurden die einzelnen Vorlagen durch Heizschlangen warm gehalten und gesättigter Dampf in die Trommel d eingeblasen.

Mit dem Fortgange der Destillation wird man am Auslaufe des Kühlers p_1 die Terpentinauffangvorlagen mehrfach wechseln müssen, da das spätere Öl schwerer und minderwertiger wird.

Die fertige Kohle wird am Schlusse des Betriebsganges durch die Tür x über dem Boden der Retorte entfernt.

Es besteht kein Zweifel, daß nach diesem Verfahren während der ersten Arbeitsperioden ein klares, weißes Öl produziert werden kann, aber natürlich erfordert die Bedienung eines solchen Betriebes ziemliche Sorgfalt; alle Apparate müssen gut zusammen arbeiten. Aber auch bei diesem Verfahren ist eine langsame Destillierung unbedingt erforderlich und diese Notwendigkeit läßt den schwachen Punkt dieser Art Arbeitsweisen sofort erkennen. Die Industrie verlangt Retorten, mit denen man dem Holze die Öle so schnell wie bei der Dampfdestillation entziehen kann, so daß die Anlagekosten sich möglichst gering stellen. Mit dem Dampfdestillationsverfahren leistet eine einzige Retorte in einer Stunde genau so viel, als mit einem dieser Verfahren in 12 Stunden erzielt werden kann. Darin liegt der Vorzug der einen und der Nachteil der anderen Arbeitsweise. Es ist wirtschaftlicher, das Reinigen und Zerlegen in besonderen Destillierblasen als in einer mit verwickelter Apparatur verbundenen Retorte zu besorgen, denn die Destillierblasen brauchen im Verhältnisse zu der wirklich zu behandelnden Ölmenge nur klein zu sein.

In der Laubholzverkohlungsindustrie liegen die Verhältnisse etwas anders. Da hat man es hauptsächlich mit Zerlegung eines Dämpfegemisches zu tun, das man sich durch Zusammenschaltung mehrerer in ver-

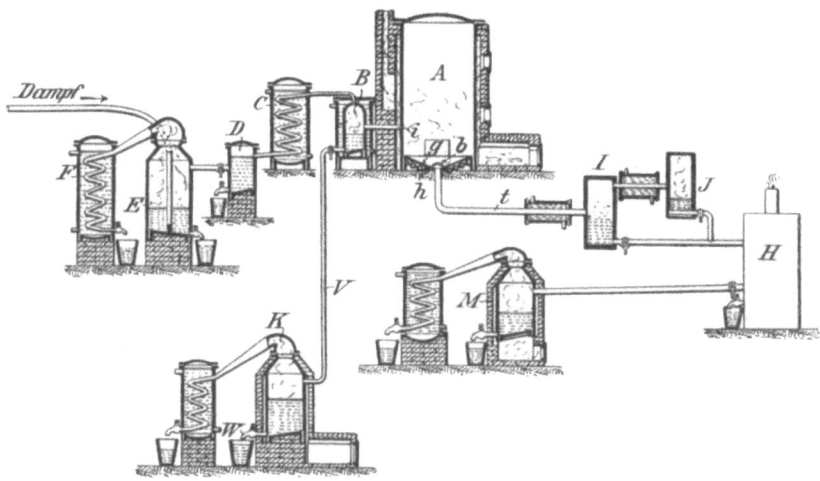

Fig. 73.

schiedenen Destillationsperioden befindliche Retorten möglichst gleichmäßig zu erhalten bemüht. Auf diese Weise erzielt man einen gleichmäßigen und ununterbrochen arbeitenden Betrieb, und die zerlegende Auffangung der verschiedenen Destillate, Teer und das wässerige Säure- und Alkoholgemisch, bedeutet nicht nur einen Zeitgewinn, sondern auch Ersparnis an Absetzgefäßen und dergleichen. Wir werden in einem späteren Kapitel die in dieser Beziehung in letzter Zeit in der europäischen Industrie gemachten Fortschritte kurz streifen.

Verfahren nach Sibbitt und McLean. — Hierbei tritt zu der Apparatur zur Destillierung und Wiederdestillierung des Öles noch die Einrichtung für die Destillation des Teers hinzu.

In der Fig. 73 stellt A die Retorte dar, in der das Holz abgetrieben wird. Die Feuerungsanlage zeigt die gewöhnliche Bauweise; nur die zylindrische Retortenwandung wird beheizt. Der Retortenboden wird von einer Wasserrohrschlange h kühl gehalten, so daß der Teer ständig durch die Leitung *t*, die von dem Siebe *b* vor Verstopfung geschützt wird, abfließen kann.

Die flüchtigen Destillationsprodukte strömen durch das Übersteigrohr *i* in den mit Wasser gekühlten Scheideapparat *B*, in dem die Kreosotdämpfe verflüssigt werden. Die leichten Dämpfe strömen durch den Kühler *C* und werden zusammen mit dem verdichteten Wasser in der Vorlage *D* aufgefangen. Das Öl setzt sich hierin auf der Wasseroberfläche ab und fließt in die Destillierblase *E* über, wo die gewöhnliche Destillation mit Dampf stattfindet. Der Terpentin wird schließlich am Auslaufe des Kühlers *F* aufgefangen und je nach seiner Güte in getrennte Aufspeicherungsbehälter befördert.

Das in *B* abgeschiedene Kreosot wird durch die Leitung *V* in die Destillierblase *K* überführt und darin über Feuerhitze destilliert. Der

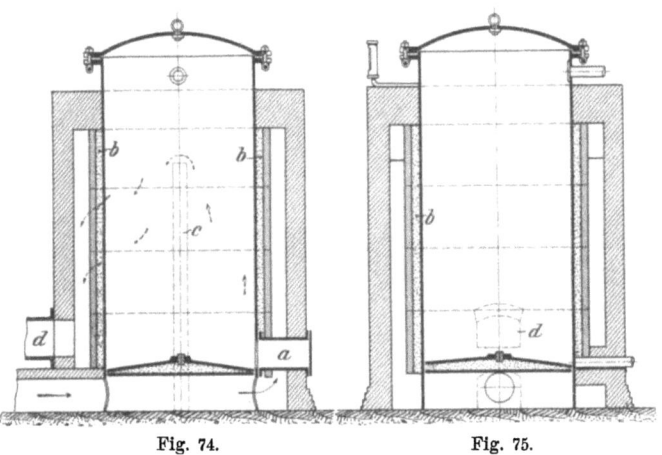

Fig. 74.   Fig. 75.

schwere teerige Rückstand wird am Ende der Destillationsarbeit durch *W* abgelassen.

Der im flüssigen Zustande aus der Retorte kommende Teer geht durch mehrere Kühler und wird in den Vorlagen *I* und *J* angesammelt und von da in die Teerblase *H* abgelassen. Die Leichtöle werden hierin über Feuerhitze abgetrieben, das Wasser ausgeschieden und der Rückstand nach der zweiten Teerblase *M* zur weiteren Behandlung überführt. In dieser Blase wird der Teer selbst destilliert, die leichten Teeröle verdampfen und werden im Kühler wieder verflüssigt, während die schweren mit dem Peche zurückbleiben und entleert werden können.

Dieses Verfahren kann leicht durch Vergleich mit den bereits beschriebenen anderen Verfahren beurteilt werden; die Behandlung des Teers würde sich in der Praxis als ziemlich ungenügend herausstellen.

Retortenbauweise nach Denny. — Die senkrechten Retortenwandungen sind hier, soweit sie im Heizraume der Einmauerung liegen, mit einer Asbestlage *b* bekleidet (vergleiche Fig. 74 und 75). Der Hohlraum des Doppelbodens ist mit Sand ausgefüllt. Das Übersteigrohr ist auch hier, wie vielfach, oben angebracht, der Teer aber fließt durch das Ausflußrohr über dem Boden ab, was durch das Gefälle des letzteren nach einer Seite erleichtert wird. Die erzeugte Holzkohle wird durch die seitliche Öffnung über dem Boden entfernt. Das Einwerfen des Holzes erfolgt durch die Deckelöffnung, der Deckel ist zu diesem Zwecke abschraubbar eingerichtet.

Die Feuerung wird mit Holz oder anderem Brennstoffe beschickt und die Heizgase nehmen den Verlauf der Pfeile: unter den Boden hin nach der Hinterseite der Retorte, an den Wänden hoch, wobei die Asbestbekleidung die Retorte vor Blasenwerfen bewahrt, über die Scheidemauer c hinüber und nun an der Vorderseite der Retorte wieder herunter nach dem Fuchse d.

*   *   *

Retorten dieser Art müssen nach jedem Abtriebe stets erst ziemlich weit abkühlen, ehe die Holzkohle gezogen werden kann. Diesem Nachteile begegnete man, wie wir das bereits kennen gelernt haben, bei liegenden Retorten durch Anwendung von Retortenwagen, die ein schnelles Ziehen und Überführen in den Holzkohlenkühler ermöglichen. Diesen Wagen sind bei stehenden Retorten die Holzkörbe vergleichbar, wie sie Mathieu verwendet, dessen Retortenkonstruktion jedenfalls eine der besten darstellt. Sie stammt von einem Fachmanne von bedeutender Erfahrung in der französischen wie auch amerikanischen Holzdestillationsindustrie. Man wird eine Ähnlichkeit mit der französischen Retortenbauweise, die wir in Fig. 11 wiedergaben, feststellen können.

Mathieusche Retorten. — Die Einzelheiten dieser Bauweise gehen aus den Fig. 76 und 77 hervor. Die Retorten sind zu zweien zusammengeschaltet und aus feuerfestem Tone oder aus Eisenblech hergestellt und oben von gewölbten Deckeln B abgeschlossen, die an der Innenseite ebenfalls eine Tonbekleidung tragen. Der Boden mit dem Teerablaßrohre ist gut vor den Heizgasen geschützt. Die leichten Dämpfe werden oben durch die vorne sitzenden, vor Berührung mit den Heizgasen durch Mauerwerk bewahrten Übersteigstutzen b abgesogen; die letzteren münden in eine gemeinsame Vorlage, die auf einem Vorsprunge des Mauerwerkes liegt.

Die Konstruktion des Korbes zeigt Fig. 77. Er ist aus Winkel- und Flacheisen mit einigen Versteifungsstegen hergestellt und besitzt einen vollen und trichterartig durchgedrückten Boden, der herausnehmbar befestigt ist und mit seinem mittleren Abflußstutzen genau in das Teerableitungsrohr b_2 paßt, wenn der Korb seine richtige Stellung in der Retorte einnimmt. Als Kühler verwendet man einen einfachen Blechzylinder J, der beim Ziehen anstelle des Deckels über die Retorte gesetzt wird und das Einströmen von Luft verhindert. Der Korb wird dann vermittels eines Kranes in den Kühler gehoben und beide zusammen an irgend einem geeigneten Orte in den niedrigen Blechteller M gesetzt, die obere Deckel

116 Apparate und Apparatezusammenstellungen neuerer Destillationsanlagen.

öffnung im Kühlzylinder durch eine Kappe abgeschlossen und ein Kühlwasserregen durch das Rohr P in Tätigkeit versetzt. Das Wasser sammelt sich im Bodenteller, bewirkt da einen Flüssigkeitsabschluß und der Überfluß entweicht durch einen seitlichen Überlaufstutzen.

Dieses Ziehen der Kohle dauert bei einer Retorte von ungefähr 3 Raummeter Inhalt weniger als 5 Minuten.

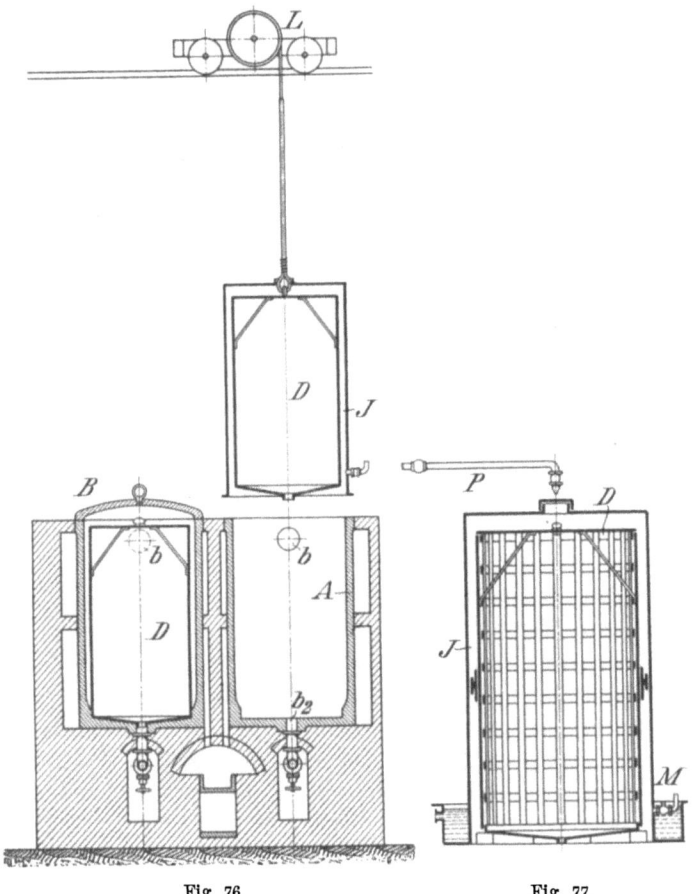

Fig. 76.   Fig. 77.

Zur Inbetriebsetzung werden die gefüllten Körbe in die Retorten gesetzt, die letzteren durch Auflegen der Deckel verschlossen und dann die Destillation in der bekannten Weise durchgeführt: erst werden die Öle abgetrieben und später wird unter höherer Temperatur das Holz verkohlt.

Was sich zugunsten stehender im Gegensatze zu liegenden Retorten sagen läßt, haben wir schon hervorgehoben: bessere Güte des gewonnenen Teers. Bei einer liegenden Retorte sind die einzelnen Teile der Retortenwandung nicht ganz und gar auf die Niete angewiesen, um in ihrer

Stellung zu bleiben; bei einer heißen stehenden Retorte dagegen zeigen die oberen Wandungsteile die Neigung, durch ihr Eigengewicht die Niete abzuscheren. Das ist ein Nachteil, dem aber leicht abzuhelfen ist.

Retortenbauweise nach Jewett. — Auch hierbei kommen Retortenkörbe in Anwendung, sie sind in diesem Falle nicht rund, sondern, wie die Retorte, quadratisch im Querschnitte.

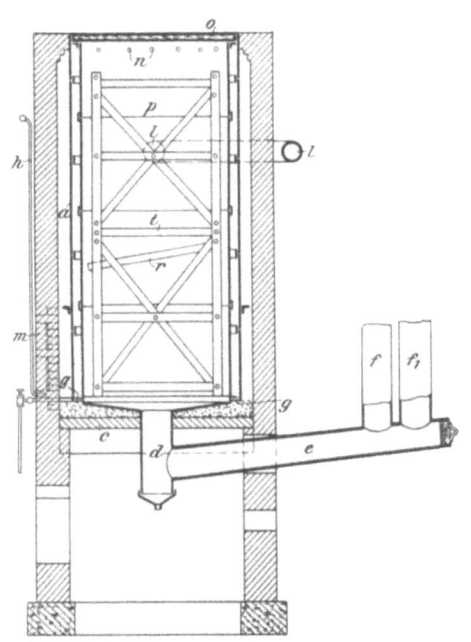

Fig. 78 zeigt die Retorte und Einmauerung im senkrechten und Fig. 79 im wagerechten Schnitte. Die Retorte b ist aus einzelnen Eisenblechteilen mit Hilfe von Bändern zusammengenietet; auf diese Weise sind die Niete entlastet. Mit ihrem trichterförmig durchdrückten Boden steht sie in der Zementbettung des Gewölbebogens c, durch den hindurch der Entleerungsstutzen d in den darunter liegenden Raum ragt. Von diesem Stutzen zweigt das etwas ansteigende Rohr e, dessen Ende mit einem Pflocke verschlossen ist, und davon zweigen wiederum die beiden Übersteigrohre f und f_1 ab. Der flüssige Teer läuft unmittelbar durch d in einen darunter zu stellenden Behälter.

Die Retorte b ist von einem zweiten Eisenmantel a so umgeben, daß ein geringer und gleichmäßiger Zwischenraum bleibt, in dem unten ringsherum die durchlöcherte Dampfeinblaseleitung g liegt,

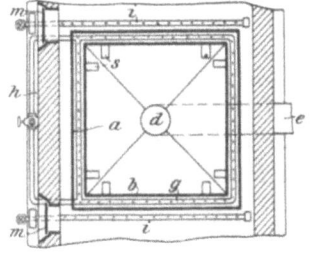

Fig. 78 und 79.

die an zwei Zuführungsleitungen h angeschlossen ist (Fig. 79). An zwei Seitenwänden des äußeren Blechmantels a liegen zwei Rohre i, die als Gasbrenner dienen; die davon ausgehenden Flammen und Heizgase können jedoch an den zwei Seitenwänden nur bis zu einem wagerechten Schilde hochziehen, das letztere lenkt sie nach den beiden anderen Seitenwänden ab, an denen sie hinaufstreichen und später durch zwei Züge l entweichen können. Reinigungsöffnungen m sind an verschiedenen Stellen vorgesehen. Der Hohlraum des Deckels o ist mit Asbest oder dergleichen ausgefüllt.

Der Retortenkorb p ist in der dargestellten Weise aus Winkel- und Flacheisen hergestellt und besteht aus zwei Abteilungen, die durch t voneinander getrennt sind. Das Holz wird in diesen Abteilungen senkrecht aufgestellt, so daß es also auf die Enden zu stehen kommt. Unter der oberen Abteilung sind eine Anzahl unmittelbar nebeneinander liegender Rinnen r angebracht, die nach der einen Seite Gefälle haben und dort das aus dem oberen Holzstapel herausgetropfte Harz- und Terpentingemisch und später den Teer nach dem Retortenboden fließen lassen, von wo der weitere Auslauf erfolgt. Die Führungslaschen s in den Ecken des Bodens sorgen dafür, daß der Korb stets in seine Mittelstellung kommt.

Die Destillationsarbeit wird damit begonnen, daß gesättigter Dampf in den Raum zwischen a und b geblasen und die Gasflammen entzündet werden. Während der Dampf an der Wandung des äußeren Blechmantels hochzieht, überhitzt er sich und tritt durch die Löcher n rings am oberen Retortenrande in die Beschickung, durchstreicht sie von oben nach unten und geht zusammen mit den abdestillierten Ölen und Säure- und Alkoholdämpfen durch e und durch die Übersteigrohre nach den Kühlern.

Diese Einrichtung hat manches für sich, die Heizdämpfe durchstreichen die Retorte von oben nach unten und sämtliche Destillate werden am Boden abgezogen und dadurch der Zersetzungsgefahr entzogen.[1]

Die Beheizungseinrichtung sichert eine gute Wärmeökonomie, im übrigen ist aber ihre Verwendbarkeit an die Möglichkeit eines genügend billig zu habenden Gases gebunden. Andere weniger genau zu regelnde Heizgase bringen die Wandungen des äußeren Mantels in die Gefahr des Werfens und Verbiegens; denn sie sind weniger widerstandsfähig, als wenn sie zylindrisch gebaut wären.

Eine frühere Konstruktion, aus der diese hervorgegangen ist, hatte viele offenbare Schattenseiten. Die Körbe waren dabei um die Höhe eines Holzstapels höher und konnten deshalb schlechterdings nicht im heißen Zustande gezogen werden. Um nun die Zeit des Abkühlens zu vermindern, waren Wassersprührohre im Korbe vorgesehen. Damit gingen jedoch viele der wärmewirtschaftlichen Vorteile verloren, ganz abgesehen davon, daß es stets ein wenig empfehlenswertes Verfahren ist, die Holzkohle mit Wasser zu löschen; sie wird dadurch brüchig und zerstäubt leicht. Die quadratische Form mit ihren ziemlich großen Wandungsflächen wies auch bereits die frühere Bauweise auf. Zur Heizung dienten dabei Feuergase. Daß Jewett nun zur Beheizung mit Dampf und Gasflammen übergegangen ist, scheint unsere Vermutung, daß die großen Wandungsflächen unter dem Einflusse von Feuergasen Formveränderungen nicht zu widerstehen vermögen, zu bestätigen.

Nach dem Verfahren von Jewett wird in beschränktem Umfange an der Küste des Stillen Meeres gearbeitet.

---

[1] Über Destillation mit überhitztem Dampfe vergleiche S. 92.

Retortenbauweise nach Williams. — Ein anderes, an der Küste des Stillen Meeres angewendetes Verfahren ist das von Williams, bei dem mit unter Druck stehendem Dampfe die Abtreibung der leichten Öle ausgeführt wird, während der Rückstand durch äußere Beheizung der Retorte in der bekannten Weise verkohlt wird.

In der Fig. 80 stellt a die aus Kesselblech hergestellte zylindrische Retorte dar, deren Boden konisch ausläuft und mit einer genügend großen Öffnung zur Entleerung der Holzkohle versehen ist. Diese Öffnung wird während des Betriebes durch eine aufklappbare Tür, die an ihrer Innenseite ein nach oben gewölbtes durchlöchertes Schutzblech trägt, das den Teerauflaufstutzen i von Holzkohlenbrocken frei hält, verschlossen gehalten. Der Teer wird in der Vorlage k aufgefangen, die einen Überlauf besitzt und in die der Stutzen i so weit eintaucht, daß ein Flüssigkeitsabschluß entsteht. Im Deckel der Retorte sind zwei Mannlöcher b zum Einwerfen der Holzstücke vorgesehen. Durch die Retortenmitte zieht sich von oben nach unten das allseitig durchlöcherte Dämpfeabzugsrohr d, von dem oben die Übersteigleitung c nach dem Kühler abzweigt. Damit während der Verkohlungsperiode die Dämpfe in diesem Rohre keine Zersetzung erleiden, ist das Doppelrohr e, f zur Einführung von Kühlwasser vorgesehen; das Wasser strömt durch das innere Rohr f ein und durch das äußere e wieder fort. Zur Einblasung des Dampfes sind eine Anzahl senkrechter Rohre an der Innenseite der Retortenwandung angebracht, die von dem oberen Ringe g ausgehen.

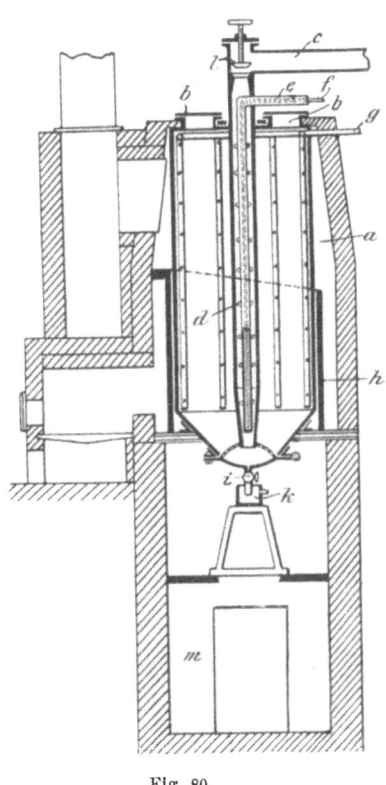

Fig. 80.

Die untere Hälfte der Retorte ist durch eine feuerfeste Bekleidung h vor der unmittelbaren Einwirkung der heißen Feuerungsgase geschützt.

Das Rohmaterial von Brennholzlänge (0,5 bis 0,6 Meter) wird durch die beiden Löcher eingeworfen und die Dampfdestillation kann dann nach der luftdichten Abschließung der Deckel beginnen. Man läßt den Dampf erst reichlich einströmen, bis der gewünschte Druck erreicht ist. Der Überschuß geht darauf, mit den abdestillierten Ölen beladen, durch das Rohr d und das entsprechend eingestellte Ventil l nach dem Kühler. Das ausschmelzende Harz wird von Zeit zu Zeit vom Boden abgelassen. Sind die Leichtöle auf diese Weise abgetrieben, so wird der Dampf abgestollt und die Destillation bis zur vollständigen Verkohlung der Beschickung durch äußere Beheizung fortgesetzt. Das Ventil l wird während dieser Periode völlig geöffnet; das Kreosot und die Teeröldämpfe gehen durch c zum Kühler, der flüssige Teer aber kann ununterbrochen vom Boden ausfließen. Die Wasserkühleinrichtnng wird während dieser Destillationsperiode in Tätigkeit gesetzt.

Die fertige Holzkohle läßt man durch Aufklappen der Tür im Retortenboden in den unteren Raum m fallen, wo sie abkühlen und später durch die vorgesehene Tür entfernt werden kann.

Folgende Abmessungen mögen als anhaltgebend von Wert sein: Höhe des zylindrischen Teiles der Retorte 3,6 Meter, Durchmesser 1,8 Meter, Durchmesser des senkrechten Dämpfeableitungsrohres 300 Millimeter, senkrechter Abstand der Löcher voneinander 200 Millimeter.

Diese Bauweise ist jedenfalls gut durchdacht, wenn auch die Notwendigkeit ganz so vieler Dampfeinblaserohre nicht einleuchtend ist. Die Möglichkeit, daß man leicht an den Boden herankommen kann, spricht ein gut Teil zugunsten der ganzen Einrichtung, denn die Teerablaßrohre verstopfen sich gar zu leicht und verursachen dann Störungen; aus diesem Grunde sollten sie möglichst leicht zugänglich sein. Die Beschickung darf aber in der Retorte nicht zu tief zu liegen kommen, oder das Holz wird an der Stelle nicht völlig durchkohlt.

Die Anordnung des Holzkohlenkühlers unmittelbar unter der Retorte bringt die Notwendigkeit mit sich, die Retorte und die Feuerung ziemlich hoch aufzubauen, eine Schwierigkeit, die aber wohl nicht zu sehr ins Gewicht fällt.

Destillationsverfahren nach Snyder. — Auch hierbei treten die oben hervorgehobenen vorteilhaften Züge auf, das Verfahren wird sich aber kaum verallgemeinern lassen, da es auf Elektrizität als Heizmittel fußt. Es wird praktisch ausgenutzt in Vancouver in Kanada, wo nicht nur bedeutende Mengen Föhrenabfälle aus Sägemühlen, sondern auch billige elektrische Kraft zur Verfügung stehen. Die Anlage, die seit Juli 1907 im Betriebe sich befindet, destilliert täglich ungefähr 10 Raummeter Holz. Das Rohmaterial wird in Barken von den benachbarten Sägemühlen herangebracht und unmittelbar vor der Anlage gelandet, wo es sofort in die Retortenbehälter gepackt und dann auf Wagen in den Betrieb gerollt wird. Die Katze eines Laufkranes hebt die Behälter hoch und läßt sie in die Retorten gleiten, deren Bauweise aus der Fig. 81 zu ersehen ist. Der oben völlig geschlossene Behälter trägt oben am äußeren Deckelrande einen Ring mit nach unten vorspringendem Flansch, der in eine mit Teer angefüllte Rinne taucht und auf diese Weise einen gasdichten Flüssigkeitsabschluß erzeugt. Die Retorte selbst besteht aus Mauerwerk mit einer etwas größeren Querschnittsöffnung als der Querschnitt des

Beschickungsbehälters. In diesem engen Zwischenraume liegen an sämtlichen vier Seiten des Innenraumes der Retorte Heizschlangen aus schmiedeeisernen flachen Streifen, die am Mauerwerk befestigt sind und Stromzuleitung an zwei Seiten von außen durch die Retortenwände hindurch erhalten.

Der Bau der Retortenbehälter geht aus der Schnittdarstellung hervor. Die Holzscheite stehen aufrecht auf einem durchlöcherten, sogenannten falschen Boden, der zur Entfernung der Holzkohle herausnehmbar angebracht ist. Durch die Mitte von oben nach unten zieht sich das Dämpfeableitungsrohr, das unten leicht an ein abnehmbares Übersteigrohr angeschlossen werden kann. Im Boden der Retorte befindet sich das Teerableitungsrohr; es ist zur Bildung eines Flüssigkeitsabflusses mit einer Kappe überdeckt. Wir würden diese Einrichtung nicht empfehlen; es ist besser, den Flüssigkeitsabschluß außerhalb der Retorte zu bilden, etwa dadurch, daß man den Teerablaßstutzen in einen Blechstiefel mit Überlauf tauchen läßt. Dieser Stiefel könnte, wenn man eine genügende Höhe zum Unterstellen der Teerversandfässer behalten will, unmittelbar unter den Boden gehängt werden. Die Überwachung dieser sich sonst leicht verstopfenden Vorrichtungen ist damit leicht gemacht.

Der mit Ziegelbekleidung versehene Retortenboden kann für Reinigungszwecke ohne Schwierigkeiten abgenommen werden.

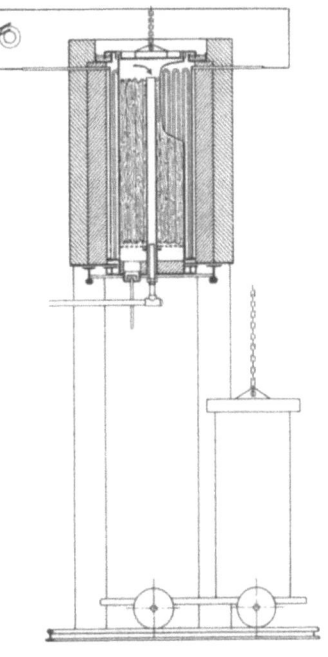

Fig. 81.

Die in Vancouver vorhandenen Retorten sind dicht aneinander gerückt, um Wärmeausstrahlung zu vermindern. An Pyrometern, die ein direktes Ablesen der gemessenen Temperaturen gestatten, sind zwei für jede Retorte vorgesehen, einer außerhalb und der andere in der Mitte des Holzbehälters.

In Vancouver arbeitet man nach diesem Verfahren in der folgenden Weise. Der mit dem Destillationsgute gefüllte Kasten wird in die wenige Minuten zuvor entleerte Retorte gehängt, deren Mauerwerk noch eine Wärme von ungefähr 250° C. besitzt. Der kalte Kasten saugt diese Wärme schnell auf, während ein gleich zu Beginn eingeschalteter elektrischer Strom von 110 Volt und 400 Ampere dafür sorgt, daß die Temperatur der Retorte auf der gleichen Höhe bleibt. Die Temperatur an der Außenseite des Kastens steigt während dieser Anwärmungsperiode von 75° bis 130° C., in der Mitte des Kastens aber beträgt sie dann erst 45° C. Der Terpentin beginnt nun überzudestillieren und der Strom kann ausgeschaltet werden. Die Temperatur des Holzbehälters nimmt in der vom Mauerwerke ausgestrahlten Wärme ganz langsam zu, bis sie nach ungefähr 2 Stunden an der Außenseite 150° C., im Innern dagegen 205° C. erreicht hat. Der Terpentin ist nun in seiner größten Menge abgetrieben, daß heißt 90 bis 95 % des durch Analyse festgestellten Terpentingehaltes ist schon gewonnen. Das während der Terpentindestillation ausgeschmolzene Harz tropft auf den Retortenboden und verbleibt da bis zum Ende der Terpentinperiode; es wird dann gleich in die Versandfässer abgezogen.

Zur Fortsetzung der Destillation wird der Kasten in eine andere Retorte gehoben, um den Terpentinkühler, der aus einem senkrecht aufsteigenden Kupferrohre besteht, durch den von oben ein Wasserregen herunterfällt, vor Verschmutzung durch Teeröldämpfe zu bewahren.

In seiner neuen Retorte soll der Kasteninhalt keiner neuen elektrischen Wärmezuführung mehr bedürfen; die vom Mauerwerk ausstrahlende und die durch Zersetzung der Kohlenwasserstoffe im Innern des Verkohlungsgutes frei werdende Wärme sollen völlig zur Fortsetzung der Destillation genügen. Nach weiteren drei Stunden ist die Temperatur im Innern der Retorte von 205 auf 375° C. gestiegen, die dabei abgegebenen Teeröldämpfe gehen zum Kühler, der flüssige Teer entweicht durch den Auslaufstutzen am Boden. Der Kasten wird jetzt herausgehoben und auf ein Sandbett gestellt, die im Innern hängenden schweren Dämpfe verhindern während der Überführung das Einströmen atmosphärischer Luft. Die Abkühlungsdauer beträgt 3 Stunden, nach welcher Zeit die Kohle direkt in die Handelssäcke geschüttet werden kann, zu welchem Zwecke der falsche Boden nur entfernt zu werden braucht.

Im Betriebe zu Vancouver hat man folgende Ausbeuten feststellen können, die sich auf etwa 1 Raummeter Föhrenholz beziehen:

Rohterpentin = 19 Liter
Kolophonium = 62 Kilogramm
Teeröle = 18 Liter
Teer = 24 Kilogramm
Holzkohle = 110 Kilogramm.

Diese Zahlen sind etwas unwahrscheinlich hoch, wozu die Umrechnung beigetragen haben mag.

Auf jeden Retortenkasten mit einem Fassungsvermögen von etwa einem Raummeter soll ein Stromverbrauch von nur 90 Kilowattstunden kommen, der an Ort und Stelle nicht mehr als 75 Pfennige kostet. Zur Bedienung der Anlage, die mit zwei je 12 stündigen Schichten arbeitet, ist ein Mann für jede Schicht erforderlich. Ist das Holz jedoch großstückig, so wird während der Tagesschicht ein zweiter zur Zerspaltung hinzugenommen.

Diese Betriebsangaben entnimmt der Herausgeber einem von Snyder vor der American Electrochemical Society gehaltenen Vortrage. Auf den ersten Blick haben sie viel unwahrscheinliches an sich,[1] zum Teile bilden sie aber eine Bestätigung der Versuche des schwedischen Professors P. Klason, der durch sorgfältige Experimente feststellte, daß der Holzverkohlungsvorgang ein exothermischer, eine Wärme freimachender ist. Bei den Versuchen zeigte sich innerhalb der Retorte eine höhere Wärme als außerhalb, und die Wärmerechnung wies auf der einen Seite einen Überschuß auf. Neuerdings liegen Angaben über weitere Versuche vor[2], die von Prof. Klason im Vereine mit Gust. von Heidenstam und Evert Norlin ausgeführt worden sind. Daraus hat man die Reaktions-

---

[1] Während der Korrektur gingen uns aus einem amerikanischen Betriebe, in dem nach dem Verfahren von Snyder gearbeitet wird, noch einige Zahlen zu, die nun allerdings ein etwas anderes Bild in bezug auf Ausbeute und Stromverbrauch abgeben. Wir führen die Angaben, wie sie den Betriebsbüchern dieser Anlage entstammen, im folgenden nacheinander an.

1. 11493 Kilogramm Holz; gesamte Destillationsdauer 109 Stunden. Ausbeuten: 168,2 Liter Terpentin, 393 Liter Teeröl, — Teer, — Kolophonium, 3300 Kilogramm Holzkohle.
   Stromverbrauch 9190 Kilowattstunden.
2. 1814 Kilogramm sogenannter Alabamawurzeln (Stockholz der Yellow Pine aus Alabama); gesamte Destillationsdauer 27 Stunden.
   Stromverbrauch 2920 Kilowattstunden.
3. 5266 Kilogramm Holz; Destillationsdauer 91 Stunden.
   Stromverbrauch 6980 Kilowattstunden.

Zu 1. 1 Raummeter trockenes Föhrenholz wiegt ungefähr 394 Kilogramm, es würde sich demnach um etwa 29 Raummeter handeln, von denen $6^1/_2$ Raummeter in 24 Stunden destilliert wurden. Fassen die Retortenbehälter gleichfalls 1 Raummeter und sind 3 Retorten vorhanden, so dauerte jeder Retortenabtrieb etwa 12 Stunden. Auf 1 Raummeter destilliertes Holz bezogen, betragen die Ausbeuten: 6 Liter Terpentin, $13^1/_2$ Liter Teeröl und 114 Kilogramm Holzkohle. (Die Ausbeuteziffern für die übrigen Destillationsprodukte erscheinen uns zu unwahrscheinlich, wir haben sie deshalb nicht mit angeführt.)

An Stromverbrauch kommen auf 1 Raummeter 316 Kilowattstunden. An dem betreffenden Orte wird man für 1000 Kilowattstunden ungefähr 13,80 Mark zahlen, an Heizkosten kämen demnach auf 1 Raummeter Rohgut 4,35 Mark. — Auch andere, die daraufhin Versuche anstellten, haben einen annähernd gleichen Stromverbrauch feststellen können, so daß die obigen Zahlen als ziemlich zuverlässige angesehen werden können.

Zu 2. Hierbei stellt sich der Stromverbrauch auf 415 Kilowattstunden und die Heizkosten belaufen sich auf 5,70 Mark.

Zu 3. Ob es sich hier um Yellow Pine handelt, ist fraglich, jedenfalls kann das Holz nicht sehr harzreich sein und würde ungefähr 340 Kilogramm der Raummeter wiegen. Auf einen der 16 Raummeter käme demnach ein Stromverbrauch von 436 Kilowattstunden, die etwa 6 Mark kosten würden. Je harzreicher das Holz, um so höher ist der Stromverbrauch.

[2] Arkiv. Kemi. Min. Geol. 3, Art. 1, 1—34 (1908).

wärme zu 6,4 bis 9,4 % der Verbrennungswärme des Holzes berechnet. Der exothermische Wechsel tritt bei ungefähr 300° C. ein.

Über die Anwendung der Elektrizität zur Beheizung läßt sich über das Allgemeine hinaus nicht viel sagen; sie hat sich als ein ziemlich kostspieliges Heizmittel in anderen Industrien erwiesen, und die Möglichkeit ihrer genügend billigen Erzeugung ist vorläufig noch auf wenige Stellen der Erde beschränkt.

Destillationsverfahren nach Copilowich. — Nach diesem Verfahren arbeitet man in Minnesota mit norwegischer Kiefer (Pinus resinosa Soland). Die Bauweise der Retorte (Fig. 82) scheint einzig aus dem Bestreben hervorgegangen zu sein, eine Überhitzung des Teers unmöglich zu machen. Sie besteht aus einem eisernen Zylinder mit konischer Abdeckung und einer mittleren Einwurföffnung. Dieser Zylinder ist so in Mauerwerk gesetzt, daß an seiner senkrechten Wandung eine ringförmige, nach oben spitz zulaufende Heizkammer entsteht, die mit einem seitlich liegenden Feuerungsraume verbunden ist. Der tellerartige Boden, auf dem die Retorte steht,

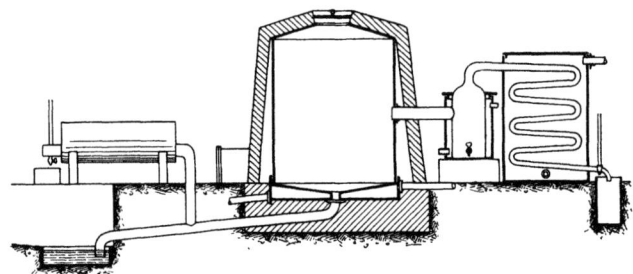

Fig. 82.

ist hohl und mit Wasserkühlung versehen, die aber nur während der Terpentinperiode in Tätigkeit tritt und verhindert, daß die schweren, zu Boden fallenden Öle einer Zersetzung anheim fallen.

Während des Abtriebes gehen die leichten Dämpfe durch das seitliche Übersteigrohr in den Kreosotabscheider und von da nach dem Terpentinkühler. Die auf den Boden fallenden schweren Öle und später der Teer werden flüssig durch das mittlere Ablaßrohr nach der Teergrube geleitet; die mitgeführten Dämpfe und Gase dagegen gehen durch das aufwärts abzweigende Rohr nach dem Teerkühler an der linken Seite. Die fertige Holzkohle wird durch eine über dem Boden angebrachte seitliche Öffnung herausgekratzt.

Diese Bauweise erinnert in vielen Teilen an die großen Karboöfen von Åslin[1], die aus um 1895 in Grötingen in Sämtland mit kleinen Retorten und Nadelholz ausgeführten Versuchen und den damit gesammelten Erfahrungen hervorgingen. Der erste Ofen dieser Art wurde von der

---

[1] Schwedisches Patent Nr. 11235.

Aktiebolaget „Carbo" in Grötingen errichtet. Er hatte ein Fassungsvermögen von 350 bis 450 Raummeter Holz, einen Durchmesser von 9 Meter und eine dem Durchmesser gleiche Höhe. Die zylindrische Wandung wurde von Feuergasen umspült, außerdem war aber noch in der Mitte eine senkrecht aufsteigende Röhre angebracht, in der am tiefsten Punkte die Holzgase mit zugeführter Luft verbrannt wurden.

Alle diese Öfen leiden jedoch an dem einen Fehler: an zu langer Abtriebszeit. Nur 20 Beschickungen im Jahre konnte man mit dem Karboofen ausführen, das machte natürlich die Anlage zu einer ziemlich kostspieligen.

Nun, der Ofen nach Copilowich ist ja ziemlich klein gehalten im Verhältnis zu der Größe des Karboofens, er wird aber nichtsdestoweniger eine ziemlich lange Destillationszeit erfordern, will man die Öle und den Teer in einer gewinnbringenden Güte erhalten, und ob das Holz sich in der Mitte über dem Boden genügend durchkohlen läßt, mag wohl fraglich erscheinen.

In Mississippi versuchte man eine Zeit ein schwedisches Verfahren mit ähnlicher Retortenbauweise (Åslinsches Verfahren?), eine größere Anlage wurde jedoch aus irgend einem Grunde nicht gebaut.

Retorten mit senkrechten Heizröhren. — Seit Reichenbachs Zeiten hat man immer wieder die Anwendung von Heizröhren, die die Retorte durchziehen, versucht, aber aus irgend einem Grunde scheinen sie die an sie geknüpften Erwartungen nicht voll zu erfüllen. Man kann die Heizröhren liegend oder stehend anordnen, beide Bauarten haben Anwendung gefunden. Von solchen Retorten mit liegenden Heizröhren werden wir zwei Konstruktionen im folgenden besonders betrachten, da sie beide für Nadelholzdestillation verwendet werden. Stehende Heizröhren haben wir schon bei den großen Karboöfen angetroffen, und es ist an und für sich eine gute Idee, auf diese Weise die Heizwärme in die Mitte der Beschickung zu bringen. Bei Nadelholzdestillation entsteht jedoch dabei die Schwierigkeit, den Retortenboden genügend kühl zu halten. Fiveash versucht das bei seiner Konstruktion dadurch zu erreichen, daß er den Boden hohl und mit Wasserkühleinrichtung ausführt. Dabei wird jedoch eine Menge wertvoller Wärme weggeführt, denn dieser Wasserboden liegt unmittelbar über der Rostfeuerung. Die aufsteigenden Destillationsdämpfe sind außerdem bei senkrechten Heizröhren stets der Gefahr der Berührung mit den heißen Wänden und unvermeidlicherweise verlustbringender Zersetzung ausgesetzt. Liegende Heizröhren scheinen aus diesen Gründen für Nadelholzdestillation bedeutend besser geeignet.

In dem Chemischen Werke Clotilde in Nagy Bocskó in Ungarn verkohlt man Laubholzabfälle in großen stehenden Retorten, die von solchen senkrechten Heizröhren durchzogen werden. Die Öfen sind aus Mauerwerk aufgebaut und innen mit Eisenplatten ausgekleidet. Die Bodenplatten fallen von der Mitte nach beiden Seiten stark ab, eine Einrichtung, die das Ziehen der Kohle, sonst ziemlich schwierig bei Öfen dieser Art, sehr erleichtert. Zwei seitliche Roste erzeugen die Verbrennungsgase, die nun unmittelbar durch die aufsteigenden Röhren den Ofen durchziehen. Zur Verteilung der Heizgase sind die oberen Öffnungen der Röhren mit regelbaren Absperrkegeln versehen.

Man arbeitet mit diesen Öfen in der Weise, daß man zu Anfang starke Feuer entzündet, einen Teil des Holzes verkohlt und die Kohle zur Weißglut erhitzt. Dann können die Feuer herausgezogen werden, die jetzt vor sich gehende weitere Zersetzung liefert genügende Wärme zur Beendigung der Destillation.

Für Nadelholz wären diese Öfen keineswegs geeignet. Der Boden ist gänzlich ungeschützt, und natürlich dürfte die Kohle unter keinen

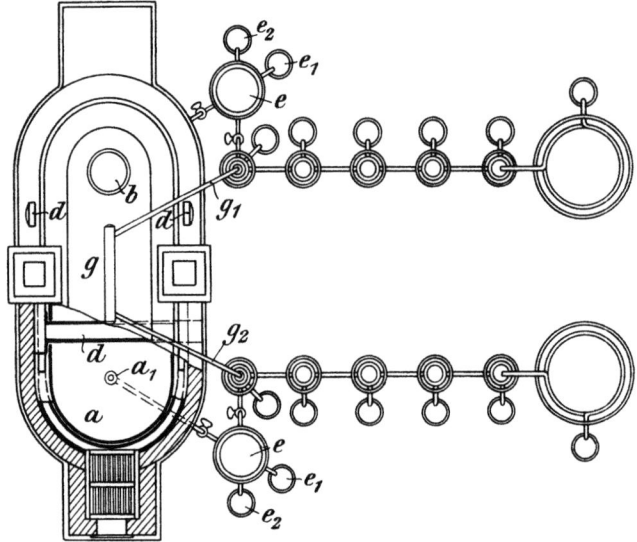

Fig. 83.

Umständen zur Weißglut erhitzt werden. Die Menge des einzigen Nebenprodukts, das eine derartige Destillation liefern würde, Holzessig, ist bei Nadelholzverarbeitung viel zu gering, als daß sie gewinnbringend sein könnte. Die Alkoholdämpfe würden sich höchstwahrscheinlich unter diesen Umständen — 200 Raummeter umfassende Beschickungen und Erhitzung bis zur Weißglut der Kohle — gar nicht verdichten lassen oder die Kühlvorrichtungen müßten außerordentlich reichlich bemessen werden.

Öfen mit gußeisernen Heizröhren scheinen einmal eine Zeitlang in Schweden und Finnland in größerer Anzahl aufgekommen zu sein. Aus dem letzteren Lande stammt die folgende Anlage von Friis.

Verkohlungsofen nach Friis. — Der Ofen ist aus Eisenplatten auf einem steinernen Fundamente aufgebaut (vergleiche Fig. 83, 84 und 85) und hat einen aus einem Rechtecke und zwei Halbkreisen gebildeten, nach oben enger werdenden Querschnitt; sein Boden ist mit Gefälle von allen Seiten nach den beiden Teerauslauföffnungen a_1 angelegt. An den beiden am weitesten auseinander sitzenden Enden sind zwei Feuerungskammern angebaut, von denen die Heizgase den durch die Schnittdarstellung in Fig. 85 durch Pfeile kenntlich gemachten Verlauf nehmen. Ein Teil der

Fig. 84.

Heizgase geht durch die vier wagerecht liegenden gußeisernen Rohre d, deren Inneres durch die Schaulöcher d_2 von außen zu beobachten ist. Das Verkohlungsgut wird durch die beiden Öffnungen b im Deckel eingeworfen, die fertige Holzkohle aber später über dem Boden durch seitliche Türen c herausgekratzt. Die flüchtigen Destillate entweichen durch zwei aufsteigende Rohre im Deckel, die in der Rohrvorlage g sich vereinigen; von der letzteren zweigen die beiden Übersteigrohre g_1 und g_2 ab und leiten die Destillate nach zwei Reihen von Kühlapparaten, die aus je fünf hintereinander geschalteten Kastenkühlern bestehen, denen sich am Ende ein Schlangenkühler anschließt. Die überdestillierten Produkte verdichten sich je nach ihrer Natur in den verschiedenen Kastenkühlern, die ganz leichten werden im

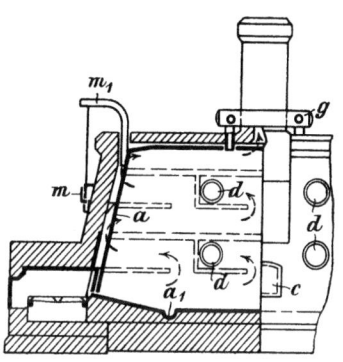

Fig. 85.

Schlangenkühler verflüssigt. Unter jedem Kühler steht ein Bottich als Auffangvorlage. Die flüssig ablaufenden Harz- und Teerprodukte sammeln sich in den Teerscheidern e, die mit Wasserkühlung versehen sind. Die darin abgeschiedenen Teeröle werden in e_2, der Teer dagegen wird in e_1 aufgefangen. Die unverdichteten Gase können durch die vorgesehenen Rohrverbindungen in die Kühlkastenreihen gelangen.

Zu einer gleichmäßigen Erwärmung des Innenraumes der Retorte würden die Rohre d ganz an ihrer richtigen Stelle sitzen, so scheint es

128 Apparate und Apparatezusammenstellungen neuerer Destillationsanlagen.

wenigstens. Allein, es ist nicht die Aufgabe, den Retortenraum gleichmäßig zu erwärmen, sondern die Holzbeschickung, und da diese zusammen zu schrumpfen beginnt, sobald die Zersetzung anhebt und schließlich kaum noch die Hälfte des Retortenraumes einnimmt, so werden die oberen beiden Rohre nicht lange mit dem Holze in Berührung bleiben, sondern bald bloß zu liegen kommen.

Es bietet sich hier ein gutes Beispiel, um daran zu zeigen, daß solche Konstruktionen sorgfältig durchdacht sein wollen. Meist kommt man erst durch die Erfahrung hinter die augenscheinlichsten Dinge. Da der Boden nicht geheizt wird, zur Durchkohlung des Holzes an dieser Stelle aber besonders Wärme nötig ist, so wäre es ratsamer, auch die unteren Rohre tiefer zu rücken.

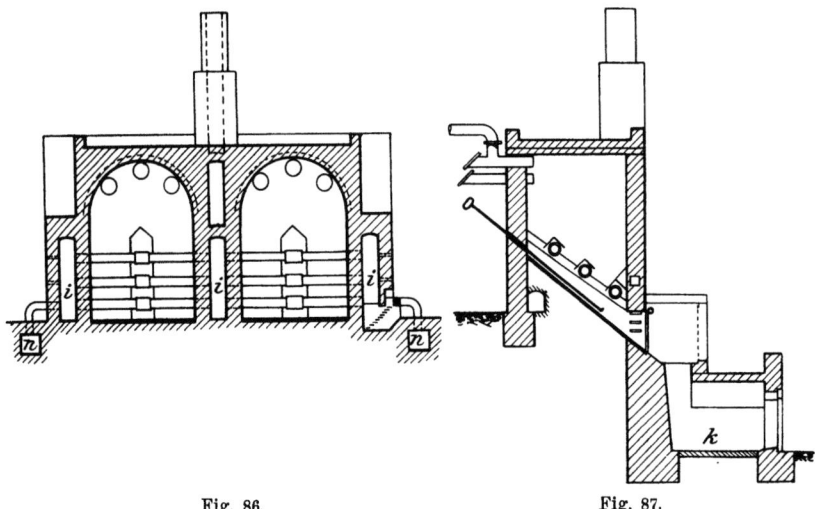

Fig. 86.   Fig. 87.

Wir brauchen hier nicht zu wiederholen, was wir schon an anderen Stellen mehrfach festgestellt haben; eine lange Verkohlungsdauer ist auch hier notwendig, will man sich die Destillationsprodukte nicht durch Zersetzung entwerten. Wo jedoch harzreiches Holz billig ist, wie in Rußland und im südöstlichen Europa, da mag ein Betrieb mit diesem Ofen auch dann gewinnbringend sein, wenn die Destillationsarbeit zugunsten einer Abkürzung der Verkohlungsdauer weniger sorgfältig durchgeführt wird. Eine Schattenseite haben Öfen dieser Größe fast immer: sie müssen so ziemlich vollständig nach jedem Abtriebe erkalten, ehe die Kohle gezogen werden kann. Wir werden bei dem nächsten Verkohlungsofen sehen, in wie einfacher Weise man diesem Übelstande begegnen kann.

Verkohlungsofen der Chemischen Fabrik Pluder. — Die Bauweise geht aus den beiden Schnittdarstellungen der Fig. 86 und 87 hervor. Der Ofen ist aus Mauerwerk aufgebaut und hat einen stark nach vorne, nach der Entleerungstür zu abfallenden Boden, aus einer Gußeisenplatte bestehend, erhalten. Zwei Kammern werden, mit zwei übereinander liegenden Rauchzügen dazwischen, unmittelbar nebeneinander gesetzt. Der obere dieser Rauchzüge führt in den Schornstein. Ebensolche Heizzüge liegen an beiden Außenseiten und zwar unmittelbar über den beiden Feuerungsrosten, von denen aber nur immer einer im Gebrauch ist. Die einzelnen Rauchzüge sind untereinander durch eine Lage gußeiserner Heizröhren verbunden, die in der Mitte jeder Kammer unterstützt sind. Mit n sind zwei Kanäle bezeichnet, durch die die unverdichtbaren Holzgase durch Abzweigrohre entweder der Feuerung oder auch, mit Luft verbrannt, dem Verkohlungsgut unmittelbar wieder zugeführt werden können. Die Einführung geschieht durch die angedeuteten Schlitze an der Innenseite der Entleerungstüren; sie verbrennen an dieser Stelle mit durch geringes Öffnen der Türen eingelassener Luft. Zum Einwerfen des Holzes sind unter der Abdeckungskappe jeder Kammer drei kurze Rohre angebracht und — während der Verkohlung — außen vermittels Blindflanschen geschlossen. Das mittlere und obere dieser Rohre dient zugleich als Ableitung für die flüchtigen Destillate, das eigentliche Übersteigrohr zweigt aufsteigend nach dem Kühler ab.

Unter den Entleerungstüren sind Kohlekühlkammern vorgesehen, in die man die fertige Holzkohle durch Öffnen der Türen fallen läßt, was mit Hilfe der vorgesehenen Krücken erleichtert und beschleunigt werden kann.

Von den beiden Kammern wird die eine, in der zuvor eine Beschickung abgetrieben wurde und die deshalb noch eine beträchtliche, in den Wänden aufgespeicherte Wärme besitzt, zur Vorwärmung benutzt, während in der anderen die Destillation vor sich geht. Nach Beendigung der letzteren wird das Feuer auf die andere Seite getragen, die Heizgase durchziehen dann die an dieser Seite liegende Kammer zuerst und danach die Vorwärmekammer, von derem Ende aus sie durch einen, unter der Kammersohle liegenden Kanal nach dem Schornsteine zurück geleitet werden.

Nach den uns von der Chemischen Fabrik Pluder gemachten Angaben dauert die vollständige Verkohlung einer 20 bis 25 Raummeter Holz umfassenden Beschickung ungefähr 24 Stunden. Gewonnen werden, außer einer vorzüglichen Holzkohle, Rohholzessig, der auf essigsauren Kalk verarbeitet wird, Holzgeist und Teer. Der Brennstoffverbrauch soll nur 10 Kilogramm Steinkohle für den Raummeter Holz betragen, was anzudeuten scheint, daß man von der direkten Wärmezuführung einen ziemlich umfangreichen und wirksamen Gebrauch machen wird. Das geht auch noch aus der verhältnismäßig geringen Teerausbeute hervor, die nur 10 bis 12 Kilogramm aus einem Raummeter Holz beträgt. Ein Teil des letzten schwer abtreibbaren Teeres verbrennt in der Kohle, wodurch sie eine gleichmäßige Durchkohlung erfährt. Wir würden aber empfehlen, den Kammersohlenplatten auch etwas Gefälle nach den anderen beiden

130 Apparate und Apparatezusammenstellungen neuerer Destillationsanlagen.

Richtungen zu geben und dort an den tiefsten Punkten gut geschützte Teerablaufrohre anzubringen, die den flüssigen Teer, so wie er sich bildet, sofort nach außen leiten. Dadurch würde man jedenfalls nicht nur eine größere Menge erhalten, sondern auch die Güte verbessern. Daß die ganz schweren, sonst zuletzt übergehenden Kohlenwasserstoffe in der Kohle verbrannt werden, bedeutet keinen Verlust, denn sie würden den Teer durch ihre schwarze Farbe und so weiter nur entwerten.

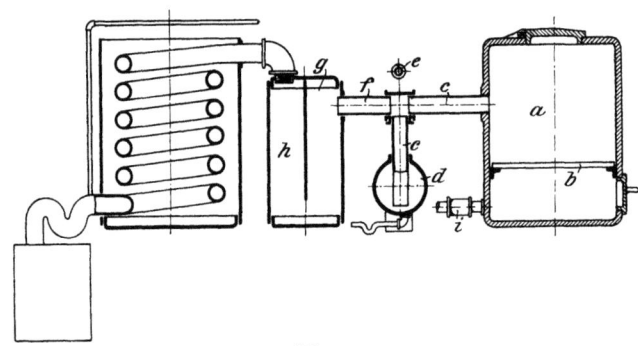

Fig. 88.

Als Rohmaterial benutzt man in Pluder Kiefernabfälle, die als Brennholz aufgekauft werden. Es wird kein Versuch gemacht, den Terpentin daraus zu gewinnen, man glaubt, das betreffende Holz sei zu arm daran.

Die Bauweise dieses Ofens ist aus einer anderen des Dr. Leschborn hervorgegangen, bei der drei Röhrenlagen übereinander angeordnet waren, also 9 Röhren im ganzen zur Anwendung kamen. Eine einzige Röhrenlage scheint demnach völlig genug zu sein, wenn sie nur an der richtigen Stelle sitzt.

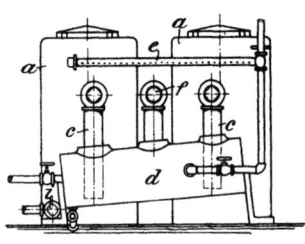

Fig. 89.

Verfahren nach Roß und Edwards. — Hier begegnet man einer Zusammenstellung des bei dem alten schwedischen Ofen zur Ausführung gekommenen Grundsatzes mit den neueren Methoden der fraktionierenden Auffangung der Dämpfe unter Ausscheidung des Kreosots.

In der Fig. 88 stellt a die Retorte dar, auf derem Roste b das Destillationsgut aufgeschichtet und danach von unten entzündet wird. Die Destillation geht dann in gleicher Weise wie bei einem abgedeckten Meiler vor sich. Die Destillationsdämpfe entweichen durch das seitliche Übersteigrohr c in die Flüssigkeitsvorlage d, an die zwei Retorten a, a zu gleicher Zeit angeschlossen sind, wie das aus Fig. 89 ersichtlich ist. Diese mit etwas Gefälle angelegte Vorlage wird von einem aus der durchlöcherten Leitung e herabfallenden Wasserregen kühl gehalten, wodurch die schweren Öle sich aus den flüchtigen Destillaten abscheiden und in d ansammeln, während die leichten Dämpfe durch das Rohr *f* nach einer zweiten Vorlage entweichen, die in ihrem Innern (vergleiche Fig. 88) eine Scheidewand trägt, unter die die Dämpfe hinstreichen müssen, ehe sie nach dem Schlangenkühler entweichen können. Diese zweite Vorlage besorgt eine weitere Reinigung der Öle. Das hinter dem Kühler abgeschiedene Gas wird nach den Retorten zurückgeleitet. Der Teer wird durch *i* abgezogen und die fertige Kohle durch die seitliche Tür über dem Boden der Retorte entfernt.

Was bei diesem Verfahren sich auf die zerlegende Auffangung und Reinigung der Dämpfe bezieht, kann durch Vergleich mit bereits beschriebenen anderen Arbeitsverfahren beurteilt werden. Die allgemeinen Grundsätze sind hier wie dort dieselben. Mit Ausnahme des Verfahrens von Clark und Harris scheint man bei keinem dieser Arbeitsweisen in Betracht gezogen zu haben, daß die Kreosotabscheider ganz kalt sind, wenn zu Beginn des Betriebes das leichte Öl überzudestillieren anfängt. Die natürliche Folge davon ist, daß eine bedeutende Menge gerade des besten Terpentins im Kreosotabscheider verdichtet wird und auf diese Weise verloren geht, das heißt mit in den Aufspeicherungsbehälter für Kreosot wandert.

Wer etwa nach dieser Methode zu destillieren wünscht, dem würden wir empfehlen, zwei derartige Retorten so zu verbinden, daß die in der einen durch Verbrennung eines Teiles des Holzes erzeugten Destillationsprodukte die zweite unmittelbar durchstreichen, ihre Wärme dort abgeben und dabei das Holz destillieren müssen. Bei einer solchen Einrichtung brauchte man nicht harzreiches Holz direkt zu entzünden, sondern schichtete dieses in die zweite Retorte und füllte die erste mit minderwertigem, geringe Ausbeute versprechendem Holze. Von den wertvollen Produkten des harzreichen Holzes geht dann wenig verloren. Die Anlage wird allerdings um die Kosten der zweiten Retorte teurer, die größere Ausbeute würde das jedoch rechtfertigen.

Auf einen Einwand gegen alle Arbeitsweisen dieser Art haben wir bereits öfter hingewiesen: die umfangreichen Heizgase, die sonst bei äußerer Wärmezuführung in den Schornstein gingen, müssen sämtlich durch den Kühler geleitet werden, der selbstverständlich um so viel größer zu machen ist und mehr Kühlwasser verbraucht.

Ein auf diesem Vorschlage fußendes, in der Ausführung aber noch weiter gehendes Verfahren ist bereits seit längerem in gut durchdachter und sinnreicher Ausarbeitung in den Charcoal Works zu Greenodd bei Ulverston in England zur Anwendung gekommen. Nach diesem Verfahren destilliert man dort jung gefälltes und 6 Monate unter offenem Schuppen getrocknetes Eichenholz. Es ließe sich aber auch mit vielleicht noch besserem Erfolge zur Verarbeitung von harzreichem Nadelholz verwenden. Wir geben deshalb im folgenden eine eingehende Beschreibung davon.

Destillationsverfahren nach Philipson. — Die Bauweise der Retorten geht aus dem senkrechten Schnitt in Fig. 90 und dem Grundrisse

132 Apparate und Apparatezusammenstellungen neuerer Destillationsanlagen.

in Fig. 91 hervor. Die stehenden Retorten von etwa 1,2 Meter Durchmesser und 2,4 Meter Höhe werden aus Buckleyziegeln in Gruppen von vieren oder mehreren aufgebaut, wozu als Mörtel kieselsaures Natron verwendet wird. Jede Retorte hat an einer Seite über dem Boden eine Entleerungstür s und oben in der halbkugeligen Abdeckung je drei Rohrzuleitungen e, f, g von ungefähr 150 Millimeter innerem Durchmesser. Von diesen Rohren führt jedesmal die Leitung g bis dicht über den Boden der Retorte hinunter. Durch geeignete Doppelkrümmer können gewisse Leitungen der einen Retorte entweder mit entsprechenden der benachbarten Retorten oder mit der in der Mitte der Retortengruppe sitzenden Gebläseluftzuleitung verbunden werden. Außerdem besitzt jede Retorte eine Einfüllöffnung b, die mit einem gußeisernen Deckel c und vermittels Lehmmörtels abgedichtet wird, sobald die Beschickung ausgeführt ist.

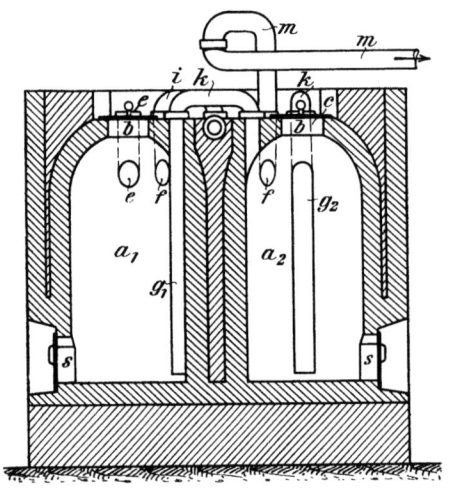
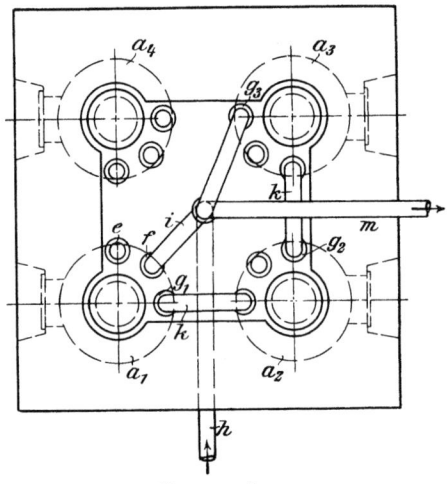

Fig. 90 und 91.

Während der Destillation ist eine der Retorten stets aus der Reihe der übrigen ausgeschaltet und dient zum Vortrocknen des Holzes; die oberen Rohröffnungen werden in diesem Falle sämtlich vermittels Tonscheiben und Lehmmörtels verschlossen, dasselbe geschieht mit den Rohröffnungen der übrigen Retorten, die nicht durch Krümmer untereinander oder mit dem Ableitungsrohre m für die Destillate verbunden sind.

In der Grundrißdarstellung in Fig. 91 ist angenommen, daß die Retorte a_4 vorher im Betriebe war, jetzt aber, neu beschickt, zum Trocknen der Beschickung dient. Die während des Trocknens entwickelten Wasserdämpfe können durch eine kleine Öffnung im Deckel entweichen. Die übrigen Retorten befinden sich sämtlich in einem anderen Destillationsstadium. Die erste a_1 ist am weitesten vorgeschritten, ihr Innenraum wird nun mit der Gebläseluftleitung h verbunden (e ist geschlossen) und der Inhalt langsam verkohlt. Die hierbei erzeugten heißen Gase durchziehen die Retorte von oben nach unten und entweichen dann durch g_1 in die zweite Retorte a_2 der Reihe, durchstreichen sie von oben nach unten, geben dabei einen Teil der Wärme an die Holzbeschickung ab, wobei sich einige der schweren, aus der ersten Retorte abdestillierten Teerdämpfe bereits wieder verflüssigen, nehmen verflüchtigte, leichtere Stoffe auf und gehen schließlich durch g_2 nach der dritten Retorte, wo sich derselbe Vorgang wiederholt. Vom Boden dieser Retorten können die Gase, beladen mit den abdestillierten Stoffen, durch das aufsteigende Rohr g_3 in die Übersteigleitung m und dann zum Verflüssigungskühler gelangen. Die unverdichtbaren Gase werden erst noch durch einen tönernen Koksturm von 0,6 Meter Durchmesser und 3 Meter Höhe geschickt. Die flüssigen Destillate vom Turm und vom Kühler fließen durch 50 Millimeter weite Rohre in hölzerne Aufspeicherungsbottiche.

Nach etwa 7 Stunden ist die Beschickung der Retorte a_1 in gut durchkohlte Holzkohle verwandelt und kann gezogen werden. Zu dem Zwecke wird die Retorte ausgeschaltet und die Reihe um eine Retorte weitergerückt, a_2 wird jetzt die erste und a_4 die letzte der Reihe. Die Krümmer i, k und m müssen entsprechend versetzt und die unnötig gewordenen Öffnungen geschlossen werden.

Da jeder Arbeitsgang ungefähr 7 Stunden in Anspruch nimmt, dauert die Behandlung einer Beschickung also 21 Stunden. Nach je 7 Stunden wird eine Retorte gezogen. Und da jede etwas über 2,5 Raummeter Holz faßt, so beträgt die tägliche Leistung einer solchen Anlage annähernd 10 Raummeter.

Die Kohle wird beim Ziehen in eiserne Kühlkasten befördert, deren Deckel mit Lehm luftdicht verschlossen werden.

Die Luftzuführung muß natürlich sorgfältig geregelt werden, wozu jedenfalls erst etwas durch Versuche gewonnene Erfahrung gehört. Dann soll aber auch der Holzkohlenverlust überraschend gering sein. Bedenkt man, daß bei einer solchen Einrichtung voller Gebrauch von der freiwerdenden Zersetzungswärme gemacht wird, so ist das nicht so unwahrscheinlich. Schon bei dem Elfströmschen Verfahren, mit dem dieses Ähnlichkeit besitzt, stießen wir auf eine ähnliche Behauptung in bezug auf den Brennstoffverbrauch. Man soll bei diesem Verfahren von Philipson auf nahezu 25 vom Hundert als Kohlenausbeute rechnen können.

Eine größere Anlage dieser Art wurde in den Werken der Messrs. Wilson Bros. in Garston errichtet, worin die Gruppen aus je 6 Retorten zusammengesetzt sind.

Für Nadelholzdestillation müßten vielleicht die Gruppen noch größer gemacht werden, damit die letzte Retorte eine nicht zu starke Wärme bekommt. Ebenso empfiehlt sich, zu überlegen, ob es nicht besser wäre, die Destillate abzusaugen, damit die Luft in die erste Retorte der Reihe eingesogen statt eingeblasen wird. Die Retortenböden müßten natürlich sämtlich mit Ablaßrohren und zu diesem Zwecke mit Gefälle versehen werden, damit die flüssigen Harze und Teerdestillate sofort abfließen können.

Im übrigen aber müßte sich diese Arbeitsweise für Nadelholz und insbesondere für solche minderwertigen Kiefern- und dergleichen Abfälle, die für jedes andere Verfahren zu harzarm sind, sehr gut bewähren.

Verkohlungsverfahren nach Pierce. — Bei diesem Verfahren wird — nach Landreth Proc. A. A. A. S. 1888 — die Verkohlung des Holzes in ungefähr 180 Raummeter fassenden runden Ziegelöfen mit flacher Abdeckung ausgeführt. Die Verkohlung wird durch Gase bewirkt, die unter dem Ofen in einer Feuerungskammer aus Ziegelsteinen entzündet und dann durch den Ofen und die Holzbeschickung geleitet werden. Die gasförmigen Produkte der Destillation gehen vom Ofen nach dem Kühler, wo die teerigen und wässerigen Stoffe verdichtet werden; die unverdichtbaren Gase strömen nach dem Ofen zurück.

Es wird also nichts von der erzeugten Holzkohle verbrannt, wie sonst bei der Meiler- oder Grubenverkohlung. Das dabei wertlose Gas ist hierbei nicht nur genügend, die Verkohlung durchzuführen, sondern liefert noch so viel Überschuß, daß damit die Kessel der Anlage geheizt werden können.

Nach einer anderen Beschreibung soll sogar eine ziemliche Gasmenge übrig bleiben. Das unter dem Ofen verbrannte Gas durchstreicht die rotglühende Holzkohle im Ofen, wobei die Kohlensäure auf Kosten der Holzkohle in das Monoxyd zurückgeführt wird.

Wenn es auch häufig für Laubholz in Anwendung kommt, für Nadelholzdestillation ist solch ein Verfahren nicht gut geeignet. Das aus Nadelholz gewonnene Gas reicht längst nicht zur Herbeiführung einer völligen Verkohlung aus, und außerdem sollte Nadelholz nie so stark erhitzt werden, daß dabei eine Reduktion des Kohlendioxyds zum Monoxyd eintreten kann.

* * *

Fassen wir nun am Schlusse dieses Abschnittes in Kürze zusammen, was vor allem die wesentlichsten Erfordernisse für Destillationsanlagen dieser Art sind, so kommen wir zu folgenden Ergebnissen:

1. Eine Feuerungsanlage und Einmauerung, so konstruiert, daß damit aus einer möglichst geringen Feuerungsmaterialmenge die größte Heizwirkung erzielt wird.
2. Eine gleichmäßige Verteilung der Flammen und Heizgase in der Weise, daß die Retorte nicht an einer vereinzelten Stelle durchbrennen kann.

3. Richtige Form und Stellung der Retorte, damit das darin enthaltene Holz durch und durch verkohlen kann.
4. Alle Teile müssen zur Ausführung von Ausbesserungen zugänglich sein.
5. Gute Einrichtungen zum Abziehen des Teeres im flüssigen Zustande, die so angelegt werden müssen, daß weder der Teer im Rohre verkoken, noch das letztere sich verstopfen kann.
6. Einrichtungen zum schnellen Ziehen der Kohle, womit viel Wärme und Zeit gespart werden kann.
7. Beschickung der Retorte in möglichst kurzer Zeit und zeitsparende Destillationsweisen unter Gewinnung guter Produkte.
   Und ohne Zweifel als wichtigste Bedingung:
8. Herstellung **verkäuflicher** Produkte.

Mit jeder beliebigen Retorte, und wäre es bloß ein an beiden Öffnungen geschlossenes Ende Gas- oder Wasserrohr, kann man aus harzigem Holze bei genügend sorgfältiger Erwärmung Öl gewinnen. Das ist ein Grund, warum in dieser Industrie so ungemein mannigfältige Arbeitsweisen vorherrschen. Irgend eine Retortenform und -bauweise wird entworfen, ausgeführt, abdestillierte Produkte werden in Menge gewonnen und man glaubt, damit sei das Problem gelöst. Aber einige dieser Verfahren werden sicher wirtschaftlicher im Betriebe sein als andere.

In den Vereinigten Staaten erwartet man, daß die Forstbehörde einen Versuch machen wird, den unterschiedlichen Wert der einzelnen Verfahren festzustellen und zugleich zu prüfen, welche dieser Verfahren genügend wirtschaftlich in der Ausführung sind.

Es steht fest, daß, legt man nur den richtigen Maßstab an, manche der jetzt angewendeten Arbeitsweisen sich vom wirtschaftlichen Standpunkte aus nicht halten lassen, und je schneller sie von der Bildfläche verschwinden, um so besser ist das für die ganze Industrie und für jene, die darin ihr Geld anlegen wollen.

Besondere Retorten und Verfahren.

Einige der unter dieser Überschrift zu beschreibenden Verfahren hätten entweder in die Klasse der Dampfdestillationsverfahren oder der trockenen Destillationsweisen eingereiht werden können, allein gewisse damit verbundene Züge machen ihre Absonderung in eine eigene Klasse ratsam. Das trifft insbesondere für die drehbaren und auch für die versetzbaren Retorten und Apparate zu.

1. Drehbare Retorten.

Es wurde bereits festgestellt, daß es schwierig ist, die Mitte einer mit Holz beschickten Retorte auf denselben Wärmegrad als die äußere Wandung zu erhitzen, da Holz ein schlechter Wärmeleiter ist. Dieser Übelstand tritt besonders ins Auge, wenn das Holz in einem fein zerteilten

Zustande sich befindet, wie das zum Beispiel beim Sägemehl der Fall ist. Hat man aus einem solchen Rohmaterial durch Dampfdestillation den Terpentin abgetrieben, so kann der Rückstand nicht in einer gewöhnlichen Retorte verkohlt werden, da es außerordentlich schwierig ist, die ganze Masse gleichmäßig auf die zur Verkohlung erforderliche Temperatur zu bringen; nur die äußere, an der Retortenwandung liegende Schicht verkohlt und wird damit für Wärmeübertragung noch undurchlässiger.

Sägemehl aus Laubholz hat man versucht, mit überhitztem Dampfe zu destillieren, aber zur völligen Verkohlung war eine zu große Dampfmenge erforderlich; das .im Kühler verdichtete Dampfwasser verdünnte den abdestillierten Holzessig zu einem solchen Grade, daß die zur Herstellung des essigsauren Kalks erforderliche Wiederverdampfung das ganze Verfahren zu einem unlohnenden machte. Mit Dampf kann man die Destillationswärme unmittelbar in das Verkohlungsgut übertragen, wogegen äußere Beheizung gewöhnlich, mit einigen Ausnahmen jedoch, auf die äußere Mantelfläche der Retorte beschränkt ist. Darin liegt der Vorteil des Dampfes als Wärmeträger. Der oben erwähnte, bei der Verarbeitung von Laubholzabfällen in Erscheinung tretende Übelstand der zu starken Verdünnung der Holzsäure fällt bei der Destillation von Nadelholzabfällen keineswegs ins Gewicht, denn Essigsäure ist in den daraus gewonnenen Destillaten gewöhnlich so wenig enthalten, daß sie überhaupt nicht weiter verarbeitet wird; die Öle aber und der Teer sind so ziemlich alle unlöslich in Wasser und lassen sich leicht als Folge ihrer unterschiedlichen spezifischen Schwere durch Absetzenlassen aussondern. Man darf aber nicht außer acht lassen, daß umfangreiche Dampfmengen an und für sich kostspielig sind.

Eine unbewegliche Retorte kostet wohl stets weniger als eine drehbare. Geht man nun auf Terpentingewinnung allein aus, so wird im allgemeinen, wenn nicht die mit einer drehbaren Retorte in einer gewissen Zeiteinheit erzielte höhere Ausbeute den Unterschied in den Anlagekosten deckt, die unbewegliche Retorte hierfür vorläufig ausschließlich Anwendung finden. Erweist sich dagegen die Behauptung derer, die an dem Absatze drehbarer Retorten ein Interesse haben, als zutreffend, wonach die Terpentinausbeute aus Kiefernholz, wenn es der Dampfdestillation in Drehretorten unterworfen wird, in einem gewissen Zeitraume um 25 vom Hundert höher sein soll, so werden die drehbaren mit der Zeit höchstwahrscheinlich die unbeweglichen Retorten verdrängen. Vorläufig behaupten allerdings die letzteren noch völlig das Feld, nur ein oder zwei der ersteren Art befinden sich in praktischer Anwendung, und von diesen wird nun freilich gesagt, sie zeitigten bessere Erfolge.

Für trockene Destillation von Sägemehl, ob aus Laubholz oder Nadelholz herrührend, bildet hingegen die drehbare Retorte eines der bestgeeignetsten Mittel, sollte dessen Verkohlung sich etwa als ratsam herausstellen. Viel würde sich nun allerdings aus Nadelholzsägemehl durch Verkohlung nicht gewinnen lassen, denn der daraus hervorgehende Teer und die Kohle haben nur einen geringen Wert.

Wendet man drehbare Retorten in der richtigen Weise an, so glaubt der Verfasser, daß mit ihnen eine bessere Ausnutzung von Holzabfällen erreicht werden kann, besonders wenn es sich um nur mittelreiches Knüppelholz handelt, bei dem das einfache Dampfdestillationsverfahren sich nicht bezahlt machen kann, da die Kosten für Zusammenlesen und Einfahren des Holzes den Erlös aus dem gewonnenen Terpentin jedenfalls überschreiten würden. Dieses ist ein Fall, in dem ein Verkohlungsverfahren der Dampfdestillation vorzuziehen wäre.

Da das Zerschleifen des Holzes eine so große Zeitersparnis bei der Dampfdestillation zur Folge hatte, so kann man erwarten, daß ebenfalls eine Zeitersparnis sich erzielen läßt, wenn das der Verkohlung unterworfene Holz in gleich zerkleinertem Zustande sich befindet, vorausgesetzt natürlich, daß die Verkohlungswärme dem Holze in diesem Falle ebenso wirksam zugeführt werden kann, wie das der Dampf beim Dampfdestillationsverfahren besorgte. Dieses Ergebnis glaubt man mit den besonderen Sägemehlverkohlungsapparaten, die im folgenden beschrieben werden sollen, erreichen zu können, besonders aber erhofft man das von den drehbaren Retorten. Die letzteren kommen bereits in allen möglichen Bauweisen vor, so daß eigentlich kaum noch Abänderungen oder Verbesserungen daran denkbar sind. Damit ist nicht gesagt, daß nicht noch Patente darauf nachgesucht würden. Das wird sicherlich eintreten, sobald der Erfolg dieser Retortenart sich in irgend einer Weise erwiesen haben wird. Über die Gültigkeit dieser Patente kann wohl berechtigter Zweifel herrschen

Man ist gewöhnlich der Ansicht, die drehbare Retorte sei ein Werk der allerletzten Jahre. Dem ist jedoch nicht so. Wir werden sehen, daß sowohl in Amerika, wie auch in Europa früher schon verschiedene Versuche gemacht wurden, die drehbare Retorte für die Destillation von Sägemehl nutzbar zu machen.

Retortenbauweise nach Berry. — Diese Einrichtung wurde zur Verkohlung von Kokosnußschalen, Samenhülsen und dergleichen und auch für Holz ersonnen. Die Bauweise der Retorte geht aus den Fig. 92 und 93 hervor, worin einmal die Retorte in Verbindung mit den übrigen Apparaten und dann auch besonders im Schnitt gezeigt ist. Sie besteht aus einem Zylinder B, der am hinteren, geschlossenen Ende mit einem Wellenstücke fest verbunden ist, das die Riemenscheibe D trägt. Das vordere, offene Ende des Zylinders ist durch ein Speichengerippe mit der Nabe E verbunden, die auf dem durchlöcherten, die Retorte der Länge nach durchziehenden Rohre H läuft. Unterstützt und abgeschlossen wird die Retorte vorne von dem nach außen durchbeulten Kopfstücke G, in dem oben ein länglicher Übersteigstutzen a für den Anschluß des Dämpfeableitungsrohres K und unten eine ähnlich geformte Entleerungsöffnung b vorgesehen ist. Die untere Öffnung wird während des Betriebes von dem Deckel *e* geschlossen gehalten. Beschickt wird die Retorte durch die obere Öffnung *a*, wozu *K* entfernbar eingerichtet ist.

Geheizt wird der Apparat in der gewöhnlichen Weise, für welchen Zweck er in eine geeignete Einmauerung gesetzt ist. Vom Übersteigrohre zweigt sich unten eine nach dem Teerabscheider *N* führende Leitung ab; die leichten Öldämpfe gehen zum Kühler und werden in der Vorlage aufgefangen. Der Teer sammelt sich in *N* an.

Gearbeitet wird mit dieser Apparatur in der bekannten Weise, nur daß während der Destillation die Retorte langsam gedreht wird. Die erzeugte Kohle kann mittels eines durch das feststehende Rohr *H* eingeblasenen Dampf- oder Wasserstrahles gelöscht und dann schnell entleert werden.

Das Kopfstück *H* ist feststehend angebracht, eine gute Verbindung zwischen Kopfstück und Retortenrand ist deshalb erforderlich, damit keine flüchtigen Destillate entweichen können oder Luft einzudringen vermag,

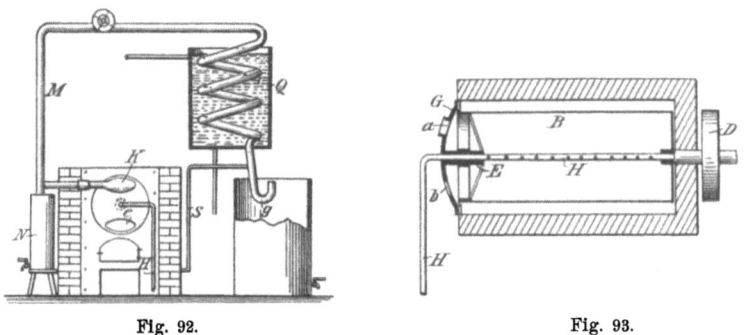

Fig. 92.   Fig. 93.

je nachdem Über- oder Unterdruck im Innern herrscht. Da man die Destillationsdämpfe zweckmäßigerweise ja gewöhnlich absaugt, so könnten vielleicht höchstens Feuergase mit eingesogen werden, die aber wenig Schaden anrichten, falls sie gut verbrannt, das heißt sauerstoffarm sind.

Retortenbauweise nach Spurrier. — Diese für Sägemehl aus Laubhölzern verwendete Retorte (vergleiche Fig. 94) ist bereits von einer verwickelteren Bauweise. Sie besteht aus drei ineinander gesteckten Zylindern *a*, *b*, *d*, von denen die beiden inneren *d* und *b* an ihren äußeren Wandungen schraubenförmig gewundene und rechtwinklig zur Zylinderachse stehende Bleche tragen. Der Zylinder *d* reicht nicht ganz bis an das rechte Ende der äußeren Retortenwandung *a*, sondern trägt an dieser Stelle die Schaufeln *g*. Der innere Zylinder *b* geht zwar ganz durch die Retorte, allein die darin befestigte Schnecke hört etwa unter dem Beschickungsrohre *f* auf, weil von dort an ein weiterer kurzer Zylinder *c* über *b* geschoben ist, der eine in dem festsitzenden, trogförmig ausgebildeten Bleche *i* laufende, entgegengesetzt gewundene Schnecke trägt und mit dem äußeren Zylinder *d* so verbunden ist, daß sich seine Dreh-

Besondere Retorten und Verfahren. 139

bewegung darauf überträgt. Die Zylinder c und d laufen, wie das ja schon die Windung ihrer Schnecken andeutet, in der entgegengesetzten Drehrichtung von b. Der Apparat wird von außen und von innen geheizt, indem die Feuergase einmal die äußere Retortenwandung d umspülen, vorher aber durch den inneren Zylinder b der Länge nach streichen müssen. Die flüchtigen Destillate entweichen oben durch o und die feinkörnige Kohle wird unten durch p entleert.

Man arbeitet mit dem Apparate in der Weise, daß man den Einfülltrichter h mit Sägemehl füllt und dann die Beschickungsschnecke e in Umdrehung versetzt. Die Sägespäne fallen in die Zwischenräume der

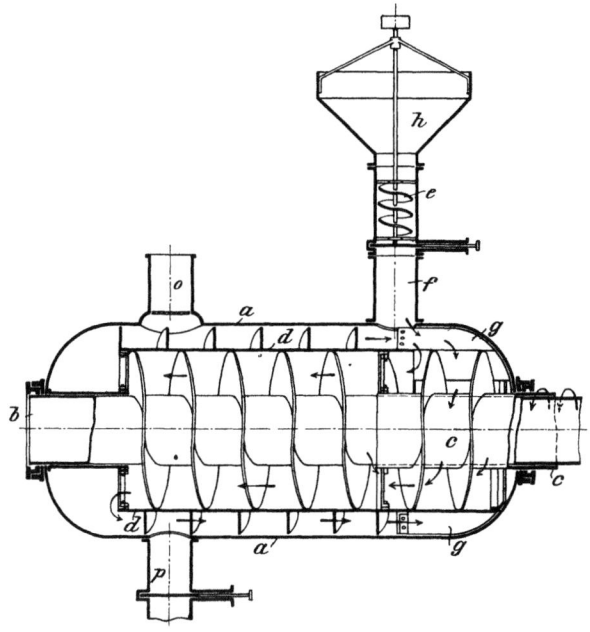

Fig. 94.

Schnecke von c — die Zylinder c und b werden gleichfalls zu Beginn des Arbeitsganges in einander entgegengesetzt gerichtete Umdrehungen versetzt — und wird langsam nach links geschoben. Hat man auf diesem Wege eine gewisse Menge Verkohlungsgut eingelassen, so wird die Beschickung unterbrochen und die eigentliche Destillationsarbeit setzt ein. Die Späne kommen langsam bis an das linke Ende der Retorte, fallen dort in den äußeren Hohlraum und werden nun von der auf d sitzenden Schnecke wieder nach dem rechten Ende gebracht, wo sie die Schaufeln g aufgreifen und nochmals in die Schnecke von c befördern. Nun wiederholt sich derselbe Gang noch einmal oder mehrmals, bis die Durchkohlung vollständig ist. Dann wird der Schieber in p geöffnet und die Kohle allmählich entleert. Die nächste Beschickung kann darauf unmittelbar folgen.

140 Apparate und Apparatezusammenstellungen neuerer Destillationsanlagen.

Dieser Apparat bildet eigentlich bereits den Übergang zu den Retorten mit inneren Fördereinrichtungen für das Verkohlungsgut, die wir im nächsten Abschnitte näher betrachten werden.

Larsensche Verkohlungsretorten für Sägemehl. — Von dem Erfinder dieser Retorten stammen sechs oder noch mehr verschiedene Abänderungen von im Grunde ein und demselben Grundsatze, die aber sämtlich eine ziemlich sinnreiche Ausgestaltung zeigen und ein vollständiges Verständnis für die bei der Verarbeitung von körnigem oder kleinstückigem Rohgut in Betracht kommenden besonderen Bedingungen verraten. Wir können hier nur zwei dieser Bauweisen eingehender betrachten, diese beiden zeigen den Larsenschen Gedanken in zwei verschiedenen Formen. In den Fig. 95 und 96 ist in Längs- und Querschnitt eine der Konstruktionen wiedergegeben. Die zylindrige Retorte ist in eine vollständige Einmauerung gesetzt und ruht und läuft auf den vier Rollen a, von denen die hinteren beiden gut geschützt vor den Feuergasen im Mauer-

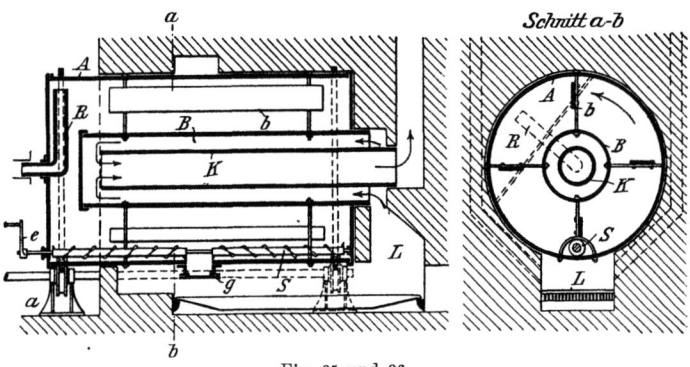

Fig. 95 und 96.

werke liegen. Die Heizgase umspülen die äußere Retortenwandung und streichen außerdem durch das Innere des mittleren, nur am hinteren Ende offenen Zylinders B und entweichen dann durch das Rohr K in den Schornstein. Im Innern der eigentlichen Retorte sind die vier Schaufeln b vorgesehen, die verhindern, daß sich die Späne am tiefsten Punkte ablagern. Die Schaufeln bringen sie bei jeder Umdrehung immer wieder mit der heißen Wandung des inneren Zuges B in Berührung. Zur Entfernung der verkohlten Masse sind zu beiden Seiten des Entleerungsstutzens g die beiden entgegengesetzt fördernden Schnecken S vorgesehen, die von außen und mit der Hand in Tätigkeit versetzt werden. Die Beschickung erfolgt ebenfalls durch den Stutzen g, der dann zu dem Zwecke nach oben gedreht wird. Die Abführung der flüchtigen Destillate besorgt das Rohr R, das an der Drehbewegung der Retorte keinen Anteil nimmt und, um vor einfallenden Spänen und Kohlekörnern geschützt zu sein, eine Biegung nach oben erhalten hat.

Bei der anderen Bauweise, die aus den Fig. 97 und 98 hervorgeht, ist die Retorte völlig frei stehend. Die Feuerungsanlage ist selbständig

Besondere Retorten und Verfahren. 141

mit dem Schornsteine zugleich aufgebaut und der Apparat in der einfachsten Weise daran angeschlossen. An Stelle der äußeren, durch den Mantel erfolgenden Wärmezuleitung treten hierbei sechs, das Innere der Retorte nahe am Umfange der Länge nach durchziehende Heizröhren C, die sich am vorderen Ende in dem Mittelrohre K vereinigen und dadurch schließlich mit dem Schornsteine verbunden sind. Von der Kammer L aus strömen die Verbrennungsprodukte der Rostfeuerung durch eine mittlere ringförmige Öffnung in eine enge Verteilungskammer und nehmen dann ihren Weg durch die Heizröhren C und K. Zur Ansammlung der flüchtigen Destillate ist vermittels der durchlöcherten Scheidewand d eine zweite ebenso enge Kammer wie am Hinterende vorgesehen, von wo aus die Dämpfe und Gase durch das mittlere Stirnwandrohr R zum Kühler strömen.

Da sich die durchlöcherte Scheidewand d leicht mit Kohlenstaub, feuchten Sägespänen und Teer verschmieren wird, so müßten in der Stirn-

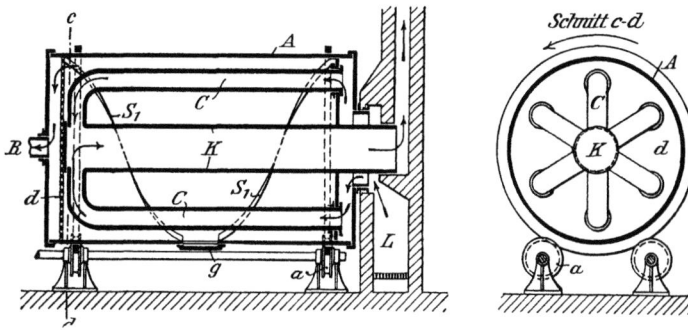

Fig. 97 und 98.

wand der Retorte eine Anzahl Handlöcher angebracht werden, durch die von Zeit zu Zeit eine Reinigung mittels Drahtbürsten auszuführen wäre.

Diese Retortenkonstruktionen wären wohl geeignet, die Schwierigkeit der Wärmezuführung bei der Destillation von Sägemehl zu überwinden. Bei den vorliegenden beiden Bauweisen dreht sich alles, die äußere Retorte mitsamt den Heizröhren. Lockere Verbindungen, durch die äußere Luft oder Feuerrauch in das Retorteninnere eindringen könnten, kommen nicht vor.

Ein wichtiger Punkt beim Maschinenentwerfen ist der, daß alle Teile zur Vornahme von Ausbesserungen leicht zugänglich gemacht werden müssen. Sind die obigen Retorten nicht ziemlich groß, so kann jeder, der die zerstörende Wirkung trockener Wärme bei der Holzdestillation kennt, voraussehen, daß aus diesem Grunde die Benutzung solcher Apparate immerhin große Unannehmlichkeiten mit sich bringen kann. Ein anderes unwillkommenes Ereignis wird höchstwahrscheinlich das Verbiegen und sich Werfen der Heizröhren sein, das leicht eintritt, sollte die Feuerung einmal zu stark wirken. Und ferner darf man bei der Verkohlung zu keinem Niete besonderes Vertrauen haben, an den erhitzten Wandungen hat ein jedes die Neigung, sich einmal zu irgend einer Zeit unangenehm bemerkbar zu machen. Wo man es irgend kann, vermeidet man aus diesem Grunde Niete und Nietnähte. Bei diesen Bauweisen scheint nun gerade eine ziemliche Menge davon erforderlich zu sein.

Treten jedoch diese Schwierigkeiten im praktischen Betriebe bei diesen Retorten nicht in Erscheinung, so könnte man sie vielleicht als die am besten zur Verkohlung von Sägemehl geeigneten betrachten.

Drehbare Retorten nach Harper. — Eine ununterbrochen arbeitende Dampfdestillationsanlage würde in Verbindung mit einer Sägemühle eine wünschenswerte Einrichtung sein, wenn sie selbsttätig die Sägemehl- und dergleichen Abfälle in dem Maße verarbeiten könnte, wie sie die Mühle liefert. Hierfür schlug der Verfasser im Jahre 1900 drehbare Retorten vor, von denen eine Ausführung in Fig. 99 in Ansicht und teilweisem Schnitt wiedergegeben ist. Eine Reihe von Abänderungen können daran vorgenommen werden, wie zum Beispiel Erhöhung des einen Endes, wodurch der drehende Teil etwas Gefälle nach einer Seite bekommt, oder

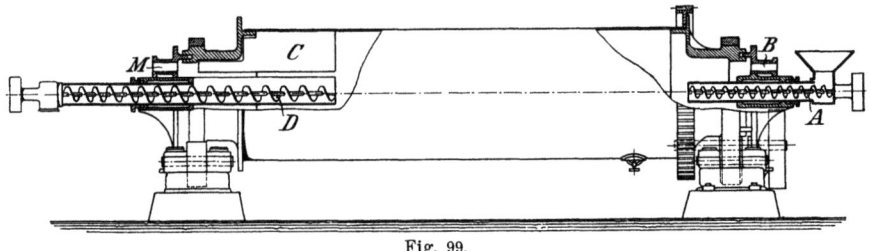

Fig. 99.

Verlängerung der Kopfstücke und andere, alle solche Abänderungen wurden in Verbindung mit dem Verfahren, wie es ausgeführt wird, wohl in Erwägung gezogen. Die Figur zeigt die für Destillation unter geringem Drucke, atmosphärischem Drucke oder unter Luftverdünnung, je nach der besonderen Beschaffenheit des unter Behandlung befindlichen Rohmaterials, geeignete Form.

Für Verkohlungszwecke kann der drehende Teil der Retorte mit einer äußeren Heizkammer aus Mauerwerk umgeben werden, die mit einer Rostfeuerung in Verbindung steht. Für den Anschluß der Dampfeinblaseleitung ist der Stutzen M vorgesehen, die Dampfzuleitung kann jedoch auch durch die Welle der Förderschnecke erfolgen. Für die Verarbeitung von harzreichem Holze erhält die Retorte noch eine Vorrichtung zur Ableitung des flüssigen Harzes und Teers. Für Destillation unter Druck werden die Förderschnecken so angeordnet, daß kein Dampf hindurchblasen kann, und die Beschickungseinrichtung und die Drehtrommel selbst erhalten geeignete Abdichtungsvorrichtungen.

Die Retorte wird, wenn in der abgebildeten Form angewendet, für die Inbetriebsetzung durch die Tätigkeit der Speiseschnecke A zum Teile mit dem Rohmaterial angefüllt, worauf entweder gesättigter oder überhitzter Dampf einzulassen ist Das Destillationsgut fällt auf den Boden der Drehtrommel und kommt allmählig an das andere Ende. Der Dampf, der unter nur geringem Drucke steht, kann nicht entweichen, da die Speisevorrichtung mitsamt dem Einfülltrichter mit Rohmaterial angefüllt ist. Die abdestillierten Dämpfe finden einen Ausweg nach dem Kühler durch den Stutzen B, der zur Verhütung des Ausblasens von Spänen einen Drahtgitterschirm tragen muß.

Die beiden Kopfstücke der Retorte stehen fest, nur die Trommel und die daran befestigten Schaufeln C befinden sich in Umdrehung. Ein Stahlreifen ist an jedem Trommelende vorgesehen, der auf den Rollen läuft und auf sie das ganze Gewicht überträgt. Die Antriebsräder sind von jeder Belastung frei gehalten.

Während der Zeit, daß das Destillationsgut an das andere Ende gelangt ist, sind die flüchtigen Stoffe abgetrieben. Die Schaufeln C greifen die Rückstände auf und lassen sie in den Blechtrog D fallen, in dem die Entleerungsschnecke arbeitet. Außerhalb der Retorte sie die Schnecke läßt auf eine Förderkette fallen, auf der sie unmittelbar nach den Feuerrosten der Kessel geschafft werden.

Für solche Anlagen, in denen der Terpentin und Teer gemischt überdestilliert und später durch Absetzen getrennt werden, würde eine einzige Retorte ihren Zweck erfüllen. Wo aber dem getrennten Abtriebe des Terpentins und Teers der Vorzug gegeben wird, wären zwei erforderlich, eine für die Überdestillierung des Terpentins mit Dampf und die andere für den trockenen Abtrieb des Teers. In der obigen Weise würde diese Retorte für Sägemehl zu betreiben sein, bei dem sich eine Verkohlung nicht bezahlt machen kann; nur der Terpentin wird dabei dem Rohmaterial entzogen. Hierfür müßte jedoch der Trommelmantel außen mit Wärmeschutzmasse bekleidet werden.

Die in Abbildungen von Apparaten dieser Art gewöhnlich gezeigten Förderschnecken sind gerade nicht besonders für Sägemehl geeignet, man muß dafür schon auf andere Formen zurückgreifen. Für die Verarbeitung sehr harzreichen Holzes empfiehlt es sich, die obige Retorte im Innern mit einer schleifenden Kette auszustatten, die den Boden reinkratzt.

Für Verkohlungszwecke könnte man diese Retorte, statt mit einer Einmauerung zur äußeren Beheizung, mit Heizzügen durchziehen, wenn man nicht vorzieht, die Verkohlung mit überhitztem Dampfe zu bewirken; in dem Falle ließe sich beides entbehren.

Verwendet man für den Zweck der unmittelbaren Wärmezuführung heiße, sauerstoffarme Feuerungsgase, so könnte man diese Gase stets wieder gebrauchen, indem man in ihren Kreislauf einen Überhitzer einschaltet. Aber Gas nimmt Wärme ziemlich langsam auf und gibt sie auch ebenso langsam wieder ab.

An Stelle der ununterbrochenen Destillationsarbeit kann auch ein Betrieb in Absätzen treten; zu dem Zwecke braucht man nur die Speise-

144 Apparate und Apparatezusammenstellungen neuerer Destillationsanlagen.

und Entleerungsschnecken zum Stillstande zu bringen, wenn die Beschickung beendet ist. Sie werden dann erst wieder in Tätigkeit versetzt, wenn der Inhalt verkohlt ist. Der Apparat eignet sich deshalb auch für die Verarbeitung von aus Laubhölzern herrührendem Sägemehle.

Alle ununterbrochen und mit drehbaren Retorten arbeitenden Anlagen sind kostspielig im Bau, können nicht für Rohmaterial gebraucht werden, das in seiner Zusammensetzung schwankt, und die Apparate sind unter hohem Arbeitsdrucke nur mit Schwierigkeiten dicht zu halten. Heutigen Tages wendet man zwar, was den letzteren Einwand anbetrifft, hohe Drucke kaum noch an. Im übrigen gewähren sie allerdings den Vorteil, daß sie, sind sie nur in geeigneter Weise unterstützt, in jeder Länge hergestellt werden können, so daß sie 100 Tonnen und selbst mehr Rohgut

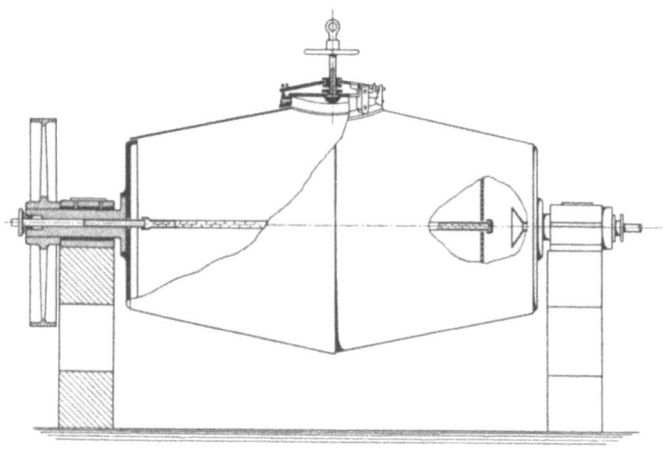

Fig. 100.

aufzunehmen imstande sind. Die richtige Größe bestimmt sich aus der Geschwindigkeit, mit der der Abtrieb der Destillate durchgeführt werden kann.

Retortenbau nach Fleming. — Diese für Dampfdestillation und zerraspeltes Holz bestimmte drehbare Retorte erläutert Fig. 100. Einer besonderen Erklärung bedarf es hier nicht, die Figur zeigt die Einzelheiten deutlich genug. Die Retorte ist sehr einfach gebaut und kann nur für unterbrochene Arbeitsweise benutzt werden. Das zerschliffene Holz wird durch das dafür nach oben gedrehte Mannloch eingefüllt und nach der Abdestillierung des Terpentins in gleicher Weise wieder entleert, wozu die Öffnung dann unten zum Stillstande gebracht wird.

Während des Abtriebs versetzt man die Retorte in langsame Umdrehung und bläst Dampf durch die eine hohle Achse und das durchlöcherte, die Retorte der Länge nach durchziehende Rohr ein. Die mit dem Terpentine beladenen Dämpfe sammeln sich in der Kammer hinter der

Besondere Retorten und Verfahren.

durchlöcherten Scheidewand und entweichen durch die Trichteröffnung des die andere Achse durchziehenden Übersteigrohres nach dem Kühler.

Eine andere nach denselben Grundsätzen konstruierte Retorte ist die von Coe, bei der nur der eine Unterschied hervortritt, daß sie statt länglich kugelig ausgebildet ist. Die übrigen Anordnungen, wie Lagerböcke, Mannloch, Dampfeinblase- und Übersteigleitung, gleichen denen von Fleming.

Eine Kugel widersteht innerem Drucke besser als eine Trommel, man kann ihr auch eine größere Steifigkeit geben. Die längliche Retorte läßt sich dagegen wiederum besser heizen.

Ein bemerkenswerter Zug in Verbindung mit Coes Verfahren ist seine Behauptung, mit einer drehbaren Retorte eine um 25 vom Hundert größere Ausbeute als mit einer feststehenden der alten Art erzielen zu können. Er schreibt das hauptsächlich der besonderen in seiner Kugelretorte vor sich gehenden Durchrührtätigkeit zu, wobei die innerhalb des Destillationsgutes hervorgerufene gegenseitige Reibung einem Zusammenballen entgegenwirkt.

Eine von diesen beiden Formen würde nun zwar nicht viel mehr als eine feststehende Retorte kosten, und eine um 25 vom Hundert höhere Ausbeute an Terpentin würde mehr einbringen, als der Unterschied in den Anlagekosten ausmachen könnte. Allerdings müssen diese Retorten etwas dicker angefertigt werden, um das Gewicht der Holzfüllung und die durch die Aufhängung erzeugte Eigenspannung aushalten zu können.

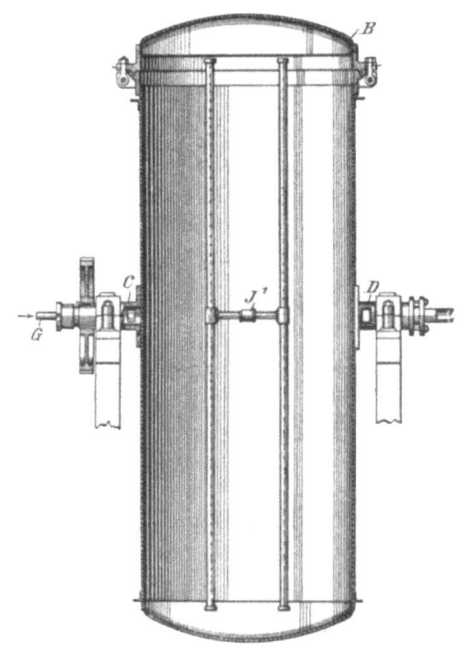

Fig. 101.

Jacksonsche Retorte. — Diese Bauweise kam nach Fleming auf. Wie aus der Fig. 101 hervorgeht, liegt der Unterschied nur darin, daß die Trommel nicht an den runden Flächen, sondern in der Mitte der Längenwandung gedreht wird. Dadurch wird eine andere Anordnung der Dampfzuleitung und mehr Raum in der Höhe erforderlich.

Die Dampfleitung G liegt in der einen hohlen Achse C, tritt dort aber nicht gleich in die Retorte ein, sondern biegt erst an der äußeren

Wandung um 90° herum und verzweigt sich dann bei J^1 im Innern der Retorte in zwei durchlöcherte Rohre.

Die Übersteigleitung ist in ähnlicher Weise verlegt, sie verläßt die Retorte an der dem Dampfrohreintritte gegenüber liegenden Stelle, biegt nach der hohlen Achse D um und geht durch die letztere hindurch nach dem Kühler. Diese verwickelte Anordnung ist völlig unnötig. Es ist nicht einzusehen, warum die Leitungen nicht in der Richtung der Achsen ein- und austreten könnten. Für die Dämpfeableitung wäre das bedeutend günstiger, ein einfacher Trichter mit einem Drahtgitter davor würde sie dann sehr wirksam vor Verstopfung schützen.

Die Einführung des Rohgutes erfolgt durch den mit Drehbolzenschrauben befestigten Boden B. Diese Einrichtung gestattet ein schnelles Entleeren, wozu die von Jackson gewählte Art der Aufhängung der Retorte sehr wirksam beiträgt.

Verfahren nach Handford. — Von den vielen Verfahren, die die Dampfdestillation mit der Herstellung von Papierzeug aus dem nach dem Abtriebe des Terpentins verbleibenden Holzrückstande zu verbinden suchten, ist wohl das Verfahren von Handford das einzige, das jemals in größerem Maßstabe versucht wurde. Die Anlage wurde neben einer Papierfabrik erbaut, in der Kiefernholz zur Herstellung von Papierzeug nach dem Natronverfahren verarbeitet wurde. Das Unternehmen mißlang, und zwar hauptsächlich aus zwei Gründen: bei der Verwendung von harzarmem Holze warf die Terpentinausbeute nicht soviel ab, um die Arbeit ihrer Gewinnung damit bezahlt zu machen; dann aber auch ergab der nach der Ausziehung des Terpentins und Auspressung des Harzes verbleibende Rückstand ein Papier von sehr geringer Güte.

Wie wir im 10. Kapitel noch weiter ausführen werden, ist eine der Umwandlung des Holzes zu Papierzeug vorhergehende Ausziehung des Terpentins in einer besonderen Anlage überhaupt nicht erforderlich, sie kann in einfachster Weise damit verbunden werden.

Die Handfordsche Anlage geben wir in Fig. 102 im Grundrisse wieder. A stellt die zur Umwandlung der Holzblöcke zu Holzschliff dienende Schleifmaschine dar. Die hieraus hervorgehenden Holzsplitter werden in der Zerfaserungsmaschine A^1 zu Fasern zerrissen und in die Förderrinne H fallen gelassen, in der sie nach einer der beiden drehbaren Retorten B gebracht werden. Durch das Mannloch K fallen die Holzfasern in das Innere der Retorte, wo sie von Rührarmen allmählig von einem Ende nach dem anderen befördert werden. Sind sie dort angelangt, so fallen sie an der Unterseite der Retorte durch ein zweites Mannloch wieder heraus, und zwar in die allseitig geschlossene Förderrinne H^1. Der Dampfeinlaß und der -austritt der flüchtigen Stoffe sind in derselben Weise angeordnet, wie bei der Retorte von Fleming. Der Dampf von der Hauptleitung L strömt durch die hohlen Achsen der Retorten in die Beschickung, und die Destillate entweichen am anderen Ende in der gleichen Weise in die Sammelleitung E und dann nach dem Verflüssigungskühler.

In der geschlossenen Förderrinne H' werden die entleerten Rückstände nach den Apparaten D gebracht, wo sie zwischen schwere mit Dampf geheizte Walzen geschüttet werden, die die flüssigen Stoffe herausquetschen. Die hierbei noch entweichenden Dämpfe können gleichfalls in die Sammelleitung E strömen. Die flüssigen Produkte, zu denen auch die in der Förderrinne H^1 bereits abgesonderten kommen, werden durch die Leitung F fortgeführt.

Die Retorten und Walzen sind in doppelter Ausführung vorhanden, um einen ununterbrochen arbeitenden Betrieb zu erhalten: während in der einen Retorte der Terpentin abgetrieben wird, geht in der anderen die Entleerung und Neubeschickung vor sich.

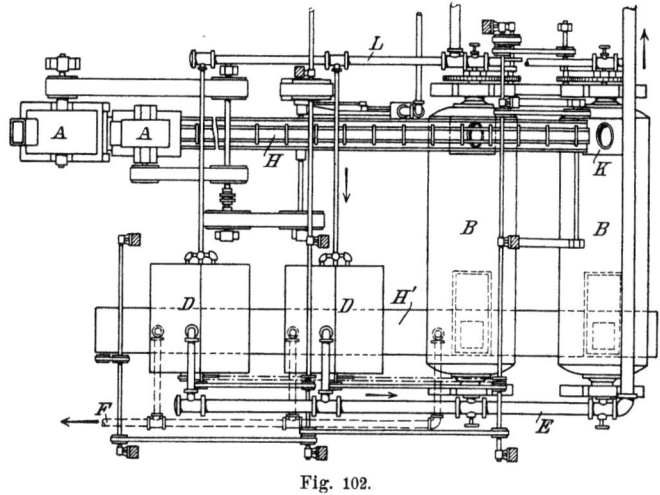

Fig. 102.

Da der Versuch der Papierherstellung an dieser Stelle mißlang, ist man jetzt zur Fabrikation von Strohpappe übergegangen.

Die Terpentingewinnung hat natürlich überhaupt keinen Sinn, wenn sie mit der angewandten Anlage nicht billig genug durchgeführt werden kann. In einem solchen Falle ist es besser, man macht Strohpappe oder Papierzeug aus dem Holze direkt, ohne den Umweg über die Terpentinentziehungsanlage.

2. Retorten mit inneren Fördereinrichtungen.

Fördereinrichtungen hatte schon die eine oder andere der im obigen Abschnitte besprochenen Retorten, aber gewöhnlich doch nur als Hilfseinrichtung. Bei den nun zu betrachtenden Apparaten tritt die Fördereinrichtung im allgemeinen als Hauptteil hervor und hat im großen und ganzen den Zweck, das Destillationsgut durch eine Wärmezone zu bewegen.

Retorte nach Halliday. — Die älteste Retorte dieser Art ist die von Halliday, die besonders in England eine häufige Anwendung gefunden hat. Sie gestattet, wie aus der Fig. 103 hervorgeht, ein Arbeiten ohne Unterbrechung und besteht aus einem feststehenden Zylinder A mit der inneren Förderschnecke D, der Beschickungseinrichtung B, C an dem einen Ende und der Entleerungsleitung F und dem Übersteigrohre E an dem anderen Ende. Je nach der Geschwindigkeit, mit der die Schnecke D in Umdrehung versetzt wird, kann das Rohgut längere oder kürzere Zeit der Heizwirkung der äußeren Feuergase ausgesetzt und so eine höhere Ausbeute an Essigsäure erzielt werden, als bei gewöhnlicher Holzverkohlung. Diese Tatsache — wir führten sie nach den älteren Beschreibungen, die darüber bestehen, an — ist jedoch nicht etwa einer besonders günstigen Konstruktion der Retorte zuzuschreiben, sondern ausschließlich der Form des Rohgutes. Aus kleinstückigem Holze lassen sich die flüchtigen Stoffe bedeutend schneller als aus großen Scheiten abtreiben und die Destillate unterliegen deshalb innerhalb des Apparates geringerer Zersetzung.

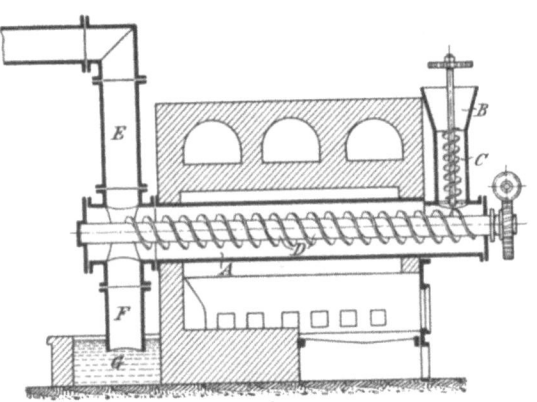

Fig. 103.

Das Sägemehl wird in den Fülltrichter geschüttet und die Beschickungsschnecke C befördert es in geregelter Menge in die eigentliche Retorte, die in der abgebildeten Weise von außen beheizt wird. Die Förderschnecke bewegt das Sägemehl nun mit geregelter Geschwindigkeit durch die erhitzte Zone. Bis es an das andere Ende gelangt, ist die Verkohlung vollständig geworden und die flüchtigen Stoffe sind abgetrieben. Die feinkörnige Kohle fällt schließlich von selbst in den gemauerten Kasten G, der zur Bildung eines Flüssigkeitsabschlusses am unteren Rohrende von F mit Wasser angefüllt ist, das zugleich die Kohle löscht. An Stelle des letzteren kann jedoch auch ein luftdicht abgeschlossener gußeiserner Kasten treten. Die abgetriebenen Dämpfe gehen durch E nach dem Kühler. Aus 100 Liter Laubholzsägemehl erzielte man etwa 12,4 Liter Holzessig vom spezifischen Gewichte 1,05, außerdem gewann man Laubholzteer.

Die Förderschnecke soll sich jedoch leicht abnutzen.

Versieht man die Welle der Förderschnecke mit Durchlöcherungen zum Einblasen von Dampf, so kann dieser Apparat auch für Nadelholzsägemehl Verwendung finden.

Besondere Retorten und Verfahren.

Retortenbau nach Viola. — Der Apparat von Halliday ist hierin weiter ausgebildet. Innerhalb der Heizkammer wird auch noch der äußere Zylinder gedreht (vergleiche Fig. 104). Die Beschickung erfolgt vom Einfülltrichter A aus. Dieser senkrechte Teil des Apparates ist mit einer stehenden Welle ausgestattet, die mit ihren zahlreichen Rührarmen das Zusammenballen des Rohgutes verhütet. Das Holz fällt in den geneigt liegenden kreisenden Zylinder und wird darin von der Förderschnecke D allmählig nach dem anderen Rotortenende bewegt. Von Zeit zu Zeit wird die erzeugte Kohle durch Öffnen der Klappe C entleert. Die

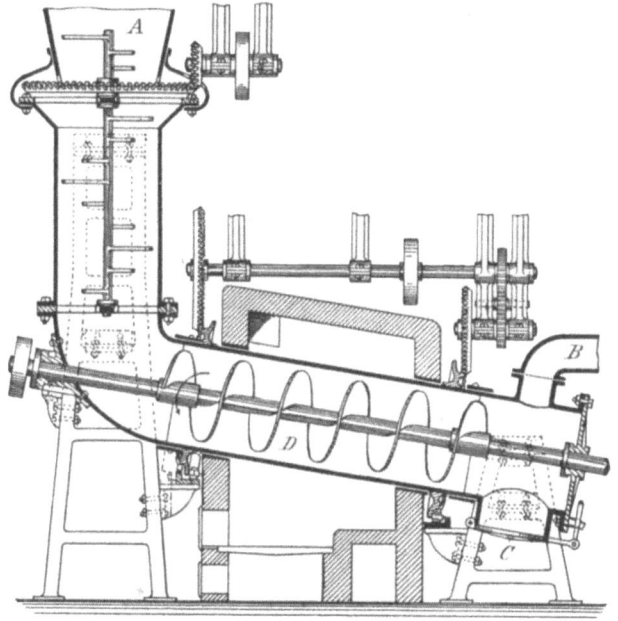

Fig. 104.

flüchtigen Stoffe gehen durch B nach dem Kühler. Man kann also auch mit diesem Apparate im ununterbrochenen Betriebsgange arbeiten.

Mit einer anderen Bauweise nach Viola arbeitet man in Absätzen. Der Beschickungsteil des Apparates ist fortgelassen und ebenfalls die Förderschnecke. An einem Ende ist eine Tür zur Einführung des Verkohlungsgutes vorgesehen, das innerhalb der Retorte vermittels eines Rahmens gehalten wird. Das Übersteigrohr B ist in der gleichen Weise angeordnet und der Entleerungsstutzen C mündet, wie bei Halliday, in eine Wasservorlage.

Die oben abgebildete Apparatur ist kaum einfach genug für ihren Zweck. Drei Rädergetriebe und ebenfalls drei Riemenvorgelege sind erforderlich. Der Apparat von Halliday ist bei weitem einfacher und aus diesem Grund vielleicht wirksamer.

Verkohlungsretorten nach Schneider. — Diese Retorten waren einige Jahre bei der Rheinischen Holzdestillation in Düsseldorf-Oberkassel im Betriebe. Diese Firma ist jedoch jetzt erloschen und wir glauben nicht, daß noch an irgend einer anderen Stelle mit Retorten dieser Art gearbeitet wird. Sie waren für aus Laubhölzern herrührende industrielle Abfälle, wie Sägemehl, Hobelspäne und dergleichen, konstruiert, wobei es hauptsächlich auf die Gewinnung des Holzessigs abgesehen wurde.

Die Bauweise geht aus der Fig. 105 hervor. Der aus Gußeisen mit schmiedeeisernen Verstärkungsbändern hergestellte Verkohlungszylinder war drehbar eingerichtet und trug im Innern auf einer mittleren Welle 20 oder mehr Rührflügel, die schraubenlinienartig gestellt waren, so daß sie das Verkohlungsgut allmählich vom vorderen nach dem hinteren Ende zu bewegten. Die Bewegungen der Flügel und des äußeren Zylinders waren natürlich einander entgegengesetzt.

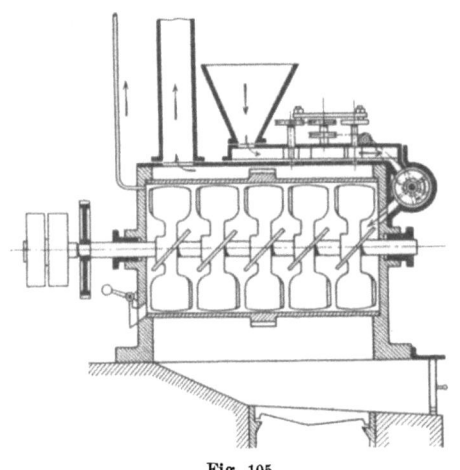

Fig. 105.

Zuerst war neben den Rührflügeln noch eine Schnecke vorgesehen, die vor der Entleerungsöffnung saß. Maßgebend für ihre Anordnung ist jedenfalls der Gedanke gewesen, auf diese Weise eine gleichmäßige Entleerung der Kohle zu erzielen. Allein sie verursachte durch Stauungen Betriebsstörungen und besorgte auch die Entleerung nur unvollkommen; die Flügel übten einen größeren Druck aus und pressen die fertige Kohle in die Ausfallöffnung hinein.

Zur Vortrocknung der Späne, deren Feuchtigkeitsgehalt bei der Gewinnung von Holzessig insofern unangenehm ins Gewicht fällt, als das Wasser das Säuredestillat stark verdünnt, hatte man eine sinnreiche Einrichtung getroffen. Man benutzte dazu die aus einer Blechplatte hergestellte Retortenabdeckung, auf der eine flache Kammer gebildet war, worin, wie das die Fig. 105 zeigt, eine Reihe von Flügeln die Späne hin und her warfen, ehe die letzteren in die an der Stirnwand angebrachte Beschickungsschnecke fielen. Dieser Vortrocknungseinrichtung hatte man später noch eine andere hinzugefügt, durch die das Rohmaterial zuerst hindurch mußte. Sie bestand aus einem konischen Rumpfe, durch den schräggestellte Flügel und eine Schnecke die Späne nach dem hinteren Ende bewegten, wo sie etwas zusammengedrückt wurden und so einen natürlichen Abschluß für die etwa nach dieser Seite von der Retorte herströmenden Destillate bewirkte. Die Flügel der flachen Kammer lockerten später das Holzzeug wieder genügend auf.

Die flüchtigen Destillate wurden von einer Pumpe durch den Kühler gesogen.

Die Retorten erhielten bei einem Durchmesser von 1 Meter eine Länge von etwa 4 Meter und sollten eine Leistungsfähigkeit von 10 bis 12 Tonnen in 24 stündiger Tagesarbeit besitzen. Die Verkohlung einer Beschickungsmenge dauerte 15 Minuten.

Was wir bei der Retorte von Viola ausführten, gilt auch hier. Die ganze Einrichtung ist das Gegenteil von einfach. Sie mag vielleicht zu Anfang allen Erwartungen entsprochen haben, mit der Zeit aber werden Ausbesserungsnotwendigkeiten immer häufiger, sämtliche Teile sind einem starken Verschleiße ausgesetzt und Rührflügel dieser Art beanspruchen die Welle ganz bedeutend, die unter solchen Umständen, nämlich unter dem Einflusse der ziemlich starken Erhitzung, überhaupt nur sehr geringe Beanspruchung vertragen kann. So weit wir uns erinnern, sind Wellenbrüche auch in der Anlage in Oberkassel nicht unbekannt geblieben. Auch die ziemlich unvollkommene Abdichtung zwischen Stirn- und Rückwand und dem kreisenden Zylinder wird sich unangenehm bemerkbar machen müssen.

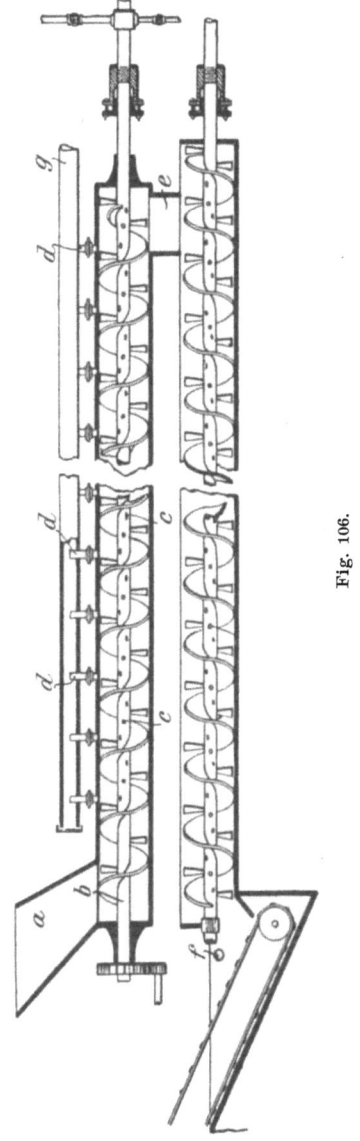

Fig. 106.

Retorten nach Kerr. — Die Apparatur ist in Fig. 106 wiedergegeben. Mit dieser Einrichtung müßte ein gutes Arbeiten möglich sein, wenn die in der Zeichnung angedeutete Schneckenform sich für kleinstückiges Holz, Späne und dergleichen bewährt. Aus der Figur kann man die Arbeitsweise wohl entnehmen.

Das zerschliffene Holz wird durch den Einfülltrichter a in den Schraubengang der Förderschnecke b gebracht. Der Dampf bläst durch die durchlöcherte Schneckenwelle unmittelbar in die Holzmasse und entweicht zusammen mit den abdestillierten Ölen durch die Rohrstutzen *d* in die Sammelleitung *g* und dann zum Kühler. Man wird nur Dampf von geringem Drucke verwenden können, unter höherem Drucke stehender Dampf würde die Holzmasse aus dem Einfülltrichter fortblasen.

Hat die Schnecke die Holzmasse schließlich an das andere Ende befördert, so fällt der Rückstand durch das kurze Rohr *e* in die untere Rinne, die mit einer zweiten Förderschnecke ausgestattet ist und zur Behandlung des Holzrückstandes mit der im nächsten Abschnitte unter „Verfahren nach Craighill und Kerr" erwähnten alkalischen Lösung dient. Diese untere Förderschnecke braucht sich nicht so genau dem Umfange anzuschließen, wie die der eigentlichen Retorte, sie kann vielmehr lockerer sitzen. Der Flüssigkeitsstand wird durch den Überlauf *f* auf gleicher Höhe gehalten. Dampf wird auch hier in gleicher Weise durch die hohle Schneckenwelle eingeblasen, aber nur zum Zwecke der Warmhaltung der Lösung.

Diese Apparatenform ist zur Entziehung des Terpentins im ununterbrochenen Arbeitsgange eine sehr wirksame. Schwierigkeiten mögen sich zwar dadurch einstellen, daß der Dampf die Holzsplitter und Späne mit in die Sammelleitung für die Destillate bläst. Anbringung von Drahtgittern könnte das jedoch verhüten. Ein Einwand gegen diese Konstruktion ergibt sich allerdings aus der Kostspieligkeit der Förderschnecke.

Eine Förderschnecke mit einem Durchmesser von etwa 100 Millimeter kann ungefähr 3,35 Kubikmeter Beschickungsmasse in einer Stunde bewegen. Für Sägemehl beträgt die gewöhnliche Destillationsdauer bei den jetzigen allgemeinen Verhältnissen und Durchführungsweisen eine Stunde für jedes Holzstückchen.

Mit einer gleichen Destillierdauer von einer Stunde und bei einer Förderschnecke von 100 Millimeter im Durchmesser müßte demnach der Retortenzylinder ein Fassungsvermögen von ungefähr 3,5 Raummeter besitzen, das heißt die Länge des Zylinders müßte mindestens 450 Meter betragen.

Für eine Förderschnecke mit einem Durchmesser von einem Meter ergäbe sich dagegen eine Zylinderlänge von 4,5 Meter.

Man käme höchstwahrscheinlich billiger fort, wenn man eine drehbare Retorte verwendet, die an beiden Enden mit je einer nur kurzen Förderschnecke ausgestattet ist.

Läßt sich jedoch die Destillationsdauer auf vielleicht 15 Minuten herunterdrücken, so könnte der Retortenzylinder bedeutend kürzer sein und der Apparat würde sich dann unter solchen Umständen als sehr wirksam erweisen.

Ein auf denselben Grundsätzen fußender Apparat ist seit längerer Zeit in einer anderen Industrie im Gebrauche. Dabei hat man aber an Stelle eines langen Zylinders mehrere kürzere vorgesehen, die untereinander angeordnet sind; das Ganze ist mit einer passenden Umhüllung eingekleidet.

Auf dieser abgeänderten Konstruktion fußen eine Anzahl von Patenten, bei denen Förderschnecken in geschlossenen Zylindern oder nach oben offenen Rinnen zur Anwendung kommen. Nach einigen Patenten wird Dampf als Heizmittel, nach anderen werden heiße und chemisch träge Gase zur Destillation verwendet. Es wird schwer halten, wesentliche Unterschiede zwischen ihnen zu entdecken.

Andere Verfahren wiederum verbinden unter Benutzung einer ebensolchen Apparatur die Dampfdestillation mit der nachfolgenden Verkohlung zu einem ununterbrochenen Arbeitsgange. Es ist kaum zu erwarten, daß man je auf diesem Wege zu befriedigenden Ergebnissen gelangt.

Die Apparate müssen möglichst einfach im Bau und in der Bedienung sein: das ist die im Auge zu behaltende Forderung.

* * *

Ein Patent, das für eine Zeitlang in die Kreise der Holzinteressenten nicht geringe Aufregung brachte, wollen wir im nachfolgenden kurz besprechen. Es ist im Grunde weiter nichts, als eine geringe Abänderung eines russischen Verfahrens, das jedoch niemals festere Formen annahm. Der ihm zugrunde liegende Gedanke unterscheidet es allerdings so entschieden von allen anderen zurzeit ausgenutzten Arbeitsweisen, daß es sich doch wohl verlohnt, herauszufinden, worin seine Vorteile liegen.

Verfahren nach Dobson. — Der Vorschlag geht darauf hinaus, zerschliffenes Holz vermittels geeigneter Fördervorrichtungen unmittelbar durch einen geheizten Ziegelofen zu bewegen und dann, während die Holzmasse wieder in die kühlere Abteilung am Ofenende kommt, es unter Dämpfen einem Drucke zu unterwerfen, bei dem das Harz herausgepreßt und so gleichzeitig der Terpentin gewonnen wird. Der daraus hervorgehende Holzrückstand kann zu Papierzeug verarbeitet werden.

Die dafür konstruierte Anlage umfaßt einen kanalartigen Ofen, dessen vordere Hälfte von Heizgasen, zu deren Erzeugung zwei Roste vorgesehen sind, an den Seitenwänden und über dem Abdeckungsgewölbe bestrichen wird. Im Innern der hinteren Hälfte des Kanalofens liegen eine Reihe von Quetschwalzen mit offenen Dampfröhren und Auffangvorlagen für die ausgequetschten Stoffe. Der Dampf würde nun einen Teil des Terpentingehaltes abtreiben, und da für die Dämpfe keine Absaugeeinrichtung vorgesehen ist, so ginge dieser Terpentin verloren.

Solch ein Verfahren würde niemals für Sägemehl, für das es bestimmt war, anwendbar sein, da darin schwerlich Harz enthalten ist. Bei harzreichem Holze könnte es nur von Erfolg sein, wenn mit gehöriger Sorgfalt angewendet.

Bei sorgfältiger Erwärmung zerschliffenen Holzes unter Ausschaltung von Dampf mag es wohl möglich sein, das darin enthaltene Harz soweit zu schmelzen, daß der größte Teil ausgequetscht werden kann. Aber Verluste an Terpentin wären unvermeidlich, wenn man nicht Vorsorge trifft, die etwa entstehenden Dämpfe zu sammeln.

154 Apparate und Apparatezusammenstellungen neuerer Destillationsanlagen.

Verkohlungsretorte nach Bower. — Wir kommen nun zu dem letzten der hierunter zu betrachtenden Verfahren, bei dem Retorten mit innerer Fördereinrichtung zur Verwendung kommen. Mit diesen Retorten hat man in England bedeutende Erfolge nicht nur in der Anwendung für harte Drehspäne erzielt, die gerade in England bei der Herstellung von Garnrollen in mächtigen Mengen abfallen, sondern auch, wenn sie der Verkohlung von Farbhölzern oder Sägemehl dienten. Die Sägemehlverkohlung, so behauptet man, sei erst durch die Verwendung dieser Retorten eine gewinnbringende geworden.

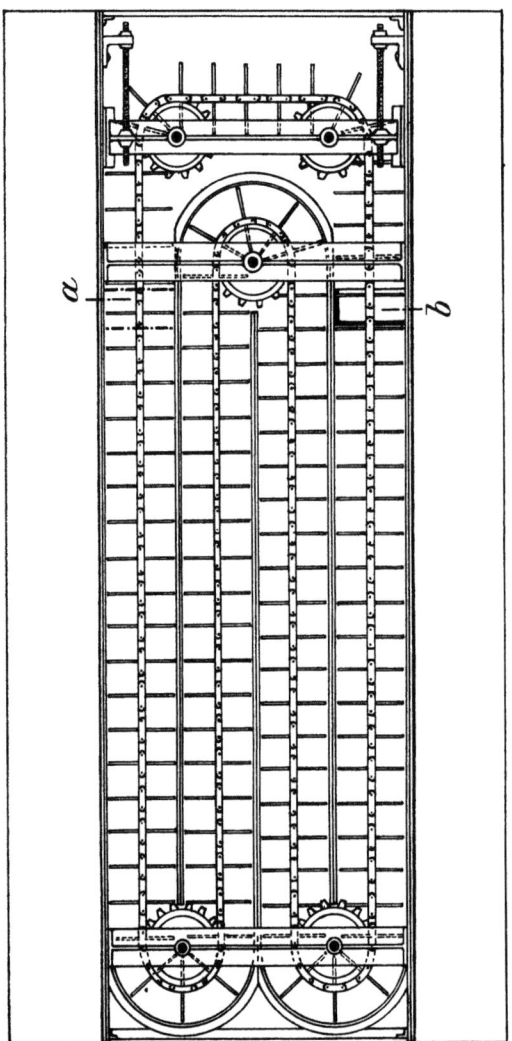

Fig. 107.

Die Fig. 107 zeigt die Retorte im Grundriß mit abgenommenem Deckel und Fig. 108 stellt einen senkrechten Querschnitt dar. Sie besteht aus einer langen rechteckigen Kammer von nur geringer Höhe, die, aus Mauerwerk aufgemauert, an den Seitenwänden und über dem Boden mit gußeisernen Platten ausgekleidet und oben mit einem gewölbten gußeisernen Deckel abgeschlossen ist. Der Länge nach ragen vom Boden Rippen auf, die die Retortensohle in vier Gänge einteilen. Über diesen Gängen läuft eine endlose Kette, die in Zwischenräumen von etwa 150 Millimeter rechtwinklig zur Bewegungsrichtung und hochkantig daran gehängte Kratzeisen trägt und von fünf Kettenrädern geführt wird. Die Länge der Kratzeisen ist so bemessen, daß sie stets reine Bahn innerhalb der Gänge machen. Wie die Grundrißzeichnung in Fig. 107 es erkennen läßt, sind die Gänge an den Enden durch halbkreisförmig gekrümmte Winkeleisen untereinander fortlaufend verbunden, so daß das von den Kratzeisen mitgeschleppte Verkohlungsgut sich weder in den Ecken noch an anderen Stellen ablagern kann. Die beiden äußeren Kettenräder an der rechten Seite, dem Vorderende der Retorte, sind, gleich den übrigen hängend, an einem Träger befestigt, der wagerecht verschiebbar ist. Mit ihrer Hilfe kann die Spannung der Kette während des Betriebes geregelt werden.

Das zu verkohlende Rohgut wird selbsttätig und ununterbrochen bei a (Fig. 107) durch den Deckel eingefüllt, worauf es sofort von den Kratzeisen der endlosen Kette ergriffen und langsam durch die vier Gänge über die heiße Retortensohle geschleift wird. Am Ende des vierten Ganges angelangt, fällt es wieder selbsttätig durch b in fertiger Durchkohlung nach unten heraus.

Zur Zuführung der Verkohlungswärme sind der Länge nach unter der Sohle vier Heizzüge und an den beiden Seitenwänden je einer vorgesehen, die von zwei Feuerrosten am Vorderende der Retorte ausgehen. Die flüchtigen Destillationsdämpfe entweichen durch einen oder

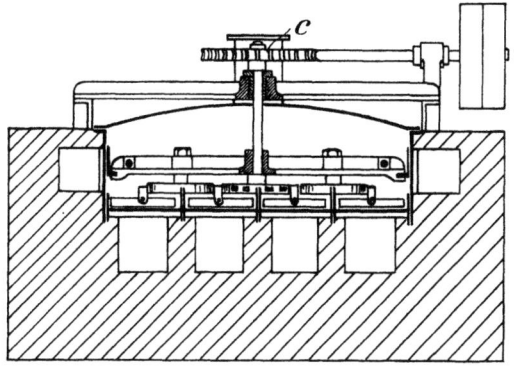

Fig. 108.

mehrere im Deckel sitzende Übersteigstutzen c nach dem Kühler. Was bei den Zylinderbauweisen nahezu unvermeidlich war, verschwindet bei dieser Konstruktion so ziemlich gänzlich: die Notwendigkeit oder Möglichkeit für die flüchtigen Destillate, auf ihrem Wege nach dem Ausgange an heißen Wänden entlang zu streichen.

Dadurch, daß die beiden kurzen Endwandungen zu Türen ausgebildet sind, ist das Innere der Retortenkammer nicht nur leicht zugänglich gemacht, sondern kann auch mit einem Blicke übersehen werden, besonders aber hat man die ganze treibende Maschinerie, die ja mitsamt der endlosen Kette und den hängenden Kettenrädern über den verkohlenden Sohlengängen liegt, stets vor Augen. Das sind Vorteile, die erst im praktischen Betriebe genügend geschätzt werden.

Für Verkohlung von Sägemehl und Drehspänen (aus Laubhölzern herrührend) verwendet man gewöhnlich nur eine derartige Retorte, für erschöpfte Farbhölzer, die stets einen hohen Feuchtigkeitsgehalt haben, dagegen zwei: eine, mit niedriger Temperatur, zum Trocknen und die andere zum Verkohlen.

Eine Retorte verkohlt etwa 50000 Kilogramm trockenes Sägemehl in einer Woche von 168 Arbeitsstunden. Der Aufwand an Feuerungsmaterial und die Ausbeuten sollen sich wie folgt stellen:

Wöchentliche Leistung einer Retorte . . 50000 Kilogramm Sägemehl
Kohlenverbrauch 11200   „
Ausbeute an essigsaurem Kalk . 3000 bis 3500 „
„   „ rektifiziertem Alkohol (60 %)   450 Liter
„   „ feinkörniger Holzkohle . . 13000 Kilogramm.

Erforderlich an Arbeitskräften sind 4 Mann am Tage und 1 bis 2 Mann für die Nachtschicht.

Eine solche Anlage würde sich auch zur Destillation harziger Nadelholzabfälle eignen, wozu zwei Retorten erforderlich wären, in der ersten wird der Terpentin abgetrieben und in der zweiten der Teer.

3. Versetzbare Retorten.

Hierunter werden wir solche Retorten näherer Betrachtung unterziehen, die so gebaut sind, daß sie leicht auseinander genommen und an einen anderen Platz gebracht werden können. Der diesen Anordnungen unterliegende Gedanke ist der: nicht das Holz in die Anlage, sondern die Anlage zum Holze zu bringen.

Die ältesten unter diesen Gesichtspunkten ersonnenen Retorten sind die von Dromart, deren Anwendung auf das Jahr 1835 zurück geht. Sie hatten die äußere Gestalt stehender Meiler, bei einem unteren Durchmesser von 5,2 Meter eine Höhe von 4,6 Meter und Fassungsräume für etwa 50 Raummeter Holz. Der Gasabzug befand sich an der obersten Stelle. Die äußere Wandung wurde aus gußeisernen Platten zusammengesetzt, die insgesamt ungefähr 3500 Kilogramm wogen. Die Wärme wurde der Beschickung durch Feuerungsgase zugeführt, die eine Anzahl von strahlenförmig im Boden liegenden Heizzügen von der Mitte nach dem Umfange durchstrichen und danach in senkrecht aufsteigenden Rohren, die aber nur eine Höhe von etwa einem Drittel der ganzen Ofenhöhe besaßen, und dann rechtwinklig nach außen abbogen, ihre Wärme an das Holz abgaben und schließlich in die atmosphärische Luft entwichen. Die untere Hälfte wurde außen mit Erde als Wärmeschutzmasse beworfen.

Neben den Eisenplatten, Kühlerröhren und so weiter waren noch etwa 750 Kilogramm feuerfeste Ziegelsteine erforderlich. Obwohl diese Öfen, wie wir glauben, noch heutigen Tages an der einen oder anderen Stelle in Frankreich zur Verkohlung von Laubholz verwendet werden, so können wir doch nicht weiter darauf eingehen. Eine ausführliche Beschreibung mit genauen Zahlenangaben findet man in dem Buche von Dromart: Traité de la Carbonisation des Bois en Florêts. Paris 1885 (?).

Das einzige ältere Verfahren, das hier zu berücksichtigen wäre, ist das:

Besondere Retorten und Verfahren.

Verfahren nach Smith. — Der dieser Bauweise unterliegende Gedanke zielte auf die Schaffung einer versetzbaren Einrichtung ab, die außer für Holzdestillation zugleich auch zum Tränken von Bauhölzern mit Kreosot zu verwenden sein sollte. Die Konstruktion stammt aus einer Zeit, als dem Holzkreosot für den letzteren Zweck noch der Vorzug gegenüber Steinkohlenkreosot gegeben wurde, und ging mehr auf die Gewinnung von Kreosotöl als auf Terpentin aus, obwohl Nadelholz bei der Destillation zur Verwendung kam.

Die beiden Schnittdarstellungen in den Fig. 109 und 110 zeigen die Einzelheiten der Konstruktion klar genug. Die Retorte setzt sich aus drei Zylinderstücken zusammen, in dem einen davon sitzt oben zum Anschluß des Übersteigrohres ein Stutzen. Die Einmauerung ist an und für sich einfach gehalten, die Abdeckbögen über den paarweise zusammengestellten Retorten liegen auf einem Blechmantel.

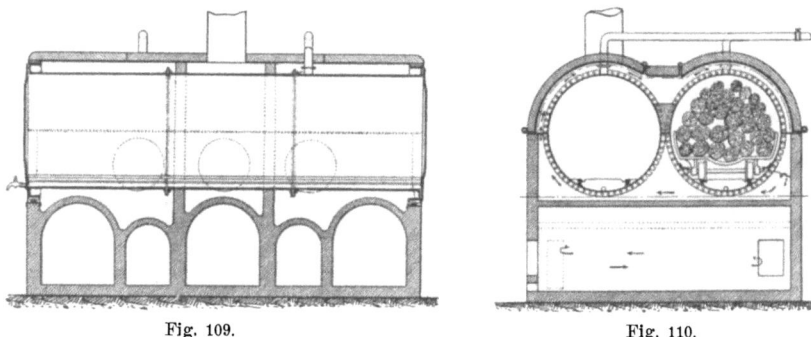

Fig. 109. Fig. 110.

Eine Retorte dient jedesmal zum Abdestillieren des Kreosotöles, während in der anderen Bauhölzer getränkt werden. Das Holz wird in beiden Fällen auf Wagen geladen eingefahren.

Verfahren nach David. — Dies ist ein bedeutend späteres Verfahren, bei dem aber auch noch die Destillation mit dem Tränken von Holz mit Erhaltungsmitteln in Verbindung gebracht ist. Es handelt sich dabei nur um die Abdestillierung des Terpentins, der dem Holze mit einer heißen Löseflüssigkeit entzogen wird. Damit kommen wir zugleich zu einer Reihe neuerer Verfahren, die sämtlich auf Verwendung eines Lösemittels zur Terpentinentziehung fußen.

Die Apparatur gibt Fig. 111 im Grundriß wieder. Die Retorten werden aus Ziegeln oder aus Eisenblech mit Ziegeleinkleidung aufgebaut und paarweise zusammengestellt. Der zwischen der Blechretorte und der Einhüllung gelassene Raum wird mit Sand ausgefüllt, der das Lecken der Retorte verhütet.

Das Holz wird auf Wagen geladen und so auf Schienen eingefahren, wonach die Retorte mit heißem Harze, Kolophonium oder dergleichen von dem Kessel *a* aus vollgepumpt wird. Das Harz hat eine Temperatur, die die Holzfaser noch nicht in Mitleidenschaft zieht, wohl aber den Terpentin verflüchtigt, der durch die Übersteigrohre *b* nach dem Kühler *c* entweicht.

An Stelle der äußeren Wärmezuführung tritt eine unmittelbare durch Warmhaltung der Harzmasse, die in einem für eine Zeitlang von der Pumpe *d* aufrecht erhaltenen Kreislaufe ihre an die Beschickung abgegebene Wärme in dem Überhitzer *e* stets wieder erneuert. Die im letzteren etwa flüchtig werdenden Terpentindämpfe finden ihren Weg nach dem Kühler durch die Retorte. Es wäre vielleicht angebrachter, den Erhitzer unmittelbar mit dem Kühler zu verbinden.

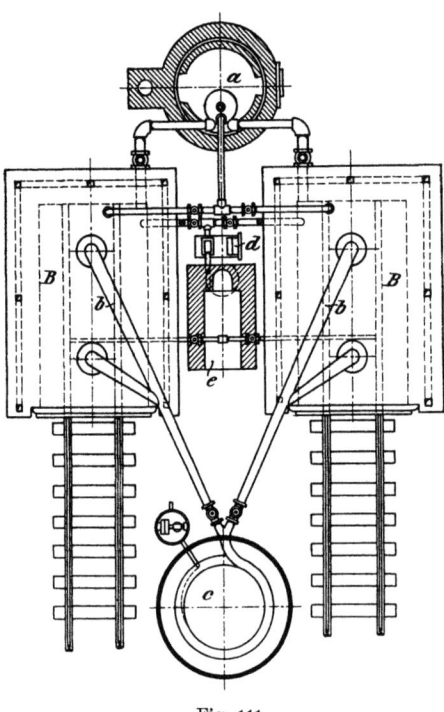

Fig. 111.

Die Anordnung der Retorten zu Paaren ermöglicht einen nahezu ununterbrochenen Arbeitsgang. Während in der einen Retorte die Destillation durchgeführt wird, untergeht die andere einer Entleerung und Neufüllung; die abgelassene Flüssigkeit wird direkt in die andere Retorte gepumpt: das bedeutet Zeitsparnis und der Fortfall der Notwendigkeit, die Flüssigkeit nach dem Harzaufspeicherungsbehälter zurückpumpen zu müssen.

Auch bei dem **Verfahren nach Weed** kommt ein heißes Harzbad zur Ausziehung und Abdestillierung der Terpene und anderer Stoffe zur Anwendung.

Fig. 112 zeigt die Bauweise der einzelnen Apparate und ihre Zusammenstellung. Das Holz wird innerhalb der Retorte auf dem Drahtnetze *g* aufgestapelt, unter dem die durchlöcherte Dampfeinblaseleitung *d* angebracht ist. Harz oder Kolophonium wird in dem Kessel *p* geschmolzen und von der Pumpe *o* in die beschickte Retorte gedrückt. Ist das Bad abgekühlt, so wird es von der Pumpe durch die Leitung *s* herausgezogen und durch die Heizschlange *l* gedrückt und darauf durch die durchlöcherte Leitung *j* wieder in die Retorte gespritzt. Der herunterfallende Harzregen begegnet dem durch *d* eingeblasenen, mit abgetriebenem Terpentine beladenen Dampf, der den darin noch enthaltenen Terpentin gleichfalls mitnimmt und dann durch das Übersteigrohr *c* nach dem Kühler entweicht.

Besondere Retorten und Verfahren.

Ist auf diese Weise der dem Holze in den gegebenen Temperaturgrenzen entziehbare Terpentin übergetrieben, so läßt man das Harzbad durch die Leitung z nach dem Kessel p zurückfließen, wo es für die nächste Beschickung heiß gehalten wird; die noch darin enthaltenen Terpentinmengen können durch den vorgesehenen mit dem Kühler ebenfalls verbundenen Helm entweichen. Statt in den Kessel zurück, könnte man natürlich das Bad auch sofort in eine zweite, vorher beschickte Retorte pumpen. Das Holz wird nach der Behandlung in unbeschadetem Zustande aus der Retorte entfernt.

Diese Anlage hat, obwohl sie Anwendung gefunden, kaum irgendwelche Vorteile gegenüber der von David, die letztere ist jedenfalls besser.

Das heiße Harz- oder Kolophoniumbad wenden auch andere für den gleichen Zweck und in ähnlicher Weise wie Weed an. MacKenzie

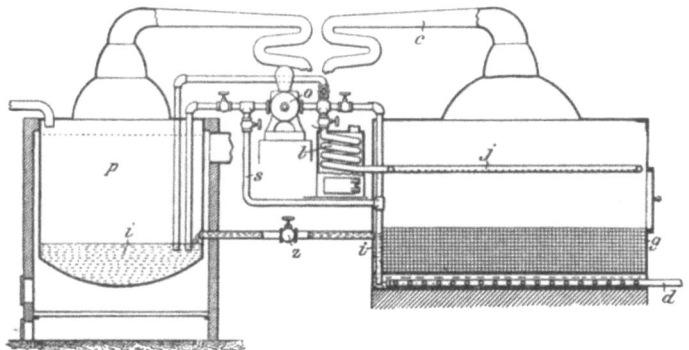

Fig. 112.

geht mit der Temperatur des Bades nicht über 190° bis 194° C., bei der die Holzfaser noch nicht leiden soll.

Obwohl Harz für diese Zwecke sehr geeignet ist, was die Ausziehung des Öles betrifft, so bringt seine Anwendung auch manche Unannehmlichkeiten mit sich. Es bleibt zum Beispiel nicht flüssig, wenn es dem Erkalten ausgesetzt ist und verstopft dabei die Ventile und Rohre. Pope wendet deshalb ein aus einem Gemische von Nadelholzteer, Blasenrückstand und Rohterpentin bestehendes Bad an. Für die gewöhnliche Außentemperatur von über 15° C. setzt er es in der folgenden Weise zusammen:

18 Teile Nadelholzteer,
1 Teil Blasenrückstand,
1 „ Rohterpentin.

Für Wintertemperatur empfiehlt er die folgende Mischung:

8 Teile Teer,
1 Teil Blasenrückstand,
1 „ Rohterpentin.

Der Teer soll für diese Verwendung erst sorgfältig filtriert und mit heißem Wasser und Dampf gewaschen werden.

Der Blasenrückstand wird bei der Aufarbeitung der Öle erhalten. Zuerst wird bei mäßiger Temperatur ein leichtes Öl übergetrieben, bei etwas höherer Temperatur die nächste schwere Ölsorte und bei etwa 315° C. ein noch schwereres Öl. Der danach verbleibende schwere Rückstand verdampft nicht unter 425° C. und hat eine dunkle Farbe.

Die Mischung seines Bades begründet er wie folgt. Mit dem Rohterpentine wird der Teer, der sonst nicht sehr leichtflüssig ist, weich gemacht. Es hat sich aber herausgestellt, daß dieser Rohterpentinzusatz bis zu einem gewissen Grade verdampft. Das zu verhüten, setzt er der Mischung noch den schweren Blasenrückstand zu, der mit seinem hohen Siedepunkte ein ausgezeichneter Verdampfungsverzögerer ist. Um der Verdampfung des Öles noch weiter entgegen zu wirken, wird in der Retorte ein Druck von 0,7 Atmosphären aufrecht erhalten.

Die Abdampfung des dem Holze entzogenen Terpentins wird in einem besonderen Apparate vorgenommen.

Thompson und Newson wiederum verwenden zur Entziehung des Holzterpentins nur Rohterpentin. Sie tauchen das zu behandelnde Holz in ein vorher erwärmtes Bad aus Rohterpentin und verdampfen dann das ganze Bad. Durch fernere Erhitzung wird danach noch das Harz aus dem Holze herausgeschmolzen.

Verfahren nach Craighill und Kerr. — Das Holz wird in zerkleinertem Zustande mit einer schwachen Ätznatronlösung behandelt, die die Säuren und Harze zurückhält. Hierauf wird das Ganze mit Dampf von 110° C. in der bekannten Weise durchblasen. Die abdestillierten Öldämpfe kann man, ehe sie im Kühler verdichtet werden, durch einen Knochenkohlenfilter leiten.

Um nun zunächst das Harz zu entfernen, läßt man Wasser in die Retorte ein, bis die Holzbeschickung völlig darin untergetaucht ist. Dampf wird nun angewendet und die Masse bei einer Temperatur, die dem Siedepunkte der alkalischen Lösung, mit der das Holz getränkt ist, entspricht, so lange gekocht, bis das Harz durch Verseifung völlig mit dem Alkali in Verbindung getreten ist. Danach ist die Lösung abzulassen und das Holz gut zu entwässern.

Die nächste Behandlung bezweckt die Verwandlung der Holzmasse in Holzzeug. Das Holz wird im Kochkessel unter Druck mit einer Ätznatronlösung von 1,075 bis 1,10 spezifischen Gewichts gekocht. Da diese Lösung aber, wird das Kochen etwa zu lange durchgeführt, die Holzfaser angreift, so begnügt man sich mit der Auslaugung nur eines Teiles der Farbstoffe, worauf die Lösung sofort abgelassen wird. Die Kochtätigkeit wird sodann mit einer Natriumkarbonatlösung fortgesetzt, und zwar mit oder ohne Druck, bis die meisten der gelben Farbstoffe dem Holzzeuge entzogen sind. Die zurückbleibende Masse besitzt dann ungefähr das Aus-

Besondere Retorten und Verfahren. 161

sehen eines hellen manillafarbigen Packpapiers und wird mit Chlornatrium gebleicht.

Dieses Verfahren erfordert mit verschiedenen Holzsorten wegen des wechselnden Harzgehaltes sehr sorgfältige Durchführung; das Harz aber läßt sich nur mit Schwierigkeiten zurückgewinnen. Der auf diese Weise abdestillierte Terpentin muß dagegen von vorzüglicher Reinheit sein.

Verfahren nach Hale und Kürsteiner. — Hierbei kommt weder Ätznatron noch Dampf zur Anwendung. Die dafür angewendete Anlage gibt Fig. 113 wieder.

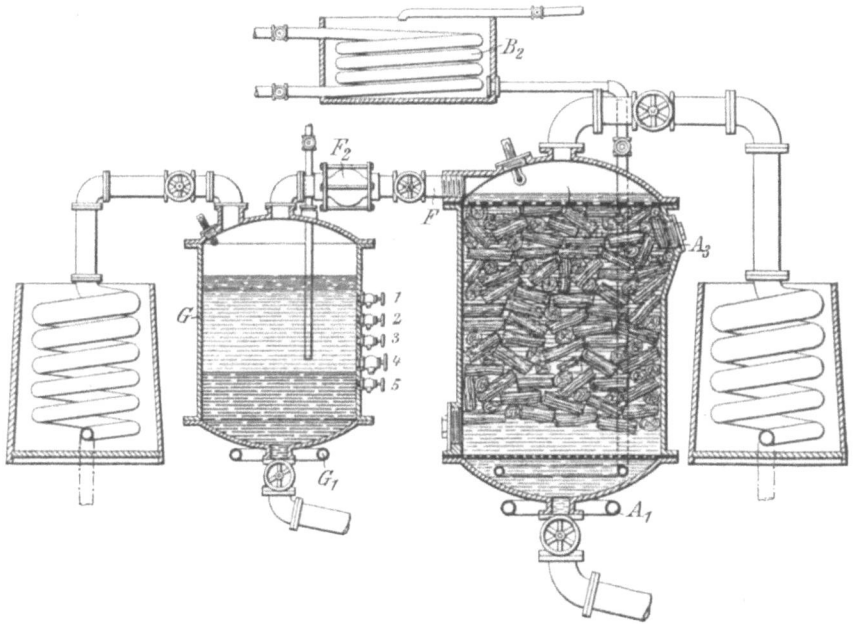

Fig. 113.

Der Grundgedanke dieses Verfahrens entstammt der Entdeckung: „daß das Terebinthinat oder Terpentinharz sich vom Holze absondert, sobald das letztere der Wirkung eines Wasserbades ausgesetzt wird, dessen Temperatur gerade unter dem Siedepunkte oder ungefähr auf 100^0 C. gehalten wird, und daß das so abgeschiedene Harz den Terpentin oder seine flüchtigen oder leichteren Bestandteile zurückbehalten und damit zur Oberfläche des Wasserbades steigen wird, von wo es entfernt oder veranlaßt werden kann, in eine geeignete Destillierblase überzufließen. In der letzteren kann es sodann zur Abtreibung seiner Bestandteile, wie Terpentin, Harzöl und Harz, einer Destillierarbeit unterworfen werden. Das Holz, aus dem das Terebinthinat auf diese Weise gewonnen ist, kann einer in gewöhnlicher Weise und

Harper-Linde, Destillation. 11

für gewöhnliche Zwecke durchgeführten trockenen Destillation unterworfen werden".

Es wird behauptet, daß durch diese Behandlung der ganze Harzgehalt des Holzes ausgeschieden wird.

Die Ausführung des Verfahrens stellt sich ziemlich einfach. Das in Blöcke zerspaltene Holz wird durch die Öffnung A_3 in den Kochapparat eingeführt und Wasser, mit Hilfe der Schlange B_2 auf 55° C. vorgewärmt, über dem Boden eingelassen, bis das Holz von dem Bade bedeckt ist. Nun wird mit Hilfe des Gasflammenringes A_1 die Temperatur auf ungefähr 99° C. erhöht. In dem Maße, wie die ausquillenden Harze aufsteigen und über der oberen durchlochten Platte zum Schwimmen kommen, fließen sie auch durch die Rohrleitung F und das Schauglas F_2 in die Destillierblase G über. Durch das Schauglas läßt sich genau beobachten, wann das Harz anfängt überzufließen. Da es notwendig ist, stets auch etwas Wasser mit dem Harze überlaufen zu lassen, so hat man zu dessen Entfernung an der Destillierblase an Reihe von Ablaßhähnen vorgesehen. Ein Flüssigkeitsstandglas wird selbstverständlich ebenfalls erforderlich sein, um vollen Vorteil aus der Anordnung der Hähne ziehen zu können. Sobald sich eine Wasserschicht abgesetzt hat, öffnet man den der betreffenden Höhenlage entsprechenden Hahn. Etwas Wasser wird jedoch mit dem Harze in der Blase gelassen. Ist sie genügend voll, so beginnt die Abdestillierung. Man erhitzt den Inhalt mit Hilfe des Gasflammenringes G_1 auf etwa 102° C., wobei klarer, weißer Terpentin übergeht. Nachdem so das Wasser und der Terpentin übergetrieben ist, kann man aus dem Rückstande noch Harzöl abdestillieren. Das zurückbleibende Harz wird dann abgezogen.

Ungefähr 58 Kilogramm harzreiches Besenkiefernholz soll, wenn es dieser Behandlungsweise für die Dauer von drei bis fünf Stunden unterworfen wird, 4,5 Liter hochwertigen Terpentin und ungefähr 13 Kilogramm Harz von ausgezeichneter Güte liefern. Auf 100 Kilogramm Holz bezogen, wäre das eine Ausbeute von 7,8 Liter Terpentin und 22,5 Kilogramm Harz.

Leider sind andere, die vor einigen Jahren mit diesem Verfahren Versuche an sehr harzreichem Kiefernholze, das von einer Sägemühle bezogen wurde, ausführten, nicht imstande gewesen, zu zufriedenstellenden Ergebnissen zu gelangen. Daraus geht hervor, daß das Verfahren ziemliche Geschicklichkeit in der Ausführung erfordert, um unter gewöhnlichen Umständen einen Erfolg zu zeitigen.

Es ist wohl möglich, daß unter gewissen Verhältnissen, besonders wenn es sich um ein harzreiches Holz handelt, ein solches Ausziehverfahren von Nutzen sein kann. Der Verfasser hat für ein derartiges Bedürfnis eine Anlage konstruiert, in der das Holz zuerst zu einer für nachherige Verarbeitung in Papierzeug oder dergleichen geeigneten Größe zerkleinert und dann in einem ununterbrochenen Betriebsgange in eine

Kammer befördert und dort mit einem geeigneten Lösemittel, wie Äther, Chlorkohlenstoff, Schwefelkohlenstoff, Alkohol und dergleichen behandelt wird. Dieses Lösemittel wird immer wieder gebraucht und im Kreislauf zwischen dieser Kammer, dem Verdampfer und so weiter gehalten. Die ausgezogenen Stoffe werden von Zeit zu Zeit daraus entfernt. Die zurückbleibende Holzfaser ist weiß und weich. Der nach der Abdampfung der Löseflüssigkeit verbleibende Rückstand wird mit eingeblasenem Dampfe destilliert, wobei der Terpentin mit übergeht. Das Harz bleibt zurück und kann heiß abgezogen werden.

Die Farbe des Harzes hängt von der Farbe und dem Alter des Holzes ab, von abgestorbenem Holz erhält es eine hellrote Färbung, die aber, wenn es erforderlich ist, durch Bleichen beseitigt werden kann.

*   *   *

Ehe wir nun zur Betrachtung der letzten, ausschließlich für Verkohlung von Sägemehl und dergleichen ersonnenen Verfahren übergehen, sei hier noch kurz des Verfahrens von Fischer gedacht, das, was die dafür angewandte Apparatur betrifft, ein sehr einfaches und vielleicht ein sehr wirksames ist — was sicher nicht zum geringsten Teile eine Folge der Einfachheit sein wird. Es hat nach Angaben von Fischer Anwendung im großen Maßstabe mit gutem Erfolge gefunden.

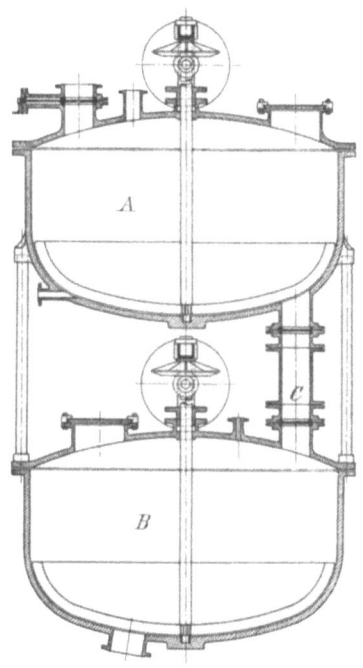

Fig. 114.

Sägemehlverkohlung nach Fischer. — Die hierfür konstruierte Apparatur besteht, wie aus Fig. 114 ersichtlich, in der Hauptsache aus zwei übereinander angeordneten Kesseln A und B, die beide von gleichem Bau und durch ein mit zwei Schiebern ausgestattetes Rohr verbunden sind und im Innern über dem gewölbten Boden einen doppelten Rührflügel tragen. Der obere Kessel dient zum Vortrocknen und der untere zur eigentlichen Verkohlung des Rohgutes. Der obere Vortrocknungsbehälter wird von außen durch Abgase oder auch durch direkte Wärmezuführung mit Hilfe geeigneter Wärmeträger, wie Dampf, chemisch träge Gase und dergleichen geheizt und ständig auf etwa 130° C. gehalten.

Das Ganze wird in eine zweckmäßig gebaute Einmauerung gesetzt und mit einer Feuerungsanlage in Verbindung gebracht. Unter den Verkohlungskessel kommt ein luftdicht verschließbarer Blechkasten zur Aufnahme des durch den Stutzen C entleerten fertig verkohlten Gutes zur Aufstellung.

Ist der Inhalt des unteren Kessels durchgekohlt, so wird er entleert und eine neue Beschickung durch Öffnen der Schieber in der Verbindungsleitung eingelassen. Um nun erst die Luft aus dem Kessel zu entfernen, wird er an eine Saugpumpe geschlossen, und danach sogleich an Stelle der abgesogenen Luft mit trockenem Dampfe angefüllt, wodurch der Unterdruck wieder ausgeglichen wird. Hierdurch soll eine teilweise Verbrennung der Destillationsprodukte innerhalb der Retorte vermieden und infolgedessen eine höhere Ausbeute an Essigsäure und Holzgeist erzielt werden. Wir glauben nicht, daß der Einfluß dieses Vorgehens überhaupt wahrzunehmen ist, wohl aber wird die trockene Dampfatmosphäre insofern von Vorteil sein, als sie einen besseren Wärmeleiter als Luft darstellt.

Die Leistung dieses Apparates wird mit 2000 Kilogramm lufttrocknen Sägemehles in 24 Stunden angegeben. Der Kraftbedarf für beide Rührvorrichtungen soll nur etwa 1 Pferdestärke betragen und die Destillate sollen infolge der wirksamen Vortrocknung von vorzüglicher Reinheit sein.

Auch dieser Apparat eignet sich, wie das sich ja ohne weiteres aus einem Vergleiche unserer bisherigen Ausführungen mit der hier vorliegenden Bauweise ergibt, sehr gut zur Verarbeitung von Nadelholzabfällen. Im oberen Kessel treibt man erst mit Dampf den Terpentin ab und verkohlt dann den Holzrückstand unmittelbar im unteren Kessel. Die Rührvorrichtung wird den Terpentinabtrieb sehr beschleunigen.

4. Verkohlung von zu Blöcken gepreßtem Holzklein.

Vielfache Versuche sind gemacht worden, Sägemehl und dergleichen industrielle Holzabfälle vor dem Verkohlen in Blöcke zu pressen. Die nachherige Behandlung stellte sich dann der Destillation von Scheitholz gleich und man hoffte, nach dem Abtriebe der flüchtigen Produkte statt des Holzkohlenkleins Stückenkohle in verkäuflicher Form der Retorte entnehmen zu können. Das war wohl im allgemeinen der zu diesen Versuchen veranlassende Leitgedanke. Wir werden schon aus den Ergebnissen lernen, warum er irreführend war, soweit die wirtschaftliche Grundlage ausschlaggebend ist.

Die Bergmannschen Patente, die hierauf scheinbar zuerst ausgingen, haben seinerzeit viel von sich reden zu machen gewußt, wir brauchen sie deshalb nur kurz zu streifen.

Bergmann preßte Sägemehl unter einem Drucke von 300 Kilogramm auf den Quadratzentimeter zu Blöcken zusammen. Allein diese Blöcke fielen bei der Verkohlungauseinander. Zerkleinertes Holz läßt sich, wenn es nicht vorher besonders weich gemacht ist, nur mit Schwierigkeiten zusammenpressen. Nach diesen Mißerfolgen kaufte man das Patent von Heimsoth auf, nach dem die Holzmasse vorher zur Flüssigmachung des Harzgehaltes auf 130° C. erwärmt wurde. Die danach unter einem Drucke von 1500 Kilogramm auf den Quadratzentimeter gewonnenen Blöcke brachten den Übelstand mit sich, daß sie nur unvollkommen verkohlten; die äußere Kruste war gewöhnlich bereits verbrannt, während die Blöcke in der Mitte noch nicht angekohlt waren. Man ließ später die Heimsothsche Vorerwärmung wieder fallen, griff zur Vortrocknung mit heißer Luft zurück und preßte in die Blöcke Kanäle, die die Wärmezufuhr nach der Mitte erleichtern sollten.

Man gelangte auf diesem Wege zu keinen Erfolgen. Der Schwede von Heidenstam kam danach auf den glücklicheren Gedanken, die vorher hergestellten Holzblöcke während der Verkohlung unter Druck zu stellen.

Verkohlung unter Druck nach von Heidenstam. — Seine ersten Apparate waren liegend angeordnet. Das Verkohlungsgut wurde in langen Röhren zwischen einem festen und einem beweglichen Stempel verdichtet, während die flüchtigen Stoffe, die ohne weiteres entweichen konnten, abgetrieben wurden. Dabei nahmen jedoch die Rohrwandungen einen großen Teil des Druckes auf, was eine ungleichförmige Verteilung des letzteren zur Folge hatte. Die am weitesten vom Druckstempel entfernten Teile erhielten infolgedessen den schwächsten Druck. Daraus entwickelte sich die in Fig. 115 erläuterte stehende Retortenkonstruktion. Die Holzstränge, wie sie vorher zur Anwendung kamen, werden für diesen Apparat in kurze Stücke zerteilt und zwischen je zwei Platten g, die über die mittlere Führungsstange b des Kolbens a geschoben werden, übereinander aufgebaut und schließlich mit einer eisernen Haube c überdeckt. Das Verkohlungsgut kommt jetzt nicht mehr mit den Retortenwandungen

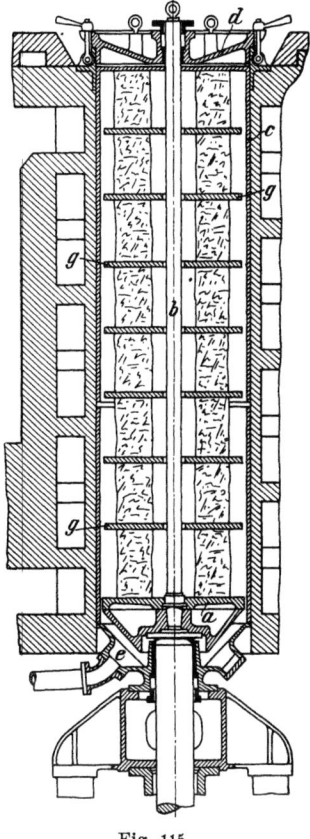

Fig. 115.

oder den dazwischen geschobenen Haubenwandungen c in Berührung, der vom unteren Druckstempel a ausgehende Druck muß sich also gleichmäßig nach dem oberen Ende fortpflanzen. Die abgetriebenen Dämpfe und Gase werden vom Boden der Retorte durch das die letztere unten abschließende Kopfstück e abgezogen. Der gußeiserne Deckel der Retorte wird während der Verkohlung vermittels Klappschrauben luftdicht angepreßt.

Nach der Beendigung der Verkohlung ist das Gut so weit zusammengeschrumpft, daß es etwa den Innenraum der Haube c ausfüllt, mit der zusammen es nun mit Hilfe des Druckstempels aus der Retorte herausgehoben und zum Abkühlen beiseite gestellt wird.

In Skönvik in Schweden fand dieses Verfahren in Verbindung mit einer großen Sägemühle Anwendung. Die ganze Anlage war ziemlich gründlich und sinnreich ausgearbeitet. Mechanische Fördereinrichtungen waren, wie das ja ein Betrieb, bei der die größte Sparsamkeit in jeder Hinsicht geboten ist, will man einen Gewinn erzielen, zur unbedingten Notwendigkeit macht, im vollsten Maße vorgesehen.

Alle Holzabfälle jeglicher Art und Form wurden zunächst zu einer gleichen Größe, und zwar zu Spanform, zerkleinert. Hinter jeder Säge des Werkes war ein Walzwerk aufgestellt, dessen Bauweise dem Erfinder geschützt war und das die Lattenabfälle durchlaufen mußten, wobei ihr Feuchtigkeitsgehalt auf den lufttrockenen Holzes herabgemindert wurde.

Zugleich auch zerquetschten die Walzen die Latten und schoben sie gegen eine hinter ihnen folgende Messerwalze. Die hieraus hervorgehenden Späne kamen in einen von Feuerungsabgasen geheizten Trockenapparat und danach in die Brikettpressen, die sie in Stangenform wieder abgaben. Diese Stangen gingen auf mechanischem Wege nach den Beschickungsapparaten im Verkohlungsgebäude, wurden in Ziegel zerlegt, die dann, wie das aus der Fig. 115 ersichtlich, zwischen Scheiben aufgebaut wurden.

Es liegen einige von G. von Heidenstam in „Jernkontorets-Annaler" veröffentlichte aus Versuchen gewonnene Zahlen vor, von denen wir nur die folgenden hier wiedergeben. Der Versuch, aus dem sie stammen, wurde im März 1900 mit 11 gefüllten Öfen in dem obigen Sägewerke ausgeführt:

Verkohlungsgut   Kiefernspäne

Gewicht der Beschickung . . . . . . 823 Kilogramm
Verkohlungszeit . . . . 17,57 Stunden
Zeitdauer der Beschickung und Entleerung   30 Minuten.

100 Kilogramm gepreßte Blöcke ergaben
- 33,6 Kilogramm Holzkohle
- 9,37 „ Teer
- 36,42 „ Rohholzessig

Der Holzessig enthielt . . . .
- 3,13 v. H. Essigsäure.
- 0,66 „ „ Methylalkohol
- 0,09 „ „ Azeton.

Später scheint man in der Lage gewesen zu sein, die Verkohlungsdauer auf 14 Stunden herunterdrücken zu können.

Die erzeugte Holzkohle hatte nach den Ermittelungen der Technologischen Reichsanstalt einen Heizwert von etwa 7890 Kalorien und in der Längsfaser eine Druckfestigkeit von 187,6 Kilogramm auf den Quadratzentimeter. Daß sie ziemlich schwer gewesen sein muß, läßt sich denken, denn der Druck, unter dem die Verkohlung vor sich ging, hatte die Wirkung, daß die ganz schweren Kohlenwasserstoffe, an deren Abdestillierung ja im Grunde nichts liegt, in den Blöcken zurückgehalten wurden.

Die damals, als die ersten Veröffentlichungen über dieses Verfahren erschienen, aufgestellten Kostenberechnungen ließen die Wirtschaftlichkeit dieses Vorgehens als völlig gesichert erscheinen. Man rechnete einen Gewinn von 14 bis 15 Mark aus jeder Tonne Holzabfall heraus. Die Zeit scheint nun allerdings die dabei untergelaufenen Rechenfehler aufgedeckt zu haben, denn auch diese Anlage ist wieder eingegangen. Aus welchen Gründen, ist nicht schwer zu finden.

Holzabfälle in zerkleinertem Zustande gewähren den einen wohl ins Gewicht fallenden Vorteil, daß sie in denkbar kürzester Zeit verkohlt werden können, in ein oder zwei oder gar in einem Bruchteile einer Stunde, wogegen die Verkohlung von Holzscheiten oder -klötzen 15 bis 24 Stunden in Anspruch nimmt. Man muß der Wärme Zeit lassen, allmählich bis zur Mitte des Holzes durchzudringen, und zwar ist eine langsame und stufenweise wachsende Wärmesteigerung dazu am angebrachtesten. Feuert man gleich zu Anfang zu heftig, so bildet sich um die Holzmasse eine Kohlenkruste, mit anderen Worten: der an und für sich schlechte Wärmeleiter, den Holz nun einmal vorstellt, verwandelt sich sofort in einen noch schlechteren und setzt dem Eindringen weiterer Wärme einen wachsenden Widerstand entgegen. Feuert man dagegen zu Anfang nur erst ganz schwach, damit die Zersetzung der Produkte in den Gang kommt, ehe sich die äußere Kohlenkruste bildet, so nimmt das zwar längere Zeit in Anspruch, der Kohle kommt es aber besonders zugute: sie wird eine gleichmäßigere Durchkohlung erhalten. Dieses sind die Schwierigkeiten, denen man bei der Holzdestillation nicht gut entgehen kann. Wir haben darauf ja bereits öfter hingewiesen.

Bietet sich nun aber das Holz in zerkleinertem Zustande, so ist die Aufgabe der schnellen Verkohlung eine viel einfachere, man hat in diesem Falle nur für geeignete Rühr- und Fördervorrichtungen zu sorgen, die sämtliche Holzteilchen einmal wenigstens mit den heißen Wandungen der Retorte in Berührung bringen. Was aber geschieht, wenn das Holzklein vor der Verkohlung in Blöcke gepreßt wird? Die alten Schwierigkeiten werden wiederum heraufbeschworen: die Verkohlungsdauer, sonst ein oder zwei Stunden betragend, wächst auf 15 bis 20 und mehr Stunden an.

Aus harzigen Nadelholzabfällen läßt sich der wertvolle Terpentin in einfachster Weise mit Dampf vor der Verkohlung gewinnen. Die Ausbeute an Essigsäure und Holzgeist ist bei Nadelholz viel zu gering, um eine teure Verkohlungsweise rechtfertigen zu können. Die einzigen Produkte, die noch in Betracht kämen, wären demnach Holzkohlen und Teer. Die lassen sich aber auf billigerem Wege durch gewöhnliche Verkohlung erzielen, wenn es sich um großstückiges Holz handelt. Kommt dagegen nur Sägemehl und ähnliches Rohgut in Frage, so würde sich die weitere Verkohlung kaum lohnen, denn der daraus zu gewinnende Teer besitzt nur eine geringe Güte.

Macht dagegen die Nähe eines Hochofens die Herstellung von Holzkohlen aus Sägemehl oder zerschliffenem Holze ratsam, so verkohlt man das Rohgut zweckmäßiger in einer drehbaren oder dergleichen Retorte, wozu höchstens ein Viertel der Zeit erforderlich ist, die die Verkohlung von Holz in fester Form beansprucht. Das daraus hervorgehende Kohlenklein läßt sich danach leicht mit einem billigen Bindemittel, wie Teer, in Blöcke pressen. Für den aus Sägemehl erhaltenen Teer wäre dieses eine wünschenswerte Verwendungsart.

Für aus Laubholz herrührende Abfälle wäre vielleicht das Heidenstamsche Verfahren früher von Nutzen gewesen, da der Holzgeist noch höhere Preise erzielte. Aber auch dann hätte es sich nur bezahlt machen können, wenn für die Holzkohle ein annehmbarer Preis zu verwirklichen gewesen wäre. In Amerika aber, wie in vielen anderen Ländern, kann man die beste Meilerkohle zu billigen Preisen erhalten, und seitdem die Steuer auf Kornspiritus aufgehoben ist, kann man sich auch in dieser Beziehung von einem derartigen Verfahren nicht mehr viel versprechen.

Obschon all die Verfahren, die wir im vorhergehen näher beschrieben haben, sich hauptsächlich auf Nadelholz als Rohmaterial beziehen, so könnten doch die darunter befindlichen Verkohlungsverfahren ohne weiteres auch für Laubholz angewendet werden, man braucht dann nur alles das fortzulassen, was die Terpentingewinnung angeht. Statt die Öle aufzuarbeiten, wendet man die Hauptaufmerksamkeit dem Säurewasser zu, aus dem essigsaurer Kalk und Holzgeist in der gewöhnlichen Weise gewonnen werden. Wir werden im nächsten Kapitel eine Anlage zur Verkohlung von Nadelholz eingehender beschreiben, bei der der Holzessig in dieser Weise verarbeitet wird. Das etwa bei den obigen Verfahren nebenher gewonnene Säurewasser kann natürlich genau so behandelt werden. Allein die Ausbeute an Essigsäure ist so gering, daß es sich schwerlich lohnt.

VI. Die Ausführung der Holzdestillation.

Eine eingehende Beschreibung der Durchführung jedes einzelnen Verfahrens kann natürlich nicht gegeben werden, wohl aber werden wir von jeder Gruppe ein Verfahren genauer durchgehen, das als maßgebend für die betreffende Gruppe gelten kann.

Es ist unbedingt erforderlich, bei der Destillationsarbeit auf ganz bestimmte Produkte auszugehen, damit man von diesen möglichst große Ausbeuten erhält. Hat man es auf die Gewinnung großer Terpentinmengen abgesehen, so nimmt das längere Zeit in Anspruch und die Destillationswärme muß so niedrig gehalten werden, daß kein Teer mit übergehen kann. In derselben Weise muß die Destillation langsam durchgeführt werden, wenn man auf eine große Teerausbeute ausgeht. Treibt man dabei zu schnell, so bilden sich umfangreiche Mengen unverdichtbarer Gase, was natürlich nur auf Kosten des Teeres geschehen kann.

1. Die Dampfdestillation.

Bei diesem Verfahren werden wir voraussetzen, daß die Anlage aus einer Anzahl stehender Retorten besteht, die zu einer Reihe zusammengestellt sind. Über jeder Retorte sollte ein Kasten vorgesehen werden, wenn man die Retorten nicht abwechselnd abtreiben will. Und unter jeder Retorte muß eine Rinne angebracht sein, die so groß ist, daß sie die Holzrückstände einer Beschickungsmenge auf einmal fassen kann. In dieser Rinne muß eine doppelte Förderkette mit Quersparren oder dergleichen Vorrichtung zur Fortschaffung des Holzrückstandes nach den Kesselfeuerungen laufen. Eine genau so konstruierte Fördervorrichtung soll über den Retortenkasten herlaufen und das zerraspelte Rohmaterial von der Holzschleifmaschine heranschaffen und durch eine Öffnung oder eine kurze Rinne in den Kasten fallen lassen.

Um den Abtrieb zu beginnen, füllt man die Retorte mit dem zu behandelnden Rohgute und läßt den Dampf einströmen, bis der Druck auf nicht mehr als 0,35 bis 0,7 Atmosphären oder auf eine solche Druckhöhe, wie man etwa vorher als geeignet ermittelt hat, gestiegen ist. Es empfiehlt sich, den Dampf zu Anfang möglichst schnell und reichlich einströmen zu lassen, damit die Retorte rasch erhitzt wird. Die Rührarme werden dabei in Tätigkeit versetzt und die Destillation so lange fortgesetzt, bis der Ölgehalt des Holzes übergetrieben ist, oder vielmehr bis zu dem Augenblicke, wo der Ölgehalt des Destillates so gering geworden ist, daß eine Fortsetzung der Arbeit sich nicht mehr lohnt. Der Dampf findet, während er die Retorte anwärmt, bald einen Ausweg nach dem Verflüssigungskühler, wo er mit dem überdestillierten Öle zusammen verdichtet wird und in die Vorlage fließt. Das Mengenverhältnis zwischen Öl und Wasser ist je nach dem Ölgehalte des Holzes verschieden, die größte Menge des Öles geht aber bereits während der ersten Hälfte der Destillationsarbeit über. Dieses Öl ist nicht ganz rein, sondern besteht aus Terpentin und harzigen Stoffen mit geringen Mengen von Äther, Aldehyden und Ketonen, die ihm einen bestimmten Geruch geben. Öl löst sich in Wasser nur zu einem ganz geringen Grade, man braucht deshalb die vom Kühlerauslaufe kommende Mischung sich nur in Bottichen oder dergleichen setzen zu lassen, wobei das Wasser nach unten geht. Schaltet man zwei oder drei solcher Absetzgefäße so hintereinander, daß vom ersten zum zweiten und so auch zum dritten ein Überlauf führt, so fließt das sich im ersten Gefäße zum großen Teile vom Wasser gesonderte Öl mechanisch in das zweite über, wo sich noch mehr Wasser ausscheidet, und dann zum dritten. Jetzt ist das Öl bereits so weit vom Wasser befreit, daß es nur noch einer einfachen Destillierung bedarf, um damit in eine marktfähige Beschaffenheit zu kommen.

Von einigen Seiten wird behauptet, daß beim Destillieren von Sägemehl nur der Harzterpentin vom Dampfe abgetrieben wird, der sich im Safte des Holzes vorfindet. Das ist jedoch nicht der Fall, es geht nicht nur das Balsamöl über, sondern auch der im Kernholze enthaltene Terpentin. Zusammen damit destilliert auch Harz ganz mechanisch mit über, wodurch das Rohöl wohl gefärbt wird, aber nicht den unangenehmen Geruch bekommt, der mit der Teerbildung sich einstellen würde.

In der Zwischenzeit werden die anderen Retorten gefüllt und die Betriebsarbeit damit begonnen. Das ununterbrochen in der Förderrinne herankommende Rohmaterial läßt man in den ersten Retortenkasten fallen. Handelt es sich um Sägemehl als Rohgut, so wird die erste Retorte wahrscheinlich abgetrieben sein, wenn die nächste fertig beschickt ist. Die Retortenkasten wären in einem solchen Falle überflüssig. Dauert jedoch die Destillierung eines Retorteninhaltes länger als die allmähliche Heranschaffung des Rohmaterials und Füllung einer einzelnen Retorte, so würde man das Rohgut während der Abtriebszeit in dem dafür erforderlichen Kasten aufspeichern, der im Boden eine große Entleerungsöffnung besitzen sollte, durch die man die zu einer Beschickung erforderliche Menge Rohgut mit möglichst geringem Zeitverlust in die Retorte fallen lassen kann. Ist der Inhalt der Retorte abgetrieben, so stellt man den Dampf ab, öffnet die Klappe oder Tür im Retortenboden und läßt den Holzrückstand in die Förderrinne zur Fortschaffung nach den Kesselfeuerungen fallen. Die Tür wird dann sofort wieder geschlossen und die Retorte mit einer neuen Beschickung vom oberen Kasten aus gefüllt. Damit beginnt dann der Abtrieb der nächsten Beschickungsmenge.

Eine andere Arbeitsweise desselben Verfahrens macht die Anordnung zweier Retorten nötig, deren Größe so bemessen wird, daß eine Retorte das während der Abtriebszeit einer Beschickung herangebrachte Rohgut aufnehmen kann. Sobald eine Retorte abgetrieben ist, könnte die zweite unmittelbar an die Reihe kommen. In der Zeit bis zur Beendigung dieser zweiten Retorte ist die erste wiederum abtriebsfertig und so fort.

Der Unterschied zwischen diesen beiden Arbeitsweisen ergibt sich ohne weiteres: bei der letzteren hat man zwei Retorten, bei der ersteren dagegen nur eine Retorte und einen Kasten nötig. Und da ein Kasten sich billiger stellen wird als eine Retorte, so erfordert die letztere Arbeitsweise etwas höhere Anlagekosten, wobei noch in Betracht zu ziehen ist, daß jede Retorte besondere Rohrverbindungen, Ventile und die nötigen Meßapparate erhalten muß. Der Gewinn bestände in der Ersparnis der zur Beschickung und Entleerung erforderlichen Zeit, zwei Tätigkeiten, die, da es sich nur um Herausfallen des bearbeiteten und Einstürzen frischen Materials handelt, nicht lange in Anspruch nehmen werden.

Bei der Verarbeitung von Sägemehl wird man allerdings finden, daß, selbst wenn Rührarme zur Anwendung kommen, das Rohgut doch stets die Neigung hat, sich in der Retorte zu Klumpen zusammenzuballen und gerüstartig sich aufzubauen, wodurch die Entleerung und die Abdestillierung kostspieliger werden.

Aus dem obigen geht schon zur Genüge hervor, daß die Ausführung des Dampfdestillationsverfahrens keine schwierige Sache genannt werden kann, alles was in bezug auf Arbeitskräfte dabei nötig, ist ein Mann mit genügender Intelligenz, um die Bedienung des Kessels übernehmen zu können, wenn eine Holzschleifmaschine nicht gebraucht wird. Kommt die letztere jedoch zur Anwendung, dann hätte man einen Maschinenwärter nötig.

Für eine große Anlage, wo bedeutende Mengen an Rohterpentin gewonnen werden, müßte man natürlich für gute fachmännische Leitung sorgen, um nicht nur Produkte von hoher Güte, sondern auch die sparsamste Betriebsweise zu erzielen.

2. Dampfdestillation mit nachfolgender Verkohlung.

Bei diesem zusammengesetzten Verfahren tritt uns schon eine schwierigere Aufgabe als bei der einfachen Dampfdestillation entgegen. Weder dieses noch das im nächsten Abschnitte zu behandelnde Verfahren bietet irgend einen besonderen Vorteil, wenn nicht die Herstellung einer gut verkäuflichen Holzkohle damit gelingt. Die Betriebsarbeit sollte infolgedessen so ausgestaltet werden, daß man mit Hilfe der Dampfdestillation soviel Terpentin abtreibt, wie nur möglich, und in der zweiten Hälfte, bei der Verkohlung, die größte Ausbeute an Teer und Holzkohle erzielt und nur wenig Gas erzeugt. Denn obschon das Gas einen ziemlich hohen Heizwert besitzt, so erfordert es doch mehr Brennstoff zu seiner Bildung, während zu gleicher Zeit der Ertrag der wertvolleren Nebenprodukte des Holzes, besonders auch der an Holzkohle, geringer wird.

Dieses Verfahren würde der Verfasser für den Fall empfehlen, daß man auf die Gewinnung der drei Hauptprodukte, Terpentin, Teer und Holzkohle, ausgeht. Für Terpentin- und Teerherstellung allein, ohne Holzkohlenerzeugung, würde ein später zu beschreibendes besonderes Verfahren angebrachter sein.

Um Anhaltspunkte für die Vorbereitung des Holzes zu erhalten, muß man durch einen vorherigen Versuch feststellen, welche Terpentinausbeute ein Raummeter von meterlangen, halbmeterlangen und viertelmeterlangen Knüppeln oder Spaltscheiten aus Stockholz während einer 15 stündigen Behandlung mit Dampf liefert. Daraus ergibt sich dann, ob ein Zersägen der Knüppel in kürzere Stücke sich bezahlt machen würde oder nicht.

Das in der gehörigen Weise vorbereitete Holz wird darauf in die Retorte gefüllt, und zwar entweder von Hand eingeschichtet oder vorher auf Wagen aufgebaut und eingefahren. Die Türen werden dann wieder luftdicht verschlossen, wenn nötig, unter Zuhilfenahme feuchten Lehms, die Meßapparate, wie Thermometer und Druckmesser, in Ordnung gebracht und die Feuer entzündet. Die Wärme innerhalb der Retorte ist ohne Zeitverlust, aber auch ohne daß infolge zu heftiger Befeuerung die Einmauerung und die Retortennähte beschädigt werden können, auf 100^0 C. zu bringen. Diese Erwärmung wird immerhin ein bis drei Stunden in Anspruch nehmen, je nachdem, wie groß die Retorte ist. In ganz bedeutender Menge läßt man nun überhitzten Dampf in die Retorte einströmen, bis ihr Inhalt auf annähernd 165^0 C. Wärme gestiegen ist, worauf die Dampfzufuhr heruntergeschraubt werden sollte, damit eine beträchtliche Menge, zum Beispiele nicht weniger als 4 bis 5 vom Hundert der verflüssigten Stoffe aus Öl besteht. Die Wärme innerhalb der Retorte ist aber möglichst annähernd auf 163^0 C. zu halten, nicht etwa, weil das Öl bei einer niedrigeren Temperatur nicht überdestillieren würde, sondern hauptsächlich deshalb, weil die Wärme bis in das Innere der Holzstücke eindringen und von dort den Öl- und Harzgehalt herausholen muß. Man soll jedoch Sorge tragen, nicht über diese Temperatur hinauszugehen, weil sonst die Zersetzung des Holzes anheben und die Entwicklung empyreumatischer Dämpfe beginnen würde. Die Zersetzung der Zellulose beginnt eigentlich schon bei 160^0 C., aber in nur ganz geringem Maße.

Holz ist ein schlechter Wärmeleiter und es ist nicht genau bekannt, welche Größe ein Holzklotz oder -scheit haben darf, um doch auch zu gleicher Zeit klein genug zu sein, damit die Wärme imstande ist, das Harz aus der Mitte des Klotzes herauszuziehen, wenn die äußere Temperatur etwa 163^0 C. beträgt. Ebensowenig ist es genau bekannt, wie lange Zeit die Wärme bei dieser Temperatur bedarf, um bis zur Mitte des Klotzes durchzudringen. Es ist jedoch kein Grund ersichtlich, warum sich das nicht feststellen lassen sollte, und höchstwahrscheinlich werden wir solche Ermittelungen bald bekommen.

Die Menge der bei dieser Behandlung übergehenden Destillate braucht nicht groß, sollte aber doch eine ganz bestimmte sein. Es ist in jedem Falle besser, die Feuerungswärme soweit als nur möglich anzuwenden, damit die Feuerung für den zweiten Teil der Destillationsarbeit stets heiß und bereit ist. Man bläst nur so viel Dampf ein, wie zum Übertreiben der Öldämpfe erforderlich ist. Damit spart man Kühlwasser zugleich.

Ist der Verflüssigungskühler für eine Zeitlang nicht im Gebrauche gewesen, so wird sich am Kühlerauslauf zuerst ein grün gefärbtes Öl zeigen. Man hat das der Auflösung des von der vorletzten Destillation in den Kühlerröhren hinterlassenen Kupferazetates zuzuschreiben. Oftmals auch läuft zuerst ein völlig wasserklares Öl aus, das aber schnell in Gelb übergeht und schließlich mehr und mehr bernsteinfarbig wird, je mehr Harz mit überdestilliert. Läßt die am Kühler ausfließende Ölmenge bei gleichbleibender Temperatur innerhalb der Retorte endlich nach, so ist das ein Zeichen, daß der größte Teil der leichteren Öle abgetrieben ist. Um nun schwerere Öle zu erhalten, muß die Destillationswärme etwas erhöht werden. Das Auftreten von Gas in etwa der 15. Stunde nach Beginn der Destillationsarbeit, wenn die Retorte ganz allmählich erwärmt wurde, zeigt den eintretenden Wechsel an. Die überdestillierenden Öle können mit einem Hydrometer geprüft werden, falls man das vorzieht; ist jedoch die Beheizung der Retorte in gehöriger Weise durchgeführt, so sollte jetzt die Auffangvorlage ausgewechselt werden und der Gasscheider, wenn er nicht schon längst an seiner Stelle sitzt, wäre jetzt natürlich anzuschließen. Die Dampfzufuhr kann nun unterbrochen oder auch ruhig fortgesetzt werden, je nach den besonderen Anschauungen, die man in der Beziehung hegt. Der Verfasser zieht die Anwendung von Dampf während des ganzen Abtriebes vor, da der letztere gewisse Wirkungen hervorbringt, die man gewiß nicht auf anderem Wege erreicht. Da der Holzessig bei der Nadelholzdestillation gewöhnlich nicht gewonnen wird, so braucht man den Überschuß an Wasser im Destillate nicht weiter zu fürchten. Das Mengenverhältnis darf dabei jedoch nicht derart sein, daß die Scheidung des Teers und der Säure Schwierigkeit bereitet. Beabsichtigt man dagegen die Aufarbeitung des Holzessigs und des Holzgeistes, so muß man darauf Rücksicht nehmen, daß jede zu vermeidende Verwässerung des Destillates später höhere Eindampfkosten bedeutet.

Erfahrene Holzdestillateure können von nun an den Fortgang der Destillation in verschiedener Weise beobachten. Die Beheizung darf nicht so stark sein, daß das entwickelte Gas einen Überdruck in der Retorte verursacht, zu gleicher Zeit sollte jedoch auch ein gleichbleibender Strahl mit schwachem Druck aus dem Auslaufrohre des Kühlers kommen. Die gebildeten unverdichtbaren Gase sind zuerst, wenn sie entzündet werden, blau, eine Folge der Verbrennung von Kohlenmonoxyd. In dem Maße, wie der Abtrieb fortschreitet, geht auch die Farbe der Gasflamme allmählich in Gelb über und gegen das Ende der Destillation tritt die schwere, weißgelbe Flamme der schweren Kohlenwasserstoffe auf und verbleibt, bis der Abtrieb schließlich beendet ist.

Natürlich kann die Destillation während der zweiten Hälfte des Abtriebes ruhig noch mit Hilfe eines gewöhnlichen Quecksilberthermometers beobachtet werden; für die letzte Periode aber wird man, hat man nicht ein besonderes 500 gradiges Thermometer, ein Pyrometer irgendwelcher Art nötig haben.

Erreicht die Temperatur 260° C., so wechselt man häufig die Auffangvorlage noch einmal, um den dickeren Teer, der von jetzt ab überdestilliert, getrennt von dem vorherigen aufzufangen; andere wiederum wechseln die Vorlage erst bei 315° C. Und in manchen Betrieben werden sämtliche teerigen Destillationsprodukte gemischt in ein und derselben Vorlage aufgefangen und nachher noch einmal destilliert. Unter gewöhnlichen Verhältnissen würde der Abtrieb der Retortenfüllung beendet sein, wenn die Temperatur auf 430° C. gestiegen ist; in einigen Fällen jedoch, und zwar infolge der Bildung von Paraffinen mit hohen Siedepunkten, wird man genötigt sein, auf etwa 485° C. hinauf zu gehen. Zuweilen hat sich der Verfasser gezwungen gesehen, selbst noch über diesen Wärmegrad hinaus zu gehen. Hat man besondere Verflüssigungskühler für jede Retorte, so läßt sich das Ende der Destillation leicht an dem Nachlassen der Menge der Destillate am Kühlerauslaufe wahrnehmen. Tritt dieser Punkt ein, so können die Feuer vom Roste entfernt und die Gasleitung kann in eine andere Feuerung abgelenkt werden. Die noch in den Mauerwänden der Feuerungsanlage steckende Wärme wird sich als genügend zur Vervollständigung der Verkohlung herausstellen. Ist die Feuerungsanlage bereits heiß, wenn die Zersetzungsperiode des Holzes beginnen kann, so sollte der zweite Teil der Destillationsarbeit, der trockene Abtrieb, bei einer Retorte mit einem Fassungsvermögen für 10 Raummeter Holz nur etwa 8 Stunden in Anspruch nehmen. Ist die Retortenwandung gut geschützt, so wird sie bei diesem Abtriebe nicht besonders mitgenommen. Am Schlusse der Destillation wird die Retorte am Boden rotwarm sein. Man läßt sie so weit abkühlen, daß das Eisen wieder sein schwarzes Aussehen annimmt; die Holzkohle kann dann gezogen werden. Die Türen werden zu diesem Zwecke geöffnet und der Retorteninhalt so schnell als möglich entfernt. Bei der Anwendung von Retortenwagen läßt sich dieses ohne großen Zeitverlust und vor allen Dingen ohne bedeutende Verluste an Holzkohle durch Entzündung bei der Berührung mit Luft ausführen. In manchen Betrieben harkt man die heiße Holzkohle einfach in Gruben und löscht sie dann mit Wasser oder bedeckt sie mit einer Lage nassen Holzkohlenstaubes, mit sogenanntem Kohlendreck. Andere dagegen benutzen Blechkastenwagen, die vor dem Öffnen der Retortentüren unmittelbar unter die letzteren geschoben werden, worauf man dann die glühende Kohle in sie

Die Ausführung der Holzdestillation. 175

hineinfallen läßt und die Kasten schnell mit Deckeln und feuchtem Lehm luftdicht verschließt.

3. Die trockene Destillation.

Diese Destillationsarbeit verläuft im großen und ganzen genau so, wie der zweite Teil des obigen zusammengesetzten Verfahrens, mit der Ausnahme, daß Dampf überhaupt nicht zur Anwendung kommt. Infolgedessen sind die zuerst überdestillierenden Produkte von dunklerer Färbung

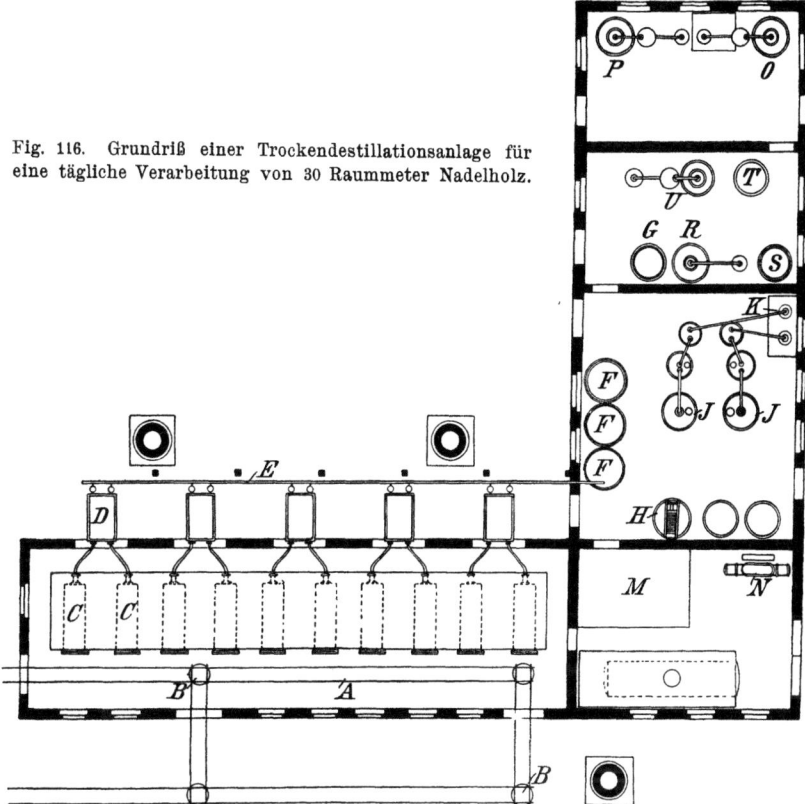

Fig. 116. Grundriß einer Trockendestillationsanlage für eine tägliche Verarbeitung von 30 Raummeter Nadelholz.

und auch in ihrer Menge geringer. Der erste Teil der Destillate wird gewöhnlich in besonderen Behältern aufgefangen, es ist das jedoch nicht immer des Fall.

Eine ziemlich vollständig eingerichtete Anlage zeigt Fig. 116 im Grundriß. Diese Anlage ist für die Verarbeitung von ungefähr 30 Raummeter Nadelholz in 24 stündiger Tagesarbeit berechnet.

Das zu verkohlende Holz wird auf den vorgesehenen Geleisen, in die an geeigneten Stellen Drehscheiben eingeschaltet sind, in das Retortengebäude gebracht und in die Retorten gepackt. Um die vorhandenen und notwendigen Arbeitskräfte richtig auszunutzen, werden die Retorten nicht zu gleicher Zeit, sondern nacheinander beschickt und in den Gang gesetzt, und zwar würde man mit denen an der linken Seite beginnen. Die Verkohlungsarbeit wird dann in der oben beschriebenen Weise durchgeführt. Sie verteilt sich mit Füllen und Entleeren auf ungefähr 24 Stunden. Der eigentliche Abtrieb kann in 21 bis 22 Stunden ausgeführt werden. Die Kühlrohre von je zwei Retorten liegen in einem gemeinschaftlichen Kühlwasserkasten D. Die verflüssigten Destillate fließen sämtlich durch eine aus Röhren oder Rinnen gebildete Leitung E nach den hintereinander geschalteten Absetzbottichen F, wo sich der Teer und das Öl vom Säurewasser scheiden. Das Öl wird nach dem Bottiche G überführt, und das Säurewasser mit Holzgeist kommt entweder unmittelbar in die Abtriebsblase einer der beiden Dreiblasenanordnungen J oder kann vorher zur Herstellung von sogenanntem Braunkalk mit Kalk gesättigt werden. Die groben Unreinheiten des Kalkes werden dann mit Hilfe der Filterpresse ausgesondert und der Holzgeist in einer eisernen Destillierblase abdestilliert.

Die Herstellung von grauem essigsaurem Kalk geschieht nach verschiedenen Weisen. Der Holzessig mit den Alkoholdämpfen wird zum Beispiel in einer kupfernen Blase abdestilliert, wobei der in der wässerigen Flüssigkeit noch vorhanden gewesene Teer in der Blase zurückbleibt. Dieser Rückstand wird gewöhnlich in den Retortenfeuerungen oder unter dem Dampfkessel mit verbrannt, falls der Verkauf dieses Produktes nicht lohnend erscheint. Der überdestillierte Holzgeist und Holzessig werden danach in einem geeigneten Bottiche mit Kalkmilch gesättigt und durch die Filterpresse geschickt. Und nun kann der Holzgeist abdestilliert werden. Nach einer anderen Arbeitsweise fängt man bei der ersten Destillation den Holzgeist und Holzessig in einer besonderen Vorlage auf, bis das spezifische Gewicht dieser Mischung 1 erreicht. Dann wird die Auffangvorlage gewechselt und der nun noch übergehende Holzessig besonders gesammelt. Dieser wässerige Holzessig wird sodann mit Kalk gesättigt und die daraus hervorgehende Kalklauge unmittelbar eingedampft.

Im Norden der Vereinigten Staaten arbeitet man in der Weise, daß man den Kalk von einem hochstehenden Behälter unmittelbar in die eiserne Destillierblase laufen läßt, die für diesen Zweck mit Rührarmen ausgestattet ist, die ein gründliches Mischen besorgen.

In dem großen Holzkohlenwerk der Algona Steel Company, Sault Ste. Marie, Canada (vergleiche hierzu die Angaben auf S. 81), behandelt man die Nebenprodukte nach dem oben skizzierten ersten Verfahren. Die über den Retortenabdeckungen in zwei großen Rinnen aufgefangenen Destillate läßt man in zwei in die Erde des Aufarbeitungsgebäudes für die Nebenprodukte gesenkte große Bottiche laufen, wo der Teer Gelegenheit hat sich abzusetzen. Die obenauf schwimmende wässerige Flüssigkeit wird in eine Reihe von hochstehenden Bottichen gepumpt. Vom Boden

Die Ausführung der Holzdestillation. 177

dieser Bottiche leitet man die sich abgesetzte Flüssigkeit in eine große Teerblase, wo Holzgeist und Holzessig abgetrieben werden. Die in der oberen Hälfte stehende reinere Flüssigkeit dagegen läßt man in zwei andere Blasen fließen, um sie darin von dem noch immer mitgeführten Teere zu befreien. Die Destillate von allen drei Blasen werden dann in großen niederen, in die Erde versenkten Bottichen gesammelt und mit trockenem gelöschten Kalk gesättigt. Die hieraus hervorgehende Kalklauge wird sodann durch zwei einfache Destillierblasen geschickt, aus denen ein 8 bis 10 prozentiger Holzgeist übergeht, der später in Säulendestillierapparaten auf einen Alkoholgehalt von 82 vom Hundert verdichtet wird. Der in den Alkoholblasen verbleibende Rückstand an Kalklauge wird auf den Retortenabdeckungen, die zu Trockendarren ausgebildet sind, weiter eingedickt und getrocknet.

Solche etwas kostspieligen, weil unausgebildeten Aufarbeitungsverfahren wird man zwar auch noch hin und wieder in Europa, selbst wohl auch noch zuweilen in Frankreich antreffen, im allgemeinen wird jedoch die Aufarbeitung der wässerigen Nebenprodukte

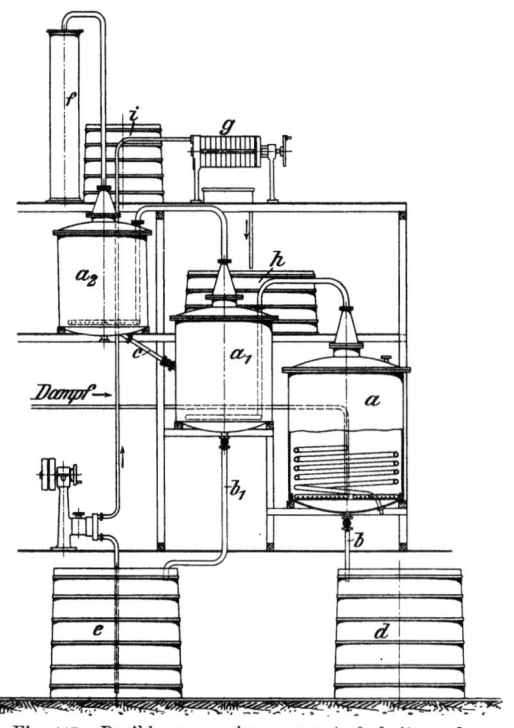

Fig. 117. Dreiblasenanordnung zur Aufarbeitung des wässerigen Säuredestillates.

unter Anwendung der sogenannten Dreiblasenanordnung J (Fig. 116) ausgeführt, mit der man nicht nur eine beträchtliche Ersparnis an Heizmaterial, sondern auch die Zusammenziehung zweier oder dreier sonst hintereinander folgenden Tätigkeiten zu einer einzigen erzielt. Die Fig. 117 gibt eine solche Dreiblasenzusammenstellung ausführlicher im Aufriß wieder.

Die große Blase a dient zum Abdestillieren des Rohholzessigs und Holzgeistes. Ihr Übersteigrohr mündet mit einem durchlöcherten Rohrringe über dem Boden der nächsten, etwas höherstehenden kleineren Blase a_1, die mit Kalkmilch beschickt wird. Und in gleicher Weise mündet das Übersteigrohr dieser Blase über dem Boden der dritten Blase a_2, die als zweite Kalkmilchvorlage dient. Von dieser letzteren Blase gehen die

Harper-Linde, Destillaton. 12

Destillationsdämpfe unmittelbar in den Kühler f über. Die eigentliche Destillierblase a ist außer mit einer durchlöcherten einringigen Schlange noch mit einer genügend langen, geschlossenen Dampfschlange ausgestattet.

Man arbeitet mit der Dreiblasenanordnung so, daß man nach der Einfüllung der wässerigen Holzdestillate erst langsam und vorsichtig heizt. Die entstehenden Dämpfe strömen durch die beiden Kalkmilchvorlagen und werden schließlich im Kühler f wieder verdichtet. Sobald der Alkohol abgetrieben ist, was man durch Eintauchen einer Areometerspindel in den dafür eingerichteten Kühlerauslauf feststellen kann, und zwar ist dieses dann eingetreten, wenn das spezifische Gewicht der auslaufenden Flüssigkeit von der Spindel mit 1 angegeben wird, so kann der Abtrieb etwas beschleunigt werden. Zu gleicher Zeit wechselt man die Auffangvorlage am Kühlerauslauf. Die übergehende Säure des Holzessigs sowohl als auch des Methylazetats werden in den Vorlagen vom Kalk gebunden. Von Zeit zu Zeit prüft man mit Hilfe eines dafür vorgesehenen Probehahnes den Inhalt der ersten Vorlage a_1 auf seine Sättigung. Reagiert die Kalkmilch schließlich schwach sauer, so läßt man sie durch die Ausflußleitung b_1 in den Bottich e fließen und veranlaßt sofort die Lauge der zweiten Vorlage a_2 nach a_1 überzutreten, was nach Öffnen des Hahnes der Verbindungsleitung c von selbst vor sich geht. Frische Kalkmilch, die in dem hochstehenden Bottiche i und zwar zweckmäßig mit Hilfe eines Rührwerks vorbereitet wird, muß nun wieder in die letzte Blase eingelassen werden. Diese Tätigkeit wiederholt sich im Laufe des Abtriebs so oft, bis sämtliche Essigsäure an Kalk gebunden ist. Der teerige Blasenrückstand wird von a durch die Ablaufleitung b in den Bottich d entleert.

Häufig ordnet man jetzt auch die Blasen etwas anders an, um die Entleerung der fertiggesättigten Kalklauge ohne jede Unterbrechung des Abtriebs und unter Vermeidung jeglicher Verluste an Dämpfen ausführen zu können. Man macht dann die beiden Kalkmilchvorlagen gleich groß und hängt sie mit der Hauptblase in gleicher Höhe auf. Die Rohrverbindungen sind in dem Falle jedoch so einzurichten, daß man beliebig diejenige der Vorlagen, deren Inhalt an Kalkmilch gesättigt ist, ausschalten und nach der Entleerung wieder als letzte Vorlage, weil sie mit frischer Kalkmilch inzwischen wieder befüllt wurde, in die Reihe einschalten kann. Das erfordert einige Rohrleitungen und Dreiweghähne mehr, bringt aber im übrigen gewisse, leicht zu ersehene Vorteile mit sich. Zuweilen sieht man auch noch einen kleinen Kühler vor, der, mit der Rohessigblase a direkt verbunden, einen Teil der Essigdämpfe unmittelbar verflüssigt; diese rohe Essigsäure kann zum Nachsäuern der Kalklauge verwendet werden, falls die letztere mal nicht völlig gesättigt sein sollte.

Aus der im Bottiche e gesammelten essigsauren Kalklauge sollen sich durch längeres Stehen der Schlamm und die groben Unreinheiten absetzen, die dann durch die Schlammpumpe vom Boden des Bottichs in die Filter-

Die Ausführung der Holzdestillation. 179

presse g gehoben werden. Die daraus hervorgehende klare Lauge fließt in den Sammelbottich h. Die im Bottich e abgeklärte Kalklauge kann unmittelbar eingedampft werden, wozu in dem Grundrisse, Fig. 116, zwei mit oder ohne Rührvorrichtungen ausgestattete Eindampfpfannen vorgesehen sind. Die Konstruktion einer solchen mit Dampf geheizten Eindampfpfanne zeigen die Fig. 118 und 119 im Aufriß und Grundriß. Es ist ratsam, über den Pfannen Dunsthauben anzubringen, damit die ätzenden Brüden nicht in die Gebäude dringen können. Diese Dunsthaube ist bei der abgebildeten Bauweise mit zwei Türen versehen und kann, an Gegengewichten hängend, bequem auf und ab bewegt werden.

Das weitere Eindicken und Trocknen wird gewöhnlich auf Darrpfannen vorgenommen; in der Fig. 116 ist M, im Kesselhause liegend, dafür vorgesehen. In manchen Anlagen hat man die Abdeckungen der Retorteneinmauerungen zu Trockendarren ausgebildet. Vielfach baut man sie aber auch besonders und leitet die von den Kessel- und Retortenfeuerungen kommenden Abgase im Zickzack darunter her. Die teigige Masse wird auf den Darrplatten ausgebreitet und beständig mit Hilfe von Krücken gewendet und bewegt, damit sie nicht bis zur Zersetzung erhitzt werden kann (weiteres vergleiche unter Kalziumazetat im IX. Kapitel).

In neuester Zeit hat man vorgeschlagen, die Verdampfung der Kalklauge in den in anderen Industriezweigen bereits so vielfach angewendeten Mehrkörperverdampfapparaten vorzunehmen, womit nicht nur eine Ersparnis an Heizmitteln, sondern auch eine solche an Reinigungskosten und eine größere Schonung der Apparate erreicht werden kann, denn da die Verdampfung in diesen Mehrkörperapparaten unter Luftverdünnung, das heißt also bei geringen Temperaturen vorgenommen werden kann, bleibt der Teer leichter flüssig, er hat viel weniger Gelegenheit, sich an den Heizwänden festzusetzen und dort zu verkoken.

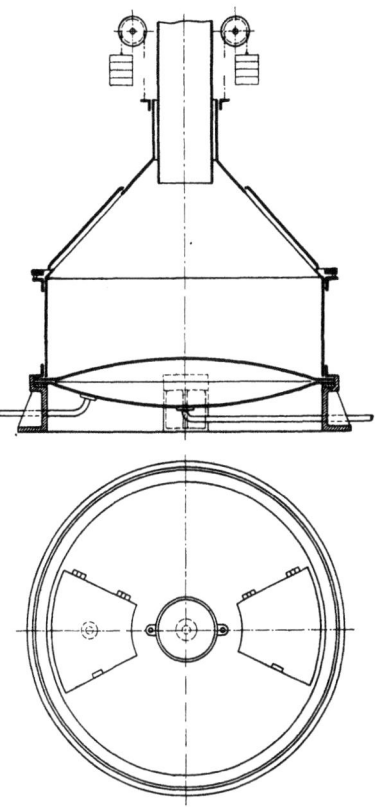

Fig. 118 und 119. Eindampfpfanne für essigsauren Kalk.

Die Wirkungsweise solcher Mehrkörperapparate kann hier nur kurz angedeutet werden. Bestehen sie zum Beispiel aus drei Verdampfungs-

12*

körpern, so schaltet man sie so aneinander, daß die aus dem ersten, mit gesättigtem Dampfe, Frischdampf oder Abdampf der Maschinen, geheizten Körper kommenden Wasserdämpfe in die Heizkammer des zweiten Körpers übergehen und dort ihre Wärme abgeben können; und genau so wird der dritte Körper an den zweiten angeschlossen. Damit aber die aus dem ersten Verdampfkörper kommenden Brüden in dem zweiten noch eine Verdampfwirkung ausüben können, muß man die Luft in der Verdampfkammer dieses Körpers verdünnen und dadurch den Siedepunkt herunterdrücken. Noch weiter aber muß die Luftverdünnung im dritten Verdampfraume durchgeführt werden, sollen hierin die weniger heißen Brüden des zweiten Körpers noch wirken. Man macht das dann so, daß die Luftpumpe an den letzten am meisten zu verdünnenden Körper unmittelbar, an die übrigen Verdampfkammern jedoch nur durch kleiner werdende Zweigrohre angeschlossen wird. Natürlich hat man dazu noch einen Kühler nötig, der vor die Luftpumpe oder dahinter eingeschaltet werden kann.

Die einzudickende Kalklauge kommt in den ersten der drei Körper und wird darin mit Frisch- oder Abdampf bis zu einem gewissen Grade eingedampft. Zur weiteren Eindampfung läßt man die Lauge nun in den zweiten Körper übertreten, was infolge der darin herrschenden höheren Luftverdünnung selbsttätig vor sich geht. Der erste Körper ist jetzt zur Aufnahme einer neuen Beschickung bereit. Ist die Lauge im zweiten zu einem höheren Grade eingedickt, so läßt man sie in der gleichen Weise wie vorhin in den dritten Körper übertreten. Der leer gewordene zweite wird wieder vom ersten aus gefüllt. Aus dem dritten Körper geht die Kalkmasse mit einem Feuchtigkeitsgehalte von etwa 40 bis 50 vom Hundert hervor. Zur Aufrechterhaltung eines möglichst mechanischen und selbsttätigen Betriebes würde es sich wohl empfehlen, die Eindickung in den Mehrkörperapparaten nicht zu weit zu treiben, damit die Masse noch beweglich bleibt.

An die Stelle der Trockendarren, die ja eine ständige Bewachung nötig machen, ist man jetzt bestrebt, Trockentrommeln mit inneren Fördereinrichtungen zu setzen, in denen die Eindickung bis zur körnigen Trockne unter Zuhilfenahme eines erhitzten Luftstromes vorgenommen wird.

Damit läßt sich die Trocknung des Kalkes zweifellos in bedeutend geringerer Zeit durchführen. Man hat aber in Betracht zu ziehen, daß außer der nicht billigen Anlage Maschinenkraft für die Bewegung der Trommel oder ihrer inneren Rührschaufeln oder Förderschnecken und auch eine Feuerungsanlage für die Erhitzung der zum Trocknen benötigten Luft erforderlich ist. Die Zahl der Arbeitskräfte wird wohl bei einer solchen Anlage die gleiche wie bei einer gewöhnlichen Darre bleiben. Ihre Wirtschaftlichkeit hängt demnach nur von der etwa zu erzielenden Zeitersparnis ab.

Es scheint uns empfehlenswert, zu erwägen, ob sich nicht vielleicht die Verkohlungsretorte von Bower (Fig. 107—108, S. 154—155) auch für diesen Zweck ebenso gut eignete. Sie ist zweifellos billiger herzustellen, die Dauer des Aufenthaltes des Kalkes in der Trocknungskammer ist ziemlich genau zu regeln und man könnte zu ihrer Beheizung Abgase von Retorten- und Kesselfeuerungen nutzbar machen.

Für Nadelholzdestillationsanlagen kommen Neuerungen dieser Art vorläufig weniger in Betracht, sie sind im Verhältnisse zu den aus der zu verdampfenden und einzutrocknenden Laugenmenge etwa zu gewinnenden Produkten zu kostspielig.

Wir haben oben erwähnt, daß der in der Dreiblasenanordnung zuerst überdestillierte Holzgeist in einer besonderen Vorlage aufgefangen wird.

Dieser schwache Holzgeist wird nun gewöhnlich, ehe er als Handelsware gelten kann, noch ein oder mehrere Male destilliert und zu diesem Zwecke nach dem Säulendestillierapparate O (Fig. 116) überführt. Die Einrichtung eines solchen Säulenapparates ist aus der im nächsten Kapitel näher behandelten Fig. 126 zu ersehen; an der Stelle werden wir auch auf seine Wirkungsweise in Kürze eingehen. In diesem Säulendestillierapparate O wird der wässerige Alkohol von 0,965 spezifisches Gewicht in Teile zerlegt, von denen einige auf 0,816 spezifisches Gewicht verdichtet werden, die dann einen Methylalkoholgehalt von etwa 95 vom Hundert aufweisen. Im Durchschnitte wird der Holzgeist in dieser Säule auf 82 vom Hundert Alkohol gebracht, mit welcher Dichte er in den Handel kommt. Vorsicht ist beim Destillieren erforderlich, damit nicht das leichte Holzöl Gelegenheit erhält, in den hochgradigen Alkohol überzugehen, der dadurch seine Mischbarkeit mit Wasser einbüßen würde. Man vermeidet das gewöhnlich durch getrenntes Auffangen der einzelnen Fraktionen oder Teile, in die der Holzgeist in der Säule zerlegt wird; einige dieser Teile werden, mit gleichartigen gemischt, später wieder destilliert. Der erste Auslauf besteht gewöhnlich aus mehr oder weniger gefärbtem Holzgeiste, der getrennt aufgefangen wird, bis die mittlere Fraktion anfängt, überzudestillieren. Nach dem Mittellaufe kommen Produkte mit höheren Siedepunkten über, die sich dadurch anzeigen, daß das gewonnene Holzgeistdestillat sich beim Mischen mit Wasser trübt. Und in der Folge erhält das am Kühlauslaufe erscheinende Destillat selbst eine trübe Färbung und setzt sich am Ende in zwei verschiedenen Lagen, nämlich in Öl und Wasser ab. Die allerletzten Ausläufe bestehen nur noch aus Wasser, das mit empyreumatischen Stoffen durchsetzt ist.

Der beim Mischen mit Wasser trübe werdende Holzgeist kann in zweierlei Weise behandelt werden; er kann entweder dem trüben Destillate zugesetzt und beides zusammen mit der nächsten Rohholzgeistbeschickung gemischt werden; oder man verdünnt ihn mit Wasser, bis er die spezifische Dichte von etwa 0,934 zeigt, läßt ihn danach während einiger Tage ruhig stehen, worauf sich der größte Teil der Kohlenwasserstoffe als eine ölige Lage auf der Oberfläche der Flüssigkeit absetzen wird, die sich leicht abziehen läßt. Der zurückbleibende wässerige Holzgeist wird mit etwas

Kalkzusatz nochmals destilliert und ergibt einen starken Alkohol, der sich mit Wasser mischen läßt, ohne eine Trübung zu verursachen.

Die öligen Fraktionen werden zusammengetan und wiederum der fraktionierenden Destillation unterworfen, woraus sich dann eine weitere Menge guten Holzgeistes als mittlere Fraktion gewinnen läßt. Das Holzöl, das als sogenanntes Rotöl bekannt ist, wird gewöhnlich verbrannt.

Den auf diese Weise gewonnenen starken Alkohol kann man nun nochmals in dem dafür vorgesehenen Säulendestillierapparate P unter Zusatz einer geringen Schwefelsäuremenge destillieren, um einen sehr reinen hochgradigen Holzalkohol zu erhalten.

In manchen Anlagen läßt man auch wohl den rohen Holzgeist durch Türme fließen, die mit Holzkohle angefüllt sind und zur Entfernung einiger der Ketone, Aldehyde und teerigen Stoffe dienen.

Bei keinem dieser Verfahren findet eine Ausscheidung des Azetons statt. Dafür werden verschiedene Arbeitsweisen angewendet. Nach einem dieser Verfahren bildet man eine Verbindung des Holzgeistes mit Kalziumchlorid, die sich unter 100° C. noch nicht zersetzt. Durch vorsichtige Erhitzung kann man nun das Azeton abtreiben. Dem Rückstande wird Wasser zugesetzt und das Ganze danach auf 100° C. erwärmt. Die Kalziumchloridverbindung zersetzt sich nun wieder und der Holzgeist destilliert über. Nach einem anderen Verfahren setzt man Ätzkali und Jod zu, bis die gelbe Färbung verschwindet, und destilliert dann (Regnault und Villejean). Der wässerige Alkohol wird wiederholt über Kalk und schließlich noch einmal über Natrium oder wasserfreiem Phosphor rektifiziert, um damit die letzten Spuren von Wasser zu entfernen.

Der rohe Terpentin, der noch Teer, Harz und dergleichen enthält, wird nach dem Behälter G (Fig. 116) überführt und von da in die Destillierblase R gefüllt, wo die leichteren Öle abgetrieben und im Bottiche S gesammelt werden. In der Blase bleibt der im Rohterpentine enthalten gewesene Teer zurück, der nun daraus entfernt wird, bereits als Handelsware gelten kann und zu dem Zwecke in Fässer gefüllt wird. Der destillierte Terpentin wird von S aus in den Waschapparat T überführt und darin mit Alkalilauge, Wasser, Säure und zum Schlusse wieder mit Wasser gewaschen, dann in den Säulendestillierapparat U gefüllt und einer zerlegenden Rektifikation unterworfen (weiteres darüber im nächsten Kapitel).

Die Rückstände der anderen Destillierblasen werden mit Rohöl vermischt und wiederum destilliert. Haben sie sich schließlich in genügender Menge angesammelt, so werden sie, wenn möglich, verkauft.

Die in den Retorten nach Beendigung des Abtriebs verbleibende Holzkohle wird mit Hilfe von Ketten, an deren Ende ein Kratzeisen befestigt ist, herausgekratzt und in einen auf einem Fahrgestelle ruhenden Blechkasten fallen gelassen. Der Kasten wird darauf mit einem Blechdeckel verschlossen, die Kanten vermittels feuchten Lehms luftdicht gemacht und das Ganze auf den Geleisen nach dem Aufspeicherungsgebäude für Holzkohlen gefahren. Man hat für jede Retorte einen solchen Kühlkastenwagen nötig, aber nur etwa drei Wagen zum Heranbringen des Beschickungsmaterials.

*   *   *

In den letzten Jahren sind in der Laubholzdestillationsindustrie Bestrebungen besonders hervorgetreten, die darauf hinausgehen, die Durchführung der Destillation durch Zusammenziehung mehrerer sonst nacheinander vorgenommenen Arbeiten zu einigen wenigen und möglichst selbsttätig sich einander anschließenden Arbeitsgängen zu vereinfachen und infolgedessen auch zu verbilligen. Zuerst fallen dabei die auf zerlegende Auffangung der Destillationsgase ausgehenden Bemühungen auf. Wir haben gesehen, daß in der Nadelholzdestillationsindustrie diese Bestrebungen bereits bis auf die siebziger Jahre des vorigen Jahrhunderts zurückgehen, also eigentlich nicht als neu gelten können. Da die Laubholzdestillation hauptsächlich an der Aufarbeitung der wässerigen Säureprodukte beteiligt ist, so handelt es sich dabei in erster Linie um ihre Gewinnung in soweit als möglich teerfreiem Zustande.

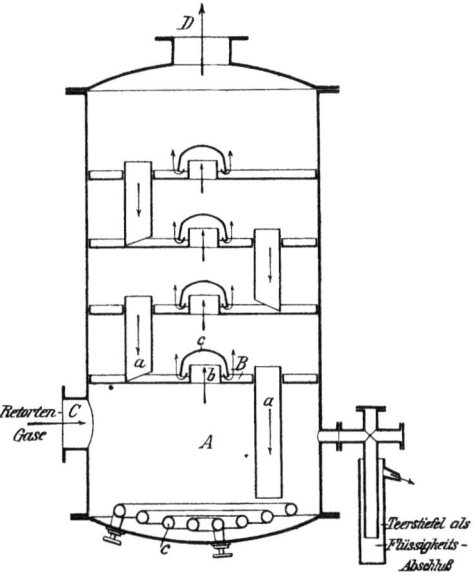

Fig. 120. Säulenapparat nach Klar zur Ausscheidung des Teeres aus den flüchtigen Dämpfen und Gasen der Trockendestillation.

Die Ausscheidung der schweren Teerdämpfe unmittelbar aus den von der Retorte kommenden heißen Gasen und Dämpfen bewerkstelligt M. Klar mit Hilfe einer einfachen Destilliersäule mit Glockenböden, wie sie Fig. 120 veranschaulicht. Sie wird in die Übersteigleitung zwischen Retorte und Kühler so eingeschaltet, daß die Dämpfe durch den seitlichen Stutzen C eintreten und durch den oberen Stutzen D den Apparat verlassen und zum Kühler strömen können. Innerhalb der Säule sind eine Reihe von Böden B vorgesehen, auf denen sich eine Teerschicht von vorher bestimmter Höhe verdichten und ansammeln kann. Der Teerüberschuß fließt von Boden zu Boden durch die Überlaufrohre a in den Teeransammlungsraum A hinunter, wo zu seiner Flüssighaltung eine Heizschlange angebracht ist. Auch dieser Raum hat einen Teerüberlauf, der an einer Seite nach außen führt und in dem in der Figur gezeigten Teerstiefel einen Flüssigkeitsabschluß bildet.

Die von der Retorte kommenden, Teerdämpfe mit sich führenden Gase strömen nach ihrem Eintritt durch die Öffnungen b nach oben; die darüber gestülpten Glocken c zwingen sie jedoch, die sich schon vorher auf den Böden verdichtete Teerlage zu durchstreichen. Hierbei entsteht eine Abkühlung, durch die weitere Teerdämpfe verflüssigt werden. Dieser Vorgang wiederholt sich nun auf jedem der noch zu durchstreichenden Böden, so daß am Ende sich die schweren Teerbestandteile bereits verdichtet haben, ehe die Gase und Säuredämpfe den Apparat verlassen. Auf diese Weise erzielt man am Kühlerauslaufe einen ziemlich teerfreien hellen Holzessig, der unmittelbar mit Kalkmilch gesättigt werden kann.

Wieviel Glocken auf einem Boden anzuordnen sind, richtet sich nach der Größe der Retorte oder richtiger ihrer Beschickung und nach der Anzahl von Retorten, die an eine solche Teeraussonderungssäule angeschlossen sind. Zur Erreichung eines möglichst gleichbleibenden Dämpfe- und Gasgemisches empfiehlt sich die Zusammenschaltung mehrerer in verschiedenen Abtriebsperioden sich befindenden Retorten, denn das gleichförmige Arbeiten hängt nicht zum geringsten Teile von der gleichmäßigen Zusammensetzung der Gase ab. In manchen Fällen wird man wohl gezwungen sein, statt Dampf ein Kühlmittel in die Schlange einzuführen oder auch einen Teil des Apparates in einen Kühlmantel zu hüllen. Das würde sich höchstwahrscheinlich, besonders bei großräumigen Retorten, während der letzten und heißesten Abtriebsperiode von Nutzen erweisen.

Da man auf diese einfache Weise ohne die Notwendigkeit einer Destillation gleich zu Kalklauge gelangt ist, aus der nur noch der Holzgeist entfernt zu werden braucht, so kann die weitere Arbeit bedeutend einfacher durchgeführt werden. Die Apparatenbauanstalt F. H. Meyer bringt für den zunächst vorzunehmenden Holzgeistabtrieb ununterbrochen arbeitende Säulenapparate in den Handel, die mit Glockenböden und darüber hinstreichenden Rührarmen ausgestattet sind und von der Lauge von oben nach unten durchflossen wird. Der Säulenapparat endet unten in einer Kammer, in der die zur Abdestillierung erforderlichen Dämpfe mit Hilfe einer Dampfschlange entwickelt werden. Diese Dämpfe steigen nun auf, strömen durch die von oben von Boden zu Boden herabfallende Kalklauge in entgegengesetzter Richtung hindurch, den leicht flüchtigen Holzgeist dabei mitnehmend. Die alkoholfreie Lauge fließt schließlich, nachdem sie in die untere Heizkammer gelangt ist, ununterbrochen durch einen Überlauf ab.

In der Verkohlungsanlage zu Domnarfret in Schweden ist ein ähnliches Verfahren schon seit mehreren Jahren im Betriebe, das anscheinend von H. Bergström herrührt. Auch dabei wird ein ziemlich reiner Holzessig direkt am Kühlerauslaufe gewonnen, indem der Teer vorher aus den Retortendämpfen durch einen eingeschobenen, eine Kühlung verursachenden Apparat ausgeschieden wird.

Andere gehen mit der Zusammenziehung der einzelnen Arbeitsgänge noch weiter und schalten hinter die Teerabsonderungssäule gleich Kalkmilchvorlagen zur Bindung der Essigsäure ein. In dem früher besprochenen Verfahren von Clark und Harris, Fig. 72, S. 111, für Nadelholzdestillation haben wir auch diese Kalkmilchvorlagen bereitsangetroffen.

Ein solches Verfahren ist von Pagès, Camus et Cie., Paris,[1]) ausgearbeitet, bei dem eine Reihe von Apparaten zwischen Retorte und Kühler eingefügt sind. Das aus dem Kühler schließlich ausfließende Destillationsprodukt ist wässeriger Holzgeist.

Ein ähnliches Verfahren stammt von R. Strobach.[2]) Danach werden die von den Retorten kommenden Dämpfe zuerst durch eine Teerschicht geleitet, deren Höhe geregelt werden kann; sodann müssen sie nacheinander zwei Kalkmilchvorlagen durchstreichen, von denen die erste, wie bei der Dreiblasenanordnung, die am meisten gesättigte Lauge enthält. Eine weitere Waschvorlage folgt, die einen Rückfluß von einem hinter ihr folgenden kleineren Kühler erhält. Die Holzgeistdämpfe werden schließlich in dem letzten Kühler verdichtet. Nach einem späteren Zusatze zu diesem Patente kommt noch ein Säulenapparat hinzu.

Treibt man diese Sache nicht zu weit — der Gedanke, gleich in einem Zuge, sozusagen aus der Retorte heraus unmittelbar marktfähige Produkte zu erzeugen, besitzt ja an und für sich etwas außerordentlich Anziehendes —, so werden derartige Verbesserungen in der Laubholzdestillationsindustrie zweifellos von großem Werte sein. Ganz anders liegt jedoch die Sache bei der Verarbeitung von Nadelholz. Schon die für ein gleichförmiges Arbeiten der Apparatenreihe notwendige Voraussetzung einer möglichst gleichmäßig bleibenden Zusammensetzung der Retortengase und -dämpfe widerspricht der vorteilhaften Durchführung der Nadelholzdestillation, deren Produkte eine um so höhere Güte haben werden, je individueller jede Retorte beziehungsweise jeder Abtrieb und jede Abtriebsperiode behandelt wird. Will man jedoch auch die Nadelholzdestillation in einer solchen oder ähnlichen Weise durchführen, so wäre ein Verfahren ähnlich dem von Clark und Harris dafür in Erwägung zu ziehen.

Bei den oben skizzierten beiden, durch französische Patente geschützten Verfahren kommt noch eines in Betracht: Sind viele Apparate hintereinander geschaltet und hängt aus diesem Grunde die Arbeit des einen von derjenigen des anderen zum größten Teile ab, so geht vieles der erhofften Einfachheit wieder dadurch verloren, daß der ganze Betrieb einer beständigen und intelligenten Beaufsichtigung bedarf. Das verteuert zugleich die Destillationsarbeit wiederum.

Im Hinblick auf die Klarsche Teerausscheidungssäule ist es nicht ohne Interesse, auf den ähnlich wirkenden Apparat von Hege (Fig. 26,

---

[1]) Französisches Patent Nr. 375314 vom 10. Mai 1906 und drei spätere Zusätze; englisches Patent Nr. 10775 vom Jahre 1907.

[2]) Französisches Patent Nr. 386424, 21. Januar 1908; veröffentlicht 13. Juni 1908.

S. 51) hinzuweisen, der ursprünglich dazu ersonnen war, bei der Destillation von Nadelholz zwischen Retorte und Kühler geschaltet zu werden. In dieser Eigenschaft zerlegt er gleich von vornherein die von der Retorte kommenden verschiedenen Öle, die infolge seiner besonderen Bauweise auch getrennt abgeführt werden können. Aus diesem Grunde eignete sich ein ähnlich gebauter Apparat für die Destillation von Nadelholz vielleicht besser, da er sich leicht den aufeinander folgenden Destillationsperioden anpassen läßt.

Daß man in den Vereinigten Staaten noch so vielfach ziemlich unausgebildete Arbeitsverfahren für die Aufarbeitung der Nebenprodukte auch im besonderen in der Laubholzdestillationsindustrie antrifft, die doch anderwärts, vornehmlich in Frankreich und Deutschland, auf einer verhältnismäßig hohen Entwicklungsstufe steht, hat seinen guten Grund in den hohen Anlagekosten für die dafür erforderlichen Apparate. Eine kleinere oder mittelgroße Anlage wird sich stets besser stehen, wenn sie die Nebenprodukte in einer solchen Form herausbringen kann, für die die Absatzmöglichkeit eine größere ist, und das sind immer die fertigen Produkte. Für die Halbprodukte kommen dagegen als Aufkäufer nur die Reinigungswerke in Betracht, wobei natürlich die zu liefernde Menge an Halbfabrikaten eine große Rolle spielt. Das Bestreben der Amerikaner, aus ihren umfangreichen Verkohlungsanlagen auf dem einfachsten, wenn auch nicht gerade immer billigsten Wege Handelsprodukte herauszubringen, rief auf der anderen Seite die sich mit der Weiterverarbeitung dieser Stoffe beschäftigenden Reinigungswerke geradezu erst ins Leben.

Hinzu kommt wohl außerdem noch ein anderer Umstand, der in Ländern, wo Arbeitslöhne verhältnismäßig hoch sind und wo deshalb stets die Neigung in den Vordergrund treten wird, sich von der Abhängigkeit auf zahlreiche geübte und intelligente Arbeitskräfte frei zu halten, offenbar ins Gewicht fallen muß: nämlich die Organisation, auf die ein vielseitiger und verwickelter Betrieb ganz und gar angewiesen ist. Sie wird um so schwieriger und notwendiger, je größer eine Anlage ist, und in bezug auf die Größe der Verkohlungsanlagen ist man in Amerika bislang am weitesten gegangen.

Die Destillation in drehbaren Retorten.

Es verbleibt uns für diesen Abschnitt, auf die Anwendung und den Gebrauch drehbarer Retorten näher einzugehen. Es ist die Ansicht des Verfassers, daß dieses Verfahren am Ende dasjenige sein wird, nach dem jede Art von Holzabfall und insbesondere das in den Wäldern durchschnittlich gefundene abgestorbene Nadelholz nutzbar gemacht werden kann. Wo je solch ein Nadelholz zu haben ist, das etwa 4,5 Liter Terpentin als Ausbeute aus einem Raummeter ergibt und angefahren nicht über 1,75 Mark der Raummeter kostet, da kann dieses Destillationsverfahren mit Erfolg angewendet werden. Aber unter diesen wenig günstigen Umständen ist die größte Sparsamkeit in bezug auf den Betrieb eine unbedingte Notwendigkeit.

Die dafür vorzuschlagende Apparatezusammenstellung würde die folgende sein:

2 drehbare Retorten,
1 Dampfkessel,
1 Dampfüberhitzer,
1 Druckgebläse,
1 Saugegebläse,
2 Retortenkühler,
2 Destillierblasen mit zugehörigen Verflüssigungskühlern,
1 Wasserpumpe und
1 Holzschleifmaschine.

Will man die Öl- und Teerdestillate nicht getrennt abtreiben und auffangen, so braucht man in dem Falle nur je eine Retorte, einen Retortenkühler und eine besondere Destillierblase mit Zubehörteilen.

Die Holzschleifmaschine muß mit den Retorten durch eine Fördereinrichtung verbunden werden, und eine zweite Förderrinne ist von den Retortenböden beziehungsweise deren Entleerungsöffnungen nach der Kesselfeuerung anzulegen. Zu Beginn der Destillationsarbeit setzt man erst die Holzschleifmaschine und die obere Fördervorrichtung in Betrieb, die das zerschliffene Holz nach den Retorten bringt. In der ersten Retorte wird der Terpentin abgetrieben und im Kühler verdichtet. Der Holzrückstand wäre danach in die zweite Retorte zu entleeren, in der er mit Hilfe überhitzten Dampfes, chemisch-träger Gase oder vermittels Beheizung durch Feuergase, die entweder durch besondere, die Retorte durchziehende Feuerzüge oder unmittelbar durch die Holzmasse geleitet werden, durch und durch verkohlt wird.

Mit harzreichem Holze sollte jeder Abtrieb in ungefähr 6 Stunden durchzuführen sein. Der Holzkohlenrückstand wird dem außerdem noch etwa nötig werdenden Brennmateriale zugefügt. Der mit dem Dampfe überdestillierte Teer wird in der gewöhnlichen Weise verdichtet und hernach zur Rückgewinnung der in ihm noch enthaltenen leichten Öle einer nochmaligen Destillierung unterworfen, und bläst man, während die Teermasse noch heiß ist, einen Strom überhitzten Dampfes hindurch, so kann man eine genügende Menge der Schweröle abtreiben, wonach der Teer mit der für den Verkauf geeigneten Zähigkeit in der Blase zurückbleibt.

Bei diesem Arbeitsverfahren würde der gewonnene Teer einen genügend hohen Wert haben, um damit die Holz- und Brennmaterialienkosten decken zu können; der Erlös für Terpentin brächte die Arbeitsöhne und außerdem einen kleinen Überschuß als Gewinn ein.

Holzkohle ist in den meisten Gegenden nur in ganz geringen Mengen zu verwerten, aus diesem Grunde wäre ein Verfahren wie dieses höchstwahrscheinlich das beste, das zur Nutzbarmachung der an irgend welchen

Plätzen zu findenden forstwirtschaftlichen Nadelholzabfälle aller möglichen Art ersonnen werden kann. Es bietet außerdem noch den nicht geringen Vorteil, daß die gesamte Anlage leicht nach einem anderen Platze zu überführen ist, wenn der Holzvorrat aufgebraucht sein sollte.

Zieht man vor, die Destillation in nur einer Retorte auszuführen, so empfiehlt es sich, sie so lang zu machen, daß nur das hinterste Ende bis zur Verkohlungstemperatur erhitzt zu werden braucht, die Destillationsprodukte aber am kälteren Vorderende abgesogen werden können, wobei dann die Hitze der Destillationsgase, während sie den Retorteninhalt von hinten nach vorn durchziehen, zur teilweisen Destillation des noch frischen Holzes ausgenutzt würde. Die Destillationsprodukte wären nachher zu reinigen. In allen Fällen sollten jedoch die Mantelflächen der Retorten mit Wärmeschutzmitteln, wie Asbest oder dergleichen, bekleidet werden, damit so wenig Wärme als möglich durch Ausstrahlung verloren gehen kann.

Verarbeitet man ganz armes Holz, so kann es vorkommen, daß der daraus gewonnene Teer infolge seines Mangels an Harzgehalt zu dunkel wird. Dieser Teer könnte dann mit dem Holzkohlenklein gemischt und zu Blöcken oder Ziegeln gepreßt und in dieser Form an Hochöfen verkauft werden. Oder man kann sie auch zur Umwandlung in besondere Holzkohlenziegeln, wie sie für Fußwärmer und dergleichen gebraucht werden, nochmals destillieren; für diesen Zweck müßte man ihnen aber noch geeignete, sauerstoffentwickelnde Zusätze geben, falls verlangt wird, daß sie ohne besondere Luftzuführung verbrennen sollen. Es ist ohne weiteres vorauszusehen, daß für solche Fälle nur eine kleine Anlage lohnend sein würde, denn die Nachfrage nach Holzkohlenziegeln in dieser letzteren Form ist nur sehr beschränkt. Läßt sich dagegen ein Absatz an Hochöfen finden, so würden die Aussichten schon ermutigender und eine größere Anlage jedenfalls nötig sein. Das wäre ein einfacher Weg zur Lösung des Problems in Gegenden, wo Hochöfen sich befinden. Fabrikanten von Brikettierungsmaschinen behaupten, daß das Pressen in Blöcke von einer Tonne Rohmaterial für etwa 2,00 Mark ausgeführt werden kann. Nach dem gewöhnlichen trockenen Destillationsverfahren für großstückiges Holz nimmt die Verkohlung 12 bis 24 Stunden in Anspruch, wogegen nach diesem Verfahren nur 6 Stunden erforderlich sind. Dieser Zeitunterschied bedeutet einen Gewinn, mit dem sich das Pressen der Kohle mehr als bezahlen ließe.

Die Erzeugung von Holzgas.

Bislang wurde es nur flüchtig angedeutet, daß das sich bei der trockenen Destillation von Holz ergebende Holzgas in einer genügend großen Menge gewonnen werden kann, um die Arbeit zu seiner Herstellung allein schon lohnend zu machen. Die Gasausbeute schwankt jedoch zwischen 20 bis 50 vom Hundert des Holzgewichtes. Bei gewöhnlicher Destillation beträgt die Ausbeute nur etwa 20 bis 30 vom Hundert, man kann sie aber durch schnelle Erhitzung des Holzes beträchtlich steigern.

Das Gewicht von 100 Kubikmeter Holzgas beträgt bei 16° C. ungefähr 77 Kilogramm, aus einer Tonne Sägemehl könnten demnach unter gewissen Verhältnissen 450 Kilogramm oder ungefähr 600 Kubikmeter Gas gewonnen werden. Eine Tonne der besten Steinkohle ergibt dagegen nur eine Gesamtausbeute von höchstens 450 Kubikmeter und die meisten Kohlensorten liefern nur etwa 280 bis 340 Kubikmeter Kohlengas.

Holzgas muß einer Reinigung mit Kalk zur Entfernung der Kohlensäure unterworfen werden. Dann aber hat es nach Liebig einen Leuchtwert, der sich wie 6 zu 5 zu dem von Steinkohlengas verhält. (Weiteres siehe unter Analyse des Holzgases im XI. Kapitel.)

Zur Holzgasherstellung werden mehrere Verfahren angewendet. Man destilliert nach einem dieser Verfahren das Holz in der bekannten Weise in einer gewöhnlichen Retorte und läßt die übergehenden Destillationsdämpfe durch einen Überhitzer strömen, in dem sie wiederum zersetzt und in unverdichtbare Gase verwandelt werden. Ein anderes Verfahren besteht darin, daß man das Holz in eine glühend heiße Retorte wirft, und zwar so schnell wie man nur kann, und die Destillationsgase dann in der gewöhnlichen Weise sammelt. Bei einem anderen wiederum kommen die Grundsätze der Wassergasapparate in Anwendung, indem man das Holz in gleicher Weise behandelt. Man kann auch das Destillationsgas getrennt auffangen, die Holzkohle in einem Wassergasapparate durch ein Luftgebläse zum Glühen bringen und das Holzgas dann zur Zersetzung des Kohlendioxyds hindurch leiten; Dampf wird dabei so lange hinzugefügt, bis die Temperatur zu weit gesunken ist, als daß sie noch eine Zersetzung hervorrufen könnte. Stellt sich die Holzkohle für diese Verwendungsart zu teuer, so kann man auch Koks an ihrer Stelle gebrauchen. In Verbindung mit einem solchen Verfahren kann man die Destillation des Holzes mit heißen Gasen oder vorzugsweise mit Generatorgasen ausführen.

Wir werden keinen Versuch machen, weiter auf die Einzelheiten dieser verschiedenen Verfahren, was die Durchführung des Betriebes anbelangt, einzugehen, da keine Aussicht vorhanden ist, daß die Holzgasindustrie es jemals zu einer größeren Bedeutung bringen wird, hauptsächlich deshalb nicht, weil der für eine wirtschaftliche Herstellung dieses Gases am besten geeignete Platz inmitten von Wäldern zu suchen wäre. Holz ist im Vergleiche zur schweren Steinkohle zu umfangreich für die Fortschaffung, und es ist auch nicht zu erwarten, daß sich eine weitere Fortleitung des Holzgases in Röhren bezahlt machen könnte, höchstens in solchen seltenen Fällen, wo die Gaserzeugungsanlage unmittelbar in der Nähe einer Stadt errichtet werden könnte.

Für solche Gegenden jedoch, wo umfangreiche Holzsägemühlen inmitten oder in der Nähe nicht zu kleiner Städte gelegen sind, würde der

Verfasser die Möglichkeit vorschlagen, Sägemehl für die Gaserzeugung nutzbar zu machen. Es wäre nur nötig, für die Destillation des Sägemehls die dazu geeigneten Apparatebauweisen anzuwenden, die wir im vorigen Kapitel näher betrachtet haben. Die drehbaren Retorten von Larsen und Harper oder die mit Förderschnecke versehene Retorte von Halliday und ebenso die Retorte von Bower kämen dafür in Betracht. Die letzten beiden sind gewöhnlich bereits in eine Einmauerung eingehüllt, so daß also keine weiteren Abänderungen an ihnen für diesen Zweck erforderlich würde. Bei der Destillation von Kiefern- oder Föhrenholz könnte man den Terpentingehalt in einem vorhergehenden Arbeitsgange abtreiben und den Rückstand dann zur Gaserzeugung trocken destillieren. Aber größere Kühlflächen und weitere Übersteigrohre sind für diesen Fall erforderlich, da die Gasbildung ganz plötzlich auftritt, sobald die Holzteilchen mit den heißen Retortenwandungen in Berührung kommen.

Für alle diese Verfahren gilt als Voraussetzung, daß das Holz vorher möglichst stark getrocknet ist.

Um das Holzgas unter einem Drucke von nur 2 bis 3 Millimeter Wassersäule verwenden zu können, würden sich Fledermausbrenner mit einer Weite von 1 Millimeter empfehlen, die sich dafür bewährt haben. Ein Glühstrumpf könnte natürlich auch hierbei sehr dienlich sein.

Ein französisches Verfahren geht darauf aus, Holz in Generatoren zu verwerten, die für die Lieferung von Motorgas konstruiert sind. Der Holzverbrauch für diese Zwecke beläuft sich auf ungefähr 2,5 Kilogramm für jede Pferdestärke und Stunde. Die Erhitzung der Holzbeschickung geschieht von oben nach unten. Das zuerst in den Generator gelangende Holz wird verkohlt und fällt als rotglühende Holzkohle auf den Boden des Apparates. Die Gebläseluft wird von der Rohrleitung, durch die die erzeugten Gase entweichen, vorgewärmt und tritt so von oben in den Generator ein. Die bei der Berührung des frischen Holzes durch teilweise Destillation frei werdenden Produkte ziehen nach unten und müssen durch die rotglühende Holzkohle strömen, in welcher der Teer sich zersetzt und weitere unverdichtbare Gase liefert. Die den Generator am Boden verlassenden Gase und Dämpfe werden erst durch einen Filter und dann nach einem Scheideapparate geleitet.

Hieraus geht schon hervor, daß, wenn nicht die Zufuhr sorgfältig geregelt ist, der Sauerstoffgehalt der Luft bereits erschöpft sein könnte, ehe der Boden des Generators erreicht ist, das heißt die Holzkohle würde dann nicht verbrennen. Anordnungen sind getroffen, damit die verbleibende Holzkohle in einen Wasserbehälter gekratzt werden kann, worin die Aschenteile untersinken, die Kohle aber zum Schwimmen kommt. Die Kohle könnte nun getrocknet und der nächsten Generatorbeschickung beigemischt werden.

Für Kraftmaschinen besitzt Holzgas gewisse Vorteile über Kohlengas. Aus diesem Grunde sollten Versuche, sonst nicht zu verwertende Holzabfälle in Gas zu überführen, immerhin gemacht werden.

Die Erzeugung von Holzgas.

Die in diesem Buche beschriebenen, auf der trockenen Destillation fußenden Verfahren eignen sich natürlich auch für die Gewinnung von Holzgas. Diejenigen, bei denen Vorkehrungen zum Schutze der Retorten gegen die Wirkungen allzu scharfer Erhitzung und auch jene, mit denen sich kleinstückiges Holz in wirksamer Weise verarbeiten läßt, würden selbstverständlich vorzuziehen sein.

Zwei Arten von Gaserzeugern ließen sich aus den Apparaten dieser verschiedenen Verfahren bilden: entweder allseitig geschlossene, wie bei der Kohlengasfabrikation, oder solche, die, ähnlich den Gasgeneratoren, oben zum Einblasen von Luft offen bleiben. In der letzteren Form wäre der Apparat wohl vorzugsweise nach der Art der Sauggasgeneratoren auszubilden, obschon in einigen wenigen Fällen die Konstruktion, die mit Gebläseluft arbeitet, auch angewendet werden kann.

Wer mit Gasgeneratoren vertraut ist, kann leicht die nötigen Abänderungen und Ergänzungen an Holzdestillierapparaten anbringen, um befriedigende Ergebnisse zu sichern.

VII. Reinigungsverfahren.

Allgemeine Angaben über die Reinigung der Rohprodukte wurden bereits in einem früheren Kapitel gegeben und einige besondere Reinigungsmethoden in Verbindung mit den verschiedenen Destillationsverfahren beschrieben. Die hierunter nun zu beschreibenden Verfahren werden weniger aus dem Grunde der Betrachtung näher gezogen, weil sie etwa neue Grundsätze mit in das Gebiet bringen, sondern hauptsächlich nur deshalb, weil sie bestimmte Ausführungsweisen von bereits schon angewendeten oder wenigstens bekannten Grundsätzen zeigen.

Roher Terpentin, so wie er von der Retorte kommt, ist in einigen der Destillationsperioden fast ohne Ausnahme stets mehr oder weniger gefärbt, nach was für einem Verfahren man auch arbeiten mag. Infolgedessen muß er zur Entfernung der zu beanstandenden Unreinheiten eine Reinigungsarbeit durchgehen. Besonders wichtig aber ist diese Reinigung im Zusammenhang mit jenen der trockenen Destillationsverfahren, bei denen die Destillationsprodukte gemischt übergetrieben und aufgefangen werden.

Auf ein und denselben Zweck gehen sämtliche Reinigungsverfahren aus, soweit sie auch sonst untereinander verschieden sein mögen. Der rohe Terpentin kann leichte und schwere Öle und Teer enthalten. Es handelt sich bei der Reinigungsarbeit also darum, den Terpentin von diesen Beimischungen zu trennen, sofern sie in ihm enthalten sind. Die Leichtöle rühren bei den meisten Destillationsverfahren aus dem Kolophonium her, aus dem sie durch lokale Einwirkungen erzeugt werden; bei einigen der trockenen Destillationsweisen jedoch kann man die Bildung dieser Leichtöle immer erwarten. Bei der Dampfdestillation handelt es sich in bezug auf die unerwünschte Verunreinigung des Terpentins meist um ein schweres Öl, das ohne Mühe durch einfache Destillation auszuscheiden ist; der leichtere Terpentin geht dabei zuerst über und das Schweröl verbleibt in der Blase oder wird besonders aufgefangen.

Chemikalien, wie Kalk, Ätznatron und selbst Säuren, kommen oft bei der Terpentinreinigung in Anwendung. Der Gebrauch von Mineralsäuren kann jedoch nicht empfohlen werden, da sie die Neigung haben, Pinen in Dipenten zu verwandeln. Der Gebrauch all dieser Chemikalien läßt sich bereits eine ziemlich lange Zeit zurückverfolgen, stellt also durchaus nichts Neues dar.

Reinigungsverfahren.

Aus den im nachfolgenden beschriebenen Verfahren, von denen die ersten vier in den Vereinigten Staaten geschützt sind, läßt sich ein allgemeiner Überblick über die zurzeit angewendeten Reinigungsweisen für Rohterpentin schöpfen.

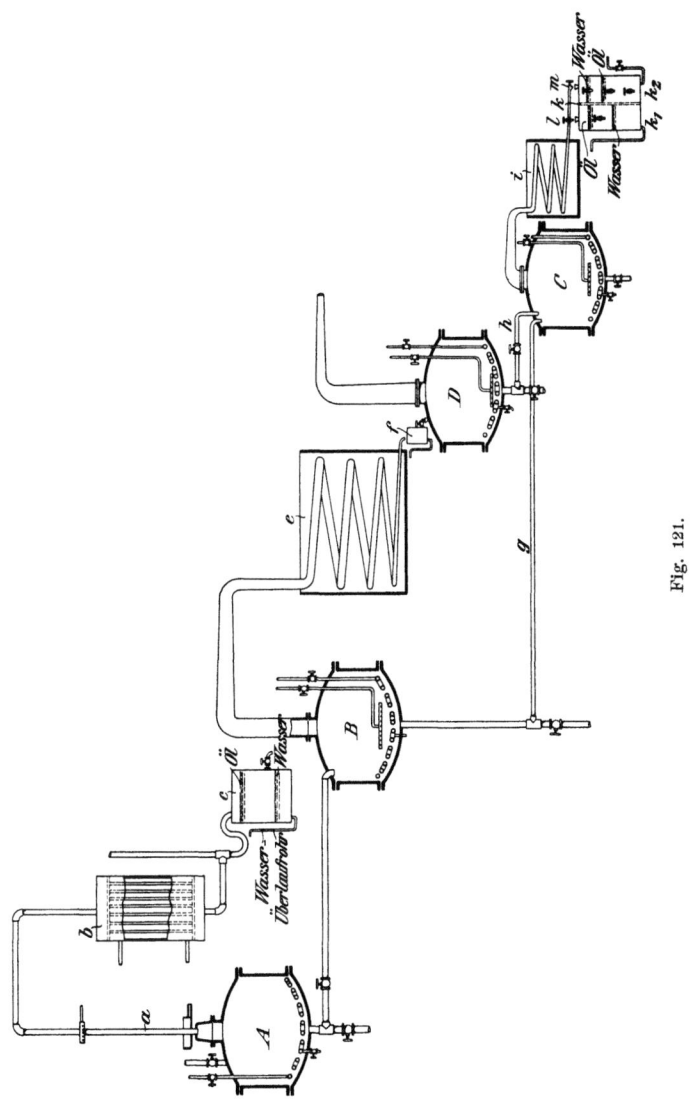

Fig. 121.

Apparaturzusammenstellung zur Reinigung von Rohterpentin nach Mallonee. — Die allgemeine Anordnung der Apparate geht aus der Fig. 121 hervor. Die Anlage besteht aus einer Reihe einheitlich gebauter Apparate, die sämtlich, obwohl getrennt und unabhängig voneinander, in ähnlicher Weise arbeiten.

Harper-Linde, Destillation.

Wie wir das bei der näheren Betrachtung von Mallonees Destillationsverfahren auf S. 88 bereits ausgeführt haben, werden die von der Retorte kommenden Destillate in drei Fraktionen zerlegt und getrennt aufgefangen. Die erste Fraktion umfaßt die spezifischen Gewichte von 0,855 bis 0,920, die zweite erstreckt sich bis 0,96 und die dritte Fraktion bildet der bis zur Beendigung des Abtriebs überkommene Rest der Destillate.

Diese Reinigungsanlage ist nur für die Behandlung der beiden ersten Fraktionen bestimmt und die Reinigungsarbeit ist für beide so ziemlich die gleiche, der einzige Unterschied ergibt sich aus den Mengenverhältnissen der überdestillierenden Stoffe.

Das rohe Öl kommt in die erste Destillierblase A und wird darin in der bekannten Weise mit Hilfe von Dampf, der in der geschlossenen Schlange durch den Flüssigkeitsinhalt geleitet wird, erwärmt. Die Leichtöldämpfe steigen in dem etwa 6,5 Meter hohen Übersteigrohre auf, gehen dann in den Verflüssigungskühler b über und werden in der Vorlage c aufgefangen, die zu Beginn des Abtriebs mit kaltem Wasser angefüllt worden ist. Für die Ableitung des Wassers ist ein Überlaufrohr daran vorgesehen. Der mit den Leichtöldämpfen zugleich abdestillierende Terpentin wird von dem Wasserregen, der das Übersteigrohr a kühlt, zurückgehalten und infolge der Abkühlung stets wieder in die Blase zurückgeschlagen. Diese Einrichtung wirkt also als Rückflußkühler, den man aber besser wohl nicht aus einem gerade aufsteigenden Rohre herstellt, sondern als Schlangenkühler oder dergleichen ausbildet. Das sich allmählich in der Vorlage ansammelnde Öl drängt die Oberfläche des Wassers bis unter den Auslaufhahn hinunter und kann dann abgelassen werden.

Sind so die spiritartigen Leichtöle abdestilliert, so wird der aus Terpentin und den schwereren Ölen und Teer bestehende Blasenrückstand in die zweite Destillierblase B abgelassen, wo nun der Terpentin mit direktem, durch die durchlöcherte Schlange eingeblasenem Dampfe überdestilliert wird. Der darin abgetriebene Terpentin scheidet sich von dem im Kühler e mitverdichteten Wasser in der Vorlage f, die wie c eingerichtet ist, wieder ab und wird dann, da er noch nicht klar genug ist, zu nochmaliger Destillation in die Blase D abgelassen und darin nochmals und zwar möglichst schnell mit direktem Dampfe übergetrieben. Die in den Blasen B und D verbleibenden Rückstände werden durch die Rohrleitungen g und h in die Blase C abgelassen, die nun sämtliche Stoffe, die schwerer als Terpentin sind, enthält. In derselben Weise, wie vorhin in der Blase D der Terpentin, so werden jetzt mit direktem und indirektem Dampfe die schweren Öle abdestilliert und in dem Scheideapparate k in zwei Fraktionen gesammelt. Dieser Scheideapparat ist durch eine eingeschobene Wand in zwei Abteilungen zerlegt; in die linke Abteilung k_1 wird die zuerst übergehende und aus Ölen, die leichter als Wasser sind, bestehende Fraktion durch den Auslaufhahn l eingelassen. Die aus schwerer als Wasser bestehenden Öle der zweiten Fraktion werden durch den Hahn m in die andere Abteilung k_2 geleitet, worin sich das Wasser obenauf absetzt und durch den obersten Hahn abgelassen werden kann. Die schwereren Öle werden durch die unteren beiden Hähne abgezogen und in die unterschiedlichen Aufspeicherungsgefäße oder unmittelbar in die Versandfässer geleitet.

Nach einer anderen Beschreibung setzt Mallonee dem von den Leichtölen durch Destillierung unter Zuhilfenahme eines Rückflußkühlers befreiten Rohterpentin Ätznatron vom spezifischen Gewichte 1,2 in einer Menge von etwa ein Zwanzigstel bis ein Zehntel der zu behandelnden Ölmenge zu. Dieses verursacht ein kräftiges Schäumen. Hat der Inhalt sich wieder gesetzt, so destilliert nochmals ein Teil der geistartigen Leichtöle über. Sind diese abgetrieben, so destilliert man den Terpentin, wie oben beschrieben, mit direktem Dampfe über.

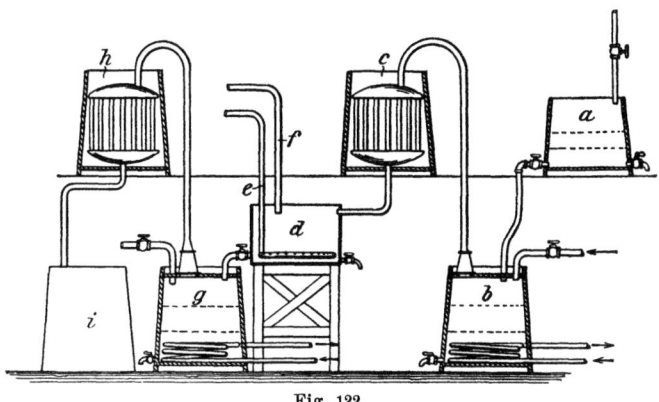

Fig. 122.

Reinigungsverfahren nach Gilmer. — Das Rohmaterial, dem dieses Verfahren angepaßt ist, bildet der durch trockene Destillation bei niedriger Temperatur gewonnene, nur zu einem geringen Grade mit Kreosot und Teerdämpfen durchsetzte Rohterpentin.

Die Zusammenstellung der für die Reinigung dieses Rohproduktes angewendeten Apparatur geht aus der Fig. 122 hervor. Das von der Retorte kommende rohe Säurewasser- und Ölgemisch wird in den Bottich a abgelassen, worin sich das Säurewasser absetzt und danach abzuziehen ist. Das Rohöl läßt man in den Destillierbottich b fließen, worin ihm eine Wassermenge von etwa 50 vom Hundert oder jedenfalls so viel Wasser, daß die Heizschlange gänzlich darin untergetaucht ist und nicht mit dem Öle in Berührung kommen kann, zugesetzt wird. Man treibt nun das Öl über; die im Kühler c wieder verdichteten Öl- und Wasserdämpfe werden in dem Gefäße d gesammelt. Der im Destillierbottiche b verbleibende Rückstand besteht aus dickflüssigem Teer, der als solcher unmittelbar verkäuflich ist. Hat sich die Mischung im Behälter d abgesetzt, so läßt man das Wasser ablaufen und behandelt den Ölinhalt mit Kalkmilch von etwa 3° bis 4° Baumé. Das zu wählende Mengenverhältnis beträgt ungefähr ein Teil Kalkmilch zu je zwei Teilen Rohterpentin. Dieses Gemisch wird nun während einer Stunde einer kräftigen Durchrührung und Durchlüftung mit Hilfe eines durch e eingeblasenen Luftstromes unterworfen. Hernach überläßt man die Mischung eine Zeitlang der Ruhe, damit die Kalkmilch sich absetzen und abgegossen werden kann. Der Terpentin wird darauf wiederum destilliert und zu diesem Zwecke in den Bottich g abgelassen. Für die indirekte Heizung durch die vorgesehene Heizschlange soll der Dampf eine Temperatur von ungefähr 168° C. haben. Um eine Beschädigung des Produktes zu vermeiden, darf der Abtrieb nur langsam durchgeführt werden; man destilliert etwa 4 Fässer Öl in 8 Stunden. Die übergetriebenen Öldämpfe werden in dem Kühler h verdichtet und in dem Bottiche i aufgefangen und aufgespeichert.

Verfahren nach Heber. — Die bis jetzt beschriebenen beiden Verfahren erfordern beide ein besonders hergestelltes Rohprodukt. Dem Heberschen Verfahren liegt der Gedanke zu Grunde, die auf dem Wege der gewöhnlichen trockenen Destillation gewonnenen, einen starken unangenehmen Geruch besitzenden Öle durch eine chemische Behandlung, bei der oxydierende Verbindungen zur Anwendung kommen, zu reinigen.

Das Verfahren erfordert zur Ausführung ganz besondere Sorgfalt, da die angewendeten Chemikalien nicht nur auf die zu entfernenden Unreinheiten, sondern auch auf den Terpentin einwirken; jeder Überschuß muß daher unbedingt vermieden werden.

Ehe man zur Ausführung dieses Verfahrens schreitet, muß der Rohterpentin von dem größten Teile des mitgeführten Teeres durch eine einfache Destillation mit Dampf befreit werden. Die danach noch immer in dem Rohöle schwebenden teerigen Unreinheiten werden darauf durch eine Destillation über Kalk entfernt. Kalkmilch von etwa 1 bis 2 vom Hundert Kalkgehalt wird dafür angewendet und die Destillation mit Hilfe von Dampf ausgeführt.

Das daraus hervorgehende Öl enthält jedoch noch immer einige Farbstoffe und empyreumatische Beimengungen. Zu deren Entfernung dient die folgende Behandlung. Man fügt dem Öle eine 10 prozentige Seifenlösung zu und zwar in solcher Menge, daß es damit völlig gelöst oder emulsioniert werden kann, wozu das Ganze in einer mit Rührvorrichtungen ausgestatteten Blase durchmischt wird. Danach setzt man der Seifenemulsion langsam eine 5 prozentige Permanganatlösung zu, die 1,5 bis 5 Kilogramm übermangansaures Kali und 2 bis 2,75 Kilogramm Schwefelsäure von 66° Baumé in Lösung hält; während des langsamen Zusatzes dieser Lösung wird das Ganze von den Rührarmen beständig in Bewegung gehalten. Die Durchrührung wird so lange fortgesetzt, bis die in die Blase eingelassene Permanganatlösung ihre Farbe völlig verloren hat, wonach durch Zusatz von Chlorkalzium oder Zinksulfat die Seifenlösung als unlösliche Kalzium- oder Zinkseife wieder ausgefällt wird. Der

Terpentin kann dann in der gewöhnlichen Weise mit Dampf abdestilliert werden.

Die Seifenemulsion kann man auch dadurch oxydieren, daß man Chromsäure und Schwefelsäure in derselben Stärke und in den gleichen Verhältnissen anwendet, wie bei der Permanganatlösung. Gebraucht man Chromsalze, so wären ungefähr 6 bis 9 Kilogramm Kaliumbichromat (oder eine gleichwertige Menge Natriumbichromat) für je 100 Kilogramm mit Seifenlösung behandeltes Öl zu nehmen. Diese 6 bis 9 Kilogramm Bichromat verwandelt man in eine 5 prozentige wässerige Lösung, der langsam 4 bis 7 Kilogramm konzentrierte Schwefelsäure von 66° Baumé zugesetzt werden. Die weitere Behandlung gleicht der mit Permanganat.

Es ist ohne weiteres klar, daß bei der Anwendung dieses Verfahrens die Möglichkeit, bedeutende Mengen an Terpentin zu verlieren, stets zu fürchten sein wird, wenn die im Rohöl enthaltenen Unreinheiten bald in größerer und bald in geringerer Menge auftreten.

Bei dem

Verfahren nach Chute wird versucht, die Unreinheiten und andere die Güte des Terpentins herabsetzenden Beimischungen mit Hilfe eines Lösemittels zu entfernen. Er benutzt dazu Alkohol, den er mit dem zu reinigenden Rohterpentine durcheinander schüttelt, wobei die unerwünschten Fremdstoffe zum größten Teile den Terpentin verlassen und im Alkohol in Lösung gehen. Ein Teil des Alkohols wird natürlich im Terpentin in Lösung gehen, man muß also um soviel mehr verwenden. Im allgemeinen mischt sich Alkohol nicht gut mit Terpentin, besonders läßt sich das von den niedrigen Alkoholen sagen. Nach dem Durchrühren setzt sich die Mischung in zwei Schichten ab; eine Terpentinschicht, die mehr oder weniger Alkohol in Lösung hält, und eine mit den dem Terpentin entzogenen Unreinheiten beladene Alkoholschicht.

Holzgeist ist für diese Reinigungstätigkeit vorzuziehen, da er sich weniger leicht als Kornspiritus mit dem Rohöle mischen läßt. Zusatz einer geringen Kohlenwasserstoffmenge zu dem Rohöle erhöht diesen Widerstand noch. Natürlich kommen dafür nur die Kohlenwasserstoffe in Frage, die sich nicht in Alkohol lösen, wie zum Beispiel die des Petroleums. Der gewöhnliche denaturierte Handelsspiritus enthält bereits eine geringe Menge Gasolin; dieses Gasolin würde sich mit dem Terpentin verbinden und verursachen, daß sich der Alkohol zu einem geringeren Grade darin löst. Man wählt zweckmäßig solch einen Kohlenwasserstoff, der entweder einen beträchtlich höheren oder einen beträchtlich niedrigeren Siedepunkt als der Rohterpentin besitzt, damit er sich nachher leicht wieder durch Destillation ausscheiden läßt. Der zu verwendende Alkohol soll möglichst hochgradig sein, mindestens über 80 prozentig, 95 prozentiger ist jedoch vorzuziehen.

Für 100 Liter Rohterpentin werden die Zusätze in folgenden Mengen empfohlen:

25 Liter Holzgeist,
25 „ Gasolin.

Nach dem Durchrühren destilliert man die Mischung in einem fraktionierenden Säulenapparat, um den Alkohol und das Gasolin — beide getrennt oder auch zusammen — wiederzugewinnen. Der aus dieser Behandlung hervorgehende Terpentin ist unmittelbar marktfähig; er kann aber auch zur Herstellung besonderer Ölsorten nochmals destilliert werden. Hat man den Alkohol und das Gasolin zusammen übergetrieben, so läßt man das Gemisch sich absetzen und unterwirft darauf den Alkohol einer nochmaligen Destillation in einem Säulenapparat, um ihn für Wiedergebrauch von den Unreinheiten zu befreien. Der hochsiedende Blasenrückstand läßt sich als Denaturierungsmittel verwerten.

Inwieweit und für welche Ölsorten dieses Verfahren wirksam ist, läßt sich nur durch praktische Versuche entscheiden.

Reinigung des durch Verkohlung erhaltenen Rohterpentins nach Bergström und Fagerlind. — Die beiden Schweden Bergström und Fagerlind haben eine Reihe interessanter Untersuchungen ausgeführt, auf die wir noch an anderer Stelle hinzuweisen Gelegenheit finden werden. Das im Nachfolgenden beschriebene Verfahren enthält nichts Neues, bietet aber einige zuverlässige Anhaltspunkte.

Die Anordnung der Apparatur für die Ausführung dieses Verfahrens erläutern die Fig. 123 und 124. Die Anlage ist, was die Größe der einzelnen Apparate anbelangt, für einen jährlichen Austrag von 500000 Kilogramm Teer und 50000 Kilogramm Terpentin berechnet.

Der Rohteer oder das durch Absetzen gewonnene Rohöl wird von den Absetzgefäßen zuerst in die Teerblase A überführt, deren Konstruktion die Fig. 125 genauer angibt. Man stellt sie zweckmäßig aus Kupferblech her und gibt ihr einen inneren Rauminhalt von 2,5 Kubikmeter. Außer der geschlossenen Heizschlange mit einer Heizoberfläche von ungefähr 2 Quadratmeter ist eine durchlöcherte Schlange zum Einblasen direkten Dampfes vorgesehen. Die Teerblase ist durch ein Übersteigrohr mit dem Schlangenkühler C (Fig 123 und 124) und der als Scheideapparat ausgebildeten Vorlage D verbunden. Man destilliert in dieser Blase den Rohterpentin und das Wasser ab. Was zurückbleibt, ist wasserfreier Teer, der vom Boden der Blase abgelassen wird und unmittelbar als Handelsware zu betrachten ist.

Was überdestilliert ist, setzt sich in dem Scheideapparate in zwei Schichten ab, eine obere, aus Rohterpentin bestehend, und eine untere wässerige, die Holzessig und Holzgeist in Lösung hält. Wo diese Produkte weiter verarbeitet werden, wäre das wässerige Abscheidungsprodukt den Hauptmengen beizufügen.

Das auf diese Weise vom Teere befreite Rohöl kommt nun in die Blase des Säulendestillierapparates B, dessen Bauweise aus Fig. 126 genauer hervorgeht. Er trägt über der Säule einen Rückflußkühler B_1 (Fig. 123 und 124) und steht durch ein Übersteigrohr mit dem Verflüssigungskühler E in Verbindung. Vermittels der vorgesehenen Rohrleitungen und des Dreiweghahnes kann die Blase B auch unter Aus-

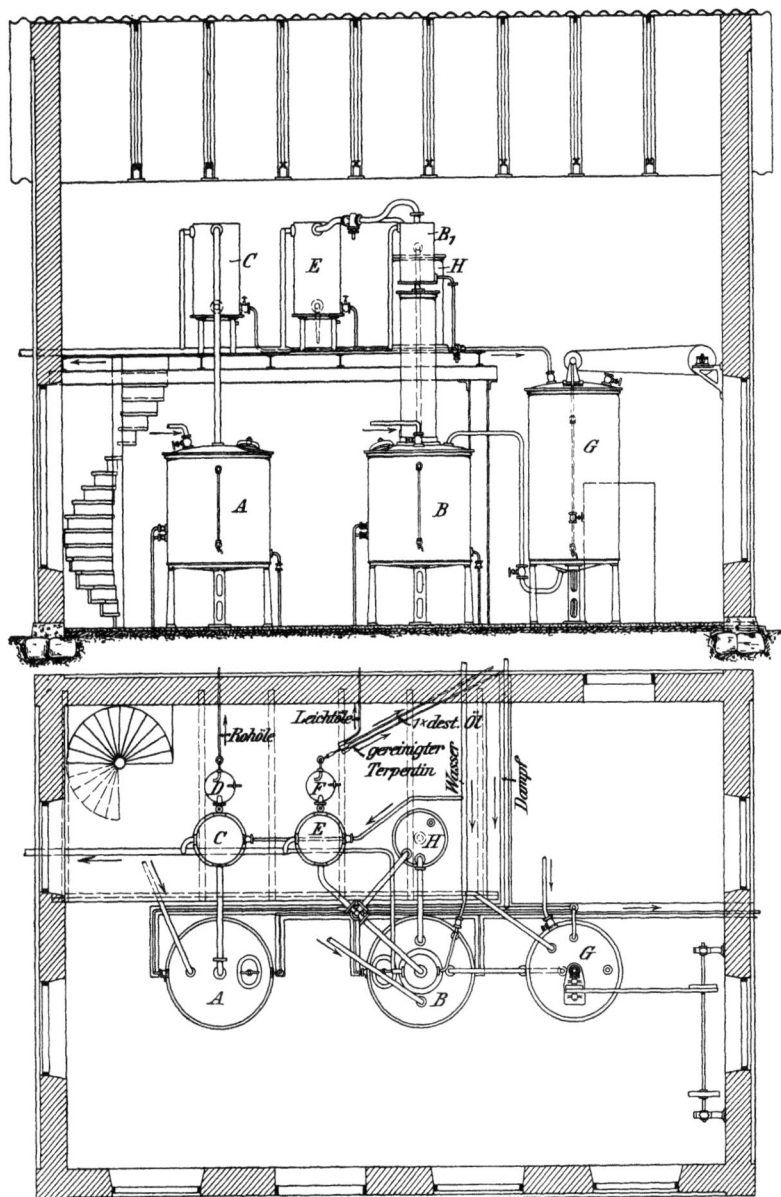

Fig. 123 und 124. Anlage zur Reinigung des durch Verkohlung von Holz erhaltenen Rohterpentins.

schaltung der Säule unmittelbar mit der Natronlaugenvorlage H verbunden werden. Hinter dem Kühler E folgt wiederum die als Scheideapparat gebaute Vorlage F.

Man destilliert mit indirektem Dampfe. Unter Heranziehung des Rücklaufkühlers scheidet man zuerst die Leichtöle ab, die unter 140° C. übergehen. Ist dieser Vorlauf gründlich abgetrieben, so kommt der eigentliche Rohterpentin, für dessen Abtrieb man bis zu 185° C. hinaufgehen kann. Macht die Aufrechterhaltung einer so hohen Temperatur mit indirekter Dampfheizung Schwierigkeiten, so kann man etwas direkten Dampf hinzunehmen. Man kann aber auch den gesamten Rohterpentin unter Zuhilfenahme direkten Dampfes überdestillieren, was zweifellos schneller geht. Für den Fall kann man die Säule ausschalten und die Dämpfe durch die mit Natronlauge oder Kalkmilch angefüllte Vorlage H streichen lassen, worin die mit überdestillierten Unreinheiten zurückgehalten werden.

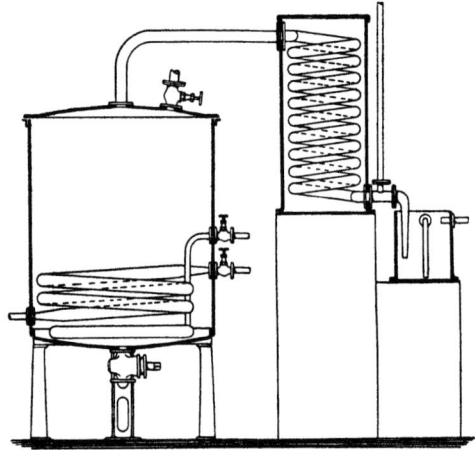

Fig. 125. Teerdestillierblase zum Abtriebe des noch im Teer enthaltenen Rohöles und Wassers.

Für einen Rohterpentin von besonderer Güte — etwa durch trockene Wärme von niedriger Temperatur oder durch Dampfdestillation vor der Verkohlung gewonnen — genügt eine einmalige Destillation in Blase B.

Wie aus Fig. 123 ersichtlich, kann das in der Wasserabscheidevorlage F aufgefangene Öl in drei verschiedene Leitungen abgelassen werden, die nach getrennten Aufspeicherungsbehältern führen; in die eine Leitung wird das als Vorlauf überkommende Leichtöl, in die zweite der einmal destillierte Rohterpentin und in die dritte das durch chemische Behandlung gereinigte handelsfertige Produkt abgelassen.

Die chemische Behandlung des Rohterpentins würde nun folgen, wozu er in den Waschapparat G gefüllt wird, dessen Bauweise etwa gleich der in den Fig. 127 und 128 gewählt werden kann. Zur gründlichen Durchrührung und Durchwaschung des Inhaltes sind hierbei zwei Schraubenflügel an einer mittleren stehenden Welle vorgesehen, von denen der eine dicht über dem Boden arbeiten und das Niedersetzen der schweren Bestandteile des Gemisches verhindern muß. Man kann das Durchmischen statt mit einer derartigen mechanischen Rührvorrichtung aber auch mit Gebläseluft besorgen.

Den Waschapparat macht man vorzugsweise ebenfalls aus Kupferblech und versieht ihn im Deckel mit drei Rohrstutzen (Fig. 127) für die Einführung von Öl, Wasser und Chemikalien, gleichfalls mit einem Entleerungs-

Reinigungsverfahren.

hahn im Boden und einem Flüssigkeitsstandrohre, das über den größten Teil der Höhe sich hinzieht.

Der zu reinigende Rohterpentin wird hierin erst mit starker Natronlauge behandelt. Die Mischung überläßt man darauf der Ruhe, damit die Lauge zum Absetzen kommt und durch den Ablaßhahn am Boden abgezogen werden kann. Die Trennungslinie zwischen Öl und Lauge läßt sich in dem Flüssigkeitsstandrohre beobachten. Nach der Behandlung mit Natronlauge folgt erst eine gründliche Waschung mit reinem Wasser und danach die Durchmischung mit konzentrierter Schwefelsäure. Dieser Behandlung mit Schwefelsäure folgt wiederum eine Waschung mit etwas Natronlauge und danach mit Wasser, worauf das Öl für die letzte Destillation bereit ist, zu welchem Zwecke es mittels Dampf oder Luft in die Blase B der Rektifiziersäule (vergleiche Fig. 123 und 124) gedrückt wird.

Zu Beginn dieser Destillation scheidet sich nun oftmals noch ein Teil der Leichtöle oder deren Derivate ab, man destilliert deshalb erst mit indirektem Dampfe bis zu ungefähr 150° C. hinauf.

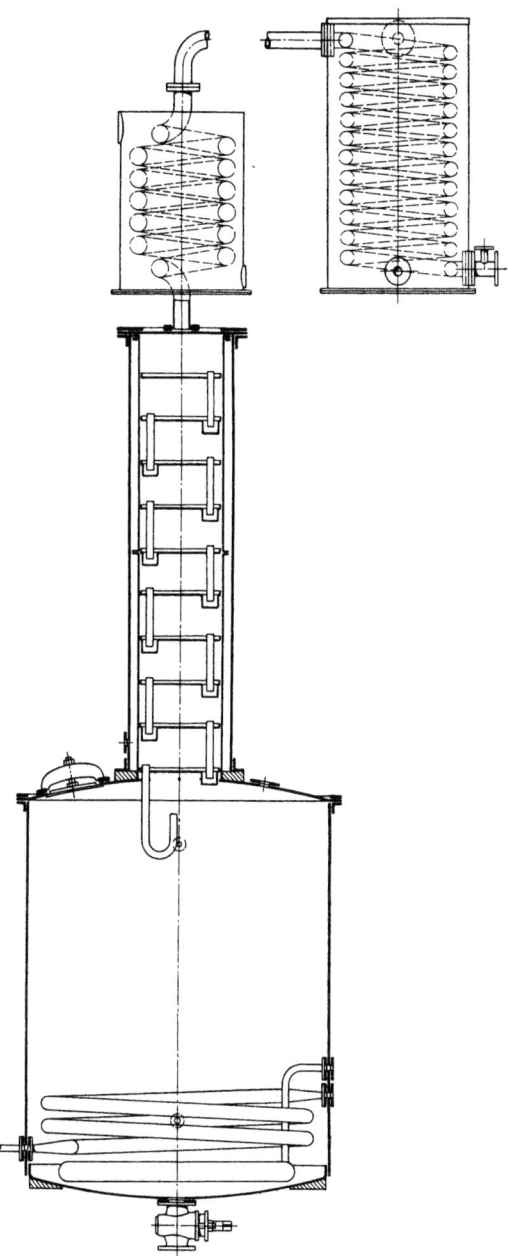

Fig. 126. Säulendestillierapparat mit Rückfluß- und Verflüssigungskühler für die Reinigung von Rohterpentin.

Darüber kommt dann die Terpentinfraktion, die

die fertige Handelsware abgibt. Man geht mit dem Abtriebe bis zu etwa 185° C. oder nimmt jetzt direkten Dampf zu Hilfe, wobei dann die Natronlaugen- oder Kalkmilchvorlage H wiederum eingeschaltet werden kann.

Den bei den verschiedenen Abtrieben in der Blase B zurückbleibenden Destillationsrückstand kann man mit dem Teer vermischen.

*   *   *

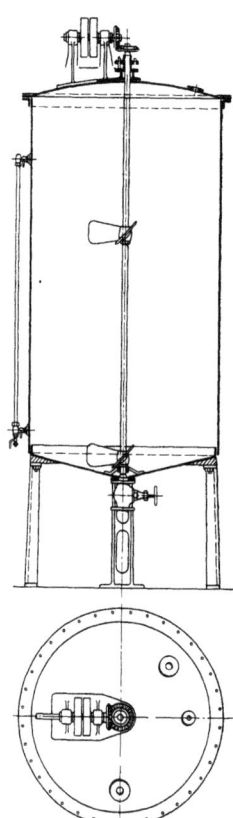

Fig. 127 und 128. Waschapparat für Rohöle.

Es verbleibt uns für diese Stelle, kurz auf die Wirkungsweise eines Säulendestillierapparates einzugehen; es kann sich dabei natürlich nur um ein Eingehen allgemeiner Natur handeln. In der Spiritusindustrie haben diese Apparate besonders ihre Entwickelung erfahren, man findet sie aber heutzutage für die verschiedensten Zwecke verwandt. Die Tätigkeit, auf der ihre Wirkung beruht, ist jedoch stets die gleiche, nämlich die Trennung zweier oder mehrerer Bestandteile mit mehr oder weniger unterschiedlichen Siedepunkten. Liegen die Siedepunkte zweier zu trennenden Stoffe weit auseinander, so genügt eine gewöhnliche Destillation, bei welcher der leicht siedende Stoff verdampft und der schwer siedende zurückbleibt. Liegen die Siedepunkte der zu trennenden Stoffe dagegen dicht zusammen, so ist die Aufgabe eine schwierigere. Bei vorsichtigem Abtrieb läßt sich ein Teil des leichter siedenden Stoffes schon ausscheiden, es geht aber zugleich mehr oder weniger des nur um ein Weniges höher siedenden Stoffes unvermeidlicherweise mit über. Durch wiederholte Destillation läßt sich auf diese Weise das Mengenverhältnis der beiden zu trennenden Stoffe beträchtlich verschieben, der leichter siedende Bestandteil wird in seiner Menge mit jedem Abtriebe geringer und geringer werden. Diese wiederholte Destillierung tritt nun in einem Säulendestillierapparat so dicht hintereinander auf, das scheinbar ein einziger Arbeitsgang daraus entsteht. Die Dämpfe werden dabei nur so weit abgekühlt, als zu ihrer Überführung in den flüssigen Zustand nötig ist; sie werden darauf sofort wieder verdampft und wieder verdichtet, und dieser Vorgang wiederholt sich so oft, als Teller in der Säule des Apparates vorhanden sind (vergleiche hierzu die Fig. 126). Diese Teller haben aber keine Kühl- oder dergleichen Vorrichtung, mit der ihre Temperatur geregelt werden kann. Da nun die Säule mit der durch Dampf geheizten Destillierblase durch den ständig aufsteigenden Dämpfestrom in Verbindung steht, also in ihrer Temperatur ganz von der in der Nähe einer Eisenbahnlinie und möglichst auch so liegen, daß irgend ein gelegener Wasserweg nutzbar gemacht werden kann. Billige Fördermittel sind besonders für solche Anlagen von besonderem Werte, in denen Holzkohlen und Teer gewonnen werden; diese beiden Produkte sind sehr umfangreich im Verhältnisse zu ihrem inneren Werte.

Ein Knotenpunkt zweier entgegengesetzter Eisenbahnlinien würde in Verbindung mit dem Vorhandensein eines Wasserweges eine selten zu findende, ideale Lage für eine Destillationsanlage abgeben.

Ferner kommt für eine Verkohlungsanlage in Betracht, daß für die Holzkohle ein nahe beiliegender Markt gefunden werden muß.

Hat man nun unter gehöriger Berücksichtigung all dieser Punkte über den Ort der Anlage entschieden, so wären zunächst die für das Holz erforderlichen, der Destillation vorhergehenden Vorbereitungsarbeiten zu betrachten. Für diese Industrie sollte man das Holz in möglichst lufttrockenem Zustande nach Gewicht kaufen und die Stärke der Knüppel auf 150 Millimeter Durchmesser einschränken. Bei Knüppelholz läßt sich nie voraussagen, wieviel Öl ein Raummeter hergeben wird, da das Holz in dieser Form im allgemeinen zu verschieden lang und krumm ist, als daß die Raummeterhaufen auch nur annähernd von gleicher Menge werden würden. Zudem ist harzreiches Holz schwerer; kauft man nun nach Gewicht, so bedeutet das ein Ansporn für die Holzsammler, vorzugsweise nur harzreiches Holz zu liefern.

Nachdem das Holz angefahren ist, muß es im allgemeinen noch weiter bearbeitet werden, ehe es für die Beschickung der Retorten bereit ist. Handelt es sich um die nur Terpentin als Ausbeute liefernde Dampfdestillation, so gilt als Regel, daß das Ergebnis um so besser ausfallen wird, je feiner das Holz zerschliffen ist. Der genaue Grad der Zerkleinerung, der in einem gegebenen Falle die wirtschaftlichste Betriebsweise sichern würde, muß durch Versuche ermittelt werden. Er würde sich aus dem Vergleiche der durch das Zerkleinern des Holzes verursachten Arbeitskosten und des verursachten Zeitaufwandes mit dem sich in einem gewissen Zeitraume herausstellenden Unterschiede in der Ausbeute ohne Schwierigkeiten ergeben.

Es ist eine noch offene Frage, ob es für die trockene Destillation vorteilhafter ist, das Holz lang zu verwenden oder es in kurze Stücke zu zersägen.

Der beim Zersägen als Sägemehl auftretende Holzverlust sowie die für diese Arbeit aufzuwendenden Arbeitslöhne müssen in Betracht gezogen werden. Der Vergleich wäre zwischen den in einem gewissen Zeitraume gewonnenen Ausbeuten und den Vorbereitungskosten zu ziehen. Es wird im allgemeinen angenommen, daß die Harze und Destillationsprodukte aus den offenen Enden der Holzstücke ausquillen; je mehr Stücke man macht, um doppelt soviel Enden würde man also jedesmal erhalten. Zum großen Teile trifft das auch zu, und man könnte deshalb annehmen, daß das Zerschleifen vom größten Nutzen sein müßte. Doch das ist wiederum nur gültig, soweit es sich um die Abtreibung des Terpentins handelt; sobald danach die trockene Destillation einsetzt, machen sich auch schon die Schwierigkeiten bemerkbar: der Betrieb geht nicht mehr glatt von statten, die dem Retortenmantel zunächst liegenden feinen Holzstückchen verkohlen leicht und schnell und bilden einen die Wärme schlecht leitenden Mantel um den Rest des Retorteninhalts.

Der Verfasser hat beobachtet, daß, wenn auch an den Enden der Holzstücke die meisten Destillate zum Vorschein kommen, nicht geringe Mengen doch auch auf der ganzen Oberfläche herausquillen. Es wird höchstwahrscheinlich erforderlich sein, in jeder Anlage eine bestimmte Prüfung daraufhin vorzunehmen, um auf diese Weise die für sie geeignetsten Bedingungen herauszufinden.

Zuweilen wird die Frage, welches Brennmaterial zu verwenden sei, eine nicht leicht zu entscheidende sein. Für eine Verkohlungsanlage empfehlen viele, die erzeugte Holzkohle für die Feuerungen zu verbrauchen; andere hingegen schlagen Rohöl vor; weiter kommt noch außer Steinkohle Sägemehl und Holz in Betracht. Nicht das billigste Material sollte dafür verwendet werden, sondern dasjenige, das für die Anlage von geringstem Werte ist. Zum Beispiel kann einem die Herstellung einer Tonne Holzkohlen 20 Mark kosten und sie würden sich doch als Feuerungsmaterial billiger stellen als Steinkohlen, die 30 Mark die Tonne kosten. Ließe sich dahingegen die erzeugte Holzkohle zu einem Preise von 40 Mark die Tonne verkaufen, so würde es für die Anlage vorteilhafter sein, Steinkohlen für die Feuerungen zu verwenden.

In der gleichen Weise mag einem die Herstellung einer Tonne des Rückstandes der Dampfdestillation 4 Mark kosten, und dieser Rückstand kann trotzdem als Feuerungsmaterial billiger sein als Holz, das 3 Mark der Raummeter oder vielleicht 8 Mark die Tonne kostet. Könnte man dagegen den Rückstand für die Herstellung von Oxalsäure zum Preise von 10 Mark die Tonne verkaufen, so würde es unvorteilhaft sein, ihn zu verbrennen. Natürlich ist diese Art Berechnungsweise bekannt genug, als daß wir weiter darauf einzugehen brauchten.

Die bei der Ausführung der verschiedenen Verfahren für einen Raummeter Holz erforderliche Brennstoffmenge ist je nach dem Trockenheitsgrade des Holzes und auch nach seinem Gehalte an Pech verschieden. In der Laubholzdestillationsindustrie stehen gewisse Tatsachen in bezug auf den auf einen Raummeter Holz kommenden Brennstoffverbrauch fest, und für Nadelholzdestillation würde der Verbrauch beträchtlich höher sein.

Ist eine Destillationsanlage nicht besonders günstig gelegen, so macht sich die Brennstofffrage immer als eine ziemlich ernste bemerkbar.

In bezug auf die Verarbeitung von Sägemehl nach dem Dampfdestillationsverfahren — mit einer Destillationsdauer von einer Stunde und einer Terpentinausbeute von 4—13 Liter aus einer Tonne — wird

VIII. Allgemeine Betrachtungen über die Bedingungen zur Errichtung von Destillationsanlagen.

Für den, der die Errichtung einer Anlage zur Destillation von Holz vorhat, sind die im Folgenden aufgezählten verschiedenen Bedingungen und Erfordernisse von wesentlichem Werte, soll das Unternehmen gelingen. Diese Betrachtungen können sich natürlich nur auf allgemeine Fälle und Verhältnisse beschränken, für Ausnahmefälle jedoch wäre noch manches andere in Rücksicht zu ziehen.

Der erste wesentliche Punkt bildet die Lieferung eines Rohmaterials von geeigneter Güte. Hierbei darf es sich nicht um eine oberflächliche Schätzung handeln, die Menge und Güte des zu habenden Holzes muß ganz bestimmt bekannt sein, um danach die Größe der Anlage und der einzelnen Apparate bemessen zu können. Besitzt man das Rohmaterial bereits selbst, so ist das natürlich das beste, es empfiehlt sich aber nicht, es in größeren Mengen zu kaufen, bevor nicht das Gelingen der Anlage zweifellos feststeht. Anderseits muß man sich darauf gefaßt machen, daß die Besitzer des Rohmaterials sofort versuchen werden, den Preis höher zu schrauben, sobald sich ihnen eine Gelegenheit zum Absatze in größeren Mengen eröffnet. Gegen eine derartige Möglichkeit muß man sich schützen. Für alle solche Fälle wird es ratsam sein, ein Abkommen im voraus zu treffen, nach dem einem das Kaufrecht zu einem vereinbarten Preise für einen gewissen Zeitraum gewahrt bleibt.

Zur Abschätzung der Güte des im gegebenen Falle zu habenden Rohmaterials genügt ein einfacher Spaziergang über die in Betracht kommende Waldfläche wahrlich nicht. Dafür muß man von einer gewissen Strecke, die einem als Durchschnitt für die ganze Fläche dünkt, das Holz sammeln lassen. Es wäre dann auszulesen und in seine verschiedenen Arten zu zerlegen. Diese verschiedenen Mengen sind nun auf ihren Ölgehalt zu untersuchen. Hat man auf diese Weise einige Zahlen erhalten, so lassen sich darauf schon fernere Berechnungen und Schätzungen in bezug auf den zu erwartenden Gewinn des Unternehmens aufbauen. Fabrikanten von Maschinen und Apparaten versprechen alles, von einer Terpentinausbeute von 5 Liter aus Sägemehl an bis zu 50 Liter aus harzreichem Holze. Im allgemeinen beruhen diese Versprechungen auf Untersuchung — wenn eine solche überhaupt ausgeführt wurde — eines Knüppels oder einer kleinen Menge Holz, die niemals eine weitergehende sichere Schätzung gestattet.

Hat man so mit Sorgfalt die in Frage kommende Menge Rohmaterial ermittelt, so käme der nun zunächst zu betrachtende Punkt, nämlich die allgemeine örtliche Lage an die Reihe. Manches für die Destillation ausgezeichnete Holz befindet sich in so unzugänglichen Gegenden, daß es deshalb allein von vornherein als nicht in Frage kommend ausscheidet. Demgegenüber kann man an günstigen Plätzen minderwertiges Holz oftmals so billig kaufen, daß es eine viel sichere Aussicht auf Gewinn bietet. Wenn irgend möglich, sollte man sich die Holzlieferstelle dort suchen, wo sie auf Flüssen oder Kanälen oder auf dem Schienenwege erreicht werden kann. Was das Aufladen sowohl als die Beförderung selbst anbelangt, würde der Wasserweg sich stets als der billigste erweisen. Aber im allgemeinen bringt er den Nachteil mit sich, daß das nahe den Ufern gelegene Holz für Schiffsbauzwecke bereits gefällt worden ist; was übrig geblieben, ist natürlicherweise minderwertig. Bei Versand auf dem Schienenwege stellt sich das Aufladen etwas kostspieliger, was zwar zum Teile wieder, verglichen mit der Förderung auf dem Wasserwege, durch das billigere Abladen ausgeglichen wird. Wo Straßenbahnen angelegt sind, findet meistens das nahe dabei wachsende Holz ebenfalls für Bauzwecke Verwendung.

Ein Vorteil kommt diesem vorherigen Einsammeln in dem Umstande entgegen, daß Arbeitskräfte, die an diese Art Arbeit gewöhnt sind, leicht zu haben sind. Vielfach haben sie eigene Gespanne und übernehmen die Arbeit vertragsweise, womit dem Unternehmen eine der größten Schwierigkeiten erspart wird. Schon der geringe Unterschied von 0,50 bis 0,75 Mark in den Kosten für einen Raummeter kann die schönsten Aussichten eines Unternehmens dieser Art zu nichte machen.

Eine nicht weniger wichtige Sache bildet die örtliche Lage des Destillationswerkes selbst. Eine Dampfdestillationsanlage wird nur geringer Ausbesserungen bedürfen, nimmt keinen großen Raum ein und braucht nur verhältnismäßig wenig Arbeitskräfte, sie kann deshalb, läßt man etwaige andere Bedingungen dabei außer acht, unmittelbar im Walde selbst errichtet werden. Für eine Verkohlungsanlage dagegen, worin die Retorten oft außer Betrieb geraten und ausbesserungsbedürftig werden, würde es ratsam sein, sie so anzulegen, daß eine Reparaturwerkstatt oder dergleichen leicht zu erreichen ist. Die Schwierigkeit jedoch, auch nur eine geringe Anzahl Arbeiter zu finden, die bereit sind, im Walde zu leben, scheint anzudeuten, daß die geeignetste Lage für ein Destillationswerk doch wohl in gewisser Nähe einer nicht zu kleinen Stadt zu suchen ist, damit im Notfalle Arbeitskräfte von da her angeworben werden können.

Ein anderer für die Lage einer Destillationsanlage ausschlaggebender Punkt ergibt sich aus dem Absatze der Produkte. Sie muß für alle Fälle in der Blase entwickelten Wärme abhängt, so kann man sich den Fall denken, daß ihre Wirkung einmal durch zu starke Heizung der Blase gänzlich aufgehoben werden könnte, weil die Temperaturunterschiede dann zu gering würden. Man muß es also, will man eine solche Säule mit Nutzen anwenden, auch in der Hand haben, neben der Wärme- gleichfalls eine Kältezuführung ausüben zu können. Und dazu dient der sogenannte Rückflußkühler (in Fig. 124 mit B_1 bezeichnet); er bildet einen wichtigen Bestandteil einer solchen Rektifiziereinrichtung, da man mit ihm die Arbeit der Säule überwacht und leitet.

Die Rektifizierarbeit geht bei Terpentin in der folgenden Weise vor sich. Sobald die Wärme in der Blase genügend hoch gestiegen ist, daß sich Dämpfe entwickeln können, so beginnt auch sofort die Arbeit der Säule. Die Dämpfe, aus einem Gemische von Ölen mit verschiedenen Siedepunkten bestehend, steigen auf und treten durch die Durchlöcherungen des ersten Tellerbodens der Säule hindurch. Dabei erfahren sie eine Abkühlung, ein Teil der schwerer flüchtigen Bestandteile verdichtet sich sofort wieder und sammelt sich auf dem Teller an, die von unten nachkommenden weiteren Dämpfe verhindern die Flüssigkeit am Heruntertröpfeln. Die auf dem ersten Teller noch nicht beeinflußten Dämpfe steigen weiter, durchdringen die Löcher des zunächst darüber liegenden Tellerbodens und erfahren wiederum eine Abkühlung, die auf einen weiteren Teil einwirkt. Je weiter die nun noch folgenden Teller von der Blase entfernt liegen, je kühler sind sie, auf jedem verdichtet sich also ein Öl mit einem anderen Siedepunkte. Die von unten ständig aufsteigenden weiteren Dämpfe müssen durch alle diese Flüssigkeitslagen hindurch und darin die schwerer flüchtigen Bestandteile zurücklassen. Die durch den obersten Teller und ihre Flüssigkeitslage hindurch gestrichenen Dämpfe bestehen nur noch aus Leichtölen. Mit dem Fortgange der Destillation verschiebt sich aber das ganze Bild insofern wieder etwas, als die sämtlichen Böden wärmer und wärmer werden. Nun setzt der Rücklaufkühler ein, mit dem man einen Teil der die Säule verlassenden Dämpfe niederschlägt und auf die Säulenböden zurückschickt. Jeder Boden besitzt einen Überlauf, der den Überschuß der Flüssigkeit nach unten weitergibt. Diesen Weg geht jetzt die im Rücklaufkühler niedergeschlagene Flüssigkeit, von Boden zu Boden immer weiter nach unten, bis der Wärmeverlust schließlich wieder ausgeglichen ist, ihre Bestandteile je nach der Höhe ihrer Siedepunkte wiederum verdampfen und sich dem übrigen Dämpfestrom anschließen. Zwei entgegengesetzte Strömungen lassen sich also in der Säule unterscheiden: die Dämpfeströmung von unten nach oben und der Flüssigkeitsstrom von oben nach unten. Die bei der Verdampfung in der Blase etwa mitgerissenen Teile und Tröpfchen schwersiedender Stoffe können durch die Säule nicht entweichen; sind sie einmal wieder darin verdichtet, so ist die Möglichkeit, nochmals von Dämpfeblasen mitgerissen zu werden, geschwunden, denn die feine Durchlöcherung der Tellerböden verhütet die Bildung großer Blasen und bewirkt eine gleichmäßige Verteilung der Dämpfe.

Aus dieser kurzen Beschreibung der Destillationsvorgänge läßt sich wohl schon genügend klar ersehen, daß sich mit einem Säulenapparat die Zerlegung eines Flüssigkeitsgemisches auf das allerschärfste durchführen läßt. Die Verluste an gutem Terpentin wären zugleich die denkbar geringsten.

Für die Reinigung eines durch viele Leichtöle verunreinigten Terpentins, wie ihn die gewöhnliche Trockendestillation liefert, ist ein solcher Säulenapparat deshalb auch unentbehrlich.

von denjenigen, die nach diesem Verfahren praktisch arbeiten, behauptet, daß nur ungefähr ein Viertel des Rückstandes als Brennmaterial erforderlich sei. Das erscheint einem ziemlich wenig. Bei der Verarbeitung von harzreichem Holze, das eine Ausbeute von 16—18 Liter auf den Raummeter liefert, geht so ziemlich der gesamte Rückstand als Brennstoff zur Erzeugung des Destillationsdampfes darauf.

Für Anlagen mit verbundener Dampf- und Trockendestillation soll als Brennstoff nur ein Raummeter Holz für jeden destillierten Raummeter nötig sein. In einer Anlage dagegen, in der mit durch Gewölbebögen geschützten Retorten gearbeitet wird und wo man bei einer 24 stündigen Abtriebszeit eine Ölausbeute von 11 Liter auf den Raummeter erzielt, beträgt der Brennstoffverbrauch für die gesamte Anlage — also außer zum Beheizen der Retorten auch zum Pumpen des Kühlwassers, zur Erzeugung des elektrischen Lichtes und so weiter — 2,5 Raummeter Lattenholz für jeden destillierten Raummeter Rohgut. Und als man in derselben Anlage für die gesamten Feuerungen Rohöl als Brennstoff verwandte, stellte sich der Verbrauch auf nicht ganz zwei Faß für den Raummeter destillierten Holzes. In dieser Anlage, das muß wohl erwähnt werden, arbeitet man mit Retortenwagen.

In der Laubholzdestillationsindustrie verbrauchen kleinräumige Retorten neben dem mitverbrannten Laubholzteer etwa 55 Kilo Steinkohlen für jeden zu destillierenden Raummeter Holz; diese Kohlenmenge käme ungefähr 0,5 Raummeter Holz gleich. Die großräumigen amerikanischen Verkohlungsretorten erfordern etwa 42 bis 65 Kubikmeter Naturgas; 850 Kubikmeter dieses Gases haben einen Heizwert, der dem einer Tonne Steinkohlen nahe kommt.

Hieraus geht schon zur Genüge hervor, daß der Brennstoffverbrauch je nach den verschiedenen Retortenkonstruktionen und je nach der Art der Betriebsarbeit stets schwanken wird; es kann aus dem Grunde an dieser Stelle nur ein allgemeiner Anhalt gegeben werden. Die Durchführung der Dampfdestillation erfordert ungefähr ein Viertel bis drei Viertel eines Raummeters als Brennstoff für jeden zu destillierenden Raummeter Holz, und bei der trockenen Destillation von Nadelholz hat man für die gleiche Menge ein bis zwei Raummeter Brennholz oder die gleichwertige Menge eines anderen Brennmaterials vorzusehen. Dieser nicht unbeträchtliche Unterschied ist der Art der Anordnung der Feuerung und Feuerzüge und dem Verfahren, nach dem man arbeitet, zuzuschreiben.

Nun käme die Frage: Welche Art von Apparaten sind notwendig und in welchem Umfange? Ihre Beantwortung hängt zunächst davon ab, für welches Verfahren man sich entscheidet und eine wie hohe Ausbeute das in Aussicht genommene Holz verspricht. Harzreiches Holz bedarf einer längeren Destillationsdauer und macht deshalb die Beschaffung einer zahlreicheren Apparatur nötig, soweit es sich um eine von vornherein gewünschte Leistung in einem gewissen Zeitraume handelt.

Wendet man zum Beispiel zur Verarbeitung von Sägemehl und Lattenabfällen die Dampfdestillation an, so wäre für eine solche Anlage, unter der Voraussetzung, daß sie unabhängig von einer Sägemühle errichtet wird, die Beschaffung eines Dampfkessels von solcher Leistungsfähigkeit erforderlich, daß damit der nötige Dampf zum Destillieren, zum Pumpen des Wassers, zum Betriebe der für die Förderrinnen, der Holzschleifmaschine und der etwa innerhalb der Retorten angebrachten Rührvorrichtungen aufzustellenden Dampfmaschine erzeugt werden kann. Die Größe dieser letzteren Rührvorrichtungen samt der Retorte ergibt sich aus der täglich zu verarbeitenden Rohmaterialmenge.

In bezug auf einige der verschiedenen Verfahren empfiehlt es sich, die Anlage aus einheitlichen Apparatesätzen zusammenzustellen, wobei man den einzelnen Apparatesatz so groß als möglich macht, um eine wirtschaftliche Betriebsweise zu sichern. Man nehme zum Beispiel eine stehende Dampfdestillationsretorte an, die oben eine Öffnung zum Beschicken und unten eine Entleerungstür oder -klappe habe. Es ist ohne weiteres einzusehen, daß, wenn die gesamte Tagesleistung in einer einzigen Retorte dieser Art abdestilliert werden soll, die letztere in manchen Fällen eine solche Größe erhalten müßte, die wiederum besondere Maschinen zum Öffnen und Schließen der Deckel und Türen nötig machen würde, wogegen sich diese Tätigkeit leicht von Hand oder vermittels einfacher Hebelanordnungen ausführen ließe, machte man die Retorte kleiner und setzte mehrere davon an die Stelle der einen. Nicht außer acht zu lassen ist auch, daß bei Anwendung einer sehr großen Retorte ebenfalls die Dampfkesselanlage entsprechend größer sein müßte, denn der Dampf wird zuzeiten in besonders umfangreichen Mengen gebraucht. Steht er in dem Augenblicke — zum Beispiel zu Beginn eines neuen Abtriebes — nicht in genügendem Umfange zur Verfügung, so läßt sich der Fall denken, daß der in zu geringer Menge eingeblasene Dampf in der Retorte sich unmittelbar wieder verdichtet und überhaupt keine Wirkung hervorruft, das heißt verschwendet sein würde.

Es wäre aber doch stets ratsam, die Retorten und ihre Zubehörteile so groß als möglich zu nehmen, soweit das mit einer stetigen Betriebsarbeit angängig erscheint; ausgenommen hiervon ist von vornherein der Fall, wo die vorhandenen Arbeitskräfte dann nicht zu vollem Vorteile beschäftigt werden können. Kann die Arbeit mit größerem Erfolge in abwechselnd abzutreibenden Retorten ausgeführt werden, dann wären die letzteren nur halb so groß zu machen.

Das Dampfdestillationsverfahren besitzt gegenüber allen übrigen auch den Vorteil, daß zu seiner Ausführung eine Nachtmannschaft nicht erforderlich ist, da die Destillationsdauer ja nur 1 bis 6 Stunden beträgt.

Was die Bedingungen des Dämpfens anbetrifft, sollte man nach allen Dampfdestillationsverfahren das Öl in gleich guter Weise gewinnen können. Der Unterschied entstände nur aus der Destillationsdauer. Mit den Einrichtungen aber, bei denen Rührapparate zur Durcharbeitung des Rohgutes während des Abtriebes zur Anwendung kommen, sollte man erwartungsgemäß nicht nur die besten Ergebnisse, sondern diese auch in kürzester Zeit erzielen können. Aus diesem Grunde wendet man drehbare Retorten an, und wenn die damit erreichte Zeitersparnis oder die versprochene höhere Ausbeute die höheren Anlagekosten gerechtfertigt erscheinen lassen, so werden sie in Zukunft eine ausgebreitete Anwendung finden.

Wesentlich in einer Dampfdestillationsanlage wird aber stets die Art und Weise der Behandlung des Rohmaterials sein; die im Betriebe billigsten mechanischen Vorrichtungen werden vielfach den Ausschlag geben, was die wirtschaftliche Balanzierung eines solchen Unternehmens betrifft.

In Kostenaufstellungen für Destillationsanlagen jeder Art sollten die Einsätze für Unvorhergesehenes stets reichlich bemessen werden, im besonderen in Rücksicht auf Ausbeuten, Brennstoffverbrauch und Marktverhältnisse.

Hat man sich für die Herstellung von Holzkohlen entschieden, so läge die Wahl zwischen einem kombinierten Dampf- und Trockendestillationsverfahren und der Trockendestillierung ohne Dampfanwendung. Die wichtigste Sache in Verbindung mit diesen Verfahren ergibt sich vielleicht aus der Art und Weise der Entleerung und weiteren Handhabung der erzeugten Holzkohle. Eine Anlage mit Einrichtungen zur Entfernung der Kohle in heißem Zustande, wobei die Retorte also nicht abzukühlen braucht, wäre stets vorzuziehen, weil das nicht nur eine Ersparnis an Brennmaterial, sondern auch an Zeit mit sich brächte.

Gewöhnliche Trockendestillation sollte in einer Retorte mit ungefähr 3 Raummeter Fassungsvermögen in 21 bis 22 Stunden auszuführen sein, so daß also jeder Retorteninhalt einmal in 24 Stunden abgetrieben werden kann. Zuweilen versucht man wohl auch, die Destillation in weniger Zeit zu beenden, die dabei verursachte Beschädigung der Retorte ist jedoch ziemlich erheblich.

Retortenwagen sind sowohl für großräumige als auch für kleine Retorten im Gebrauch, um ihnen aber eine genügende Steifigkeit geben zu können, ist man gezwungen, sie aus so starkem Material zu machen, daß dadurch die Heizwirkung beeinträchtigt wird. Das kann man leicht bei solchen Wagen feststellen, die oben offen und deren Böden mehr oder weniger voll hergestellt sind. Dabei tritt es oft auf, daß das oben liegende Holz völlig, das auf dem Boden liegende aber nur teilweise durchkohlt ist, und zwar trotzdem die Hitze vom Boden der Retorte aufstieg.

Bringt man dagegen das Holz unmittelbar mit den Retortenwandungen in Berührung, so wird dadurch die Güte des Terpentins stark beeinträchtigt. Aus diesem Grunde empfiehlt es sich, die Holzbeschickung durch besondere Behälter oder dergleichen vor der Berührung mit den heißen Wänden zu bewahren und diese Behälter zugleich zur schnellen Entfernung der Kohle zu benutzen. Möglichst weit offene Gitterwagen mit Kratzeisen am Untergestell, die beim Herausziehen den Retortenboden von Abfällen und Kohlendreck reinigen, werden sich höchstwahrscheinlich noch am besten bewähren. Wegen des koksartigen Ansatzes auf dem Retortenboden, der von dem von den Wagen niedertropfenden Teere herrührt, sind lange Retorten, solange sie noch heiß sind, schwer zu reinigen, und da diese Reinigung nun einmal unbedingt ausgeführt werden muß, soll der Retortenboden nicht durchbrennen, so muß man auf die Anbringung einer solchen Kratzvorrichtung von vornherein sehen.

Ob kleine Retorten oder großräumige sich für die Destillation von Nadelholz besser eignen, ist eine noch zu entscheidende Frage. Wendet man kleinräumige Retorten an, so ist der Gebrauch von Retortenwagen nicht zu empfehlen, da sie einen verhältnismäßig zu großen Raum fortnehmen, wodurch die volle Ausnutzung der Leistung einer einzelnen Retorte eingeschränkt wird. Da aber in anderen Beziehungen die Bedingungen so ziemlich die gleichen sind, und obwohl der Verfasser für die weitaus meisten Fälle kleine Retorten vorziehen würde, so ist doch kein Grund vorhanden, warum nicht großräumige Retorten, wenn sie nach den in der Laubholzdestillationsindustrie angewendeten Grundsätzen konstruiert und mit rohem Öle oder mit Naturgas geheizt werden, sich ebenso gut für Nadelholz als für Laubholz bewähren sollten. Die Beheizung würde nach den gleichen Regeln durchzuführen sein, nur daß während der ersten Destillationsperiode eine entsprechend große Menge überhitzten Dampfes zum Abtriebe des Terpentins erforderlich wäre. Zur Verkohlung der Beschickung einer solchen Retorte hätte man etwa 65 Kubikmeter Naturgas auf jeden abzudestillierenden Raummeter Holz zu rechnen. Für eine solche Anlage würde man natürlich Retortenwagen verwenden, wie sie in der Laubholzdestillationsindustrie zu finden sind.

Die Anwendung großräumiger Retorten bringt zugleich die Frage der Feuerungsanlage und der Brennstoffkosten in den Vordergrund. Darüber herrscht kein Zweifel, daß die Verkohlung in Retortenwagen teurer kommt, was den Verbrauch an Brennmaterialien anbelangt. Und die Anwendung eines Gewölbebogens zum Schutze der Retorte ist vielfach Gegenstand von Erörterungen gewesen. In einer kombinierten Dampf- und Trockendestillationsanlage, wo mit 5,5 Meter langen Retorten gearbeitet wurde, fand man, daß die Gewölbebögen sich sehr gut hielten, wenn sie ordentlich hergestellt waren, daß sie sich aber gerade den unerwünschtesten Augenblick zum Einfallen aussuchten, sobald sie aus irgend einer Ursache Schaden gelitten hatten. Tritt ein solches Ereignis ein, so wird die Retorte durch dieses eine Mal mehr beschädigt, als durch eine lange Reihe von Abtrieben ohne Schutzbogen. Und ferner verbrauchte eine so geschützte Retorte gerade doppelt so viel Brennstoff, als man nötig hatte, solange keine Gewölbekappe vorhanden war. Bei der Befeuerung mit

Rohöl verbrauchte man für jeden zu destillierenden Raummeter Holz 1³/₄ Fässer Öl, während ein Raummeter Brennholz genügte, solange der Bogen noch nicht vorhanden war. Gewölbebögen unter kurzen Retorten scheinen geradezu dazu beizutragen, daß die Wärme der Heizgase fast sämtlich in den Schornstein geht; bei langen Retorten dagegen haben die Heizgase infolge der Länge der Züge eher Gelegenheit, ihre Wärme an die Mauerwände abzugeben, da sie mit ihnen eine verhältnismäßig längere Zeit in Berührung bleiben. Aus diesem Grunde findet man in der Laubholzdestillationsindustrie unter den 16 Meter langen Retorten meist Gewölbekappen, dagegen keine unter den 3 Meter langen zylindrischen Retorten. Obwohl man geneigt sein möchte, in diesem letzteren Falle ein sehr schnelles Durchbrennen der Retortenwandungen vorauszusagen, so hängt das doch anscheinend ganz und gar von der Art und Weise ab, wie die Befeuerung durchgeführt wird. Eine Gesellschaft in Florida arbeitete mit solchen Retorten 3 Jahre und eine Laubholzdestillationsgesellschaft im Norden der amerikanischen Staatenvereinigung gar 5 Jahre ununterbrochen, ohne daß sich selbst die Notwendigkeit herausgestellt hätte, mehr als eine Retorte unter sieben während dieses Zeitraumes einmal zu drehen. Als Gegenbeispiel hierzu mag der Fall dienen, daß an demselben Orte eine ganze Retortenreihe in weniger als einem Jahre durchgebrannt wurde.

Eine großräumige Retorte läßt sich nicht leicht ersetzen, wenn sie einmal durchgebrannt ist, man muß sie deshalb schon bis zu einem gewissen Grade besonders schützen. Solange eine Gewölbekappe in gutem Zustande bleibt und nicht mit dem Eisen der Retorte in unmittelbare Berührung kommt, bildet sie zweifellos einen wirksamen Schutz. Und wo das Feuerungsmaterial genügend billig zu stehen kommt, wird sie stets von Vorteil sein.

Der nächste Faktor, der bei der Beurteilung eines für die Herstellung von Terpentin, Teer und Holzkohle als Hauptprodukte bestimmten Verfahrens in Betracht zu ziehen wäre, bildet die erzielte Güte des gewonnenen Terpentins. Wenn auch die Reinigungsarbeit der Rohprodukte die wesentlichste Sache ist, was die Güte des daraus hervorgehenden Öles anbelangt, so muß nichtsdestoweniger betont werden, daß durch diejenigen der trockenen Destillationsverfahren, bei denen der Terpentin nicht vor dem Beginne der eigentlichen Verkohlungsperiode abgetrieben und in einer besonderen Vorlage aufgefangen wird, niemals ein Öl erster Güte gewonnen werden kann. Sobald das Kolophonium der Zersetzung anheimfällt, bildet sich Harzspirit, und dieser Harzspirit ist gewöhnlich in dem durch trockene Destillation gewonnenen Terpentine zu finden, dessen Güte dadurch herabgesetzt wird.

Läßt sich ein solches Öl, wie das wohl vorgekommen ist, zu dem gleichen Preise absetzen, wie ein Öl von höherer Güte, dann wäre natürlich die Ausscheidung des Harzspiritus kaum wünschenswert. Aber die Zeit kommt, wo nur reine Terpentine zu einem hohen Preise verkauft werden können und der gemischte Terpentin sich nur zu einem geringeren Preise absetzen lassen wird.

Zurzeit besteht eine Nachfrage nach einem farblosen und angenehm riechenden Öle, und ein solches zu gewinnen, danach sollte man trachten.

Über besondere Verfahren können wir an dieser Stelle nichts weiter ausführen; was man sich von ihnen verspricht, haben wir bei Gelegenheit ihrer Beschreibungen im einzelnen angegeben, und danach hätte man sie zu beurteilen.

Die mit Ausziehmitteln arbeitenden Verfahren mögen dann lohnend werden, wenn die Marktverhältnisse sich ihren Produkten angepaßt haben; ob sie am Ende einen Erfolg zeitigen werden, hängt zum größten Teile von der etwaigen Nachfrage nach Kolophonium (amerikanisches Harz) und Harzöl ab.

Marktverhältnisse.

Die wichtigste Sache bei der Destillation von Kiefern- und Tannenholz bildet der Absatz ihrer Produkte. Würden die in dieser Industrie beteiligten Leute statt sich wertlose Patente erteilen zu lassen und dadurch die Einkünfte der verschiedenen Patentämter zu vermehren, ihr Geld lieber in Anzeigen für Holzterpentin anlegen, so könnte ein solches Vorgehen bedeutend zur Lösung des vorliegenden Problems beitragen. Es gibt genug gute Verfahren, mit denen man ein Öl von bester Güte gewinnen kann, werden sie nur richtig gehandhabt.

Man hat viel über die Unkenntnis der Leute geschrieben, die den Holzterpentin meistens herstellen. Ein gut Teil mehr ließe sich jedoch über die Unkenntnis der Terpentinkäufer und -verbraucher sagen. So zum Beispiel wurde eine Probe eines nahezu chemisch reinen Pinens an eine Firnisgesellschaft gesandt: sie kam als den Anforderungen nicht entsprechend zurück. Anstatt das Öl gehörig zu prüfen, hatte man nur den Kork gelüftet und das Urteil nach dem Geruche des Öles gefällt. Und doch konnte dieses Öl nicht noch einmal für weniger als den doppelten Preis hergestellt werden.

Klagen werden über die Veränderlichkeit der Güte des Öles geführt; Schwankungen kommen aber auch in der Güte des Gartenterpentins vor. Hat man Aufspeicherungsbehälter von genügender Größe, so bietet das Ausbringen einer gleichbleibenden Ölsorte keine weiteren Schwierigkeiten.

Aber welchen Zweck hat die Herstellung eines ausgezeichneten Öles, wenn es keine höheren Preise erzielt, als minderwertige Sorten? Tausende von Litern eines nur zu einem geringen Grade gelbgefärbten Öles wurden verkauft, die leicht zu reinigen gewesen wären, hätte der danach erzielte Preis es nur als lohnend erscheinen lassen. Infolge des herrschenden Vorurteils gab es bislang für Holzterpentin nur einen Preis, ob er gut oder schlecht war. Mit einer gleichbleibenden, nach einigen der in diesem Buche beschriebenen Verfahren hergestellten Ölsorte ließen sich die großen Lack- und Farbenhäuser wohl leicht von dem Werte dieses Terpentins überzeugen. Aber der eigentliche Verbraucher, der Maler ist am schwierigsten zu überzeugen; die geringste Veränderung im Geruche des Öles erweckt seinen Argwohn. Sobald ihm nun ein Mißgeschick vorkommt, fällt sein Verdacht nur auf den einen Übeltäter. So hatte zum Beispiel ein zur Verwendung von Holzterpentin veranlaßter Maler seinem Bleiweiß, mit dem er ein Haus anstreichen wollte, einen Lacktrockner zugesetzt, damit die Farbe schnell trocknen sollte. Dieser Lacktrockner enthielt aber etwas Schwefelsäure. Das durch ihn verursachte schmutzige Aussehen des Hauses kam natürlich auf die Rechnung des Terpentins.

Allein die Tatsache, daß Chicagoer Farbenfabriken Holzterpentin in Tausenden von Litern verbrauchen, ist wohl der beste Beweis für seinen Wert. Diese Fabrikanten behaupten sogar, er wirke besser als anderer, sie zeigen sich aber nicht bereit, einen höheren Preis dafür zu zahlen. Auf der anderen Seite wiederum ist es Lackfabrikanten noch nicht gelungen, einen geeigneten Holzterpentin zu finden, der in seiner Zusammensetzung stets genügend gleichmäßig zu liefern ist, um ihren Anforderungen zu entsprechen.

Was sich über den Terpentinmarkt sagen läßt, gilt im großen und ganzen auch vom Teermarkte. Hierbei sind Klagen jedoch vielfach weniger unberechtigt, denn der Retortenteer ist nicht immer so gut, wie er sein könnte. Mit geringer Sorgfalt, indem man darauf sieht, daß die harzigen und öligen Produkte im Teere bleiben, könnte er leicht in einer den Anforderungen der Seiler entsprechenden Güte gewonnen werden. Man sollte ihn aber in größerem Umfange, als es zurzeit geschieht, nach seiner Zähigkeit verkaufen, da gewisse Teersorten wirklich vielfach zu dünn ausfallen, obgleich sie den Bedingungen in bezug auf spezifisches Gewicht entsprechen.

Der Markt für Teer ist begrenzt; da man aber in Amerika augenblicklich den Dampfdestillationsverfahren so sehr den Vorzug gibt, wird das Angebot höchstwahrscheinlich etwas nachlassen, wodurch Aussichten auf bessere Preise sich eröffnen.

Der Markt für Holzkohle ist ausschließlich ein örtlicher, wenn auch einige wenige Verkohlungsanlagen nach weiter abliegenden Hochöfen verkaufen. Der für Holzkohle etwa zu erzielende Preis läßt sich leicht ermitteln, aber nicht so leicht der in einem gegebenen Falle zu erwartende Verbrauch.

Kostenvergleiche.

Wir werden im folgenden einige Vergleiche über die Betriebskosten einer Dampfdestillations- und einer Trockendestillationsanlage anstellen. Die dabei angenommenen Werte bilden natürlich nur annähernde, andere Werte, die den besonderen Verhältnissen besser entsprechen, können leicht an ihre Stelle eingesetzt werden. Für eine Sägemehl verarbeitende Dampfdestillationsanlage muß man für den als Brennstoff verwendeten Holzrückstand einen gewissen Wert ansetzen, da dieser Rückstand immerhin in vielen Fällen verkauft werden könnte.

Eine Dampfdestillationsanlage bewältigt in einem gegebenen Zeitraume eine viel größere Menge Rohmaterial, so daß ein gewisser Holzvorrat damit viel früher erschöpft sein würde, als mit einem Trockendestillationsverfahren. Eine Dampfdestillationsanlage braucht jedoch nicht bei Nacht betrieben zu werden, da eine einzelne Destillation nur etwa 3 Stunden in Anspruch nimmt. Ein Trockendestillationsverfahren dagegen erfordert einen Nachtbetrieb, weil ein einzelner Abtrieb ungefähr 22 Stunden dauert.

In 24 Stunden kann man mit einer Dampfdestillationsanlage ungefähr achtmal soviel Holz verarbeiten, als mit einer Verkohlungsanlage.

Dampfdestillationsanlage.

Die Anlage samt Ausstattung	100 000 Mark
Abschreibungen für Retorten, 10 vom Hundert	4 800 Mark
Verzinsung zu 6 vom Hundert	6 000 „
	10 800 Mark

Betriebsunkosten.

1. Bei 24 stündigem Tagesbetriebe:

Abschreibungen und Verzinsung für 1 Monat	900 Mark
6500 Raummeter Holz, der Raummeter zu 3,25 Mark	21 125 „
Löhne und Gehälter, 1,15 Mark auf 1 Raummeter	7 475 „
Sonstige Ausgaben, 0,50 Mark auf 1 Raummeter	3 250 „
Gesamtausgaben für 1 Monat	32 750 Mark

Auf 1 Raummeter Holz kommen an Ausgaben ungefähr 5,04 Mark.

2. Bei 12 stündigem Tagesbetriebe:

Abschreibungen und Verzinsung für 1 Monat	900 Mark
3250 Raummeter Holz, der Raummeter zu 3,25 Mark	10 563 „
Löhne und Gehälter, 1,15 Mark auf 1 Raummeter	3 738 „
Sonstige Ausgaben, 0,50 Mark auf 1 Raummeter	1 625 „
Gesamtausgaben für 1 Monat	16 826 Mark

Auf 1 Raummeter Holz kommen an Ausgaben ungefähr 5,18 Mark.

Trockendestillation.

Die Anlage samt Ausstattung	100 000 Mark
Abschreibungen für Retorten, 20 vom Hundert	9 600 Mark
Verzinsung zu 6 vom Hundert	6 000 „
	15 600 Mark

Kostenvergleiche.

Betriebsunkosten.

Abschreibungen und Verzinsung für 1 Monat . . . . 1300,00 Mark
825 Raummeter Holz, der Raummeter zu 3,25 Mark . . 2681,25 „
Löhne und Gehälter, 2,00 Mark auf 1 Raummeter . . . 1650,00 „
825 Raummeter Brennholz, der Raummeter zu 2,25 Mark . 1756,25 „
Sonstige Ausgaben, 1,00 Mark auf 1 Raummeter . . . 825,00 „

Gesamtausgaben für 1 Monat 8212,50 Mark

Auf 1 Raummeter Holz kommen an Ausgaben ungefähr 9,94 Mark.

Erträge aus 1 Raummeter Holz.

1. Dampfdestillation.

Bei 24 stündigem Tagesbetriebe:

a) Harzreiches Holz:	b) Harzarmes Holz:
16 Liter Terpentin, der Liter zu 0,56 Mark . . . . 8,96 M.	5 Liter Terpentin, der Liter zu 0,56 Mark . . . . 2,80 M.
Betriebsunkosten . . . 5,04 „	Betriebsunkosten . . . 5,04 „
Gewinn für 1 Raummeter . 3,92 M.	Verlust für 1 Raummeter . 2,24 M.

Bei 12 stündigem Tagesbetriebe:

a) Harzreiches Holz:	b) Harzarmes Holz:
16 Liter Terpentin, der Liter zu 0,56 Mark . . . . 8,96 M.	5 Liter Terpentin, der Liter zu 0,56 Mark . . . . 2,80 M.
Betriebsunkosten . . . 5,18 „	Betriebsunkosten . . . 5,18 „
Gewinn für 1 Raummeter . 3,76 M.	Verlust für 1 Raummeter . 2,38 M.

2. Trockendestillation.

a) Harzreiches Holz:	b) Harzarmes Holz:
16 Liter Terpentin, der Liter zu 0,56 Mark . . . . 8,96 M.	5 Liter Terpentin, der Liter zu 0,56 Mark . . . . 2,80 M.
10 Liter Holzöl, der Liter zu 0,21 Mark . . . . 2,10 „	3 Liter Holzöl, der Liter zu 0,21 Mark . . . . 0,63 „
95 Liter Teer, der Liter zu 0,07 Mark . . . 6,65 „	50 Liter Teer, der Liter zu 0,07 Mark . . . 3,50 „
95 Kilogramm Holzkohle, 100 Kilogramm zu 4,50 M. 4,27 „	95 Kilogramm Holzkohle, 100 Kilogramm zu 4,50 M. 4,27 „
Gesamteinnahmen 21,98 M.	Gesamteinnahmen 12,20 M.
Betriebsunkosten 9,94 „	Betriebsunkosten 9,94 „
Gewinn für 1 Raummeter 12,04 M.	Gewinn für 1 Raummeter 2,26 M.

Auf Grund eines Jahresbetriebes von 300 Arbeitstagen ergibt sich folgende Gegenüberstellung.

1. Dampfdestillation.

Bei 24 stündigem Tagesbetriebe:

a) Harzreiches Holz:
80000 Raummeter, Gewinn für 1 Raummeter
3,92 Mark . . . 313600 M.
Kapitalverzinsung . . . 313,6 v. H.

b) Harzarmes Holz:
80000 Raummeter, Verlust für 1 Raummeter
2,24 Mark . . . 179200 M.
Verlust, auf das Anlagekapital bezogen . . . 179,2 v. H.

Bei 12 stündigem Tagesbetriebe:

a) Harzreiches Holz:
40000 Raummeter, Gewinn für 1 Raummeter
3,76 Mark . . . 150400 M.
Kapitalverzinsung . . . 150,4 v. H.

b) Harzarmes Holz:
40000 Raummeter, Verlust für 1 Raummeter
2,38 Mark . . . 99200 M.
Verlust, auf das Anlagekapital bezogen . . . 99,2 v. H.

2. Trockendestillation.

a) Harzreiches Holz:
10000 Raummeter, Gewinn für 1 Raummeter
12,04 Mark . . . 120400 M.
Kapitalverzinsung . . . 120,4 v. H.

b) Harzarmes Holz:
10000 Raummeter, Gewinn für 1 Raummeter
2,26 Mark . . . 22600 M.
Kapitalverzinsung . . . 22,6 v. H.

Es wird wohl schwer fallen, eine Jahreslieferung von 80000 Raummeter Holzabfälle zum Preise von 3,25 Mark für den Raummeter zu finden; in manchen Gegenden mag das jedoch schon möglich sein. In Schweden zum Beispiel rechnet man mit einem Holzpreise 2,25 Mark (2 Kronen) für den Raummeter.

Aus der letzten Gegenüberstellung geht hervor, daß eine Dampfdestillationsanlage bei der Vorarbeitung von harzreichem Holze in ein und demselben Zeitraume eine größere Kapitalverzinsung mit sich bringt, als eine Trockendestillationsanlage. Handelt es sich aber um harzarmes Holz, so scheint das gerade Gegenteil einzutreten; jedenfalls kann in manchen Fällen ein wirklicher Verlust erwartet werden.

Die scheinbar so hohen Einnahmen bei der Trockendestillation kommen auf dem Papiere dadurch zustande, daß wir die gleichen Werte für an und für sich ähnliche Produkte eingesetzt haben. Ein Terpentin von gleicher oder annähernd gleicher Güte könnte in einer Trockendestillation nur durch vorherigen Abtrieb mit überhitztem Dampfe gewonnen werden, und selbst dann erhält man jedenfalls eine etwas geringere Menge aus ein und demselben Holze. Durch gewöhnliche Trockendestillation erhaltener Terpentin wird, selbst wenn er einer gründlichen Reinigung unterzogen ist, kaum für 0,56 Mark der Liter abzusetzen sein.

Für diese Reinigungsarbeit muß man mindestens 0,10 Mark für jeden Liter rechnen, worin Abschreibungen und Verzinsung für Aparate und so weiter einbegriffen sind. Die Menge des durch einfache Trockendestillation erhaltenen Terpentins wird, infolge der Aufspaltung einer Reihe seiner Bestandteile in Leichtöle, für die bis jetzt noch keine Verwendung sich eröffnet hat, stets geringer sein. Der für Kienöl, worunter der durch Trockendestillation gewonnene Terpentin verstanden wird, gezahlte Preis schwankt zwischen 0,30 Mark und 0,45 Mark für das Kilogramm (etwa 0,26 Mark und 0,40 für den Liter). Und was die anderen Produkte der Trockendestillation anbelangt, so können sie vielfach überhaupt nicht abgesetzt werden. Das trifft besonders für Holzöl zu, das erst vor kurzem eine Verwertung in beschränktem Umfange für Kreosotfarben gefunden hat. Die Holzkohle kann vielfach nur zur Hälfte des für sie eingesetzten Preises verkauft werden. Eine Anlage ist dem Verfasser allerdings bekannt geworden, wo die obigen Preise für beschränkte Mengen erzielt wurden.

Die Aufarbeitung des Holzessigs auf Holzkalk und Holzgeist würde bei Nadelholz im allgemeinen keinen großen Gewinn einbringen, die Ausbeute ist zu gering und die Eindampfung des Wassers und die wiederholte Destillierung und Rektifizierung ziemlich kostspielig. Man würde etwa 9 Kilogramm essigsauren Kalk von 70 bis 75 Prozent und ungefähr 2 Kilogramm Holzgeist von 100 Prozent aus einem Raummeter erhalten. Kostet der aus Laubholzdestillationsanlagen hervorgehende 80prozentige Graukalk 160 Mark die Tonne, so würden sich danach für diesen geringerhaltigen Nadelholzkalk ungefähr 0,14 Mark für 1 Kilogramm erzielen lassen, oder 1,26 Mark für die aus einem Raummeter erhaltene Ausbeute. Rechnet man da noch 1,00 bis 1,50 Mark für Rohholzgeist hinzu, so ergibt sich ein Gesamtertrag von 2,26 bis 2,76 Mark aus einem Raummeter. Dem stehen an Ausgaben für Brennstoff zum Eindampfen und Destillieren allein 1,50 bis 2,00 Mark gegenüber; dahinzu kommen noch Abschreibung und Verzinsung für das in dafür erforderliche Apparate angelegte Kapital und mehrere andere Belastungen.

Für besonders große Nadelholzdestillationen, wo zur Eindampfung Abgase und Abdampf in umfangreichen Mengen und auch Arbeitskräfte durch geeignete Verteilung besser ausgenutzt werden können, würde man sich vielleicht einen kleinen Gewinn aus der Aufarbeitung dieser Nebenprodukte versprechen können.

Aus all diesem läßt sich schon erkennen, daß das Problem der Nadelholzdestillation keineswegs ein so einfaches ist, als es auf den ersten Blick erscheinen mag. Daraus erklärt sich das Bestehen einer so großen Anzahl von Verfahren, die anscheinend das Problem zu lösen imstande sind. Tritt man aber der Sache näher, was natürlich mit beträchtlichen Ausgaben verbunden ist, so erweisen sich diese mit so großen Hoffnungen begonnenen Unternehmen zumeist als unangenehme Fehlschläge.

Man sollte nie eine neue Anlage dieser Art gleich im Großen aufbauen, sondern immer erst mit einem kleinen Versuchswerke beginnen, bis sämtliche in Betracht zu ziehenden Umstände und Verhältnisse einer gewissen Gegend genau erforscht sind. Es empfiehlt sich deshalb, eine Anlage stets aus einheitlichen Apparatesätzen zusammenzustellen; bevor die erste Retorte oder Retortengruppe mit ihrem Zubehör nicht wirtschaftlich gesichert dasteht, sollte der Bau der zweiten nicht begonnen werden. Nach dieser Regel verfährt man hernach auch wieder bei der zweiten, dritten, vierten Gruppe, bis die Anlage eben vollständig ist.

In dieser Industrie hat es sich meist herausgestellt, daß die vor der Errichtung einer Anlage auf dem Papiere ausgerechneten Gewinne den nachher wirklich erzielten bei weitem überstiegen, und in vielen Fällen drehte sich das Ding herum: Die Verlustziffern überstiegen sogar den versprochenen Zahlengewinn.

Von den beiden Hauptverfahren, der Dampfdestillation und der Trockendestillation, bietet das erstere anscheinend sichere Aussichten bei einem harzreichen Holze und bei einem sehr billigen Rohmaterial, wie zum Beispiel Sägemehl. Mit einem Holze, das nur geringe Terpentinmengen liefert, würde die Dampfdestillation nicht genügend einbringen, um damit das Rohmaterial bezahlen zu können; anders ist es jedoch, wenn sich der Rückstand in einer nicht unlohnenden Weise verwerten läßt. Unter der Voraussetzung einer guten Nachfrage nach Holzkohle und Teer, würde für eine solche Holzart die Trockendestillation möglicherweise die erfolgreichere sein. Der ins Auge springende Vorteil einer Trockendestillationsanlage würde darin bestehen, daß man viel weniger Holz braucht, um Produkte vom selben Gesamtwerte zu erhalten. Mit einer Dampfdestillationsanlage ist ein gewisser Holzvorrat allzubald erschöpft.

Infolge der großen Unterschiede in bezug auf den Gehalt an harzigen Produkten zwischen verschiedenen Bäumen und auch verschiedenen Gegenden werden sich immerhin manche Fälle finden, wo es nicht möglich ist, Anlagen dieser Art erfolgreich zu betreiben.

Auf die Schwankungen der aus einem destillierten Raummeter sich ergebenden Ausbeuten verschiedener Nadelhölzer werden wir im nächsten Kapitel näher eingehen.

IX. Die Zusammensetzung des Holzes und der Destillationsprodukte.

Die Struktur des Nadelholzes ist der anderer Holzarten sehr ähnlich. Das kann jedoch nicht von den im Holz enthaltenen Stoffen gesagt werden, einige davon sind ganz der Familie der Nadelhölzer eigen.

Allgemein betrachtet besteht Nadelholz aus der Zellulose oder dem holzigen Zellgewebe und der äußeren Borke. In dem Zellgewebe sind all die Balsame, Harze, Salze und der Saft enthalten.

Die holzige Faser besteht in erster Linie aus zwei Hauptbestandteilen, der Zellulose und dem Lignin. Der Zellulose kommt die chemische Formel $C_6H_{10}O_5$ zu. 100 Teile bestehen aus 44,45 Teilen Kohlenstoff, 6,17 Teilen Wasserstoff und 49,38 Teilen Sauerstoff. In frisch gefälltem Zustande enthält das Holz eine ziemlich beträchtliche Menge Wasser, die in manchen Fällen bis zu 50 vom Hundert beträgt. Lufttrockenes Holz, das heißt 1 oder 2 Jahre an der Luft gelagertes Holz, enthält im Durchschnitte 20 vom Hundert Wasser als Feuchtigkeit. Dieses Wasser kann durch Erhitzung des Holzes auf $105°$ bis $110°$ C. für einen genügend langen Zeitraum verdampft werden; setzt man danach das Holz dem Einflusse der Luft wiederum aus, so wird es ungefähr dieselbe Feuchtigkeit wieder einsaugen. Sehr harzreiches Holz enthält zuweilen weniger als 10 vom Hundert Feuchtigkeit.

Nadelholz besitzt je nach seiner Art ein spezifisches Gewicht von 0,55 bis 1,15; die letzte Zahl bezieht sich auf sehr harziges oder pechiges Holz. Gewöhnlich ist harzreiches Holz härter als anderes und verfällt auch nicht so leicht.

Unter der Voraussetzung, daß das Holz trocken ist und keine großen Mengen Harze und Balsame enthält, ist die Zusammensetzung so ziemlich aller Holzarten verhältnismäßig die gleiche. Im Durchschnitte bestehen je 100 Teile aus 49,70 Teilen Kohlenstoff, 6,06 Teilen Wasserstoff, 41,30 Teilen Sauerstoff, 1,05 Teilen Stickstoff und 1,80 Teilen Asche. Das gilt natürlich nicht für harzreiche Hölzer. Entzieht man ihnen aber das Harz, so kommt die Zusammensetzung des Rückstandes diesen Zahlen bereits näher, als die Zusammensetzung des ursprünglichen Holzes.

Für den Destillateur bildet das Harz den wichtigsten Teil der Nadelhölzer. In ihm ist der Terpentin enthalten, und je mehr Harz ein Holz enthält, um so größer ist die Ausbeute an Öl und Teer. Bei den Nadelhölzern füllt das Harz den zwischen den einzelnen Zellen entstandenen Raum aus. Bei anderen Hölzern enthalten die porösen Teile Wasser, in den Nadelhölzern nimmt dagegen das Harz zum weitaus größten Teile den Platz dieses Wassers ein. Wieviel Wasser harzreiches Holz wirklich enthält, läßt sich nicht leicht ermitteln, da bei der Erwärmung des Holzes der Terpentin mitverdampft.

Man kann scheinbar zwei Arten von Harz unterscheiden: das im Kernholze und das im Holzsafte enthaltene. Der physiologische Vorgang der Bildung des Harzes in einem Baume ist nicht genau bekannt, man nimmt aber allgemein an, daß es als eine Folge des Einsickerns des Saftharzes in das Kernholz zu betrachten ist. Dieses Harz verliert dann bald seine Leichtflüssigkeit und läßt sich nicht durch äußeres Anschneiden des Baumstammes herausholen. Der Unterschied im Geruche zwischen einem durch äußere Verletzungen des Baumstammes und dem durch Destillierung des Holzes gewonnenen Terpentin ist höchstwahrscheinlich den Gerüchen der verschiedenen Verunreinigungen dieser Öle zuzuschreiben, die ihrerseits wiederum aus den zwei verschiedenen Harzarten herrühren. Besondere vom Forest Service der Vereinigten Staaten ausgeführte Untersuchungen haben erwiesen, daß die Verteilung des Harzes durch den ganzen Baum, von der Spitze bis zur Wurzel, nach keiner Regel vor sich geht. Die größte Harzmenge findet sich ebenso oft in den Gipfel- oder mittleren Teilen als in dem dicken Ende des Stammes. Trotzdem aber herrscht die Ansicht vor, daß in den Stümpfen stets mehr Harz enthalten sei, und diese Annahme scheint genügend begründet zu sein, um als Tatsache hingenommen werden zu können.

Die Ursache der Harzbildung läßt sich nicht leicht auseinander setzen, Harzgänge entstehen durch das Zusammen- und Voneinanderwegschrumpfen der Zellen. Der so gebildete Zwischenraum wird allmählich mit Zersetzungs- und Abscheidungsprodukten angefüllt, die dann Harz genannt werden. Diese Harzgänge hat man selbst schon während der Keimzeit gefunden, und ihre Bildung dauert an, bis der Baum abstirbt. Man hat sogar behauptet, daß diese Bildung noch nach dem Absterben des Baumes stattfindet, ein Beispiel dafür bildet die Umwandlung von alten Stümpfen in sogenanntes Light Wood,[1]) das außerordentlich schwer und harzhaltig ist und aus diesem Grunde vielleicht seinen Namen, Feuer- oder Lichtholz, erhalten hat, da es die Neger als zu Fackeln sehr geeignet fanden. Es mag sein, daß, nachdem der Baum gefällt ist, der Saft noch jedes Jahr aufsteigt und im Holze verbleibt, die Verharzung hört dann erst mit dem Absterben der Wurzeln auf. Der Verfall eines Baumstumpfes nimmt eine geraume Zeit in Anspruch, zeichnet man aus diesem Grunde den Stumpf nicht gleich besonders, nachdem der Baum gefällt ist, so läßt sich das Vorhandensein neuer Harzmengen nach dem Absterben schwerlich beweisen.

---

[1]) Vergleiche die Anmerkung 2 auf S. 252.

Nach dem schweizer Professor Tschirch, der kürzlich Untersuchungen nach der Ursache der Harzabsonderung ausführte, ist der Ort dieser Harzausscheidung in den schleimigen Lagen an den Innenwänden der Harzgänge zu suchen. Diese Harzgänge existieren bereits in dem unangezapften Baume, aber eine große Anzahl mehr, und zwar von einer mehr sekundären Art, bilden sich nach dem Anzapfen des Stammes. Diese letztere Wirkung entspringt also scheinbar einem Versuche der Natur, die durch die äußeren Verletzungen verursachten Wunden zu heilen. Offenbar beweist das, daß die Produktion des Harzes während der Lebenszeit des Baumes nicht als die Folge einer Auflösung angesehen werden kann.

Wird das Harz während des Wachstums des Baumes durch die Zersetzung der Zellulose und der Stärke gebildet, so wäre die Produktion der Kohlenwasserstoffe aus Kohlenhydraten durch einen Wechsel im Zellenwachstum und ebenso auch die Produktion der im Teere zu findenden Verbindungen vermittels der zersetzenden Wirkung von Wärme demonstriert.

Dieses Harz quillt heraus, wenn das Holz der Einwirkung mäßiger Wärme ausgesetzt wird. Beträchtliche Wärme ist dagegen schon erforderlich, will man sämtliches Harz auf diese Weise herausholen, und zwar als Folge der Haarröhrchenanziehung der Holzfaser. Wird die Wärme genügend gesteigert oder Dampf mit zu Hilfe genommen, so verflüchtigt sich der Terpentin aus dem Harze, und geht man mit der Wärme noch höher, so wird auch das Harz selbst überdestillieren. In den Grenzen nur geringer Erwärmung hält das Harz den Terpentin fast sämtlich zurück; er kann daraus durch eine nachfolgende Destillierung unter Anwendung von Dampf oder direkter Feuerhitze abgetrieben werden.

Dieses Harz enthält Terpentin, etwas Kiefernöl, Harzöl und Kolophonium. Es löst sich in Äther, Alkohol, Schwefelkohlenstoff und anderen Lösemitteln und vereinigt sich mit Alkalien zu teilweise löslichen Verbindungen. Starke Säuren zersetzen es, und wird es der Trockendestillation unterworfen, so destillieren erst der Terpentin und andere Öle über und das Kolophonium spaltet sich auf in Harzgeist, Harzöl, Gas und Pech. Das spezifische Gewicht des Harzes schwankt zwischen 0,8 und 1,15.

Was nach der Ausziehung des Harzes aus dem Holze zurückbleibt, ist zum größten Teil Holzfaser, die hauptsächlich aus Zellulose besteht.

Um Zellulose frei von Lignin zu gewinnen, muß man das Holz mit verschiedenen Lösemitteln, wie Äther, Alkohol, verdünnten Säuren und Alkalien, behandeln und zuletzt einer Waschung mit Wasser unterziehen. Zellulose ist ein Kohlehydrat und in dieser Hinsicht Stärke und Zucker sehr ähnlich, und wenn sie auch nicht in Stärke verwandelt werden kann, so kann man sie doch in Zucker überführen. Dieser Umstand ist an und für sich bemerkenswert, da es auf diese Weise nämlich möglich ist, aus Zellulose Äthylalkohol zu gewinnen, indem man sie erst in Zucker überführt.

Säuren und Alkalien greifen Zellulose an. Mit Salzsäure bildet sie Hydrozellulose und Holzzucker; unter der Einwirkung von Salpetersäure entsteht aus ihr Nitrozellulose, und je nach der Stärke der angewendeten Säure enthält man dabei noch andere Oxydationsprodukte. Starke alkalische Lösungen haben ebenfalls Einwirkung auf Zellulose; Ätznatron zum Beispiel gebraucht man zum Mercerieren von Baumwolle und geschmolzene Ätzalkalien verwandeln Zellulose in Oxalsäure. Diese letztere Reaktion ist wiederum bemerkenswert, da sie für die Behandlung von Sägemehl von besonderem Werte ist. Eine Mischung von Kupferoxyd und Ammoniak, unter dem Namen Schweizersches Reagenz bekannt, löst Zellulose auf, und fügt man danach dieser Lösung Säure zu, so bildet sich ein flockiger Niederschlag.

Viskose ist eine Zelluloseverbindung, die man erhält, wenn man Pflanzenfasern mit starker Natronlauge behandelt und mit Alkohol wäscht. Durch Behandlung dieser Verbindung mit Schwefelkohlenstoff bilden sich Thiokarbonate, die in Wasser löslich sind. Die Viskoidlösung dieser Thiokarbonate wird ebenfalls Viskose genannt.

Den interessantesten Zug in Verbindung mit der Behandlung von Holz bildet für den Destillateur die unter dem Einflusse von Wärme eintretende Zersetzung. Die dabei sich ergebenden Hauptprodukte sind: Holzessig, harzige Produkte, Holzalkohol, Holzöl, Teer, brennbare Gase und Holzkohle.

Im folgenden geben wir eine Aufzählung der verschiedenen Stoffe, deren Bildung bei der Trockendestillation von harzigem Holze erwartet werden kann. Diese Zusammenstellung wird zum Teile erklären, warum die Reinigung einiger der Destillationsprodukte keine so ganz einfache Sache ist. Der Rückstand der Trockendestillation ist Holzkohle.

Gase:

Kohlendioxyd, Kohlenmonoxyd, Wasserstoff, Methan, Acetylen. Äthylen, Propylen, Butylen, Pentin, Benzol.

Holzöl und Teer.

Benzol, Toluol, Xylol, Styrol, Naphthalin, Paraffin, Dimethyläther der brenzlichen Gallussäure, Methylpyrogallussäure und Propylpyrogallussäure, Phenol, die drei Kreosole, die Xylenole (1, 3, 4 und 1, 3, 5), Phloral, Pyrocatechin, Orthoäthylphenol, Guajacol, pyrogene Harze, Pinen, Sylvestren, Dipenten, Amylen, Hexylen, Pentan, Toluenhexahydrid, Toluentetrahydrid, Xylenhexahydrid, Xylentetrahydrid, Xylen, Cumenhexahydrid, Cumentetrahydrid, Cumen, Terebenthen, Cymenhexahydrid, Metiso-Cymen, Metapropyläthylbenzin, Diocten, Diterebentyl, Diterebentylen, Didecen, Propionaldehyd, Furfural und Methyl, Furfural, Methylfurfuran, Dimenthylfurfuran, Trimethylfurfuran, Pyroxanthin.

Holzessig und Holzgeist:

Furfural, Ameisensäure, Essigsäure, Propionsäure, Buttersäure, Valeriansäure, Capronsäure, Crotonsäure, Angelicasäure, Caprinsäure, Valerolacton, Pyrocatechol, Methylalkohol, Methylacetat, Aceton, Methylformiat, Methyläthylketon, Allylalkohol, Dimethylacetat, Essigsäurealdehyd, Methylamin, Äthylalkohol, Hydrocoerulignon, Isobutylalkohol, Isoamylalkohol, Methylpropylketon, Ketopentamethylen oder Cyclopentanon oder Odipinketon, Ketohexamethylen oder Pimelinketon, Alphamethyl-Beta-Ketopentamethylen, Pyridin, Methylpyridin, Valeraldehyd, Allylalkohol und Wasser.

Rückstand:

Holzkohle, Kohlenstoff, Wasserstoff, Sauerstoff und mineralische Bestandteile enthaltend.

Erhitzt man Holz in einer Retorte, so geht zuerst, bis die Temperatur auf 150° C. gestiegen ist, nur Wasser und etwas Furfural über. Bei harzreichem Holze destilliert auch bereits Öl mit über. Mit der Erreichung einer Temperaturhöhe von 160° C. hebt die Zersetzung an. Der gesamte zwischen 150° und 160° C. eintretende Gewichtsverlust des Holzes beträgt nur etwa 2 vom Hundert des Gesamtgewichtes, wovon der größte Teil aus Wasser besteht.

Die folgende Zusammenstellung zeigt in Übereinstimmung mit Versuchen nach Violett den innerhalb verschiedener Temperaturgrenzen eintretenden Gewichtsverlust in Teilen vom Hundert.

Temperatur in Celsiusgraden	Gewichtsverlust in Teilen vom Hundert
0°— 150°	(nur Wasser)
150°— 160°	2,0
160°— 170°	5,5
170°— 180°	11,4
150°— 280°	63,8
280°— 350°	6,5
150°— 430°	81,0
430°—1500°	1,7

Zuerst destilliert Essigsäure nur in ganz geringer Menge über, sie nimmt aber mit dem Steigen der Temperatur an Gehalt allmählig zu, bis die letztere etwa 280° C. erreicht, von da an wird der Essigsäuregehalt des Destillates wieder geringer. Bei der Temperatur von ungefähr 325° C. tritt eine plötzliche Gasbildung ein und die Wärme steigt schnell auf 375° C.; dieser Wärmezuschuß rührt aus der plötzlich stark zunehmenden Zersetzung des Holzes her.

Ist die Destillationswärme auf 430° C. angewachsen, so sind die flüchtigen Stoffe zum größten Teil abgetrieben und Holzkohle allein bleibt in der Retorte zurück. Einige Holzarten, die große Mengen an

Paraffinen enthalten, erfordern zum völligen Abtriebe eine höhere Temperatur, zuweilen bis zu 535° C.

Warum Zellulose, wenn sie der Trockendestillation unterworfen wird, in so viele verschiedene Stoffe aufbricht, ist schwer zu erklären. Das Molekül ist ziemlich kompliziert und zwar wahrscheinlich wegen der großen Anzahl von Atomen.

Mills gibt eine Erklärung dieses Prozesses mit Hilfe seines Begriffes von der „anhäufenden Auflösung" (cumulative Resolution). Beispiele dafür kommen häufig in der anorganischen Chemie vor, eines von denen, die Mills anführt, bildet das Mangandioxyd, daß sich unter dem Einflusse von Wärme in Manganoxyduloxyd und Sauerstoff aufspaltet und zwar in der folgenden Weise:

$$3\,MnO_2 = Mn_3O_4 + O_2.$$

Handelt es sich um Zellulose, so scheidet sich an Stelle des Sauerstoffs Wasser ab und neue Produkte werden gebildet. Mit der Temperatursteigerung nimmt auch die Wasserabscheidung zu. Nach Mills sieht der Vorgang so aus:

Zellulosealkoholoide	Äußerste Anhäufung
$C_6H_{10}O_5$	$C_6H_8O_4$
$C_6H_8O_4$	$C_6H_6O_3$
$C_6H_6O_3$	$C_6H_4O_2$
$C_6H_4O_2$	C_6H_2O
C_6H_2O	C_6

Wie sich aus dieser Zusammenstellung entnehmen läßt, entsteht jede nachfolgende Verbindung dadurch, daß sich ein Molekül Wasser, H_2O, jedesmal ausscheidet.

Wenn auch die fortschreitende Zersetzung in dieser Weise verlaufen mag, so lassen sich die endgültigen Ergebnisse doch wohl besser durch etwa den folgenden Vorgang veranschaulichen:

$$C_6H_{10}O_5 \;=\; 3\,C \;+\; 4\,H_2O \;+\; C_3H_2O$$
Holz	Kohlenstoff	Wasser	Gas und Teer
100	22,2	44,5	33,3

Aus dem sich bei der Zersetzung bildenden Gase läßt sich einiges über den Fortgang der Destillation ermitteln. Solange umfangreiche Sauerstoffmengen zugegen sind, wie es auf den ersten Destillationsstufen der Fall ist, wird man stets einen Überschuß von Kohlendioxyd, CO_2, in den Gasen antreffen; später nimmt der Sauerstoffvorrat schon ab und es bildet sich Kohlenoxyd, CO, und schließlich entstehen schwere Kohlenwasserstoffe und freier Wasserstoff. Das Vorkommen des letzteren ist wahrscheinlich die Folge eines Abbaues oder einer Herabminderung der Kohlenwasserstoffe in sehr heißem Zustande.

Methan, CH_4, zum Beispiel verliert Wasserstoff nach der Gleichung

$$2\,CH_4 = C_2H_2 + H_6.$$

Und wird es sehr stark erhitzt, so gilt die Gleichung

$$CH_4 = C + H_4.$$

In gleicher Weise sind vielleicht auch einige der anderen, in den gasförmigen Destillationsprodukten enthaltenen Kohlenwasserstoffe entstanden. Die Reaktion läßt sich so denken:

$$\underset{\text{Äthylen}}{3\,C_2H_4} = \underset{\text{Acetylen}}{2\,C_2H_2} + \underset{\text{Methan}}{2\,CH_4}$$

$$\underset{\text{Äthylen}}{4\,C_2H_4} = \underset{\text{Acetylen}}{2\,C_2H_2} + \underset{\text{Methan}}{3\,CH_4} + \underset{\text{Kohlenstoff}}{C}$$

$$\underset{\text{Äthylen}}{2\,C_2H_4} + \underset{\text{Kohlenoxyd}}{C} = \underset{\text{Propylen}}{C_3H_6} + \underset{\text{Wasser}}{H_2O}$$

$$\underset{\text{Methan}}{10\,CH_4} = \underset{\text{Naphthalin}}{C_{10}H_8} + \underset{\text{Wasserstoff}}{H_{32}}$$

Man nimmt an, daß das Vorkommen der Essigsäure im Destillate hauptsächlich und das des Methylalkohols ganz und gar der Zersetzung des Faserstoffes und nicht der der Zellulose zuzuschreiben ist. Die Eigenschaften all dieser Destillationsprodukte können hier natürlich nicht beschrieben werden, nur einige unter ihnen sind von allgemeiner Bedeutung und von diesen werden wir wiederum nur die wertvollsten der Betrachtung näher rücken.

Terpentin.

Das aus dem Balsame lebender Bäume durch äußere Verletzungen gewonnene Terpentinöl, das gewöhnlich Balsamterpentin-, Plantagen- oder Gartenterpentinöl genannt wird, besitzt die allgemeine Formel $C_{10}H_{16}$. Es besteht aus einer Mischung von zwei oder mehr Terpenen, denen wohl sämtlich die gleiche empirische Formel zukommt, die aber je nach der besonderen Gliederung der einzelnen Kohlenstoffatome sich in ihrer konstitutionellen oder graphischen Formel unterscheiden.

Dieses Öl sollte eine wasserklare und lichtbrechende Flüssigkeit vom spezifischen Gewichte 0,862 bis 0,872 sein und innerhalb der Temperaturgrenze von 156° bis 170° C. destillieren. Es löst sich sehr leicht in Äther, absolutem Alkohole, Schwefelkohlenstoff, ätherischen Ölen, harzigen Ölen, Benzin, Essigsäure, Gasolin, Chloroform und anderen Lösemitteln, zu einem sehr geringen Grade aber nur in Wasser und Glyzerin. Es oxydiert sehr leicht zu einem dickflüssigen harzigen Öl und zeigt eine Säurereaktion.

Einige Sorten nehmen beim Verdampfen um 193 mal in räumlicher Ausdehnung zu und saugen als innere Wärme 74 Kalorien in einem Gramm auf. Seine Dampfspannung beträgt 5,013, wenn die der Luft gleich 1 ist. Es entzündet sich bei 32⁰ bis 34,5⁰ C., hat eine spezifische Wärme von 0,472 und siedet bei 155⁰ bis 160⁰ C.

Die Verwendungsmöglichkeit des Terpentins ist genügend bekannt. Außer für medizinische Zwecke wird es bei der Herstellung von Farben, Lacken, Siegelwachs, Schuhschwärzen und dergleichen gebraucht. Die meist in Betracht kommenden drei Sorten sind das amerikanische, französische und russische Terpentinöl, das französische ist linksdrehend, die beiden anderen rechtsdrehend.

Eingeteilt werden die Terpene in Übereinstimmung mit ihrer Fähigkeit, Brom aufzunehmen. Einige Terpene verbinden sich mit zwei, andere mit vier Bromatomen und andere wiederum verhalten sich Brom gegenüber gänzlich indifferent. Man nimmt an, daß diese Verschiedenheit etwas mit den wechselnden äthylischen Gliederungen zu tun hat. Aber so viele verschiedene Terpene, als man früher glaubte, gibt es doch nicht, obwohl die Anzahl der Hemiterpene, Sesquiterpene und Polyterpene eine ziemlich große ist.

Der Hauptbestandteil des aus dem Balsame stammenden Öles scheint Pinen zu sein, von dem es je nach der verschiedenen Einwirkung auf polarisiertes Licht drei Modifikationen gibt. Im amerikanischen und englischen Terpentinöl werden die Lichtstrahlen nach rechts abgelenkt und man nennt es deshalb rechtsdrehend. Das französische Öl dagegen ist linksdrehend. Ebenso gibt es jedoch auch ein sogenanntes inaktives Terpen, das auf die Lichtstrahlen keine Wirkung ausübt. Im amerikanischen Öle sind beide enthalten, das rechtsdrehende Terpen aber im Überschusse.

Das spezifische Drehvermögen ermittelt man mit Hilfe eines Polariskop genannten Instrumentes, über dessen Wirkungsweise man Näheres in Lehrbüchern über physikalische Chemie sowie in denen über Licht im besonderen findet.

Eine andere besondere Eigenschaft der Terpene ist ihr Lichtbrechungsvermögen. Ein Beispiel einer Lichtbrechung erhält man, wenn man das eine Ende eines Stabes in Wasser taucht, der Stab erscheint dann nicht mehr gerade, sondern ist anscheinend an der Grenze zwischen Luft und Wasser geknickt. Diese Erscheinung ist eine Folge der verschiedenen Einwirkung von Luft und Wasser auf die Lichtstrahlen. Die Größe der Brechung drückt man durch die trigonometrische Beziehung des Brechungswinkels aus und nennt sie Lichtbrechungsindex oder Lichtbrechungszahl. Zur Ermittlung dieser Größe benutzt man ein Refraktometer irgend welcher Bauweise; über die Wirkungsweise dieses Instrumentes kann man sich aus Lehrbüchern über Fette und Öle sowie über Licht unterrichten.

Das spezifische Drehvermögen $[a]_D$ des Gartenterpentins wird als schwankend zwischen -3 und $+20$ und die Lichtbrechungszahl N_D zwischen 1,4682 und 1,4737 bei 20⁰ C. angegeben.

Pinen.

Einige der hierfür angegebenen Konstanten sind etwas ungewiß, und zwar weil sich die verschiedenen Pinensorten nur mit Schwierigkeiten voneinander trennen lassen.

Der Siedepunkt liegt bei etwa 155° bis 156° C. und sein spezifisches Gewicht beträgt bei 20° C. 0,858 bis 0,860. Das spezifische Drehvermögen des Pinens wird von Kannonikow bei 21° C. mit $[a]_D = +32°$ für das rechtsdrehende und mit $-43,4°$ für das linksdrehende angegeben; nach Rolf beträgt es aber $[a]_D = +45,04$ und $-44,95$. Die Lichtbrechungszahl bei 21° C. ist $N_D = 1,46553$.

Wallach nimmt an, daß das Pinen außer dem Sechsringe noch eine eingeschobene Gliederung besitzt und schreibt ihm die folgende graphische Formel zu, die $C_{10}H_{16}$ gleichkommt:

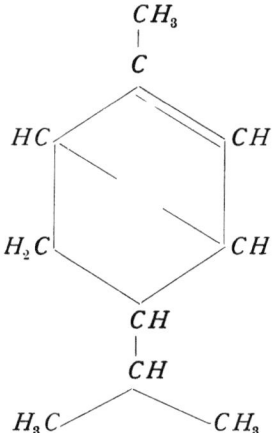

Wagner hat die folgende Formel dafür aufgestellt:

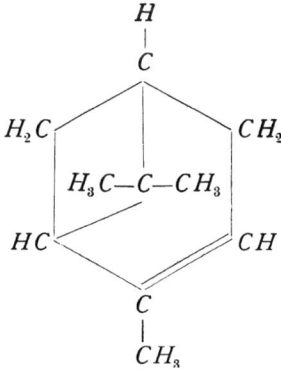

Von Bredt aber stammt die dritte Formel:

$$\begin{array}{c} H_2C \longrightarrow C =\!=\!= CH \\ | \quad H_3C-C-CH_3 \quad | \\ H_2C \longrightarrow C \longrightarrow CH_2 \\ | \\ CH_3 \end{array}$$

Dipenten.

Erhitzt man Pinen auf 250° bis 270° C., so verwandelt es sich zu Dipenten. Dieser Stoff ist inaktiv, das heißt unwirksam auf polarisiertes Licht. Sein Siedepunkt liegt bei ungefähr 175° bis 178° C., sein spezifisches Gewicht bei 20° C. beträgt 0,845 und seine Lichtbrechungszahl ist $N_D = 1{,}47308$. Eine Dipentenart, die aus Kautschuk bereitet wird, siedet bei 175° bis 176° C. und besitzt ein spezifisches Gewicht von 0,844 und bei 20° C. die Lichtbrechungszahl $N_D = 1{,}47194$. Dieses ist eine häufig vorkommende Form des Terpens, die in vielen Ölen zu finden ist.

Sylvestren.

Dieses Terpen findet man in russischem Terpentinöl. Es hat einen sehr angenehmen Geruch, der dem von Zitronen und auch dem des Bergamottöles ähnlich ist. Es siedet bei 175° bis 176° C. und besitzt bei 20° C. das spezifische Gewicht gleich 0,848. Seine Lichtbrechungszahl N_D ist gleich 1,47573 und sein Drehvermögen $[a]_D = +\,66{,}32$.

Fügt man der Lösung eines Tropfens Sylvestrens in Essigsäureanhydrid einen Tropfen konzentrierter Schwefelsäure zu, so zeigt sich die charakteristische Reaktion des Sylvestrens, indem sich die Lösung blau färbt. Die gleiche Reaktion zeigt jedoch auch ein anderes Terpen: Carvestren, das vielleicht die inaktive Modifikation des Sylvestrens darstellt.

Die anderen Terpene von Bedeutung sind in der folgenden Zusammenstellung mit angegeben. (Siehe die Tabelle S. 231.)

Die Frage ist nun, was für ein Öl erhält man bei der Destillation von Nadelholz mittels Dampfes oder trockener Wärme? Da kann kaum ein Zweifel herrschen, daß es ein Terpen der Zusammensetzung $C_{10}H_{16}$ ist. Das durch Dampfdestillation gewonnene Öl unterscheidet sich von dem der Trockendestillation in mancher Hinsicht und zwar als Folge der Tatsache, daß das letztere Öle mit enthält, die von der Zersetzung des Kolophoniums herrühren. Unterwirft man Holz der Trockendestillation und fängt die Zersetzungsprodukte sämtlich in ein und derselben Vorlage auf, so wird man Harzgeist, das leichte Zersetzungsprodukt des Kolophoniums, und Holzöl stets im Destillate antreffen; diese Beimischungen lassen sich nicht wieder in völlig befriedigender Weise ausscheiden.

Terpen	Fest oder flüssig	Modifikationen	Siedepunkt, Celsiusgrade	Spezifisches Gewicht bei der Temperatur von		Spezifisches Drehvermögen bei der Temperatur von		Lichtbrechungszahl bei der Temperatur von	
					(Celsiusgrade)	$[\alpha]_D$	(Celsiusgrade)	N_D	(Celsiusgrade)
Pinen	flüssig	3	155°—156°	0,858—0,860	20°	+ 45,08 und — 44,95	21°	1,465 53	21°
Camphen	fest	3	160°—161°	0,842—0,850	54°—48°	+ 45,08 und — 80,61	54°	1,451 40	54°
Fenchen	flüssig	3	155°—156°	0,867	20°	+ 45,08 und — 6,46	20°	1,469 00	20°
Limonen	„	2	175°—176°	0,846	20°	+ 106,80 und — 105,00	20°	1,474 59	20°
Dipenten	„	1	175°—176°	0,844	20°	unwirksam		1,471 94	20°
Sylvestren . . .	„	1	175°—176°	0,848	20°	+ 66,32		1,475 73	20°
Carvestren . . .	„	1	178°	—	—	unwirksam		—	—
Terpinolen . . .	„	1	185°—190°	—	—	„		—	—
Phellandren . .	„	2	170°	0,847	19°	+ 60,33 und — 17,64	19°	1,488 00	19°
Terpinen	„	1	179°—181°	0,847	—	—		1,484 58	20°
Thujen	„	2	170°—172°	0,836	22°	—		1,471 45	22°
Synthetisches Terpen	„	1	173°	0,823	18°	—		1,460 10	18°
Fenchelen . . .	„	1	175°—178°	0,842	—	—		1,474 39	20°
Euterpen	„	1	161°—165°	—	—	—		—	—
Tricyclen	fest	1	153°	—	—	—		—	—
Bornylen	„	1	149°—150°	—	—	—		—	—
Sabinen	flüssig	1	162°—170°	0,840	—	—		1,466 00	—

Das ohne Zersetzung des Holzes gewonnene Öl zeigt ganz die Eigenschaften des Pinens, es bildet mit trockenem Chlorwasserstoffgase ein festes Hydrochlorid und besitzt auch ähnliche Konstanten. In vielen Fällen findet man in Proben von Holzterpentin einen größeren Pinengehalt als in Gartenterpentinölen. Andererseits reagiert schlechtriechendes farbiges Öl auf die Prüfungsmethoden für andere Öle.

Die in der folgenden Zusammenstellung wiedergegebenen Merkmale eines Föhrenterpens, das durch Destillation der Douglasföhre einmal vermittels Dampfes und das andere Mal durch trockene Wärme gewonnen wurde, sind von der Universität zu Minnesota ermittelt:

Temperatur 20° C.	Dampf-destillation	Trocken-destillation
Spezifisches Gewicht . . .	0,8621	0,8662
Siedepunkt	153,5°—154°	157°—160°
Lichtbrechungszahl . . .	1,47299	1,47246
Spezifisches Drehvermögen .	— 47,2	— 29,4

Ein anderes aus der norwegischen Kiefer (Pinus resinosa Soland) stammendes Terpen wurde an derselben Stelle untersucht und ergab folgende Merkmale:

Temperatur 20° C.	Dampf-destillation	Trocken-destillation
Spezifisches Gewicht . . .	0,8636	0,8666
Siedepunkt	153°—154°	158°—160°
Lichtbrechungszahl . . .	1,47127	1,47160
Spezifisches Drehvermögen .	+ 17,39	+ 7,56

Holzterpene verschiedener Ölproben, aus Pinus pondoraso Douglas (Yellow Pine) stammend, weisen folgende spezifischen Gewichte und Siedepunkte auf:

	Spezifisches Gewicht	Siedepunkt ° C.
1. Ölprobe	0,865—0,867	155°—157°
2. „	0,862	159°
3. „	0,862	156°
4. „	0,863	158°
5. „	0,864	156°

Der Verfasser untersuchte mehrere Ölproben, die die in der folgenden Zusammenstellung wiedergegebenen Eigenschaften aufweisen. Die als weißes Öl bezeichnete war ein Holzterpentin; die die dritte und vierte Spalte einnehmenden, als farbige Öle bezeichneten Proben waren spätere Destillate derselben Holzbeschickung, aus der das weiße Öl herrührte. Die Proben der beiden letzten Spalten waren aus harzreichem Sägemehle gewonnen, besaßen ein klares, wasserhelles Aussehen, einen starken Sägemehlgeruch und waren anscheinend gut gereinigt.

Temperatur 20° C.	Gartenterpentinöl	Weißes Öl	Farbiges Öl		Aus Sägemehl herrührende Ölproben	
Spezifisches Gewicht . .	0,8668	0,8654	0,871	0,888	0,8762(21°)	0,890
Siedepunkt	158,25°	156,5°	159°	157°	160°	167°
Lichtbrechungszahl . . .	1,4732	1,4721	1,4715	1,4748	1,4748	1,4782
Spezifisches Drehvermögen	+17,53	+17,91	+17,77	+17,15	+16,83	+8,99
Entflammungstemperatur .	32°	32°	32°	32,5°	38°	—
Unter 165,5° C. destillierten (in Teilen vom Hundert)	91	88,50	85	—	32,78	—

Wenn auch die hierin angegebenen Eigenschaften noch nicht beweisen, daß dieses Öl Pinen ist, die vom Verfasser festgestellte Möglichkeit der Bildung eines festen Hydrochlorid von der Zusammensetzung $C_{10}H_{16}HCl$ kann als teilweiser Beweis hingenommen werden. Desgleichen konnte man mit diesem Öle Terpinhydrat bilden.

Die Erzeugung von Pinennitrosochlorid und Pinennitrolpiperidin, wie auch noch andere Verbindungen mit diesem Öle sollte als eine in dem gleichen Maße den Charakter des Öles bestätigende Prüfungsmethode angesehen werden, als das bei aus Gartenterpentin stammendem Pinen der Fall ist. Es gibt mehrere besondere Werke über Terpene, auf die hiermit verwiesen sei.

Es wurde in vielen Fällen bemerkt, daß das durch Trockendestillation gewonnene Öl sich sehr von dem durch Dampfdestillation erhaltenen unterscheidet, was höchstwahrscheinlich der Gegenwart von Harzgeist und Holzöl zuzuschreiben ist.

Im XI. Kapitel werden wir dafür noch einige weitere Untersuchungsergebnisse anführen.

Kiefernöl.

Hierunter versteht man einmal Holzterpentin, dann aber auch eine Verbindung, der die Formel $C_{20}H_{16}$ gegeben ist. Es wird angenommen, daß diese letztere Verbindung entsteht, wenn Nadelholz bei einer Temperatur von ungefähr 400° C. destilliert wird (Pat. L. Pradon, 1. 5. 1883). Ein anderes sogenanntes Fichten- oder Kiefernöl soll nach Clark in seiner Patentbeschreibung bei 116° bis 148° C. entstehen und ein Produkt der

Trockendestillation sein. Die Bezeichnung Kiefernöl wird jedoch auch für alle öligen Nadelholzprodukte insgesamt angewendet. Harzgeist zum Beispiel wird manchmal Kiefernöl genannt.

Harz- oder gelbes Öl.

Es wurde bereits festgestellt, daß das Harz Terpentin, Kiefernöl (?), Harzöl und Kolophonium enthält. Ist der Terpentin aus dem durch die Destillation von Holz gewonnenem, harzhaltigem Rohterpentin abgetrieben, so kommt danach ein dickes, etwas gelbgefärbtes Öl über. Wiewohl dieses Öl allgemein bekannt ist, so hat man ihm doch noch keinen unterscheidenden Namen gegeben. Seine chemische Zusammensetzung ist nicht bekannt, es mag eine Zwischenverbindung zwischen Terpentin und Kolophonium sein und infolgedessen Sauerstoff enthalten. Es kann sein, daß diese Verbindung aus Pinolhydrat vermischt mit öligen Stoffen besteht; dieses Pinolhydrat:

$$C_{10}H_{16}O\genfrac{}{}{0pt}{}{H}{OH}$$

ist dasselbe wie Sobreol und entsteht, wenn man Terpentin der Einwirkung feuchten Sauerstoffs im Sonnenlichte aussetzt.

Eine von dem Massachusetts Institute of Technology ausgeführte Untersuchung scheint allerdings anzudeuten, daß es mehr ein Öl von der Natur des Terpineols sein muß, das anscheinend ein Alkohol von der Zusammensetzung $C_{10}H_{17}OH$ ist. Unter Terpineol jedoch werden verschiedene Verbindungen verstanden. Eine dieser Verbindungen siedet bei 215° bis 218° C.; enthielte es eine geringe Terpentinmenge, so müßte man einen tiefer liegenden Siedepunkt erwarten können.

Bei der oben erwähnten Untersuchung wurde das gelbe Öl einer zerlegenden Destillation unterworfen. Fast die gesamte Menge kochte bei 200° bis 214° C., die Menge der zwischen 209° und 211° C. übergehenden Fraktion machte gut 60 vom Hundert des Ganzen aus und bildete anscheinend eine homogene Masse. Verdünnte man das Öl mit Alkohol und sättigte es dann mit trockenem Chlorwasserstoffgas, so erhielt man nach dem Abkühlen eine feste Masse weißer Kristalle, deren Schmelzpunkt bei 50° C. liegt. Dieses zeigt an, das es sich bei diesem Öle um Terpineol handelt.

Kolophonium.

Die nach der Abdestillierung des Terpentinöls aus dem rohen Balsamterpentine zurückbleibende Masse nennt man amerikanisches Harz oder Kolophonium, die erste Bezeichnung ist durchgängig im Handel üblich. Den gleichen Stoff erhält man jedoch auch durch sorgfältig durchgeführte Destillation des vermittels Wärme aus dem Kernholze gewonnenen Harzes, aber dieses Kolophonium ist wegen seiner zu tiefen Färbung nicht ganz so gut, wie das aus dem Balsame herrührende.

Kolophonium ist sehr spröde, schmilzt bei 100° bis 140° C. und hat ein spezifisches Gewicht von ungefähr 1,075. Alkalien verwandeln es in eine zerfliessende und lösliche Seife, die Harz- oder Kolophoniumseife. Es besteht im wesentlichen aus Abietinanhydrid und Abietinsäure. Manche sehen es als eine Mischung eines Wasserstoffpinats und -sylvats an und sind der Ansicht, Kolophonium könnte nach der Formel

$$4\,C_{10}H_{16} + 3\,O_2 = 2\,C_{20}H_{30}O_2 + 2\,H_2O$$

ein Oxydationsprodukt des Terpentins sein.

Ob nun das Öl aus dem Kolophonium oder das Kolophonium aus dem Öle entstanden ist, läßt sich nicht sagen.

Das Oleoharz, Balsamharz, aus dem gewöhnliches Kolophonium meist gewonnen wird, soll nach Tschirch und Koritzschoner aus der folgenden Mischung bestehen:

Palabiensäure $C_{13}H_{20}O_2$	5
Palabietinsäure $C_{20}H_{30}O_2$	6
A und B Palabietiolsäure $C_{16}H_{24}O_2$	56
Terpentinöl	20
Paloresen	10
Unreinheiten und Wasser	3
	100

Bei der Destillation gehen nur die Öle über, und man muß annehmen, daß die übrigen Stoffe unverändert zurückbleiben.

Es scheint zurzeit kaum ratsam zu sein, den einzelnen Nadelholzprodukten, wie sie jetzt gewonnen werden, eine ganz bestimmte Zusammensetzung zuzuschreiben, denn nicht einmal selbst die des Terpentins ist eine beständige.

Man destilliert das Balsamkolophonium gewöhnlich in Kupferblasen, die mit direktem Feuer beheizt werden. Während des Abtriebes wird von Zeit zu Zeit dem Blaseninhalte heißes Wasser in geringer Menge zugesetzt. Dampf würde aber jedenfalls geeigneter sein. Die Destillationstemperatur ist beträchtlich verringert, folgt jedoch nicht genau den sonst bei der Destillation zweier unmischbarer Flüssigkeiten Geltung habenden Gesetzen. Destilliert man Terpentinöl mit Dampf, so beträgt die Destillationstemperatur, wenn beide Dämpfe gesättigt sind, weniger als 100° C. — Ist das Öl abgetrieben, so wird der Blasenhelm entfernt, der Wasserüberschuß abgedampft und das heiße Kolophonium durch ein Filtriertuch in ein Gefäß abgelassen, aus dem es dann weiter unmittelbar in die Versandfässer gefüllt wird.

Kolophonium ist bei 150° C. beständig, Destillation tritt erst bei einer beträchtlich höheren Temperatur ein (bei 250° bis 300° C.). Harzgeist oder Pinolin, Kolophoniumöl, Gas und Koks oder Pech sind seine Zersetzungsprodukte. Destilliert man es unter Luftverdünnung oder vermittels überhitzten Dampfes, so findet nur eine sehr geringe Zersetzung statt. Aus mineralischen Ölen kann man Kolophonium durch Behandlung mit Aceton ausscheiden, das Kolophonium ist darin löslich, mineralisches Öl jedoch nicht.

Harzspiritus oder Harzgeist.

Da man diesen Stoff in Holzterpentin, der auf dem Wege der Trockendestillation gewonnen wurde, stets vorfindet, werden wir einige seiner Eigenschaften hier mit beschreiben.

Harzgeist ist ein äußerst zusammengesetzter Körper, der durch trockene Destillation von Kolophonium entsteht. Er siedet unter 250° C. (78° bis 250° C.) und besitzt gewisse Ähnlichkeit mit Terpentinöl, für das er oftmals untergeschoben wird. Er wird vielfach einfach Naphtha genannt und beträgt in seiner Ausbeute etwa 3 vom Hundert der Kolophoniumbeschickung. Man hat gefunden, daß Harzgeist eine Mischung von Kohlenwasserstoffen und oxydierten Körpern enthält.

Professor Mills hat Harzgeist einer genaueren Prüfung unterzogen und fand, daß eine Fraktion des Spirits ziemlich beständig bei 154° bis 156° C. siedet, bei 14,4° C. das spezifische Gewicht 0,852 aufweist und fast genau die Zusammensetzung des Turpinols, $(C_{10}H_{10})_2 H_2O$, besitzt. Das Turpinol von Wiggers und List soll das spezifische Gewicht 0,852 und den Siedepunkt bei 168° C. haben und ein kristallinisches Hydrochlorid, $C_{10}H_{16} 2HCl$, ergeben; das letztere kann man aber anscheinend von Kolophoniumturpinol nicht sagen, es ist gewiß nicht einerlei mit gewöhnlichem Turpinole. Behandelt man Kolophoniumturpinol mit starker rauchender Schwefelsäure, so ergibt sich eine Flüssigkeit, die den Geruch von Terebin aufweist; bei der Behandlung mit Brom entsteht ein öliges Produkt, das 31 bis 43 vom Hundert des Reagens enthält. Chlor nimmt es in ähnlicher Weise und in einer Menge bis zu 50 vom Hundert, Chlorwasserstoff bis zu einer Menge von 18 bis 19 vom Hundert auf. Eine andere bei 188° bis 193° C. siedende und über Natrium getrocknete Fraktion stimmte in ihrer Zusammensetzung außerordentlich mit Terpentin überein, sie konnte aber nicht zur Bildung eines festen Hydrochlorids verwendet werden.

Von Renard stammt eine Zusammenstellung leichter Kohlenwasserstoffe mit niedrigen Siedepunkten, wie sie in Harzgeist und Harz- oder Kolophoniumöl vorkommen.

Harzgeist besitzt eine wasserhelle Farbe und einen Terpengeruch. Im allgemeinen ist er schwerer als Terpentin, sein spezifisches Gewicht schwankt zwischen 0,852 und 0,883, und der Entflammungspunkt — im geschlossenen Prüfapparate — liegt zwischen 35,5° und 39° C. Er besitzt kein eigentliches Drehvermögen; eine Probe zeigte ein solches von nur $[a]_D = +0,2$ und die Lichtbrechungszahl der gleichen Probe war 1,4780. Harzgeist soll frei von Harzöl sein, die Bromprüfung ist 184 bis 213.

Harzgeist soll Pentin C_5H_8 (Siedepunkt bei 50° C.), Isobutylaldehyd, Isobutyrsäure, Capronsäure und andere ölige Säuren, Methylalkohol (50 Gramm in 150 Kilogramm), einen Kohlenwasserstoff der Formel C_9H_{12} (Siedepunkt bei ungefähr 160° C.), ein Homolog des Benzins, gewöhnliches Cymen und ein neues Cymen (Metrapropyltoluen), Metaisobutyltoluen (Siedepunkt bei 186° bis 188° C.), Parabutyltoluen, Dipenten, eine große Menge eines Heptins C_7H_{12} (Siedepunkt bei 103° bis 104° C.) und wahrscheinlich auch Methylpropylallen $CH_3 \cdot CH:C:CH \cdot C_3H_3$ enthalten. Charakterisiert ist diese Flüssigkeit dadurch, daß eine Hintereinanderfolge von Farben (Gelb, Rot, Grün, Tiefblau) entsteht, wenn sie mit starker Schwefelsäure oder Salzsäure durchgerührt wird. In Gegenwart von Luft und Wasser bildet Harzgeist ein Gylcol $C_7H_{12}(OH)_2$, daß mit einem Moleküle Wasser zu langen schlanken Prismen kristalliert, wie man sie wohl in alten Harzgeistproben antrifft.

Harz- oder Kolophoniumöl.

Dieses Öl entsteht ebenfalls bei der trockenen Destillation von Kolophonium und macht den größten Teil des Destillates aus. Die spezifischen Gewichte der Harzöle reichen von 0,975 bis 0,995. Das gewöhnlich gebrauchte Öl ist das zwischen 0,982 und 0,988. Der Jodwert beträgt durchschnittlich 112 bis 115, es siedet bei 300° bis 400° C.

Unverändertes Kolophonium destilliert sehr oft in einer Menge von 4 bis 10 vom Hundert mit über, wodurch das Öl eine Säurereaktion von 0,05 bis 5 vom Hundert erhält.

Die Harzöle lösen sich in Äthylalkohol und ebenfalls in einer Phenol- und Glyzerinmischung, desgleichen auch in Phenol allein, nicht aber in Glyzerol. Alkohol mit Phenol versetzt, löst Harzöl auf, die gleiche Wirkung haben Schwefelkohlenstoff und Terpentin. Phenol, Alkohol und Harzöle in gleichen Teilen bilden eine gute Mischung.

Die Wirkung von Salpetersäure auf Harzöle ist ganz verschieden, einige Ölsorten werden leicht angegriffen, andere wiederum, wenn sie nicht gerade erwärmt werden, überhaupt nicht.

Harzöl läßt sich nicht völlig mit Alkalien verseifen, vereinigt sich aber mit ihnen zu einem fettigen Körper, einer Schmiere. Eine Mischung von Harzöl mit Kalk wird bald fest, eine gleiche mit Ätznatron nach einigen Tagen, eine solche mit Ätzkali aber erst nach längerer Zeit. Die folgende Formel wird der im Handel befindlichen sogenannten Harzschmiere zugeschrieben: $13\,C_{10}H_{16}Ca(OH)_2$.

Renard ist der Ansicht, daß ungefähr 80 vom Hundert des Harzöles aus Diterebentyl, $C_{20}H_{30}$ (Siedepunkt bei 343° bis 346° C.), 10 vom Hundert aus Diterebentylen, $C_{20}H_{28}$, und 10 vom Hundert aus Didecen, $C_{20}H_{36}$ (Siedepunkt bei 332° C.) bestehen.

Nach anderen dagegen besteht Harzöl aus einer Mischung von Abietinsäure, $C_{44}H_{64}O_5$ (Schmelzpunkt bei 165° C.) und geringen Mengen von Phenolen, mit einem Zusatze von Kohlenwasserstoffen, $(C_{10}H_{16})_n$ (Siedepunkt über 360° C.).

Harzöl wird zum Fälschen von Olivenöl und gekochtem Leinöle gebraucht und findet als Schmiermittel für Eisenlager Anwendung.

Holzöl.

Diese Bezeichnung führt das bei der Destillation des Teeres zuerst übergehende, aber auch das im Holzessig in Lösung gehaltene Öl.

Unter gereinigtem Holzöl versteht man das vermittels direkten Dampfes aus dem Rohöle abdestillierte Produkt. Im rohen Holzöl sind eine große Anzahl von Stoffen enthalten, von denen eine Zusammenstellung bereits an anderer Stelle gegeben worden ist. Das aus Laubholz stammende Holzöl wurde von G. S. Fraps näher untersucht und im American Chemical Journal, Vol. 25, No. 1, beschrieben. Das Leichtöl des Föhrenholzes, dem wohl die aus Nadelhölzern überhaupt im allgemeinen gleichen werden, wurde von den Chemikern der University of Washington zu Seattle untersucht. Näheres darüber findet man im Journal of the American Chemical Society, Vol. 25, II. Teil, S. 764.

Das Holzöl wird stets je nach der Art seiner Gewinnung verschieden sein, man kann aber annehmen, daß es die leichten Teer- und Kolophoniumöle enthält. Was für den Destillateur wissenswert sein wird, bildet die Möglichkeit, ein Öl zu produzieren, das sehr hell und in seiner Menge etwa gleich $^2/_8$ der Terpentinausbeute ist. Im allgemeinen ist dieses Öl gelb; wird es der Lufteinwirkung ausgesetzt, so nimmt es eine dunklere Färbung an, was höchstwahrscheinlich der Gegenwart eines Teerproduktes zuzuschreiben ist. So, wie es zuerst vom Teer abdestilliert ist, enthält es eine große Menge Kreosol und etwas Karbolsäure, die beide durch eine Natronwäsche entfernt werden können. Oxydiert man dann dieses Öl genügend stark, um die Farbstoffe zu zerstören, und destilliert es darauf nochmals, so kann man es in einer nahezu wasserklaren Beschaffenheit gewinnen.

Das gereinigte Öl besitzt einen ganz bestimmten Geruch, stellt ein kräftiges Lösemittel und einen Schnelltrockner dar und läßt sich für Außenanstriche verwenden. Mit geeigneten Pigmenten gemischt, wird es oft als Kreosotfarbe gebraucht. Für diesen Zweck ist es natürlich besser, man läßt die Kreosole und Phenole darin.

Von dem auf dem Wege der Trockendestillation des Teeres gewonnenem Teeröl unterscheidet es sich in seiner Zusammensetzung, es enthält aber etwas Teeröl, das während der Trockendestillation des Holzes innerhalb der Retorte durch Zersetzung von Teer entsteht.

Teer.

Der durch trockene Destillation von Nadelholz innerhalb eines geschlossenen Gefäßes gewonnene Teer scheint sich etwas von dem aus

Teermeilern ausfließendem Nadelholzteere zu unterscheiden. Mehrere Gründe lassen sich dafür finden, einmal ist aus dem Retortenteer der Terpentin ausgeschieden, dann aber auch wird der Retortenteer selbst stets etwas zersetzt und in leichtere Öle und einem Koksniederschlag aufgespalten; weiter kann man noch anführen, daß die im Holze enthaltene Gerbsäure das Eisen der Retorte angreift und so eine dunkle Färbung hervorruft.

Ferner muß man bedenken, daß zur Gewinnung von Meilerteer nur sehr harzreiches Holz verwendet wird, während für Retortenverkohlung oftmals ein Rohgut von geringerer Güte zur Verarbeitung kommt. Harzarmes Holz ergibt stets einen dunklen Teer, der aus Sägemehl gewonnene sieht gewöhnlich nahezu schwarz aus.

Die folgende Zusammenstellung gibt die Eigenschaften dreier verschiedener Teersorten wieder, nämlich Föhrenteer, durch Verkohlung in Retorten gewonnen, Schwedischer Teer und Kiefernteer.

	Teer aus Föhrenholz	Schwedischer Teer	Kiefernholzteer
Farbe	nahezu schwarz	braunschwarz	braun
Geruch	rauchig, aber charakteristisch	rauchig,	harzig,
Zähigkeit	sirupartig	sirupartig	sirupartig
Spezifisches Gewicht	1,10	1,09	1,11
Gehalt an Leichtöl	3 v. H.	3 v. H.	3 v. H.
„ „ Kreosotöl	34 „ „	30 „ „	40 „ „
„ „ Holzessig	4 „ „	5 „ „	2 „ „
„ „ Pech	59 „ „	62 „ „	53 „ „
Härte des Pechs	spröde	wenig. spröde	weich
Farbe „ „	schwarz	schwarz	braun
Spezifisches Gewicht des Leichtöles	0.945	—	—
Farbe des Leichtöles	bernsteinfarbig	—	—

Norwegischer Teer besitzt nach Kunt Ström die folgenden Eigenschaften: stark sauer, löslich in Alkohol, Essigsäure, Äther, Chloroform und Benzin; spezifisches Gewicht bei 15° C. = 1,068 Zusammensetzung: 4,78 vom Hundert flüchtige Säuren, 11 vom Hundert Phenole und 61 vom Hundert Kohlenwasserstoffe. Die flüchtigen Säuren bestehen zu 85 bis 90 vom Hundert aus Ameisensäure und Essigsäure, Proprionsäure, normaler Buttersäure, normaler Baldriansäure (die normale Baldriansäure entdekte Renard im Kiefernharz, sie siedet bei 175,5° C.), Methylpropylessigsäure, normale Capronsäure, Oenanthylsäure und normale Caprylsäure. Ungesättigte Säuren wurden nicht darin angetroffen. An Phenolen wurden Phenol, Guajacol, Kresol, Kreosol, Äthylguajacol und die beiden Phenole $C_{11}H_{16}O_2$ und $C_{12}H_{14}O_2$ gefunden. 14 vom Hundert der Kohlenwasserstoffe waren fest (die auch Reten, $C_{18}H_{18}$, enthielten) und 86 vom Hundert flüssig.[1])

Die an guten Nadelholzteer zu stellenden Anforderungen sind die folgenden:

Unter 150° C. sollen destillieren . . 9,70 Teile v. H.
Zwischen 150° und 350° C. „ „ . . 42,61 „ „ „
„ 350° „ 363° „ „ „ . . 26,62 „ „ „
Rückstand an Koks . . . . 21,07 „ „ „

Einige der durch Destillation des Teeres gewonnenen Produkte werden im XI. Kapitel behandelt werden.

Pech.

Je nach dem Ursprunge unterscheidet man mehrere Arten von Pech: Kohlenteerpech, Holzteerpech und Kolophoniumpech.

Das Stockholmer Pech wird dadurch hergestellt, daß man Nadelholzteer entweder eindickt oder der trockenen Destillation unterwirft. Dieses Pech hat ein glänzend schwarzes Aussehen, einen muscheligen Bruch, ist aber spröde und zerkrümelt zwischen den Fingern. Sein spezifisches Gewicht ist gleich 1,105 und sein Schmelzpunkt liegt bei 82° C. Es ist im kalten Zustande ganz wenig klebrig, wird es aber mehr beim Erwärmen und läßt sich bei einer Temperatur von 40° C. leicht formen und ausziehen. Beim Erhitzen verflüchtigen sich 88 bis 88,5 vom Hundert des Ganzen und ein weicher, zerreibbarer Koks mit einem Aschengehalt von 0,7 bis 0,84 vom Hundert bleibt zurück. Der beim Einkochen von Pech sich bemerkbar machende Geruch ist ziemlich bezeichnend.

Benzol und ebenso Pyridinbasen lösen Pech, Petroleumspirit aber nur etwa 91 bis 92 vom Hundert des Peches. Der im Pech befindliche Schwefel beträgt nur 0,01 vom Hundert. Eine Lösung in Petroleum weist keinen Schaum und keine Fluoressenz auf, das Spektroskop scheidet nur das violette Spektrum aus, Bänder werden nicht sichtbar, es zeigt sich auch kein Gehalt an Chrysen, das gerade in diesem besonderen Teere oder Peche vorhanden sein soll.

In alkoholischem Kalium löst sich dieses Pech nahezu vollständig; neutralisiert man die Lösung und kocht sie danach, so ergeben sich flüchtige Fettsäuren.[2])

Holzessig.

Das wässerige Säuredestillat besteht in der Hauptsache aus Essigsäure, Holzgeist, Aceton und gelösten Ölen. Andere Stoffe kommen auch darin vor, sie wurden bereits weiter oben mit aufgezählt. Rohholzessig

---

[1]) Journ. of the Society of Chemical Industry, 1900.
[2]) Thorps Dictionary of applied Chemistry.

aus Nadelholz besitzt einen Essigsäuregehalt gleich 2,5 bis 5,5 vom Hundert seines Gewichtes.

Essigsäure, $C_2H_4O_2 = CH_3CO_2H$.

Man stellt diese Säure gewöhnlich aus durch Gärung gewonnenem Speiseessige oder auch aus Holzessig her; sie entsteht aber auch bei der Zersetzung von Zellulose durch Alkalien und Säuren.

Die stärkste Essigsäure ist unter dem Namen Eisessig bekannt, weil sie bei ungefähr $5°$ C. zu eisartigen großen Blättern kristallisiert. Bei $15{,}75°$ C. schmelzen diese Kristalle zu einer dünnen, farblosen Flüssigkeit mit einem stechenden, allgemein bekannten Geruch.

Das spezifische Gewicht reiner Essigsäure wird bei $15°$ C. mit 1,055 bis 1,060 angegeben. Aus dem spezifischen Gewicht einer Lösung von Essigsäure in Wasser läßt sich kein Schluß auf den Säuregehalt ziehen. Die im Handel befindliche gewöhnliche Essigsäure stellt eine etwas gefärbte Flüssigkeit vom spezifischen Gewichte 1,04 dar und enthält ungefähr 30 vom Hundert wasserfreie Säure.

Der Siedepunkt reiner Essigsäure liegt bei $118°$ C.; sie gibt Dämpfe ab, die mit einer Flamme brennen, die derjenigen des Alkohols gleicht.

Die Wirkung von Wärme auf Essigsäure geht uns an dieser Stelle etwas an, da sie oftmals in einer heißen Retorte in Tätigkeit tritt. Läßt man Essigsäuredämpfe durch eine rotglühende Röhre strömen, so entstehen mehrere Produkte, von denen Sumpfgas und Aceton hauptsächlich hervortreten. Diese Wirkung tritt jedoch viel stärker in der Gegenwart glühender Kohle in Erscheinung.

Essigsäure ist außerordentlich ätzend; sie greift Eisen stark an und frißt Schmiedeeisen in kurzer Zeit weg; Gußeisen wird unter ihrer Einwirkung so weich, daß man es mit einem Messer wegschnitzeln kann. Man hat aber gefunden, daß ihre Dämpfe in sehr heißem Zustande Schmiedeeisen weniger stark angreifen, als wenn sie kalt sind. Aus diesem Grunde kann man die den heißesten Wärmegegenden ausgesetzten Retortenteile aus Schmiedeeisen herstellen, die übrigen Teile, wie auch die Übersteigstutzen und Übersteigröhren macht man dagegen aus Gußeisen.

Auf Kupfer wirkt Essigsäure langsam ein und bildet dann Kupferacetat oder Grünspan.

Essigsäure ist die stärkste organische Säure und nicht leicht oxydierbar. Mit Alkalien und metallischen Basen bildet sie Acetate, von denen wir aber nur das Kalziumacetat beschreiben werden.

Die Handelssäure wird aus grauem oder braunem essigsauren Kalk bereitet, indem man ihn mit konzentrierter Salzsäure oder Schwefelsäure in einer kupfernen oder mit Kupfer ausgelegten Blase oder Pfanne zersetzt, wobei man Sorge trägt, daß stets ein Überschuß an Kalksalzen vorhanden ist. Die so gewonnene Säure ist gefärbt und enthält etwa 50 vom Hundert wasserfreie Säure. Destilliert man mit verdünnter Säure, so erhält man ein reineres Destillat mit nur etwa 30 vom Hundert wasserfreie Säure. Vielfach destilliert man die Säure auch in sogenannten Marxgefäßen und läßt sie durch einen mit frisch gebrannter Holzkohle beschickten Turm filtrieren.

Holzgeist, $CH_4O = CH_3OH$.

Im reinen Zustande bildet Holzalkohol eine farblose, leicht bewegliche Flüssigkeit, die in Amerika auch wohl unter dem Namen Kolumbianischer oder Kolonialer Spirit bekannt ist. Er siedet bei 65° C., ist sehr leicht entzündbar und verbrennt mit einer blassen Flamme. Der reine Holz- oder Methylalkohol läßt sich nur schwer vom Korn- oder Äthylalkohol unterscheiden, da beide den gleichen Geruch und das gleiche Aussehen besitzen. Ein Unterscheidungsmittel hat man in der Destillierung mit verdünnter Schwefelsäure und doppeltchromsaurem Kali, wobei Methylalkohol Ameisensäure, Äthylalkohol aber Essigsäure ergibt. Durch ihre Eigenschaft, bei der Erwärmung mit Silberammonionitrat das letztere in den metallischen Zustand zurückzuführen, läßt sich die gebildete Ameisensäure wiederum von der Essigsäure unterscheiden.

Methylalkohol bildet eine kristallische Verbindung mit Chlorkalzium ($CaCl_2$), deren Formel $CaCl_2(CH_4O)_4$ ist. Diese Verbindung ist bei 100° C. noch beständig, man kann infolgedessen durch Erwärmung das Aceton und das Methylacetat aus dem Rohholzgeist abdestillieren, wonach die obige Verbindung zurückbleibt. Fügt man zu dem Rückstande nun eine gleiche Gewichtsmenge heißes Wasser, so zersetzt sich die Verbindung wieder, und führt man nun die Destillation fort, so erhält man als übergehendes Destillat reinen Methylalkohol von etwas Wasser begleitet, das vermittels ungebrannten Kalkes und weiterer Destillation ausgeschieden werden kann. — Man kann reinen Methylalkohol aber auch dem Holzgeiste durch Erhitzung mit wasserfreier Oxalsäure in einer Flasche bis zur völligen Umwandlung des Methylalkohols zu Methyloxalat, $(CO \cdot OCH_3)_2$, gewinnen; das letztere scheidet sich beim Abkühlen in Kristallform ab. Die Kristalle werden danach gesammelt, mit Wasser gewaschen und über Kali destilliert.

Der im Handel befindliche Methylalkohol hat oft eine etwas gelbe Färbung und einen unangenehmen Geruch. Er findet als Lösemittel in ausgedehntem Maße bei der Lackherstellung Verwendung, für welchen Zweck sein Acetongehalt von Vorteil ist.

Die Trübung, die der rohe Holzgeist beim Mischen mit Wasser verursacht, ist eine Folge der noch in ihm enthaltenen Kohlenwasserstoffe, die sich dabei abscheiden.

Holzgeist wird zur Herstellung des sogenannten denaturierten, für Genußzwecke ungeeignet gemachten Kornalkohols gebraucht; er findet außerdem in der Teerfarbenindustrie Anwendung, für diesen Zweck muß er jedoch möglichst frei von Aceton sein.

In den Vereinigten Staaten von Amerika wird die Herstellung von Holzgeist durch den Mangel einer größeren Nachfrage höchstwahrscheinlich etwas unterbunden werden, man verwendet jetzt vielfach denaturierten Alkohol an seiner Stelle.

Aceton.

Wie schon erwähnt, findet man das Aceton im Holzgeist. Es siedet schon bei 56,3° C. und kann deshalb leicht vom Alkohol durch Destillation über Kalk befreit werden. Man bindet, wie wir das im obigen unter Holzgeist beschrieben haben, den Alkohol mit Chlorkalzium und destilliert dann unter 100° C. so lange, bis das sämtliche Aceton abgetrieben ist.

Regnault und Villejean lösen in dem vorher soweit als möglich gereinigten Holzgeist Jod in einer Menge von 10 vom Hundert seines Gewichtes und fügen eine konzentrierte Lösung von Kaliumhydroxyd in geringen Mengen zu, bis gänzliche Entfärbung eingetreten ist. Die Mischung wird dann bei sehr mäßiger Temperatur destilliert.

Jod und Ammoniak vereinigen sich mit Aceton und bilden Jodoform. Zuweilen behandelt man auch Alkohol mit Chlor, wobei Chloracetone entstehen, die hohe Siedepunkte besitzen, so daß sich der Alkohol auf dem Destillationsweg abscheiden läßt.

Im industriellen Maßstabe stellt man Aceton aus grauem essigsauren Kalk her, indem man ihn in mit Kühlapparaten verbundenen Retorten einer Trockendestillation bei einer Temperatur von etwa 290° C. unter wirft. Bei dem Verfahren von Chute wird der gepulverte Kalk in einer dünnen Lage ununterbrochen über eine erhitzte Oberfläche geführt, die auf der geeigneten Temperaturhöhe gehalten wird. Das erhitzte Aceton wird von einem sauerstofffreien Gasstrom, der in teilweiser Luftleere in entgegengesetzter Richtung über das Rohgut hinstreicht, hinweggeführt. Das Gas wird zu diesem Zwecke immer wieder gebraucht, indem man es erst durch einen Erhitzer strömen läßt.

Ein von Dr. E. R. Squib erfundenes Verfahren zur industriellen Gewinnung von Aceton besteht darin, daß Essigsäuredämpfe durch einen sich drehenden Zylinder geleitet werden, der zu ungefähr 500° bis 600° C. erhitzt und mit Bimstein und gefälltem Bariumkarbonat ausgelegt ist. Von dem Zylinder strömen die Dämpfe erst durch einen fraktionierenden Kühler, worin die Wasser- und Essigsäuredämpfe niedergeschlagen und ausgeschieden werden; das schwache Aceton wird in einem zweiten Kühler verdichtet. Das Bariumkarbonat wirkt nur als Kontaktsubstanz, da die Temperatur stets über der Zersetzungstemperatur des sich etwa bildenden Bariumacetats gehalten wird.

L. A. A. Pagès und E. C. A. Camus, Paris, wurde ein Verfahren geschützt,[1] das die Hauptzüge dieser beiden Verfahren vereinigt. Als

---

[1] Französisches Patent Nr. 361379 mit mehreren Zusätzen (Englisches Patent Nr. 8757 vom Jahre 1906; 14. 4. 1905).

katalytischer Körper wird ein Acetat angewendet, über den destillierte und vorher von Teer befreite Holzessigdämpfe ununterbrochen hingeführt werden. Bei der Erhitzung des Acetats bildet sich Aceton, während das Acetat von den darüber hingeleiteten Essigdämpfen ständig erneuert wird. Die Zersetzungsretorte erhält einen möglichst kleinen Durchmesser und beträchtliche Länge. Der Holzessig wird vorher erwärmt und die Zersetzung unter vermindertem, das Verdichten des Acetons und Waschen des Gases jedoch unter erhöhtem Drucke vorgenommen. Dünne Lagen eines gut leitenden Stoffes kommen als Unterstützungen für den katalytischen Körper in Anwendung.

Das durch Zersetzung von Kalkacetat gewonnene Aceton ist nicht rein und erfordert eine Reinigungsarbeit. Man fügt ihm zu diesem Zwecke Natriumbisulfit zu, mit dem es ein Doppelsalz bildet, das leicht durch Auskristallisieren aus einer wässerigen Lösung zu reinigen ist. Erhitzt man dieses Salz danach mit Natriumkarbonat, so wird das Aceton wieder frei und kann in einem reinen Zustande abdestilliert werden. Mit Hilfe geschmolzenen Kalziumchlorids läßt sich das Wasser entfernen.

Diese Tätigkeit des Natriumbisulfits kann man sich zur Entfernung des Acetons aus Holzölen zunutze machen.

Bei der Entwässerung des Acetons mit Hilfe von Wasser entziehenden Stoffen, wie H_2SO_4, HCl und CaO, bilden sich Kondensationsprodukte, wie Mesityloxyd, eine Flüssigkeit, die wie Pfefferminz riecht und bei 130° C. siedet [$2(CH_3)_2 CO - H_2O$], Phoron und Mesitylen, die sämtlich in den Destillationsprodukten von Nadelholz zu finden sind.

Das spezifische Gewicht von Aceton ist 0,80, es ist entzündbar, brennt mit einer leuchtenden Flamme und läßt sich mit Wasser, Alkohol und Äther mischen. Oxydiert man Aceton, so entsteht Essigsäure und Kohlendioxyd.

Aus einer verhältnismäßig starken wässerigen Lösung kann man das Aceton durch Zusatz von konzentriertem Chlorkalzium ausscheiden, das Aceton steigt dabei nach oben.

Kalziumacetat.

Man findet diesen Stoff im Handel als grauen und braunen essigsauren Kalk; außerdem gibt es natürlich auch ein chemisch reines Salz.

Der Unterschied zwischen grauem und braunem Kalk liegt in den darin enthaltenen teerigen Verunreinigungen. Im allgemeinen betrachtet, erhält man eine um etwa ein Drittel höhere Ausbeute an braunem Kalkacetat als an grauem, daß bedeutet natürlich nicht etwa ein größerer Essigsäuregewinn, das höhere Gewicht entsteht eher durch die Verunreinigungen.

Bei der Herstellung von Kalkacetat werden Abgase als Heizmittel so weit als möglich nutzbar gemacht, in manchen Anlagen baut man sogar die Kalkpfannen unmittelbar auf die Retortenabdeckungen.

Die Herstellung von braunem Kalkacetat stellt sich billiger, weil sie weniger Wärmeverbrauch mit sich bringt. Man gewinnt ihn einfach dadurch, daß man den durch Absetzen in den Klärbottichen erhaltenen Rohholzessig unmittelbar mit Kalk sättigt und dann den Holzgeist daraus abtreibt. Die im Rohholzessige in Lösung gehaltenen teerigen Stoffe werden also nicht ausgeschieden, sie geben dem Kalke seine dunkle Färbung. Ist der Holzgeist abdestilliert, so verdampft man die zurückbleibende Kalklauge bis zur Trockenheit und kohlt dann den Kalk zur Zerstörung der Teerstoffe etwas an.

Zur Herstellung von Graukalk destilliert man den Rohholzessig einmal vor der Sättigung mit Kalk, wobei die Essigsäure und der Alkohol übergehen, die Unreinheiten aber in der Blase zurückbleiben. Auf dem Wege zum Verflüssigungskühler läßt man die flüchtigen Destillate durch eine Vorlage mit Kalkmilch streichen, worin die Essigsäure gebunden wird; am Kühlerauslaufe erscheinen dann der verdichtete Alkohol und Wasser.

In Nadelholzdestillationsanlagen wird der sich ergebene Rohholzessig oft ohne Rückgewinnung des Holzgeistes zu braunem essigsauren Kalk verarbeitet. Dieses Produkt ist jedoch längst nicht so befriedigend, als das aus Laubholz stammende.

Wie wir es schon in einem früheren Kapitel bei der Beschreibung der Ausführung der Trockendestillation bereits ausgeführt haben, wird der essigsaure Kalk durch völlige Sättigung des abgeklärten Holzessigs mit der erforderlichen Menge Kalk und darauf folgendes Durchpressen in der Filterpresse zur Entfernung der Unreinheiten gewonnen. Die Lauge wird danach mit roher Salzsäure angesäuert und der Ruhe überlassen, wobei sich ein Niederschlag bildet. Die klare Flüssigkeit wird dann abgezogen und in Kupferpfannen, die mit Dampf geheizt und mit Rührflügeln zur Verhütung des Anbrennens des Kalkes versehen sind, eingedampft. Dabei steigen die teerigen Beimengungen nach oben und können durch die in der Dunsthaube der Pfannen vorgesehenen Türen von der Oberfläche abgeschöpft werden. Wenn das im heißen Zustande festgestellte spezifische Gewicht der Lauge 1,116 erreicht, beginnt die Abscheidung des Azetats, die Masse verwandelt sich allmählich in einen dicken Brei und muß dann entfernt und zum Fertigtrocknen auf eisernen Pfannen oder Darren ausgebreitet werden. Diese Darren werden vielfach mit Abgasen von den Kessel- und Retortenfeuerungen geheizt (über neuere Trocknungsweisen vergleiche Seite 179). Während dieser letzten Trocknungstätigkeit muß die Kalkmasse ständig mit eisernen Krücken oder Schaufeln in Bewegung gehalten werden.

Das beste Verfahren zur Herstellung des grauen essigsauren Kalkes bildet die Arbeit mit der Dreiblasenordnung, die wir an einer anderen Stelle schon beschrieben haben. Andere Arbeitsweisen sind aber auch an manchen Orten in Anwendung, zuweilen destilliert man den Rohholzessig einmal, und zwar zu Anfang, bis der Holzgeist abgetrieben ist, langsam, danach mit ausgewechselter Auffangvorlage schneller. Das sich daraus ergebene Holzessigdestillat wird dann mit Kalk gesättigt und das Wasser daraus verdampft.

Im Norden der Vereinigten Staaten verfährt man etwas umständlicher, man destilliert den Rohholzessig zur Ausscheidung des noch darin schwebenden Teeres einmal, sättigt dann das übergetriebene Destillat und destilliert daraus den Holzgeist ab. Die in der Blase zurückbleibende Acetatlauge wird nun daraus entfernt und in der gewöhnlichen Weise getrocknet.

Holzkohlen.

Der nach der Destillierung des Holzes in der Retorte zurückbleibende Rückstand ist die Holzkohle, bei der es von großer Wichtigkeit ist, daß sie möglichst wenig Teer enthält, weil der ein Rauchen der Kohle veranlassen würde.

In welcher Menge sich die Holzkohle bei den verschiedenen Temperaturen während der Destillation bildet, geht aus der folgenden Zusammenstellung hervor:

Celsiusgrade	Holzkohle in Teilen v. H.
150	47,51
200	51,82
250	65,59
300	73,24
350	76,64
432	81,64
1023	81,97

Man sieht daraus, daß an Holzkohle nur wenig zu gewinnen ist, wenn man mit der Temperatur über 432° C. hinausgeht.

Setzt man Holzkohle der Einwirkung der Luft aus, so saugt sie je nach der Destillationstemperatur, bei der sie erzeugt wurde, unterschiedliche Mengen von Feuchtigkeit auf. So zum Beispiel nimmt die bei 150° C. gebrannte Kohle 21 vom Hundert ihres Gewichtes, die bei 250° C. gebrannte 7 vom Hundert, die bei 350° C. 6 vom Hundert, die bei 450° C. 4 vom Hundert und die bei einer Temperatur von ungefähr 1500° C. gebrannte Kohle nur etwa 2 vom Hundert ihres Gewichtes an Feuchtigkeit auf.

Die zur Entzündung der Kohle in offener Luft erforderliche Temperatur ist um so höher, je höher die Hitze zu ihrer Erzeugung gewesen ist. Die bei 260° bis 280° C. gebrannte Kohle fängt bei einer Temperatur von 340° bis 360° C. Feuer, die bei 290° bis 350° C. erzeugte erst bei 360° bis 370° C., die bei 400° C. erzeugte Kohle entzündet sich bei ungefähr der gleichen Temperatur, die bei 1000° bis 1500° C. gebrannte aber erst bei 600° bis 800° C., und diese letztere Kohle brennt nur mit Schwierigkeiten.

Holzkohle besitzt eine bedeutende Aufsaugefähigkeit, sie absorbiert leicht Farbstoffe aus Flüssigkeiten und große Mengen Gase; von den letzteren besonders leicht solche, die in Wasser löslich sind. Diese Eigenschaft zeigt sich vornehmlich bei frisch erzeugter Kohle unter Ausschluß von Luft.

In einem etwa 1 Kubikmeter Holzkohle enthaltenden Gefäße kann man über 9 Kubikmeter Sauerstoff aufspeichern, die einen mechanischen Druck von rund 9 Kilogramm auf den Quadratzentimeter darstellen. Aus einem auf diese Weise hergestellten Gasaufspeicherungsbehälter kann der Sauerstoff mit Hilfe einer kleinen Handpumpe abgesogen werden.

Die Zusammensetzung der bei einer gewissen Temperatur gebrannten Holzkohle schwankt je nach der Holzart. Eine dieser Holzarten, bei verschiedenen Temperaturen zu Holzkohle verwandelt, ergab die folgenden Zusammensetzungen auf den verschiedenen Wärmestufen.

Verkohlungs-temperatur	Kohlenstoff	Wasserstoff	Sauerstoff	Asche
270° C.	71,0	4,60	23,00	1,40
363° „	80,1	3,71	14,55	1,64
476° „	85,8	3,13	9,47	1,60
519° „	86,2	3,11	9,11	1,58

Die spezifische Wärme von Holzkohle bei verschiedenen Temperaturen ist gleich:

0,1653 bei 0 bis 23° C.
0,1935 „ 0 „ 90° „
0,2385 „ 0 „ 223° „

X. Destillationsausbeuten und die Verwertung der Produkte.

Es entsteht nun die Frage, welche Ausbeuten an verschiedenen Destillationsprodukten kann man aus einem destillierten Raummeter Holz erwarten? Es ist ohne weiteres klar, daß die erhaltene Menge der verschiedenen Produkte je nach den wechselnden Verhältnissen auch verschieden sein wird. Man bezieht die Angaben in Bezug auf Ausbeuten im allgemeinen auf den Raummeter destilliertes Holz, obschon zuweilen auch Gewichtsangaben gemacht werden.

Ein Raummeter heißt eine geschichtete Holzmenge, die einen Meter in der Breite, einen Meter in der Höhe und einen Meter in der Länge mißt. In dieser Weise wird das Rohholz gleich nach dem Fällen und Zersägen aufgehäuft und auf dieser Grundlage verkauft. Zuweilen macht man die Haufen auch nur einen halben Meter breit und dafür zwei Meter lang. Der wirkliche Holzgehalt eines solchen Haufens bleibt natürlich weit unter einem Kubikmeter, die Hölzer sind zumeist rund, selten gerade und es entstehen deshalb stets mehr oder weniger weite Zwischenräume. Am besten ist es, man bestimmt die wirkliche Holzmenge nach Gewicht, obschon auch dann infolge des wechselnden Feuchtigkeitsgehaltes Unterschiede sich einstellen werden.

Im allgemeinen kann man den Holzgehalt eines gut geschichteten Raummeters zu 56 vom Hundert annehmen, 44 vom Hundert kommen dann auf die Zwischenräume. Astholz, Knüppelholz ist gewöhnlich zu sehr verschieden in der Form, als daß ein Raummeter einem anderen einmal gleichen könnte; die einen Prügel sind stark knotig, andere sehr krumm, wiederum andere kurz oder lang und so weiter.

Die folgenden Zahlenangaben mögen für verschiedene Holzsorten einigen Anhalt für die Beurteilung des Holzgehaltes eines Raummeters geben.

Der Holzgehalt eines Raummeters beträgt bei

Bauhölzern ungefähr . . . . 0,65 Kubikmeter
Brennholz (über 150 Millimeter Durchmesser) ungefähr 0,62 „
Klötzen (über 75 Millimeter Durchmesser) ungefähr . 0,50 „
Astholz (über 75 Millimeter Durchmesser) ungefähr . 0,35 „
Stockholz ungefähr . . . . 0,40 „

Der Terpentingehalt des Nadelholzes schwankt zwischen etwa 0,27 und 3,50 vom Hundert des Holzgewichtes.

Wir werden im folgenden eine Reihe von Ausbeuteergebnissen anführen, von denen nicht immer alle wünschenswerten Angaben vorhanden sind, vielfach ist nicht einmal die Holzart genauer gekennzeichnet, sie geben aber jedenfalls ein Bild davon, in welchen weiten Grenzen die Ausbeuten je nach der Holzart, Holzbeschaffenheit, dem Destillationsverfahren, der Retorten- oder Ofenbauweise und anderem schwanken können.

Im Massachusetts Institute of Technology ist eine genaue Prüfung von sogenanntem Light Wood, das wir bereits schon erwähnt und als sehr schweres harzreiches Holz bezeichnet haben, ausgeführt. Der Terpentin wurde vorher mit Dampf von 2,8 Atmosphären abgetrieben und das übrige der Trockendestillation unterworfen. Man behandelte eine Holzmenge von 2700 Kilogramm, die aufgeschichtet etwa 3,6 Raummeter gebildet haben sollen. Auf einen Raummeter käme demnach das sehr hohe Gewicht von 700 Kilogramm.

Die Dampfdestillation von 2700 Kilogramm Holz vom spezifischen Gewichte 1,075 ergab:

Terpentin	94,00 Liter	=	3,00 v. H.
Holzöl (gelbes Öl) . . .	16,60 „	=	0,56 „ „
Kolophonium	144,00 Kilogramm	=	5,30 „ „

Die nachfolgende Trockendestillation ergab:

Graukalk	21,00 Kilogramm		
Leichtöl	69,50 Liter	=	2,34 v. H.
Holzkohle	476,00 Kilogramm	=	17,50 „ „
Gas	107,00 Kubikmeter	=	2,00 „ „
Holzteer	552,00 Kilogramm	=	20,28 „ „

Die Destillation des Kolophoniums ergab:

Harzgeist	9,45 Liter	=	0,30 v. H.
Harz- oder Kolophoniumöl .	41,13 „	=	1,50 „ „
Blaues Öl	27,40 „	=	1,00 „ „
Grünes Öl	21,16 „	=	0,80 „ „
Pech	5,44 Kilogramm	=	0,20 „ „

Die Trockendestillation des Teeres ergab:

Kreosotöl (15 v. H.) . . .	138,80 Kilogramm	=	5,10 v. H.
Pech	234,00 „	=	8,60 „ „

Aus dem Kreosotöle wurde erhalten:

Kreosot	20,80 Kilogramm	=	0,76 v. H.

Eine trockene Holzmenge von 270 Kilogramm der gleichen Holzart vom spezifischen Gewichte 1,075 ergab die folgende Ausbeute:

Terpentinöl . . . . 9,6 Kilogramm
Holzessig . . . . 39,0 „
Schweröle und Teer . . . 68,0 „
Holzkohle . . . . 57,0 „
Wasser und Gas . . . . 96,4 „

Insgesamt 270,0 Kilogramm.

Ein Raummeter soll auf Grund dieser letzteren Zahlen ungefähr 27 Liter Terpentinöl, 92 Liter Holzessig, 126 Liter teerige und schwere ölige Produkte und 15 Scheffel (ungefähr 135 Kilogramm) Holzkohlen ergeben.

Aus einer der frühesten Destillationsanlage stammen die folgenden Ausbeutezahlen.

1 Raummeter harziges Nadelholz ergeben:
Terpentinöl . . . . 5 bis 19 Liter
Schweröle und teerige Produkte, wie Kreosot und dergl. 63 „ 105 „
Starker Holzessig vom spezifischen Gewichte gleich 1,02 63 „
Oder schwächerer Holzessig . . . . 125 „

Eine von Professor Cox ausgeführte Prüfung ergab:
Terpentin erster Güte . . . . 16 Liter
„ zweiter Güte . . . . 10 „
Holzgeist . . . . 6 „
Essigsaurer Kalk . . . . . . 20 Kilogramm
Teer . . . . 1 Faß.

Eine etwa 2270 Kilogramm wiegende Holzmenge von 3,6 Raummeter ergab die folgenden Ausbeuten:
Terpentin . . . . 8,5 bis 9 Liter
Teer . . . . 1 „ 1½ Faß
Holzgeist . . . . 1,6 Liter
Rohholzessig . . . . . 178,0 „

J. D. Lacey, New Orleans, gibt die folgenden, etwas ausführlicheren Untersuchungsergebnisse an:
Terpentin . . . 23 Liter
Nadelholzteer . . . 78 „
Holzgeist . . . . . 2 „
Essigsaurer Kalk . . 5 Kilogramm
Holzkohle . . . . 13 amerikanische Scheffel (ungefähr 105 Kilogramm).

Eine andere Untersuchung ergab die folgenden Ausbeuten:
Russisches Kienöl . . . . . . 16 Liter
Harzöl . . . . 44 „
„ (schwer) . . . . . . 8 „

Kreosot . . . . 10 „
Holzgeist . . . . 4 „
Essigsaurer Kalk . . . . . . 12 Kilogramm
Holzkohle . . . . 63 „

Der Verfasser destillierte eine kleinere Menge von Besenkiefernholz, das in kurze Enden zersägt worden war. Es wog 3907 Kilogramm und ergab, sorgfältig aufgeschichtet, $8^1/_2$ Raummeter, 1 Raummeter wog demnach etwa 460 Kilogramm.

An Ausbeuten wurden aus einem lufttrockenen Raummeter Holz erhalten:

Klarer, weißer Terpentin	19,57	Liter	=	16,91	Kilogr.	=	3,674 v. H.
Holzöl	12,00	„	=	10,90	„	=	2,370 „ „
Teer	100,80	„	=	106,68	„	=	23,191 „ „
Holzessig	100,69	„	=	104,64	„	=	22,749 „ „
Koks				1,86	„	=	0,404 „ „
Holzkohle				100,29	„	=	21,802 „ „
Gelbes Harzöl und Pech .	7,12	„	=	7,18	„	=	1,562 „ „
Gas und Verluste . . .				111,54	„	=	24,247 „ „
Insgesamt				460,00	Kilogr.	=	99,999 v. H.

Der einer einmaligen Destillation unterworfene Terpentin war klar und weiß und wies die folgenden Eigenschaften auf:

Spezifisches Gewicht bei 20° C. 0,8654
Siedepunkt . . . . 156,5° C.
Lichtbrechungszahl 1,4721
Spezifisches Drehvermögen bei 20° C. . . . . . +17,91
Entflammungstemperatur . . . . 32° C.

Der Terpentin wurde mit Hilfe überhitzten Dampfes unter einem ganz geringen Druck abgetrieben, darauf einmal destilliert, woraus sich dann die obige Ölmenge ergab. Der in der Retorte verbleibende Holzrückstand wurde nach dem Terpentinabtriebe trocken destilliert. Das Holzöl wurde mit direktem Dampf aus dem Teer abdestilliert; es enthielt keinen Terpentin, wohl aber große Mengen Harzöl und Kreosotöl.

Aus norwegischer Kiefer (Pinus resinosa Soland) erhielt man in Minnesota die folgenden Ausbeuten:

Terpentin . . . . . 16,0 Liter
Teer . . . . 31,5 „
Holzkohlen . . . . 8,3 Scheffel (ungefähr 75 Kilogramm).

An der Küste des Stillen Meeres erhielt man aus Föhrenholz ungefähr die gleichen Ausbeuten wie in Minnesota.

In der folgenden Zusammenstellung sind einige schwedische Ergebnisse in bezug auf Teer- und Terpentinölausbeute wiedergegeben, die durch Verkohlung in verschiedenen Öfen und im regelrechten Betriebe gewonnen wurden [1]).

Holzart	Ofenbauart	Terpentinöl	Teer
		Kilo aus 1 Raummeter	
Kiefernknüppelholz [2])		8 bis 10	35 bis 40
Dürres Föhrenholz	Karbofen	1,5	17,5
„ „	Wagenofen	0,7	10
„ Tannenholz	„	0,07	9
Kiefernholz	Karbofen	0,7	12
Fallholz,[3]) gemischt	„	0,4 bis 0,8	5 bis 12,5
„ „	Röhrenofen	0,3	8
„ „	Wagenofen	0,4	12,3
Kiefernlatten	„	0,2	4 bis 7
Tannenlatten	„	0,03	6

Aus dieser Zusammenstellung geht schon der Einfluß der Destillationsdauer auf die Menge der Produkte zur Genüge hervor. Die Karboöfen mit langer Abtriebsdauer erzielen die größte Ausbeute.

Bei Sägemehl wechselt die Ausbeute an Öl ganz und gar mit dem Harzgehalte des Holzes, sie schwankt zwischen 2 und 19 Liter aus einer Tonne lufttrockenen Rohgutes. Harzreiche Latten dagegen gewähren bis zu 90 Liter aus einer Tonne.

Im übrigen hängt die Ausbeute völlig vom Harz ab, wendet man nur genügend Wärme an und läßt sie lange genug wirken, so kann man mit nahezu jedem Verfahren die Öle dem Holze entziehen. Bei der trockenen Destillation bildet sich, wenn die Erhitzung zu schnell durchgeführt wird, eine große Menge Gas, was natürlich nur auf Kosten der übrigen Produkte geschehen kann.

Die folgenden Ausbeutezahlen entstammen deutschen Angaben:

Terpentin . . . . 12 Liter
Brauner essigsaurer Kalk . . . . 11 Kilogramm
Teer . . . . 42 Liter
Holzgeist mit 82 vom Hundert Methylalkoholgehalt . 4 Liter
Holzkohle . . . . 100 Kilogramm

---

[1] Jernkontorets Annaler 1908, S. 140.

[2] Es handelt sich hier um die in Schweden Töre, in Norwegen Tyri genannte, sehr harzreiche Holzart. Diese Ausdrücke zielen, wie die amerikanische Bezeichnung Light Wood und die deutsche Kienholz, in erster Linie auf den Harzgehalt ab; man hat also unter ihnen jedesmal die harzreichste Kiefernart des betreffenden Landes zu verstehen. Es braucht nicht gerade Knüppelholz, sondern es können auch Stümpfe damit gemeint sein.

[3] Wir haben hier, wie auch in der Tabelle auf S. 254 die Bezeichnung Fallholz für das beim Auslichten erhaltene Waldabfallprodukt gebraucht.

Die von dem Bureau of Chemistry, U. S. A., zusammengestellten Ausbeuteziffern, die sich auf verschiedene Holzarten beziehen, haben wir bereits im 1. Kapitel in der Tabelle IV auf S. 9 ausgeführt.

Im allgemeinen kann man annehmen, daß die Terpentinausbeute aus Kiefernholz, durch Dampfdestillation gewonnen, bei gewöhnlichem Holze 2 bis 5 Liter, bei gutem harzigen Holze 10 bis 20 Liter und im Mittel 15 Liter, bei sehr harzreichem Holze dagegen 20 bis 30 Liter betragen kann. Ungünstigerweise ist die für Destillation in großen Mengen zu habende Holzsorte zumeist von der weniger harzreichen Art, damit muß man rechnen, besseres Holz ist gar zu bald aufgebraucht, und dann ist man auf das übrige angewiesen.

In der folgenden Übersicht sind eine Reihe von Angaben über in schwedischen Holzverkohlungsanlagen erzielten Ausbeuten enthalten[1]).

Die einzige höhere Terpentinausbeute ergab sich aus Föhrenstockholz, im Schachtofen verkohlt. Im allgemeinen bleibt sie aber auf sehr niedriger Stufe, was wohl hauptsächlich der Art und Weise der Verkohlung zuzuschreiben ist. Was wir bei der Beschreibung schwedischer Anlagen in einem früheren Kapitel ausführten, scheinen die Angaben dieser Tabelle zu bestätigen.

(Siehe die Tabelle S. 254 und 255.)

Auf die Zusammensetzung des in Schweden durch Verkohlung gewonnenen Terpentins kommen wir im nächsten Kapitel zurück, wo wir einige chemische Untersuchungen anführen werden.

Die Ausbeute an Holzkohlen ist bei allen Holzarten unter gleichen Verkohlungsbedingungen so ziemlich die gleiche, sieht man dabei auf das Gewicht, was jedenfalls das Richtigste ist. In bezug auf die Raummenge kann man nach Bergström die folgenden Angaben als annähernde annehmen.

Holzkohlenausbeute aus:
    Tannenholz . . . . 90 Raumteile v. H.
    Kiefernholz 75   „   „ „
    Birkenholz 62   „   „ „

Die aus Laubholz gewonnene Holzkohle ist stets schwerer, als die aus Nadelholz erhaltene, was auch aus der obigen Tabelle hervorgeht.

Aus der nächsten Zusammenstellung sind die Unterschiede verschiedener Verkohlungsweisen in bezug auf die Holzkohlenausbeute noch klarer ersichtlich.

(Siehe die Tabelle S. 256.)

---

[1]) Nach H. Bergström, Jernkontorets Annaler 1908, S. 304 u. f.

Angaben aus schwedischen

Ofenbauweise	Jahres-leistung in Raum-meter Holzkohle im Jahre 1907	Zur Verkohlung gekommenes Holz	Ausbeuten,		
			Teer	Holzöl	Terpentin-öl in Kilogramm
			in Kilogramm		
Ofen mit direkter Verbrennung	140014	Geflößtes dürres Holz und Waldabfälle	2,9	—	—
Ofen mit indirekter Heizung und periodischer Beschickung	etwa 26000	Geflößtes dürres Holz mit einigen Föhrenstubben	—	—	—
desgleichen	10268	Geflößtes dürres Holz und Waldabfälle	5,8	4,0	0,98
desgleichen	—	Fallholz[3]) und andere Waldabfälle, lufttrocken	4,5		0,36
desgleichen	—	Fallholz von Kiefern und Tannen	9,5	—	—
Schachtofen	532	213 Rm. Laubholz 408 „ Nadelholz 80 „ Latten	11,2 [1]) 15,1 8,0		—
desgleichen	—	Föhrenstubben	39,0	—	9,4
Wagenofen	26400	30000 Rm. dürres Holz u. Waldabfälle, 9000 Rm. dürre Latten	12,3	—	0,23
desgleichen	9780	Rohe und getrocknete Latten von Kiefern und Tannen	11,4	—	0,7 [2])
desgleichen	—	Rohe Kiefernlatten	12,0	2,4	—
desgleichen	—	Fallholz von Kiefern, Tannen und Birken	—	—	—
desgleichen	16036	Rohe Föhrenlatten	5,0	2,0	—

[1]) Nach Analyse. — [2]) Über die Hälfte bestand aus Leichtölen. — [3]) Vergleiche Anmerkung 3 auf S. 252.

Holzverkohlungsanlagen.

auf 1 Raummeter verkohltes Holz bezogen.

Essigsaurer Kalk		Holzgeist		Holzkohle in Raummeter	Gewicht eines Raummeters Holzkohle	Bemerkungen.
Acetatgehalt vom Hundert	Kilogramm	Gehalt vom Hundert	Kilogramm			
72	4,2	100	0,9	0,729 (Feuerungsholz mitgerechnet)	130	
75	etwa 3,0	100	etwa 1,0	0,75 (auf 1 Rm. des Ofeninhalts bezogen)	144	
—	—	—	—	0,77	135	
—	1,8	—	0,6	—	—	
—	—	—	—	0,66	—	
80	21,10 [1]	—	2,77 [1]	0,64	157	Die Angaben entstammen einem 3 monatlichen Versuchsbetriebe.
	11,33		1,54	0,84	121	
	8,47		1,09	0,65	123,5	
—	—	—	—	0,40	160 (mit Wasser gelöscht)	Neugebaut, nur erst kurze Zeit im Betriebe.
—	—	100	1,75	0,7—0,6	etwa 130	
—	3,0	100	1,3	0,65	101	
—	—	—	—	0,65	—	
—	—	—	—	0,65	—	1907 in Betrieb gesetzt.
78	2,0	—	1,0	0,67	115	

[1]) Siehe Anmerkung 1, S. 254.

Holzkohlenausbeuten nach verschiedenen Verkohlungsverfahren.

Verkohlungsverfahren und Bezeichnung des verarbeiteten Holzes	Auf 1 Raummeter verkohltes Holz bezogen			
	Raumteile v. H.	Gewichtsteile v. H.	Scheffel	Gewicht eines Scheffels, Kilogr.
Versuche von Odelstjerna; Birkenholz, bei 110° C. getrocknet	—	35,9	—	—
In Mathieuschen Retorten; mittlere Yellow Pine (Pinus pondoraso Dougl.), lufttrocken, Gewicht eines Raummeters etwa 445 Kilogramm, Feuerungsholz nicht mit eingeschlossen	77,0	28,3	17,6	7,12
In Mathieuschen Retorten; die gleiche Holzart, Feuerungsholz aber mit einbegriffen	65,8	24,2	15,0	7,12
Schwedische Öfen, mittlere Ergebnisse aus gut trockenem, gemischtem Kiefern- und Föhrenholz	81,0	27,7	18,5	6,00
Schwedische Öfen, mittlere Ergebnisse aus harzarmem, gemischtem Föhren- und Kiefernholz	70,0	25,8	17,2	6,00
Schwedische Meiler, Ausnahmeergebnisse, Föhren- und Weymouthskiefernholz gemischt; Gewicht eines Raummeters etwa 400 Kilogramm	72,2	24,7	16,5	6,00
Schwedische Meiler, mittlere Ergebnisse	52,5	18,3	12,2	6,00
Amerikanische Meileröfen, mittlere Yellow Pine (Pinus pondoraso Dougl.), Gewicht eines Raummeters etwa 400 Kilogramm	54,7	22,0	12,5	8,00
Amerikanische Meiler, die gleiche Holzart	42,9	17,1	9,8	8,00

Zum Vergleich seien nun noch einige Ausbeuteergebnisse aus der Laubholzdestillationsindustrie angeführt, die zugleich einige Unterlagen für Beurteilung von Laubholzabfällen geben können.

In einer Anlage, in der das zur Verkohlung kommende Holz zu siebenzehnteln aus Ahorn bestand, erzielte man im Jahre 1906 aus 1,2 Meter langen Scheiten

    an rohem Holzgeist . . . . 11,87 Liter
    „ essigsaurem Kalk, 82 v. H. Acetatgehalt . . 21,74 Kilogramm
    „ Holzkohle . . . . 15,00 Scheffel (etwa 120 Kilogr.).

Es fehlt die Angabe über die Dichte des Holzgeistes.

In Gewichtsteilen vom Hundert ausgedrückt sind die folgenden Ausbeuteangaben, die in Amerika als mittlere Ergebnisse für Laubholz gelten:

Holzgeist . . . . 1,434 v. H.
Essigsaurer Kalk (82 v. H. Acetatgehalt) . . . 6,250 „ „
Holzkohle . . . . 31,200 „ „

Die Verwertung der Destillationsprodukte.

Angesichts der in starkem Maße zunehmenden Nachfrage nach Terpentin sollte der Absatz einiger der Destillationsprodukte scheinbar eine leichte Sache sein, allein das Vorurteil gegen Holzterpentin und Retortenteer ist immer noch ziemlich groß.

Terpentin. — Terpentin sollte als solcher nach seinem Werte verkauft werden. Es ist nötig, ein gereinigtes Öl von gleichbleibender Güte herzustellen, um einen guten Abgang zu sichern, wenn auch zu einem geringeren Preise, als er für Gartenterpentin erzielt wird.

Jeder Überschuß kann durch Verwandlung in Terpentinderivate, wie Terpinhydrat, Terpineol (findet Verwendung bei der Herstellung von Fliederparfüm), Kampher, künstlicher Kampher und ähnliche Verbindungen verwertet werden.

Harz- oder gelbes Öl. — Erweist sich diese Verbindung als Terpineol, so kann sie in zahlreiche andere Körper überführt werden. Soweit die Kenntnis dieses Produktes zurzeit reicht, kann man es in Verbindung mit Ätznatron als Desinfiziermittel, oder für Farben oder gemischt mit Holzrückständen als Feuerzünder verwerten.

Holzöl. — Das gereinigte Holzöl kann, mit geeigneten Farbstoffen gemischt, zur Herstellung gewöhnlicher Anstrichfarben Verwendung finden. Das rohe Holzöl kann man für dunkle Ölfarben und für Kreosotfarben gebrauchen.

Der Holzessig findet zuweilen Verwendung als Desinfiziermittel, zum Bespritzen von Bäumen und dergleichen. Man kann ihn entweder in Kalkacetat oder Eisenacetat verwandeln; das Eisenacetat gebraucht man als Beize beim Färben, es kann aber auch als schwarze Holzbeize Verwendung finden.

Teeröl, womit man das von der Retorte kommende rohe Öl bezeichnet, wird in verschiedenster Weise verwendet, zum Beispiel für Seife und dergleichen, ebenso auch zum Tränken von Hölzern.

Teer. — Er wird im allgemeinen als solcher verkauft, kann aber auch zur Gewinnung von Teeröl, Kreosotöl und Pech regelrecht destilliert werden. Schwarzer Teer und Pech kann zum Pflastern von Straßen und zur Herstellung von Produkten, für die jetzt meist Steinkohlenteer dient, Verwendung finden.

Kolophonium und Harz. — Am besten verkauft man diese Produkte als solche. Man kann jedoch auch noch eine besondere Anlage zu ihrer Trockendestillation der Holzdestillationsanlage anfügen und stellt dann aus ihnen Harzgeist, Harz- oder Kolophoniumöl und Pech her. Das Kolophonium selbst kann auch an Krämer, Siegelwachsfabrikanten und dergleichen abgesetzt werden. Verwendet man aber die Rückstände der Dampfdestillation zur Erzeugung von Gas, so setzt man das Kolophonium dem Holze zur Gewinnung von Kolophoniumgas zu.

Holzkohle. — Die zwei hauptsächlichen Absatzgebiete für Holzkohle ergeben sich aus dem Hausgebrauche, unter den auch der des Kleingewerbes mit fällt, und der Verwendung im Hochofen. Für die letztere Absatzmöglichkeit sei hier auf die Versuche, die Eisenhütten zum Gebrauche von sogenannter gerösteter Kohle, halbverkohlten Holzstücken zu veranlassen, als auch für viele andere Gegenden empfehlenswert hingewiesen. Zur Herstellung einer solchen Kohle nimmt die Trockendestillation längst nicht so lange Zeit in Anspruch, der Teer wird besser und die Kohle selbst ist schwerer, als wenn sie völlig durchkohlt wäre.

Der vom Boden der Retorte abgekratzte Koks enthält ziemlich viel Asche. Wahrscheinlich besteht die zweckmäßigste Verwendung darin, daß man ihn mit verbrennt; in manchen Anlagen traut man diesem Stoffe die Eigenschaft der Brennbarkeit gar nicht zu. Man hat auch vorgeschlagen, diesen Koks zu zermalen und ihn dann für die gleichen Zwecke, wie den aus der Leuchtgasindustrie herrührenden Kohlenstoff zu verwenden.

Die Bildung dieses Retortenkokses sollte natürlich durch sorgfältigen Betrieb soweit als möglich vermieden werden.

Der Rückstand der Dampfdestillation. — Der Absatz dieses Holzrückstandes zu befriedigenden Preisen wird einen großen Teil zur Lösung des Problems der Nutzbarmachung von Nadelholzabfällen beitragen. Die folgenden Verwertungsarten sind in Vorschlag gebracht: als Decke für Seitenwege in kleinen Städten; als Brennstoff; zur Herstellung von Gipswänden, Feuerzündern (indem das Holzklein mit Kolophonium- und gelbem Harzöl gemischt wird); Trockendestillierung in besonders gebauten Retorten zur Gewinnung von Teerprodukten und zur Gaserzeugung; zur Herstellung von Oxalsäure, Äthylalkohol und Zelluloseprodukten.

Vielfache Versuche wurden schon gemacht, ein Verfahren zu finden, aus dem der Holzrückstand in einem zur Verwandlung in Papierzeug geeignetem Zustande hervorgeht. Bis heute sind alle diese Versuche ins Gegenteil von dem, was man erhoffte, umgeschlagen. Die Papierindustrie ist von größerer Bedeutung, als die Holzdestillationsindustrie es jemals werden kann. Statt nach einem Verfahren zu suchen, nach dem der Rückstand der Dampfdestillation unmittelbar in Papierzeug verwandelt werden kann, sollte man darauf ausgehen, die Entziehung des Terpentins einem Papierherstellungsverfahren anzugliedern.

Bei der Papierzeugherstellung ist der für den Holzdestillateur so wichtige Harzgehalt des Holzes ein Übelstand für den Papierfabrikanten. Für die Gewinnung von Terpentin aus Holz verwendet man meist, mit

Ausnahme weniger Fälle, harzreiches Holz. Die große Masse der Holzabfälle ist nicht reich an Harzen, infolgedessen kann bei diesem Holze eine Destillationsarbeit nur dann genügend Terpentin zutage fördern, um damit die Rohmaterialkosten zu decken, wenn das letztere sehr billig ist, wie etwa Sägemehl und dergleichen. Wenn der gewonnene Terpentin nicht die Kosten seiner Herstellung aufbringt, läßt sich auch durch die weitere Verwertung der Rückstände für Papierzeugherstellung nichts gewinnen, denn der Papierfabrikant kann sich sein Rohmaterial ebenso billig auch ohne vorherige Terpentinausziehung beschaffen.

Geht man auf die schließliche Nutzbarmachung von Holzabfällen durch Umwandlung in Papierzeug aus, so ist nicht die Retorte der Terpentinanlage, sondern der Kochkessel der Papiermühle, der einzig geeignete Platz zur Ausziehung des Öles.

Der Verfasser besuchte eine Papiermühle, die Kiefernholz (Yellow Pine) verarbeitet, und stellte fest, daß es zur Gewinnung des Terpentins nur erforderlich ist, den Kochkessel mit einem Übersteigrohre, Ventile und Verflüssigungskühler zu verbinden. Arbeitet man nach dem Natronverfahren, so wird die Reaktion im Kochkessel gewöhnlich unter 6 bis 7,5 Atmosphären Druck und die Heizung vermittels Dampfes durchgeführt. Durch diese Tätigkeit wird der Terpentin dem Holze gründlich entzogen, und zwar besser, als mit vielen der in diesem Buche beschriebenen besonderen Verfahren, da die Erwärmung eine länger fortgesetzte ist. Die Wirkung des Ätznatrons braucht keine schädliche zu sein, vielmehr verbindet es sich mit allen sich etwa loslösenden teerigen Stoffen und hält sie zurück.

Hat man den Kochkessel mit einem Verflüssigungskühler ausgestattet, so ist weiter nichts nötig, als während des Kochens des Papierzeuges das Ventil im Übersteigrohre zu öffnen, und das Öl wird, mit Wasser untermischt, am Kühlerauslaufe herausfließen. Es wird etwas gelb aussehen, genau so, wie der durch Dampfdestillation unter Druck gewonnene Rohterpentin. Aus einer einfachen Wiederdestillierung wird es klar und weiß hervorgehen.

Ließe sich Papierzeug aus allen möglichen Sorten von Nadelholzabfällen in einer solchen Güte gewinnen, daß sich die Herstellung lohnte, dann könnte das obige Verfahren der Terpentinentziehung während der Überführung des Holzes in Holzzeug das Problem der Nutzbarmachung von Kiefern- und Tannenabfällen der Lösung näher bringen. Diese Frage zu entscheiden, ist jedoch Sache des Papierfabrikanten und nicht die des Holzdestillateurs.

Eine Ausnahme macht natürlich harzreiches Holz, aber nur eine verhältnismäßig geringe Menge der gesamten Holzabfälle kann dazu gerechnet werden. Dieses harzeiche Holz könnte aber ebenso dem obigen Verfahren unterzogen werden, was den gleichen Erfolg hätte, als würde es nach einem der regelrechten Destillationsverfahren — ausgenommen natürlich jene Verfahren, bei denen das Harz auf andere Weise als durch Bindung mit Alkalien dem Holze entzogen wird — behandelt. Bei harzreichem Holze hätte man nur eine größere Menge Ätznatron im Kochkessel nötig, um den Harzüberschuß zu entfernen. Das Alkali könnte in der gewöhnlichen Weise wiedergewonnen werden; die Wiedergewinnung des Harzes würde sich bei harzreichem Holze auch wohl lohnen, zu welchem Zwecke das Alkali neutralisiert werden müßte.

Der Terpentin würde in jedem Falle in der gleichen Weise überdestillieren, und das sich ergebende Papierzeug würde von derselben Güte sein, ganz gleich, ob das Öl in einem regelrechten Destillierapparate oder im Kochkessel der Papierfabrik gewonnen wird. Es ist ohne weiteres einzusehen, daß man den Druck im Kochkessel während des Terpentinabtriebes niedrig halten kann, falls das erwünscht sein sollte.

Augenblicklich führt man im Staate Neuyork Versuche aus, die auf die Gewinnung des Terpentins aus dem Holze der Sprossentanne ausgehen; dafür würde sich sicherlich dieses Verfahren als das geeignetste erweisen.

XI. Chemische Untersuchungen und Verbindungen.

In diesem Kapitel werden wir noch einige Untersuchungen und Analysen anführen, die verschiedene Forscher mit verschiedenen Destillationsprodukten vorgenommen haben. Im IX. Kapitel haben wir bereits eine Reihe von Untersuchungsergebnissen mitgeteilt, die wir an dieser Stelle natürlich nicht wiederholen werden, auf die aber zur vervollständigeren Unterrichtung verwiesen sei.

Im weiteren werden wir dann noch Verfahren beschreiben, nach denen die verschiedenen Produkte zur Erzeugung von Derivaten verbunden werden können.

Terpentin. — Im Massachusetts Institute of Technology hat die Prüfung eines durch Dampf aus harzreichem Holze abdestillierten Terpentins die folgenden Eigenschaften ergeben:

Spezifisches Gewicht . . . . 0,865 bis 0,867
Farbe einiger Proben . . . . wasserklar
Spezifisches Drehvermögen . . $+28,7^0$
Säurewerte . . . . 0,077 bis 0,079 v. H.
Ester als Bornylacetat . . . 7 v. H.
Unter 163^0 C. destillierten . . 80 „ „
Unter 175^0 C. destillierten . . 90 „ „
Rückstand nach Verdampfung . 0,71 bis 1,02 v. H.

Die beiden Schweden Fagerlind und Bergström haben eine Reihe von Untersuchungen mit durch Verkohlung in verschiedenen Verkohlungsöfen und aus verschiedenen Holzarten gewonnenem Terpentine vorgenommen, die einigen Aufschluß über den Einfluß der Verkohlungsweise und des Verkohlungsofens auf die Zusammensetzung und das Mengenverhältnis des Terpentingehaltes des Rohöldestillates geben.[1]) Das den folgenden Ergebnissen zugrunde liegende Rohöl wurde durch Klären in Absetzbottichen erhalten.

1. Aus Kiefernknüppelholz[2]) vor der eigentlichen Verkohlung gewonnen; der Rohterpentin bestand aus:

Wasser . . . . 2 v. H.
Teer . . . . 4 „ „
Überdestilliert wurden . . . . . . 94 „ „

---

[1]) Jern-Kontorets Annaler 1908, S. 124 ff.
[2]) Vergleiche die Anmerkung 2 auf S. 252.

Von dem Destillate siedeten
bei (Celsiusgrade): 65° 137° 155° 160° 165° 170° 175° 180° 185°
in Teilen v. H.: 0   0,9   1,3   2,5   17,5   52   80   90   100

Unter 165° C. destillierten nur 17,5 vom Hundert, unter 175° C. 80 vom Hundert.

2. Aus Kiefernknüppeln durch überhitzten Dampf während der Verkohlungsperiode erhalten:

   Wasser . . . . 1 v. H.
   Teer . . . . 32 „ „
   Destilliert wurden . . . . . . 67 „ „

Von dem Destillate siedeten:
bei (in Celsiusgraden) 42°   60°   100°   135°   149°   156°
in Teilen v. H. . . .   0   1,0   5,5   9,0   14   16
bei (in Celsiusgraden) 165°   170°   175°   184°   195°
in Teilen v. H. . . .   30   65   84   94   100

Hieraus erkennt man die Wirkung des überhitzten Dampfes: die Ausbeute an Rohöl ist geringer, die unter 150° C. siedenden Leichtöle bilden bereits einen ziemlich beträchtlichen Teil des Destillates, ebenso treten Schweröle auf, deren Siedepunkte bis auf 195° C. hinauf gehen.

3. Aus dürren Föhren im Karboofen vor der Verkohlung erhalten:

   Wasser . . . . — v. H.
   Teer . . . . 6 „ „
   Überdestilliert wurden . . . . . 94 „ „

Von dem Destillate siedeten:
bei (in Celsiusgraden) 110°   140°   155°   165°   175°   200°
in Teilen v. H. . . .   0,5   1,0   1,5   18   79   100

Die Bildung von Leichtölen ist bei dieser langsamen Erwärmung der Beschickung unter Vermeidung eigentlicher Verkohlung nicht nennenswert, dagegen gehen auch hier die Siedepunkte des Destillates ziemlich weit hinauf; unter 165° C. siedeten nur 18 vom Hundert.

4. Aus dürren Föhren im Karboofen während der ersten Verkohlungsperiode erhalten:

   Wasser . . . . — v. H.
   Teer . . . . 27 „ „
   Überdestilliert wurden . . . . . 73 „ „

Von dem Gesamtdestillate siedeten:
bei (in Celsiusgraden) 110°   140°   155°   165°   175°   200°
in Teilen v. H. . . .   4,3   6,0   7,5   27   73   100

Genauere Angaben über die Eigenschaften des durch verschiedene schwedische Destillationsweisen gewonnenen und nachher unter Zuhilfenahme von Chemikalien gereinigten Terpentins sind in der folgenden Tabelle zusammengestellt, die eine anregende Vergleichung der einzelnen Ölarten gestattet.

Chemische Untersuchungen und Verbindungen.

	1.	2.	3.	4.	5.	6.	7.	8.	9.	10.
Bezeichnung des Holzes, aus dem das durch Absetzen geklärte Rohöl gewonnen wurde, und der Destillationsweise	Kiefernknüppel,[2]) in Retorte vor der Verkohlung	Kiefernknüppel, in Retorte vor der Verkohlung	Kiefernknüppel, in Retorte beim Beginn der Verkohlung	Kiefernknüppel, in Retorte während der Verkohlung	Kiefernknüppel, in Meilerofen während der Verkohlung	Kiefernknüppel, durch überhitzten Dampf während der Verkohlung	Kiefernknüppel, durch gesättigten Dampf von 130° C.	Kiefernknüppel, durch überhitzten Dampf während der ersten Periode	Kiefernknüppel, wie 8, darauf mit Dämpfegemisch, das stets aufs neue überhitzt wurde	Kiefernknüppel, durch überhitzten Dampf
Zusammensetzung des Rohöles in Teilen v. H.										
Wasser	2	0,2	0,3	1,7	1	1	—	—	—	—
Leichtöl	0	1,2	7,6	16,7	8	8	—	—	—	—
Teer	4	7,9	16,4	33,3	52	32	9	5	14	23
Rohterpentin	94	90,7	75,7	48,3	39	59	91	95	86	77
Zusammensetzung des Rohterpentins in Teilen v. H. des Rohöles										
Verlust durch Chemik.	5	1,0	7,6	7,1	10	3	0,1	3	3	6
Leichtöl	0	1,3	1,7	1,3	1	1	—	—	—	—
Teer	3	4,3	4,9	7,9	2	2	9	18	25	18
Terpentin	86	77,8	59,2	20,2	26	53	82	74	58	53
Eigenschaften des gereinigten Terpentins										
Spez. Gewicht bei 20° C.	0,859	—	—	—	0,856	0,856	0,861	0,861	0,851	0,859
Spez. Drehvermögen	+26,5°	+16,1°	+15,8°	+10,7°	+19,6°	+9,1°	—	—	—	—
In Teilen v. H. siedeten bei (Grad Cels.)	154° 0,4 / 157 6,4 / 160 29 / 165 50 / 169 61 / 175 94 / 180 100	157° 0 / 160 27 / 165 56 / 170 69 / 175 83 / 180 96 / 185 100	157,5° 0 / 160 3 / 165 37 / 170 50 / 175 63 / 180 89 / 185 100	157,5° 0 / 160 2 / 165 22 / 170 32 / 175 56 / 180 90 / 185 100	156° 2 / 159 7 / 161 20 / 165 41 / 169 58 / 175 98 / 180 100	155° 4 / 157,5 10 / 160 41 / 165 65 / 170 73 / 172,5 100 / 175 —	0¹) 140° 33 / 159 44 / 160 56 / 162 67 / 165 89 / 170 100 / 180 —	0¹) 140° 30 / 166 44 / 167 63 / 169 75 / 170 88 / 174 100 / 180 —	0¹) 130° 42 / 174 57 / 175 71 / 176 86 / 178 100 / 180 — / —	0¹) 120° 40 / 166 53 / 169 67 / 170 80 / 175 93 / 177 100 / 180 —

¹) Diese Siedepunkte sind mit einer gewöhnlichen Kochflasche ohne Säule und Rückflußkühler ermittelt. — ²) Vergleiche die Anmerkung 2 auf S. 252.

264 Chemische Untersuchungen und Verbindungen.

	11.	12.	13.	14.	15.	16.	17.	18.	19.	20.
Bezeichnung des Holzes, aus dem das durch Absetzen geklärte Rohöl gewonnen wurde, und der Destillationsweise	Kiefernknüppel,[3]) wie 10, danach behandelt wie 9	Dürre Föhren, im Karboofen vor der Verkohlung	Dürre Föhren, im Karboofen beim Beginn der Verkohlung	Dürre Föhren, im Karboofen, völlige Verkohlung	Schweröl, aus dürren Föhren im Karboofen, Ende der Verkohlung	Dürre Föhren, im Wagenofen vor der Verkohlung	Kiefernlatten, im Wagenofen vor der Verkohlung	Kiefernlatten, im Wagenofen vor der Verkohlung	Latten, im Wagenofen vor der Verkohlung	Latten, im Vorderende eines ununterbrochen arbeitenden Kanalofens
Zusammensetzung des Rohöles in Teilen v. H.										
Wasser	—	0	0	2	4	—	—	0,7	9	2
Leichtöl	—	0	7	15	11	—	—	2,4	2	8
Teer	43	7	30	52	62	35	50	60,8	61	63
Rohterpentin	67	93	63	31	23	65	50	36,1	28	27
Zusammensetzung des Rohterpentins in Teilen v. H. des Rohöles										
Verlust durch Chemik.	7	5	16	8	15	14	18	3,6	2	6
Leichtöl	—	0,4	2	2	—	—	—	1,1	—	1
Teer	18	5	8	2	—	7	4	1,0	1	3
Terpentin	42	73	37	19	8	44	28	30,4	25	17
Spez. Gewicht bei 20°C	0,855	0,860	0,859	—[2])	—	0,859	0,858	—	0,860	—
Spez. Drehvermögen	—	+24,4°	+21,2°	—	—	+19,2°	+14,2°	+20,0°	+19,1°	—
Eigenschaften des gereinigten Terpentins – In Teilen v. H. siedeten bei (Grad Cels.)[1])										
	171° 42	155° 0	155° 0	150° 0	—	149° 0	146° 0	155° 0	155° 7	154° 0
	175 57	156 0,8	156 17	190 100	—	157 2	157 5	157,5 23	160 25	160 4
	176 71	160 22	160 37	—	—	160 9	160 9	160 37	165 45	165 10
	178 90	165 50	165 57	—	—	165 47	165 24	165 54	170 59	170 43
	180 100	169 63	169 94	—	—	170 75	170 60	170 67	175 77	175 80
	—	175 91	175 100	—	—	175 90	175 86	172,5 87	180 97	180 100
	—	178 100	178 —	—	—	185 100	185 100	175 100	185 100	—

[1]) Siehe die Anmerkung S. 263. — [2]) Schlechtes Öl. — [3]) Vergleiche die Anmerkung 2 auf S. 252.

Methan . . . . 7,3 v. H.
Leichte Kohlenwasserstoffe . . . . . . 6,3 „ „
Stickstoff . . . . 14,7 „ „

Analysen von Generatorgasen.

	1.	2.	3.
Kohlendioxyd	10,00 v. H.	10,70 v. H.	15,20 v. H.
Kohlenoxyd	18,50 „ „	17,90 „ „	15,40 „ „
Methan	0,70 „ „	3,10 „ „	7,20 „ „
Wasserstoff	17,40 „ „	17,60 „ „	12,60 „ „
Stickstoff	53,40 „ „	50,70 „ „	49,60 „ „

Das durch Destillation von Kiefernholz erhaltene Gas enthält alle die obigen Bestandteile, außerdem aber noch einige, die charakteristisch für aus Kolophonium gewonnenes Gas sind. Ein aus Virginia-Pine nach Pettenkofers Verfahren — das darin besteht, daß man das eingeworfene Holz verkohlt, dann die gebildete Holzkohle nach dem hinteren Ende der Retorte stößt, ins vordere frisches Holz einfüllt und die aus dem letzteren entwickelten Wasserdämpfe durch die glühende Kohle streichen läßt — erzeugtes Gas ergab die folgende Zusammensetzung:

Wasserstoff . . . . 44,00 v. H.
Methan . . . . 5,40 „ „
Kohlenoxyd . . . . 33,70 „ „
Kohlendioxyd . . . . 10,50 „ „
Stickstoff . . . . 6,00 „ „
Sauerstoff . . . . 0,25 „ „

Eine Tonne dieses Holzes soll ungefähr 1030 Kubikmeter Gas von dieser Zusammensetzung ergeben.

Gewöhnliches Laubholzgas ergab die folgende Zusammensetzung:

Kohlendioxyd . . . . 26 v. H.
Kohlenoxyd . . . . 40 „ „
Grubengas . . . . 11 „ „

Das übrige bestand aus Wasserstoff und Kohlenwasserstoffen. Ein gereinigtes Gas dagegen zeigte die folgende Zusammensetzung:

Kohlendioxyd und Luft . . . . . . 7 v. H.
Kohlenoxyd . . . . 30 „ „
Grubengas . . . . 25 „ „
Wasserstoff . . . . 30 „ „
Kohlenwasserstoffe . . . . 8 „ „

Es ist nicht leicht, das Gas über Kalk zu reinigen.

* * *

Die Zusammensetzung der übrigen Destillationsprodukte, wie Holzessig, Öle, Harz und Kolophonium und so weiter, wurde bereits bei ihrer Beschreibung in einem vorhergehenden Kapitel angegeben. Wir wollen jedoch noch einmal die allgemeine Regel anführen, daß alle die Hölzer, die hart sind und eine verhältnismäßig große Menge Lignin und inkrustierende Stoffe enthalten, größere Ausbeuten an Essigsäure und Methylalkohol ergeben, als solche, die nur geringe Mengen dieses harten Materials besitzen und infolgedessen oft weiche Hölzer genannt werden.

Chemische Verbindungen oder Derivate.

Terpentin-Derivate.

Kampher, $C_{10}H_{16}O$. — Das wichtigste Terpentin-Derivat ist Kampher, zu dessen Herstellung im allgemeinen zwei Verfahren angewendet werden. Das eine besteht darin, daß man Terpentin unmittelbar mit geeigneten Reagenzien behandelt, und bei dem anderen verwandelt man Pinen zuerst in Pinenhydrochlorid und stellt daraus dann Kampher her.

Das erste Verfahren wurde in Amerika zwar ohne Erfolg versucht, ist aber doch genügend interessant, um hier beschrieben zu werden verdient. Es handelte sich um das Verfahren von Thurlow, das in der Erwärmung von Terpentin mit wasserfreier Oxalsäure bei einer Temperatur von unter 120° C. besteht.

Nach Collins ist das Verfahren im kleinen Maßstabe in der folgenden Weise ausgeführt. Terpentin und wasserfreie Oxalsäure werden in ein mit Dampfmantel ausgestattetes Reaktionsgefäß gefüllt, das Ergebnis der Reaktion sind Pinyloxalat und Pinylformat. Zur weiteren Behandlung wird dann die flüssige Masse in eine Reihe von Destillierblasen gepumpt und darin mit Frischdampf in Gegenwart eines Alkalis destilliert. Gewöhnlicher Kampher und Borneolkampher gehen daraus, aufgelöst in den öligen Produkten der Reaktion, hervor. Man gewinnt sie aus den letzteren durch eine zerlegende Destillation; sind dabei die angenehm riechenden Öle überdestilliert, so gehen danach Kampher und Borneol mit direktem Dampfe über und werden im Verflüssigungskühler als eine, gekochtem Reis nicht unähnliche weiße Masse niedergeschlagen. Dieses rohe Produkt wird dann mit Hilfe von Druckluft durch eine Filterpresse gedrückt und zur Entfernung aller Ölspuren gründlich gewaschen. Danach kommt es in ein Oxydiergefäß, worin das Borneol in gewöhnlichen Kampher überführt wird.

Diese Masse wird nun in eine sehr schnell laufende Zentrifuge gefüllt und die oxydierende Flüssigkeit darin abgeschleudert. Der schwerere Kampher bleibt in einem verhältnismäßig reinen Zustande zurück, ist aber doch etwas von der oxydierenden Verbindung gefärbt und hat etwa das Aussehen hellbraunen Zuckers. Aus der Zentrifuge wird er so entfernt und in ein großes, mit Dampfmantel ausgestattetes Sublimiergefäß überführt, worin eine langsam wirkende Wärme ihn von allem Wasser, das er etwa noch enthält, befreit. Die Temperatur wird dann bis zum Siedepunkte des Kamphers erhöht und ein kräftiger Luftstrom über die Oberfläche der Pfanne hinstreichen gelassen, der den Kampher in eine Verdichtungskammer bläst, wo er sich in Form von schneeflockenartigen Kristallen niedersetzt.

Die nach diesem Verfahren erzielte Ausbeute beträgt 25 bis 30 vom Hundert des Gewichts des verbrauchten Terpentins. Neben dem Kampher ergeben sich noch eine Anzahl leichter Öle, die in der Natur vorkommen, wie Dipenten, Zitronenöl und eine Reihe andere natürliche Terpene und ätherische Öle.

Dieses synthetische Verfahren zur Herstellung von Kampher nimmt ungefähr 15 Stunden in Anspruch.

Die meisten der übrigen Verfahren beruhen darauf, daß trockene Chlorwasserstoffsäure zur Bildung von Hydrochlorid durch trockenen Terpentin geleitet wird, wobei beide Stoffe gute Kühlung erfahren müssen. Wird ein Steigen der Temperatur während der Reaktion verhindert, so verdichtet sich das Öl nach der Sättigung mit dem Gase nahezu vollständig zu einer kampherartigen festen Masse. Man verfährt auch wohl so, daß man das Gas in eine Mischung von Terpentin und Chloroform leitet und dann erst das Chloroform und hernach das Hydrochlorid abdestilliert.

Dieses Produkt nennt man künstlichen Kampher, ihm kommt die Formel $C_{10}H_{16} \cdot HCl$ zu. Er schmilzt bei 125° C., siedet bei 208° C. und erleidet fast gar keine Zersetzung.

Die Verwandlung dieses Produktes in Kampher fußt auf der Tatsache, daß, wenn Chlorwasserstoffsäure mit Hilfe eines schwachen Alkalis, wie zum Beispiel Anilin, oder vermittels Natriumacetats und Essigsäure entfernt wird, die entstandene Verbindung nicht Pinen, wie man vielleicht erwarten sollte, sondern Camphen ist, ein Terpen, das dem Kampher sehr nahe verwandt ist und durch Oxydation in Kampher überführt werden kann.

Bei einem in Amerika durch Patent geschützten Verfahren kommt Kalk zur Entfernung des Chlores in Anwendung; das sich ergebende Camphen wird dann mit Salpetersäure oxydiert. Es ist zweifelhaft, ob sich bei der Benutzung von Kalk viel Kampher gewinnen läßt.

Ein allgemeines Verfahren zur Herstellung von Camphen besteht in der Erwärmung von Pinenhydrobromid oder Pinenhydrochlorid mit Natriumacetat und Eisessigsäure bei 200° C.

Die Oxydation des Camphen zu Kampher kann in der folgenden Weise ausgeführt werden, wobei Isoborneol als Übergangsverbindung benutzt wird.

250 Gewichtsteile Essigsäure und 10 Gewichtsteile 50 prozentiger Schwefelsäure werden mit 100 Gewichtsteilen Camphen gemischt, das Ganze auf 50° bis 60° C. erwärmt und auf dieser Wärmehöhe einige Stunden gehalten und häufig durchgerührt. Zuerst bilden sich zwei

Schichten, aber nach kurzer Zeit ergibt sich eine klare, ein wenig gefärbte oder auch farblose Flüssigkeit. Die Reaktion ist nach zwei bis drei Stunden beendigt. Das Produkt wird dann mit Wasser verdünnt, wonach sich das gebildete Isoborneolacetat als ein Öl abscheidet. Einige Male wird dieses Öl zur Entfernung der freien Säure gewaschen und dann, ohne weiterer Reinigungstätigkeit zu untergehen, für eine kurze Zeit in einer aus 50 Gewichtsteilen Kaliumhydroxyd und 250 Gewichtsteilen Äthylalkohol hergestellten Lösung gekocht. Der größte Teil des Alkohols wird dann abdestilliert und der Rückstand in eine beträchtliche Menge Wasser gegossen; das Isoborneol wird als feste Masse gefällt und kann durch Filtrierung und erneute Kristallisierung vom Petroleumäther geschieden werden. Es wird dann mit gerade genug Salpetersäure oder mit einer Lösung von Chromanhydrid in Essigsäure oxydiert. Das sich daraus ergebene Produkt ist Kampher.

Nach einem deutschen Verfahren wird nicht mit Isoborneol, sondern gleich mit Isoborneolacetat oder -benzoat begonnen. Die Oxydation kann zum Beispiel mit Hilfe von Chromsäure, Salpetersäure, Caroscher Säure und dergleichen ausgeführt werden. Die folgenden Rezepte werden dafür angegeben.

1. Beispiel. — 127 Gewichtsteile Isoborneolacetat werden in 2000 Gewichtsteilen Essigsäure oder anderer geeigneter Säure, die von dem Oxydiermittel nicht angegriffen wird, aufgelöst und dann mit 78 Gewichtsteilen Chromsäure oxydiert. Ist die Reaktion beendet, so wird der Überschuß an Lösung abdestilliert, der Rückstand mit Wasser gewaschen und in der gewöhnlichen Weise gereinigt.

2. Beispiel. — 127 Gewichtsteile Isobornylacetat werden gut mit einer Lösung von 78 Gewichtsteilen Chromsäure in 2000 Gewichtsteilen Wasser bei ungefähr 90° C. gemischt, bis keine freie Chromsäure mehr vorhanden ist. Nach der Abkühlung kristallisiert roher Kampher aus, der dann in der gewöhnlichen Weise gereinigt wird.

3. Beispiel. — 127 Gewichtsteile Isobornylbenzoat werden gut mit einer Lösung von 78 Gewichtsteilen Chromsäure in 2000 Gewichtsteilen Wasser bei einer Temperatur von 90° C. gemischt, und zwar so lange, bis sich keine freie Chromsäure mehr erkennen läßt. Nach der Abkühlung wird der gebildete rohe Kampher von der anhaftenden Benzoësäure durch Kochen mit Alkalien geschieden und auf gewöhnliche Weise fernerer Reinigungsarbeit unterworfen.

Es gibt eine große Anzahl geschützter Verfahren, die von Hydrochlorid ausgehen. Nach einem dieser Verfahren wird Hydrochlorid mit Phenolen zersetzt und das Camphen in der gewöhnlichen Weise oxydiert.

Nach einem anderen Verfahren wird der Terpentin mit Kalziumkarbid getrocknet und dann bei 30° C. langsam mit trockenem Chlorwasserstoffgas behandelt. Die dabei entstehende Verbindung wird mit einem Metall und Oxydiermittel, wie Zink und Bariumperoxyd oder Natriumperoxyd, zu 180° C. erwärmt. Wird Mangandioxyd allein angewendet, so soll ein Metall nicht erforderlich sein.

Behandelt man Camphen bei 180° C. mit einer Chromsäuremischung, so bildet sich auch Ozonid, $C_{10}H_{16}O_3$, das bei der Behandlung mit Wasser Sauerstoff verliert und ein Lacton, nämlich Camphenolid bildet. Erwärmt man diese Verbindung in Gegenwart von Wasser, so entsteht wiederum Kampher.

Terpinhydrat, $C_{10}H_{18}(OH)_2 + H_2O$. — Das folgende ist Hempels Verfahren zur Herstellung von Terpinhydrat.

Eine Mischung, bestehend aus 8 Teilen Terpentinöl, 2 Teilen Alkohol und 2 Teilen Salpetersäure vom spezifischen Gewichte 1,255, wird gut durchmischt und in eine flache Schale gegossen. Hat sie darin einige Tage gestanden, so wird die Mutterlauge von den Terpinhydratkristallen abgegossen und mit einem Alkali neutralisiert, wonach sich eine zweite Ausbeute an Kristallen abscheidet.

Cineol, $C_{10}H_{16}O$. — Man findet dieses Produkt im Eucalyptusöl und anderen Ölen. Die bei der Herstellung von Terpinhydrat sich ergebende Mutterlauge enthält diese Verbindung. Die Bildung von Cineol ist jedenfalls der Einwirkung der verdünnten Säure auf Terpinhydrat und Terpineol zuzuschreiben. Destilliert man die bei der Herstellung von Terpinhydrat erhaltene Mutterlauge mit Dampf und kühlt das sich im Destillat vorfindende Öl ziemlich weit ab, so scheidet sich das Cineol ab. Behandelt man das überdestillierte Öl mit konzentrierter Phosphorsäure und neutralisiert die sich daraus ergebende Verbindung mit einem Alkali, so wird ebenfalls Cineol erhalten. Cineol ist eine Flüssigkeit mit einem an Kampher erinnernden Geruche. Bei 15° C. beträgt sein spezifisches Gewicht 0,930 und seine Lichtbrechungszahl N_D ist bei 17° C. 1,45961.

Terpineol, $C_{10}H_{17}OH$. — Es wurde schon erwähnt, daß das nach der Abdestillierung des Terpentins aus dem bei der Dampfdestillation von Kiefernholz sich ergebenden Rohöle zurückbleibende gelbe Öl Terpineol sein kann. Es gibt drei bekannte Formen dieser Verbindung und eine davon ist fest. Terpineol entsteht durch die Einwirkung verdünnter Säuren auf Terpinhydrat. Es kann aber auch durch Einwirkung von Ameisensäure auf Geraniol bei einer Temperatur von 15° bis 20° C. hergestellt werden. Das dabei gebildete Terpinylformat wird durch Wasserentziehung in Terpineol verwandelt.

Terpineol kommt in vielen Ölen vor.

*   *   *

Eine eingehendere Beschreibung dieser Derivate kann an dieser Stelle nicht gegeben werden. Ihre Anführung hier soll nur einen Begriff von der Möglichkeit der Nutzbarmachung des Holzterpentins geben, die heranzuziehen wäre, falls auch fernerhin das Vorurteil gegen den letzteren noch nicht vom Terpentinmarkte verschwinden sollte.

Kolophonium-Derivate.

Wie schon erwähnt wurde, kann das Kolophonium auf viele Arten verwertet werden; eine davon besteht darin, daß man es zur Gewinnung weiterer Produkte destilliert. Die Wirkung von Wärme auf Kolophonium ist eine Sache, mit der der Nadelholzdestillateur vertraut sein sollte. Die folgenden Arbeitsverfahren werden wir deshalb ausführlicher behandeln.

Die zur Destillation des Kolophoniums erforderliche Retorte oder Destillierblase kann ein aus Schmiedeeisen hergestellter, aufrecht stehender oder wagrecht liegender Zylinder sein. In einigen Anlagen verwendet man auch für diesen Zweck den Kohlenteerblasen ähnliche Apparate. Was für eine Blasenform man nun auch benutzt, in jedem Falle hat man noch einen kupfernen Verflüssigungskühler und eine Einmauerung mit Feuerungsanlage zur Beheizung der Blase mit direktem Feuer nötig. Die verschiedensten Größen der Blasen kommen vor, gewöhnlich wird man sie jedoch so groß nehmen, daß sie fünfzig bis siebzig Faß Kolophonium aufnehmen können.

Nach einer Stunde bis einundeinhalb Stunden gewöhnlicher Befeuerung beginnt bereits der Ausfluß von Destillaten, und er hält an, bis nur noch eine kohlige Masse in der Blase verbleibt. Die gesamte Destillation erstreckt sich über ungefähr vierundzwanzig Stunden.

Zwischen der fünften und zweiundzwanzigsten Stunde kommt das wertvollere Öl über, das eine blasse, gelbbraune Färbung besitzt. Nachher wird das von der Destillierblase kommende Öl dunkler, und nach einer weiteren Stunde oder einundeinhalb Stunden ergibt sich ein sehr schwarzes, gummiartiges Öl. Im allgemeinen hört man bereits mit der Beheizung auf, ehe dieses schwarze Produkt überdestilliert, da sich sonst der kohlige Rückstand nur mit Schwierigkeiten vom Boden der Blase entfernen läßt.

Nach Renard nennt man den Teil des Destillates, der unter 360° C. siedet, Kolophonium- oder Harzgeist; der übrige Teil, mit Siedepunkten über 360° C., wird unter der Bezeichnung Kolophonium- oder Harzöl zusammengefaßt. Die Trennungslinie zwischen diesen beiden Teilen zeigt sich auch durch die sichtliche Mengenverminderung des Destillates, dessen spezifisches Gewicht etwa 0,951 beträgt.

Verkohlt man den Rückstand nicht völlig, so erhält man Pech; das allerletzte Produkt aber heißt Koks.

Das sich bei der Destillation bildende Gas ist sehr schwer und ein kräftiges Anästhetikum, das Kohlensäure, Butylen, Äthylen und Pentin enthält.

Die Produkte einer 70 Fässer Kolophonium aufnehmenden Destillierblase sind im folgenden aufgeführt.

Das vor der eigentlichen Verkohlung abgetriebene Öl ist durch sehr vorsichtige Heizung gewonnen, bei der eine Zersetzung des Holzes im größeren Maße noch nicht eintreten konnte. Das in Spalte 1 gekennzeichnete und auf diese Weise gewonnene Öl ließ sich sehr leicht reinigen, die Behandlung mit Chemikalien konnte ohne vorherige zerlegende Destillation erfolgen. Das Öl war farblos und hatte einen schwachen, angenehmen Geruch, der an bittere Mandeln erinnerte.

Das in Spalte 2 aufgeführte, aus Finnland stammende Öl kam dem von Nr. 1 sehr nahe. Das gleiche läßt sich vom Öle Nr. 12 sagen. Die Proben 5 und 6 ließen sich beide nur schwer reinigen und erforderten Behandlung mit Schwefelsäure. Die gereinigten Produkte waren farblos, im Geruch aber nicht befriedigend.

Bei den Proben 7 bis 11 zeigt sich der verschlechternde Einfluß überhitzten Dampfes auf den Terpentin, der zum Teil stark mit überhitzt wurde.

Aus den Proben 2 bis 4 und 12 bis 15 erkennt man deutlich, wie mit fortschreitender Verkohlung der Terpentin schlechter wird. Aus den Ölsorten 4, 14 und 15 ließ sich kaum ein guter Terpentin herstellen. Wiederum zeigen die Ölproben 16 bis 18, daß mit der nötigen Vorsicht es auch gelingt, im Wagenofen ein gutes Öl trotz des verhältnismäßig schnellen Abtriebes zu gewinnen.

Das Auftreten der spiritartigen Leichtöle läßt sich mit dem Fortgange der Verkohlung beobachten; weitere beträchtliche Verluste entstehen bei den während der Verkohlung gewonnenen Ölsorten durch die Behandlung mit Chemikalien. Es kann sehr wohl der Fall eintreten, daß in manchen dieser Fälle die geringe Ausbeute eine teure Reinigungsarbeit nicht mehr lohnend erscheinen läßt.

Teer. — Auch über die Zusammensetzung des Teeres haben wir bereits verschiedene Untersuchungsergebnisse mitgeteilt. An dieser Stelle seien nur noch die folgenden Angaben, die sich durch Destillation verschiedener Teersorten ergaben, angeführt.

	Gehalt (in Teilen) an:				Gas und Verlust
	Holzessig	Leichtöl	Schweröl	Pech	
Meilerteer aus Südösterreich, aus Schwarzföhrenholz (spez. Gewicht 1,075) .	10	10	15	50	5
Spezifische Gewichte der Öle		0,966	1,014		
Meilerteer aus böhmischer Kiefer (spez. Gewicht 1,116)	10	5	15	65	5
Spezifische Gewichte der Öle		0,977	1,021		

	Gehalt (in Teilen) an:				Gas und Verlust
	Holzessig	Leichtöl	Schweröl	Pech	
Retortenteer aus Salzburg (spez. Gewicht 1,18) . .	10	10	15	55	10
Spezifische Gewichte der Öle		1,012	1,022		
Durch Destillation mit überhitztem Dampfe gewonnener Teer	5	20	25	30	5
Spezifische Gewichte der Öle		0,920	0,978		

Laubhölzer liefern im Durchschnitte einen Teer, der nach Vincent bei der Destillation die folgenden Ausbeuten ergibt:

Wässeriges Destillat (Holzgeist, Holzessig) . . . . . 10 bis 20 v. H.
Öliges Leichtdestillat, spez. Gewicht 0,966 bis 0,977 . 10 „ 15 „ „
„ Schwerdestillat, „ „ 1,014 „ 1,021 . 10 „ 15 „ „
Pech . . . . 50 „ 65 „ „

Holzkohlenanalyse.

Art des Produktes	Erzeugt bei (Grad C.)	Kohlenstoff v. H.	Wasserstoff v. H.	Sauerstoff und Verlust v. H.	Asche v. H.
Trockenes Holz	150°	45,71	6,12	46,29	0,08
Angekohltes Holz . . .	260°	67,85	5,04	26,49	0,56
Rote Holzkohle	280°	72,64	4,70	22,10	0,57
Braune Holzkohle . . .	320°	73,57	4,83	21,09	0,52
Stumpfschwarze Kohle .	340°	75,20	4,41	19,96	0,48
Glänzend schwarze Kohle	432°	81,64	1,96	15,25	1,16
Holzkohle, zur Weißglut erhitzt	1500°	96,52	0,62	0,94	1,95

Holzgas. — Holzgasanalysen nach Pettenkofer zeigen die folgende Zusammensetzung:

Kohlendioxyd . . . . 25 bis 40 v. H.
Wasserstoff . . . . 29 „ 49 „ „
Methan . . . . 24 „ 35 „ „
Schwere Kohlenwasserstoffe . . . . 7 „ 9 „ „

Die in der University of Washington, Seattle, ausgeführte Analyse eines durch Destillation von Föhrenholz gewonnenen Gases ergab die folgende Zusammensetzung:

Kohlendioxyd . . . . 12,3 v. H.
Kohlenoxyd . . . . 28,8 „ „
Wasserstoff . . . . 30,6 „ „

Bezeichnung des Produktes	Ausbeute in	
	Litern	Teilen v. H.
Kolophonium- oder Harzgeist . .	226—265	3,1
Kolophonium- oder Harzöl . . .	6000	85,1
Koks	272—315 Kilogr.	3,9
Säure und Wasser	150—190	2,5
Gas und Verlust		5,4
		100,0

Die in Pennsylvanien in einem Betriebe erzielten Destillationsausbeuten enthält die folgende Zusammenstellung.

Kolophoniummenge . . . . . 2565 Kilogramm
Harzgeist . . . . . ungefähr 45 „ = etwa 1,76 v. H.
Rohöl oder Harzöl . . „ 2245 „ = „ 87,52 „ „
Wasser . . . . . „ 21 „ = „ 0,81 „ „
Pech . . . . . „ 95 „ = „ 3,70 „ „
Gase, Verlust usw. . „ 159 „ = „ 6,21 „ „

Aus dieser Zusammenstellung geht anscheinend hervor, daß dieser Abtrieb mehr Öl und weniger Harzgeist ergab, als der vorhergehende. Beim Kochen gab das Rohöl aber noch ungefähr 6,2 vom Hundert Wasser und Harzgeist ab.

In einer russischen Anlage fügt man dem Kolophonium vor der Destillation noch 1,5 vom Hundert Kalk zu.

Der Harzgeist wird in ähnlicher Weise, wie der Terpentin, gereinigt: durch einfaches Waschen mit Wasser und ein- oder zweimalige Destillation. Zuweilen wird Ätznatron oder ein anderes Alkali vor der Destillierung zugesetzt, um damit die Harzöle und die Säure zu entfernen.

Der größte Teil des im Handel befindlichen Kolophoniumöles ist durch eine einmalige Destillation erhalten. Man kann es verbessern, indem man es in derselben Weise, wie man es erhalten, nochmals destilliert. Zuweilen wird das Öl auch, nachdem es von der ersten Destillierblase gekommen, noch dreimal destilliert; die dadurch gewonnenen Ölsorten sind als erster Lauf (der aus dem Kolophonium erhalten wurde), zweiter, dritter und vierter Lauf bekannt.

Früher stellte man auch ein hochwertiges Gas aus Kolophonium her, 100 Kilogramm lieferten 82 Kubikmeter.

Harzgeist wird oftmals als Ersatz für Terpentinöl gebraucht und ist unter dem Namen Pinolen oder Kiefernöl bekannt.

Harzöl ist zu ungefähr einem Viertel in Natronlauge löslich, die anderen drei Viertel umfassen zum großen Teile die Kohlenwasserstoffe mit Siedepunkten über 360° C.

Zur Herstellung von Harzschmiere bereitet man erst einen glatten Brei aus gelöschtem Kalk und Wasser und mischt erst einen kleinen Teil des Öles damit, etwa im Verhältnisse von vier Teilen Öl zu drei Teilen gelöschtem Kalk. Zu dieser halbfesten Breimasse setzt man danach noch so viel Öl zu, bis die gewünschte Zähigkeit erzielt ist. Die fertige Harzschmiere besteht oftmals aus einem Teile Kalk und 20 bis 25 Teilen Öl.

Verschiedene Bezeichnungen wendet man für das rohe Öl an, wie zum Beispiel blaues, grünes, rotes, Mark- oder Schweröl, je nach ihren Eigenschaften.

Das bei der Trockendestillation des Kolophoniums erzeugte Pech bildet, ebenso wie das durch Eindampfen von Teer erhaltene, das gewöhnliche Handelspech. Kolophoniumpech unterscheidet sich vom Teerpech durch seine Farbe, Eigenschaften und Zusammensetzung; für die meisten Verwendungszwecke sind sich jedoch beide ähnlich genug.

Harzpech hat ein gelblichbraunes Aussehen, ist spröde, kompakt und zerbröckelt leicht zwischen den Fingern. Es hat ein spezifisches Gewicht gleich 1,09 und schmilzt bei 68° C. Bei der Erwärmung verflüchtigen sich 82,5 vom Hundert seiner Menge, und ein schwammiger, weicher Koks bleibt zurück. Es besitzt den Geruch erwärmten Kolophoniums und ist löslich in Benzin und Pyridin.

Holzrückstände der Dampfdestillation.

Oxalsäure. — Unter der Einwirkung starker Alkalien verwandelt sich die Holzzellulose in Oxalsäure, die sich mit dem Alkali vereinigt und ein Oxalat damit bildet.

Es gibt mehrere Verfahren zur Herstellung von Oxalsäure auf diese allgemeine Weise, die sich durch das zur Anwendung kommende Mengenverhältnis und die Art des Alkalis und durch die Art und Weise der Überführung des sich ergebenden Oxalats in Oxalsäure unterscheiden. Eine Mischung von Ätzkali und Ätznatron im Verhältnisse von 40 Teilen KOH und 60 Teilen $NaOH$ ist höchstwahrscheinlich das billigste Mengenverhältnis. Weiche Hölzer ergeben die größte Ausbeute, worauf von Einfluß ist, ob das Holz in dünnen, leichter zu durchdringenden oder in dicken Schichten zur Verarbeitung gelangt. Dem Anscheine nach würde es vorteilhafter sein, das Mengenverhältnis zwischen Holz und Alkali so zu wählen, daß im Vergleiche mit der verbrauchten Alkalimenge die größte Ausbeute an Oxalsäure sich ergibt; aber Schwierigkeiten in der Ausführung des Verfahrens schränken das gegenseitige Mengenverhältnis auf 50 Teile Holz zu 100 Teilen Alkali ein.

Die Oxalsäure wird hauptsächlich aus der Zellulose und nicht dem Lignin des Holzes gebildet.

Eine eingehende Beschreibung der Herstellung von Oxalsäure ist auch in anderen Werken zu finden, wir werden hier deshalb nur auf eines der verschiedenen Verfahren eingehen, und zwar nur im allgemeineren Sinne.

Zu einer in Eisenpfannen enthaltenen starken Lösung aus $1^1/_2$ Teilen Ätzkali und 1 Teile Ätznatron wird feines Sägemehl allmählich hinzugefügt. Die Mischung wird dann unter fortwährendem Durchrühren bis zu einem solchen Grade eingedampft, daß sich ein feuchter, pulveriger Rückstand ergibt. Zuerst verdampft dabei nur Wasser, allmählich aber wird die Masse dunkler und das Holz beginnt sich zu zersetzen und sendet einen stechenden Geruch aus. Bei der Temperatur von ungefähr 180° C. wird die Masse grünlich-gelb. Die Temperatur sollte nun allmählich bis auf 240° C. gesteigert und auf dieser Höhe bis zur völligen Auflösung des Holzes gehalten werden. Die gesamte Arbeit nimmt etwa 6 Stunden in Anspruch. Das sich daraus ergebene Material besteht aus einer Mischung von Natrium- und Kaliumoxalaten und -karbonaten und einigen von der Zersetzung des Holzes herrührenden Unreinheiten, die ihm einen ganz bestimmten Geruch geben.

Um aus dieser Masse die Oxalate zu gewinnen, wirft man sie in eiserne Filtrierkasten mit falschen Böden aus Drahtgewebe und wäscht die Kaliumsalze mit Wasser aus, das mit Hilfe einer Luftpumpe durch die Masse gezogen wird. Der Rückstand besteht nun aus Natriumoxalat, das durch Erwärmung mit Kalkmilch in eisernen Pfannen mit wagrecht arbeitenden Rührarmen zersetzt wird, wobei sich Kalziumoxalat und Ätznatron bilden. Verdampft man die Lauge, so kann das letztere wieder gebraucht werden.

Das daraus gewonnene Kalziumoxalat wird mit Wasser gewaschen und dann mit Schwefelsäure in hölzernen, mit Blei ausgekleideten Bottichen zersetzt.

Die bei der ersten Tätigkeit aus dem rohen Oxalate ausgewaschenen Kalisalze werden ebenfalls mit Kalk zur Rückgewinnung des Ätzkalis gekocht, das dann wieder von neuem verwendet werden kann.

Die durch Zersetzung des Kalziumoxalates mit Schwefelsäure gebildete Oxalsäure wird eingedampft und schnell in kleineren Pfannen kristallisiert, bis sie genügend frei von Schwefelsäure ist. Die mit weiterer Schwefelsäure verstärkte Mutterlauge wird dann zur Zersetzung fernerer Kalziumoxalate verwendet.

Äthylalkohol. — Die Gewinnung von Kornalkohol aus Holz wurde schon seit langem versucht. Behandelt man Zellulose mit verdünnter Säure, so wird sie in einen gärbaren Zucker verwandelt. Weiche Hölzer eignen sich dazu am besten, da sie im Verhältnisse mehr Zellulose als die an Lignin reicheren harten Hölzer enthalten.

Bis heute hatte man bei der praktischen Ausführung der Alkoholherstellung auf diesem Wege mit vielen Schwierigkeiten zu kämpfen, die auch jetzt noch nicht ganz und gar bewältigt sind. Die verwendete Säure mag zum Beispiel sich sehr gut zur Herstellung des Zuckers eignen, sobald sie aber nachher mit Kalk gesättigt wird, ergibt sich ein Produkt, das die Gärung in Mitleidenschaft zieht. Verwendet man nun Schwefelsäure, so beeinflußt das sich damit bildende Kalziumsulfat zwar nicht die Gärung, Schwefelsäure scheint aber die Überführung der Zellulose in Zucker bis zu einem gewissen Grade zu verhindern.

Die in der folgenden Zusammenstellung aufgeführten Bedingungen sind jedenfalls zur Erzielung der besten Ergebnisse mit gewöhnlichen Mineralsäuren und weichen Hölzern erforderlich.

	Holzzellulose (Bisulfit)	Nadelholz
Gesamtflüssigkeit	6 mal das Gewicht der Zellulose	5 mal das Gewicht des Holzes
Stärke der Säure	0,5 v. H. Schwefelsäure	0,5 v. H. Schwefelsäure
Druck	10 Atmosphären	9 Atmosphären
Kochdauer	$1^1/_2$ Stunde	15 Minuten
Zuckerausbeute (Prüfung nach Fehling).	41 v. H.	20 v. H. des Holzes
Gärung	freie	ungleichmäßige
Alkoholausbeute aus dem Zucker . .	70 v. H. der theoretischen	60 v. H. als höchste

Unter gehörig überwachten Verhältnissen sollte eine Tonne Holz etwas über 64 Liter absoluten Alkohol ergeben.

Die ungleichmäßige Gärung des Zuckers aus Nadelholz ist eine Folge der Gegenwart von Pentosen, die nicht gärbar sind, die Hexosen allein werden von der Hefe zersetzt.

Bei einem Versuche, bei dem Sägemehl von europäischem Nadelholze zur Verarbeitung kam, wurde eine Ausbeute von nur 27 Liter absolutem Alkohol erzielt.

Bei einem anderen Versuche in großem Maßstabe hatte man einen besseren Erfolg, man erhielt aus einer Tonne Sägemehl mit 20 vom Hundert Feuchtigkeit ungefähr 75 Liter absoluten Alkohol, eine Ausbeute, der etwa 91 Liter aus einer Tonne trockenen Sägemehls gleichkommen.

Die Güte des so gewonnenen Alkohols soll sehr befriedigend sein, er hat weder einen Terpentingeschmack noch -geruch.

Bei einem der Verfahren zur Alkoholherstellung nach diesem Grundsatze kommt nicht Schwefelsäure oder eine der sonst benutzten mineralischen Säuren, sondern schweflige Säure zur Anwendung. Diese Arbeitsweise ist als Verfahren nach Classen bekannt.

Schweflige Säure, dadurch hergestellt, daß man Schwefeldioxyd durch Wasser leitet, verliert bei der Erwärmung dieses Schwefeldioxyd leicht wieder. Hat man also Holz mit dieser Säure behandelt und dabei

Zucker gebildet, so kann man die Säure durch Wärme wieder frei machen, die Zuckerlösung bleibt in einem für die Gärung bereiteten Zustande zurück und enthält nichts, was etwa ernstlich die Gärungsarbeit gefährden könnte. Das bei der Erwärmung flüchtig werdende Schwefeldioxyd kann dadurch zurückgewonnen werden, daß man es zu erneuter Aufsaugung durch Wasser leitet.

In Hattiesburg, Mississippi, hat zurzeit eine Gesellschaft mit beträchtlichem Kapital die Nutzbarmachung von aus Nadelholz herrührendem Sägemehl auf diese Weise unternommen. Der Verfasser hat nicht versucht, Einzelheiten über das von dieser Gesellschaft angewendete Verfahren zu erlangen, und weiß auch nicht, ob das Unternehmen von Erfolg begleitet wurde.

Die allgemeinen Grundsätze des Classenschen Verfahrens sind bekannt und lassen sich kurz skizzieren.

Die einzelnen Arbeitsstufen folgen einander in der nachstehenden Weise:

1. Die Erzeugung der schwefligen Säure, was in der einfachsten Weise durch Einleiten von Schwefeldioxydgas in Wasser geschieht. Das Gas erhält man, wenn man Schwefel in geeigneten Schwefelöfen verbrennt; man kann es aber auch direkt aus Schwefelerzen gewinnen.
2. Die Behandlung des Holzes mit schwacher schwefliger Säure in mit Dampfmänteln versehenen drehbaren Kochapparaten.
3. Das Abblasen des Gases und Dampfes zur Rückgewinnung der Säure.
4. Die Überführung des behandelten Sägemehles in Auslaugebottiche, wo der Zucker mit Wasser ausgewaschen wird.
5. Die Neutralisierung der auf diese Weise gewonnenen Zuckerlösung mit Kalkkarbonat oder einem anderen Alkali.
6. Die Gärung der Zuckerlösung.
7. Die Destillierung des Alkohols, wie sie gewöhnlich ausgeführt wird.

Die Arbeitsbedingungen müssen möglichst scharf innegehalten werden. Im Kochapparate kommt eine Säurelösung von etwa einem Drittel des Gewichtes des Sägemehles in Anwendung. Der Apparat wird in langsame Drehung versetzt, während die Temperatur mit Hilfe des Dampfes im äußeren Mantel auf ungefähr 146° C. erhöht wird. Der Druck steigt auf 7 Atmosphären oder mehr und wird während ungefähr drei Stunden aufrecht erhalten. Unter der Einwirkung der Säure wird ein Teil der Zellulose in Zucker überführt. Durch das Ausblasen des Dampfes und der Säure im Aufsaugegefäße werden 75 bis 80 vom Hundert der Säure zurückgewonnen.

Zur Ausziehung des Zuckers aus dem so behandelten Sägemehle wird die Masse aus dem Kochapparate entfernt und in eine Reihe von Behältern gefüllt, die einer Diffusionsbatterie gleichen. Frisches Wasser tritt erst in den Behälter der Batterie, dessen Inhalt nur eine geringe

Menge Zucker enthält, und strömt darauf zum nächsten, dessen Inhalt bereits einen höheren Zuckergehalt besitzt und durchwäscht auch diesen. Dieser Vorgang wiederholt sich so oft, als die Batterie Auslaugegefäße besitzt, bis das Waschwasser schließlich im letzten auch die frisch vom Kochapparate gekommene Masse erreicht hat, von wo es dann zu den Neutralisierbottichen strömt. In dieser Weise wird mit nur wenig Wasser der Zucker aus der behandelten Holzmasse ausgelaugt, man erhält so eine stärkere Zuckerlösung, als wenn jedes Auslaugegefäß besonders gewaschen würde. Im allgemeinen wird der Inhalt jedes Behälters zehnmal durchwaschen, ehe der Rückstand entfernt wird.

Eine Ausbeute von ungefähr 200 bis 225 Kilogramm Zucker, von dem 70 bis 90 vom Hundert gärbar sind, sollen sich nach diesem Verfahren aus einer Tonne trockenen Sägemehles ergeben. Der Zucker ist in einer dünnen Säurelösung enthalten, die nahezu neutralisiert werden muß, damit die Säure nicht die Tätigkeit der zur Hervorrufung alkoholischer Gärung zur Lösung hinzugefügten Hefe beeinträchtigt. Diese Neutralisier- und Gärtätigkeit wird in geeigneten Behältern und Bottichen ausgeführt. Zur Durchführung der Gärung ist eine gewisse Temperatur erforderlich; die nach der Beendigung der Gärung zurückbleibende Maische wird in Säulendestillierapparaten destilliert.

Die Ausbeute an absolutem Alkohol soll 94 Liter aus einer Tonne trockenen Sägemehles betragen.

Der Rückstand, der in der Hauptsache aus Lignin und anderen, von der Säure unbeeinflußt gebliebenen Stoffen besteht und sich auf etwa zwei Drittel bis drei Viertel der ursgrünglichen räumlichen Holzmenge beläuft, kann als Feuerungsmaterial verwendet oder sonstwie behandelt werden. Wird Sägemehl mit Säure behandelt, so verliert es seine Elastizität und kann infolgedessen leicht zu Blöcken zusammengepreßt und entweder verkohlt oder in dieser Form als Brennstoff verbraucht werden.

Ob dieses Verfahren sich bewährt oder nicht, wird sich ja herausstellen müssen. Es erfordert große Sorgfalt in seinen Einzelheiten, will man die besten Ergebnisse erzielen.

Teerderivate.

Die hauptsächlichsten Teerderivate würden die Produkte der trockenen Destillation sein. Diese Destillationsprodukte wurden bereits erwähnt, und zu Anfang dieses Kapitels haben wir in einer Zusammenstellung die Mengenverhältnisse der verschiedenen Produkte, wie sie durch Destillation unterschiedlicher Teerarten erhalten werden, angeführt.

Die Destillationstätigkeit selbst ist in allen Fällen die gleiche, die Unterschiede in der Ausbeute der verschiedenen Produkte sind auf die wechselnde Güte des Teeres zurückzuführen. Bei der Destillation von aus Retorten herrührendem Nadelholzteer sollten die Leichtöle zuerst mit Hilfe direkten Dampfes abgeblasen und der zurückbleibende Teer vor der

Destillation zur Entfernung der Säure mit Kalkmilch durchwaschen werden. Natürlich kann die Säure auch abdestilliert werden, wodurch die Anwendung von Kalk unnötig würde.

Beginnt man die Arbeit mit einem neutralen und wasserfreien Teer, so wird der letztere in eine Destillierblase aus Schmiede- oder Gußeisen gefüllt; Gußeisen wäre dafür vorzuziehen, da darin der Teer auch ohne Schwierigkeiten verkokt werden kann, sollte das erwünscht sein. Diesen Blasen gibt man im allgemeinen eine Höhe gleich zwei Drittel des Durchmessers und versieht sie an der Seitenwandung nahe dem Deckel mit einem Einlaufventil und am Boden mit einem Entleerungsrohr zur Entfernung des heißen Teeres. Um das Überkochen der Teermasse zu verhüten und zugleich die Wärmeübertragung zu beschleunigen, ist eine Rührvorrichtung vorzusehen. Zuweilen beult man den Boden der Blase nach innen zu durch, damit die Feuerwärme besser in die Mitte der Beschickung gelangen kann. Oben läuft die Blase, die gewöhnlich zur Verhütung von Wärmeausstrahlung ganz in Mauerwerk gesetzt ist, in einen kugeligen Helm aus, von dem das Übersteigrohr nach dem Kühler abzweigt.

Während der ersten fünf oder sechs Stunden wird die Blase nur sehr langsam beheizt. Auch der beste Teer enthält noch etwas Wasser, das ein eigentümliches Geräusch in der Blase hervorruft und zuerst überdestilliert. Ihm folgt ein leichtes Öl oder Teeröl, unter welcher Bezeichnung es in der Pharmazie bekannt ist. Sobald es der Luft ausgesetzt wird, nimmt es schnell eine braune Färbung an. Ist das spezifische Gewicht des Destillates auf ungefähr 0,98 gestiegen, so wird die Auffangvorlage gewechselt. Dem Leicht- oder Teeröle folgt ein schweres Öl mit einem spezifischen Gewichte über 1,01 und einer gelblich grünen Färbung. Die Destillation kann nun fortgesetzt werden, bis nichts als Koks in der Blase zurückbleibt, der dann allerdings so schwer daraus zu entfernen ist, daß es ratsamer erscheint, mit der Herstellung von Pech, das unter genügenden Vorsichtsmaßregeln — zur Verhütung einer Entzündung — in heißem Zustande entleert werden kann, die Destillation zu beenden. Dieses Pech kann man auf eiserne Platten fließen lassen, nach der Abkühlung aufbrechen und als Brennstoff verwenden; man kann es aber auch für ähnliche Zwecke wie das Steinkohlenpech verwerten.

Zuweilen teilt man die Destillate nach der Destillationstemperatur ein, das unter 150° C. aufgefangene Öl wird dann Leichtöl, das darüber erhaltene Schweröl genannt. Andere wiederum sammeln als Leichtöle alle die unter 240° C. und als Schweröle die zwischen 240° C. und 290° C. übergehenden Destillate. Diese Art des Vorgehens ist jedoch nicht allgemein.

Die Öle werden oftmals mit Ätznatron gewaschen und nochmaliger Destillation unterworfen. Das Leichtöl findet dann wohl auch als Terpentinersatzmittel Verwendung. Das Schweröl enthält den größten Teil des Kreosots, dessen Gehalt im Kiefernholzteeröl sich auf ungefähr

15 bis 25 vom Hundert und im Kreosotöle aus Föhrenholz sich auf ungefähr 17 vom Hundert beläuft; im letzteren Falle macht die Kreosotmenge etwa 5 vom Hundert des Teeres aus. Das gewöhnliche Verfahren zur Gewinnung des Kreosots besteht in der Behandlung des Schweröles mit starker Natronlauge vom spezifischen Gewichte 1,20. Zur Feststellung der erforderlichen Natronmenge behandelt man eine kleine Probe des Öles zuerst. Die alkalische Lösung wird nachher aus dem verbleibendem Öle wieder abgezogen. Oftmals verfährt man auch so, daß man beide Öle nach der Neutralisierung mit Natronlauge mischt und sie dann einer rektifizierenden Destillation unterwirft. Sobald dabei die Temperatur 150° C. übersteigt, wechselt man die Vorlage zum ersten Male, geht sie über 250° C. hinaus, so wechselt man die letztere nochmals. In manchen Betrieben fängt man auch wohl die zwischen 65° C. und 110° C. übergehende Fraktion besonders auf.

In manchen Fällen muß die Behandlung mit Natron und die Rektifikation viele Male wiederholt werden, zum Schlusse wird jedoch das Leichtöl immer getrennt vom Schweröle aufgefangen. Das auf diese Weise hergestellte Leichtöl enthält zum größten Teile Xylol, aber auch Eupion und Kapnomar; das Schweröl enthält das Paraffin.

Die alkalischen Flüssigkeiten haben das Kreosot aufgenommen. Zur Austreibung der Kohlenwasserstoffe werden sie nun in offenen Pfannen gekocht, nach der Abkühlung mit Schwefelsäure gesättigt und der Ruhe überlassen. Die dabei abgeschiedene Flüssigkeit ist Kreosot. Zuweilen wird das letztere nochmals in Alkali gelöst und hernach wieder durch Schwefelsäure gefällt, bis es vollständig in Ätznatron löslich ist. In jedem Falle sollte es nachher nochmals destilliert werden; die dabei aufgefangene mittlere Fraktion mit Siedepunkten zwischen 200° und 220° C. stellt das sogenannte Handelskreosot dar. Will man es noch weiter reinigen, so unterzieht man es einer ferneren Behandlung mit 0,25 bis 0,50 vom Hundert Kaliumbichromat und 0,5 bis 1 vom Hundert Schwefelsäure, überläßt es danach 24 Stunden der Ruhe und destilliert es dann nochmals. Die Destillation wird gewöhnlich in Glasgefäßen ausgeführt und die zwischen 205° und 220° C. übergehende Fraktion besonders aufgefangen.

Holzkreosot ist ein farbloses, sehr stark lichtbrechendes Öl vom spezifischen Gewichte 1,03 bis 1,087, sein Siedepunkt liegt zwischen 205° und 222° C.

Das aus Nadelholzteer gewonnene Stockholmer Kreosot besteht hauptsächlich aus Kreosol $C_6H_3(CH_3)\begin{cases}OCH_3\\OH\end{cases}$

Holzteerkreosot wird bei mäßiger Kälte nicht fest, ist ein kräftiges Desinfektionsmittel, läßt sich aber nicht so fein verteilen, wie etwa Phenol. Es ist in Wasser unlöslich, in Äther, Alkohol, Eisessigsäure, Chloroform, Benzin und Kohlenbisulfid dagegen sehr leicht löslich. Mit 10 Teilen

Collodium lösen sich 15 Teile Holzkreosot zu einer klaren Flüssigkeit, wogegen im gleichen Falle Kohlenteerkreosot eine leimige Masse hervorbringen würde.

Rohes Holzkreosot enthält neben Kreosol, Phloral, Guajacol und dergleichen noch Eupion, Kapnomar, Picamar, Cedriret, Pyren, Pittacal und andere; alle diese Stoffe können aus dem Holzteere besonders gewonnen werden. Sie sind aber nicht von Bedeutung im Handel.

Das beim Destillieren des Teeres in der Destillierblase gebildete Pech umfaßt einen großen Teil des ursprünglichen Teeres. In ihm sind noch immer ungefähr 88 vom Hundert flüchtige Stoffe enthalten, die durch weitere Erwärmung abgetrieben werden können; ungefähr 12 vom Hundert bleiben als ein weicher, leicht zerbröckliger Koks zurück.

Dieses Pech löst sich zu einem großen Teil in Alkohol, Kali, Benzin und dergleichen. Es enthält einige flüchtige Fettsäuren und Kohlenwasserstoffe (siehe auch unter Pech im IX. Kapitel).

XII. Chemische Überwachung einer Holzdestillationsanlage.

Die trockene Destillation von Holz ist in gleichem Maße eine chemische Tätigkeit, wie zum Beispiel die Destillation von Petroleum. In nur wenigen der Industrien, in denen trockene Destillationsverfahren zur Anwendung kommen, werden Chemiker beschäftigt. Eine der am besten bekannten dieser Industrien ist die der Kohlengasfabrikation, aber es ist erst seit kurzem, daß in ihren Anlagen — selbst die der großen Städte nicht ausgenommen — Chemiker angestellt wurden. Die Ursache dieser Erscheinung ergibt sich aus dem Umstande, daß dieses Gebiet von jeher mehr von Ingenieuren als von Chemikern beherrscht wurde.

Bei der Gewinnung von Terpentin nach dem Dampfdestillationsverfahren sind die Dienste eines Chemikers nicht so sehr erforderlich, anders liegt jedoch die Sache, wenn Derivate und Verbindungen hergestellt werden sollen. In großen Trockendestillationsanlagen könnte jedoch ein oder könnten mehrere Chemiker von großem Nutzen für den ganzen Betrieb der Anlage sein. Zurzeit liegt die Sache so, daß nur sehr wenige Chemiker genügend mit den Einzelheiten des Betriebes einer Holzdestillationsanlage bekannt sind, und dieser Mangel an genügend eingehender Kenntnis wurde oftmals von jenen Leuten, unter deren Leitung diese Anlagen stehen, zu ihrem Nachteil hervorgehoben. Gibt man jedoch einem erfahrenen Chemiker nur die Gelegenheit, sich mit den Einzelheiten dieses Industriezweiges vertraut zu machen, so wird man finden, daß ihm seine allgemeinen chemischen Kenntnisse bald einen großen Vorsprung über jene geben werden, die zurzeit dieses Gebiet allein beherrschen. Diese Überlegenheit hat sich deutlich genug in anderen Zweigen der chemischen Industrie gezeigt und ist nicht so verwunderlich, denn das ist ja die Tätigkeit, für die Chemiker ausgebildet werden. Leider besitzt die Nadelholzdestillationsindustrie für den Chemiker keine sehr große Anziehung, da sie bisher nicht zu den gut bezahlenden gehörte.

Der folgende Plan für die chemische Überwachung einer Holzdestillationsanlage soll weiter nichts als ein Vorschlag und eine Anleitung sein. Bringen es Anlagen irgendwelcher Größe erst einmal soweit, daß an die Errichtung eines Laboratoriums herangeschritten werden kann, so wird man diesen Plan natürlich den eigenen Bedürfnissen entsprechend ändern, ergänzen oder man wird gar nach einem anderen verfahren. Jedenfalls aber mag die folgende Anleitung als Grundlage oder Ausgangspunkt einige Dienste leisten.

Messen und Wiegen.

Holz. — Am besten wiegt man des Holz mit dem Wagen; falls es gewünscht wird, kann es aber auch durch genügend sorgfältiges Schichten in Raummeter gemessen werden; Wiegen ist aber stets vorzuziehen. Arbeitet man mit Sägemehl oder zerschliffenem Holze, so sollte man dessen Menge einfach nach dem Fassungsvermögen der Retorte feststellen. Will man aber auch hier das Gewicht ermitteln, so entnimmt man der Beschickung eine gute Durchschnittsprobe und stellt deren annähernde Dichte fest.

Der bei einer Holzladung stets vorhandene, auf dem Wagenboden liegen bleibende Abfall sollte einmal von Zeit zu Zeit gewogen und in Teilen vom Hundert der Ladung ermittelt werden, besonders wenn man großstückiges Holz verarbeitet.

Rohterpentin. — Um genaue Ergebnisse zu erhalten, sollte auch der Rohterpentin eigentlich gewogen werden, für technische Zwecke kann er aber auch in Aufspeicherungsbehältern, deren Fassungsräume bekannt und genau geeicht sind, gemessen werden.

Von dem in die Destillierblase überführten Rohterpentin sollte jedesmal die Temperatur gemessen, das spezifische Gewicht ermittelt und eine Probe von jeder Beschickung genommen werden.

Das aus dem Rohöle ausgeschiedene Wasser. — Am besten mißt man dieses mit Hilfe eines Wassermessers, wobei das spezifische Gewicht und die Temperatur in geeigneten Zwischenräumen ermittelt werden. Eine Probe sollte man jedoch auch jedesmal nehmen, um in der Lage zu sein, die Menge des etwa mit dem Wasser verloren gehenden Öles feststellen zu können.

Ätznatronlauge. — Diese Flüssigkeit muß in einem luftdicht verschließbaren Aufspeicherungsbehälter von bekanntem Inhalte aufbewahrt werden. Das Ätznatron sollte vor dem Vermischen mit Wasser gewogen und das Wasser natürlich auch vorher gemessen werden. Beim Gebrauch stellt man vorher erst die Temperatur und die Stärke der Lauge fest, indem man eine Probe daraufhin untersucht, und die verbrauchte Menge sollte durch ein Meßinstrument angezeigt werden.

Gereinigte Terpentine. — In der Reihenfolge, wie die gereinigten Öle von der Destillierblase kommen, kann die Menge des sich abscheidenden Wassers festgestellt und dessen Temperatur gemessen werden. Eine regelmäßige Probe sollte von dem Wasser genommen werden, um etwaige Ölverluste ermitteln zu können. Die Öle jedes Fraktionslaufes können beim Pumpen oder beim Abfüllen in die Versandfässer in den Absetzgefäßen gemessen werden, wobei auch jedesmal die Temperatur festgestellt werden muß.

Kühlwasser. — Zur Feststellung der genauen Arbeit jedes Verflüssigungskühlers empfiehlt sich die Messung des von jedem einzelnen verbrauchten Kühlwassers; zur ständigen Beobachtung der Temperatur des aus hochstehenden Kühlern abfließenden Kühlwassers kann man an einer bequemen Stelle Schwanenhalsrohre mit offenen Überläufen zur Aufnahme eines Spindelthermometers in die Abflußleitungen einschalten. Die Menge des in der gesamten Anlage verbrauchten Kühlwassers kann man entweder an der Arbeit der Pumpen feststellen oder indem man es durch Wassermesser schickt.

Teerige Produkte und Holzessig. — Die Menge dieser von der Retorte kommenden Rohprodukte ermittelt man durch Feststellung des von ihnen eingenommenen Rauminhaltes, man nimmt dabei gleichzeitig eine Probe und mißt die Temperatur. Alles dieses sollte aber geschehen, ehe eine Absetzung in größerem Maße eingetreten ist. Die Arbeit einer jeden Retorte sollte soweit als möglich mit Druckmesser und Thermometer überwacht werden.

Nach dem Absetzen der Rohprodukte wird, wenn essigsaurer Kalk hergestellt werden soll, der Holzessig gemessen, eine Probe daraus entnommen, die Temperatur festgestellt und der Holzessig dann nach den Destillierblasen oder nach den Sättigungsbottichen geschickt. Wird die Herstellung von Acetat nicht beabsichtigt, so entnimmt man dem Holzessig eine Probe und läßt ihn dann ablaufen. Die Probe wird zum Zwecke der Prüfung auf den Teergehalt aufbewahrt.

Das Teeröl kann in ähnlicher Weise behandelt werden; wobei man stets darauf bedacht sein muß, Temperaturfeststellungen zu notieren.

Teer. — Der Teer sollte beim Einfüllen in Fässer oder bei seiner Überführung in Kesselwagen gewogen werden. Wo man vorher Gelegenheit dazu hat, soll man stets Messungen und Temperaturfeststellungen ausführen und Proben entnehmen.

Andere Produkte. — Die gleichen allgemeinen Regeln haben auch für sie Geltung. Man wiegt die festen und mißt die flüssigen Produkte, nimmt in allen Fällen Proben und notiert dabei jedesmal die Temperatur.

Destillierblasen. — Alle in die Blasen geschickten Flüssigkeiten sollten gemessen und ihre Temperatur festgestellt werden, gleichzeitig behält man von jeder Beschickung eine Probe zurück. Das im Kühler mit verdichtete Wasser sowie das verbrauchte Kühlwasser sollten ebenfalls im Zusammenhang damit gemessen werden.

Entnahme von Proben.

Holz. — Die Entnahme von Holzproben ist eigentlich eine sehr schwierige Sache. Handelt es sich um langstückiges Holz, so besteht das beste Verfahren vielleicht darin, daß man drei Knüppel so aussucht, daß sie ein gutes Durchschnittsmuster des Holzes abgeben — soweit sich das eben beurteilen läßt — und sie durch eine Holzschleifmaschine schickt. Das zerschliffene Holz wird gut durcheinander gemischt, schnell bedeckt und in einem luftdicht verschließbaren Behälter aufbewahrt.

Von zerschliffenem Holz oder von Sägemehl nimmt man jedesmal, wenn eine Retorte damit beschickt wird, eine Probe.

Bei jeder anderen Holzart verfährt man ähnlich, wie mit langstückigem Holz, nur daß man dabei oft mehr als drei Stöcke auswählen muß.

Roher Terpentin. — Aus einer großen Menge läßt sich eine Probe einfach dadurch erhalten, daß man eine geeignete Flasche damit füllt und sie dann verkorkt. Will man aus einer einzelnen Retorte, die keine besondere Auffangvorlage besitzt, eine Probe entnehmen, so trifft man entsprechende Einrichtungen, durch die eine kleine Menge des aus dem Kühler ausfließenden Destillates in eine geeignete Flasche läuft. Besitzt die Retorte aber auch keinen besonderen Kühler, sondern ist jedesmal ein besonderer Kühler für eine gewisse Ölsorte mehrerer Retorten vorhanden, so hätte man schon einen kleinen Probekühler nötig, den man durch eine wieder zuschraubbare Warze am Übersteigrohre mit den von der Retorte kommenden Dämpfen in Verbindung bringt.

Von jeder Rohölbeschickung, die in die Destillierblase gefüllt wird, sollte eine Probe zurückbehalten werden.

Andere Produkte. — Von allen anderen flüssigen Produkten kann man in der gleichen Weise wie vom Rohterpentin Proben entnehmen.

Flüssigkeiten in den Absetzbottichen. — Sind die flüssigen Destillate von einer solchen Art, daß eine deutliche sichtbare Lostrennung der einzelnen Bestandteile nicht eintreten will, so muß man schon besondere Einrichtungen zur Entnahme von Proben treffen. Ein gutes Verfahren besteht darin, daß man ein langes Glasrohr von etwa 25 oder 30 Millimeter Durchmesser nimmt, das bis zum Boden des Absetzgefäßes oder dergleichen reichen muß. Das eine Rohrende wird mit einem Gummipfropfen versehen. Dadurch nun, daß man dieses Rohr in verschiedene Höhenlagen der Flüssigkeit eintaucht, kann man eine Anzahl von Proben herausziehen, die nun in einer Flasche gesammelt und gut durcheinander geschüttelt werden.

An ganz großen Gefäßen kann man auch an einer Seite in verschiedenen Höhen Hähne anbringen und durch sie dann die Proben entnehmen, die nachher, zur Bereitung einer Durchschnittsprobe, mit einander vermischt werden. In diesem Falle muß man aber stets erst eine größere Menge durch den Hahn auslaufen lassen, die dann wieder in den Behälter zurück geschüttet wird, ehe man eine geeignete Probe abzapfen kann.

Gas. — Gasproben können, so oft man nur wünscht, nach den bekannten Verfahren entnommen werden. Bei der Inbetriebsetzung neuer Retorten sollten auch die Feuerungsgase beobachtet werden, damit der

Heizer daraus auf die Eigenheiten der Retorte, falls solche vorhanden sind, aufmerksam wird.

Normalisieren der Apparate.

Wagen und Gewichte. — Zwei Wagen sollten vorhanden sein, eine für etwa fünf Milligramm empfindliche und eine sehr empfindliche, die bereits bei der Belastung mit einem oder zwei Zehntel eines Milligramms umschlägt.

Zur Prüfung der Wagenarme werden die Gewichte gegeneinander ausbalanziert und dann gegeneinander ausgetauscht, wobei sie sich wiederum das Gleichgewicht halten sollten.

Die Gewichte sollten natürlich in einer fehlerlosen Beziehung zu den Wagen und auch unter sich stehen.

Polariskop. — Ein gutes Polariskop mit linker und rechter Skala sollte vorhanden sein. Der Nullpunkt wird genau eingestellt und alle Fehler an der Skala selbst notiert. Die letztere prüft man mit normalen Quarzscheiben, die ihrerseits nur von Zeit zu Zeit einmal kontrolliert werden brauchen.

Refraktometer. — Dieses Instrument sollte, wie auch das Polariskop, für eine Temperatur von 20° C. eingestellt werden. Für technische Zwecke würde wahrscheinlich in manchen Gegenden, der Sommerwärme wegen, die Einstellung auf 30° C. vorzuziehen sein. Eine dem Abbeschen Refraktometer ähnliche Bauweise würde sich eignen. Man benutzt als Basis destilliertes Wasser mit seinen Ablesungen bei der Normaltemperatur.

Thermometer. — Die Thermometer sollten mit einem amtlich berichtigten Normalthermometer verglichen werden.

Hydrometer oder andere Spindelformen. Man prüft sie mit Hilfe eines Pyknometers.

Flaschen. — Diese werden sämtlich in Übereinstimmung mit der Polariskoptemperatur normalisiert, die im übrigen als Grundlage für alles dienen sollte. Zeichnet man eine 100 Kubikzentimeter-Pipette so an, daß sie bei der gegebenen Temperatur genau 100 Kubikzentimeter liefert, so können mit ihr sämtliche Flaschen normalisiert werden. Im anderen Falle muß man sie mit der gehörigen Menge Wasser wiegen, wobei man 1 Gramm im Vakuum bei 4° C. gleich 1 Kubikzentimeter setzt.

Wassermesser. — Man normalisiert sie, indem man eine hindurchgeflossene Wassermenge wiegt.

Flüssigkeitsbehälter. — Der Inhalt der Flüssigkeitsbehälter läßt sich ziemlich genau ermitteln, indem man sie von einem auf eine Wage gestellten Fasse aus füllt, das eingelassene Wasser wiegt und die Berichtigungen für Temperatur macht. Man kann auch mit Hilfe genommener Masse den Rauminhalt berechnen und dabei die Temperaturkorrektur berücksichtigen.

Büretten und andere volumetrische Apparate. — Die gleiche Temperatur wie für die Flaschen sollte für die Büretten und dergleichen benutzt und der Inhalt durch Wiegen des hineingefüllten Wassers genau ermittelt werden. Hat man ein Stück erst gehörig normalisiert, so können damit all die anderen eingestellt werden.

Analysen.

Terpentin.

Für die Analyse des Terpentins schreibt das Bureau of Supplies and Accounts, Navy Department, der Vereinigten Staaten die folgende Methode vor:

1. Der Terpentin muß ein gehörig hergestelltes Destillat der geeigneten Pechkiefernart und darf nicht mit irgendwelchen anderen Stoffen vermischt sein. Er soll rein, klar, süß und wasserhell sein.

2. Ein einzelner auf weißes Papier fallengelassener Tropfen muß bei einer Temperatur von 20° C. vollständig verdampfen und darf keinen Flecken hinterlassen.

3. Das spezifische Gewicht darf bei 15° C. nicht weniger als 0,862 und nicht über 0,872 betragen.

4. Wird der Terpentin der Destillation unterworfen, so sollten nicht weniger als 95 vom Hundert der Flüssigkeit zwischen den Temperaturgrenzen von 153° und 165° C. überdestillieren und der Rückstand darf nichts weiter als die schweren Bestandteile reinen Terpentinöles aufweisen.

5. Eine bestimmte Menge des Terpentins soll zur Verdampfung in eine offene Schale gegossen und die Temperatur der Schale auf 100° C. gehalten werden; bleibt ein 2 vom Hundert der ursprünglichen Terpentinmenge übersteigender Rückstand, so bildet das einen Grund zur Zurückweisung.

6. **Entflammungspunkt.** — Ein offener Probetiegel wird bis zu 6,4 Millimeter unter seinem oberen Rande mit Terpentin angefüllt, der irgendeiner beliebigen der angebotenen Kannen entnommen werden kann. Der auf diese Weise gefüllte Tiegel wird auf Wasser, das in einem Metallbehälter enthalten ist, zum Schwimmen gebracht. Die Temperatur des Wassers wird dann unter Anwendung einer Gas- oder Spiritusflamme allmählich aber gleichförmig gesteigert, indem es, von seiner gewöhnlichen Temperatur von ungefähr 15° C. ausgehend, in jeder Minute um je 2 Grad Fahrenheit weiter erwärmt wird. Der Zündfaden sollte aus feinem Leinen- oder Baumwollfaden (der mit einer gleichförmigen Flamme brennt) bestehen und nicht mit irgendwelchen Stoffen getränkt sein. Der angezündete Faden soll, indem man bei 38° C. beginnt, bei jeder Steigerung um 1 Grad Fahrenheit angewendet werden, und zwar soll er dabei in gleicher Höhe mit dem Rande des Probiertiegels in wagerechter Richtung über die

Oberfläche des Terpentins geführt werden. Die Temperatur wird ermittelt, indem man den Thermometer in den im Tiegel enthaltenen Terpentin so weit einführt, daß die Quecksilberkugel vollständig darin untergetaucht ist. Der Terpentin darf sich nicht unter 41° C. entzünden.

7. Schwefelsäureprüfung. — In ein 30 Kubikzentimeter fassendes Probierröhrchen mit Zehnteleinteilung fülle man 6 Kubikzentimeter des zu prüfenden Terpentinöles. Dann halte man die Röhre unter den Hahn und fülle sie bis zum obersten Teilstrich mit konzentrierter Schwefelsäure. Die ganze Masse lasse man darauf abkühlen, verschließe die Röhre und mische den Inhalt gut durch Schütteln, wobei man, wenn es nötig ist, mit Wasser kühlt. Dann stelle man die Röhre aufrecht hin und lasse sie so in der gewöhnlichen Zimmertemperatur während eines Zeitraumes von nicht weniger als einer halben Stunde ruhig stehen. Die Menge der klaren Schicht über der Masse zeigt, ob das Öl der Prüfung genügt oder nicht. Bleiben mehr als 6 vom Hundert der Ware in der Säure ungelöst, so bildet das einen Grund für Zurückweisung.

Eine früher angewendete Prüfung des Terpentins auf Petroleumöle besteht darin, daß man das Öl mit Schwefelsäure durchrührt — zwei Teile Schwefelsäure zu einem Teil Wasser — und dann in einem Dampfstrome destilliert. Danach ist das übergehende Öldestillat nochmals mit Schwefelsäure (vier Teile Säure zu einem Teil Wasser) zu behandeln und wiederum zu destillieren. Das dabei übergehende Öl besteht aus Petroleum.

Der Hauptunterschied zwischen Holzterpentin und Gartenterpentin, wie er heutzutage gewonnen wird, ergibt sich aus der Destillationsprobe; aber beide Öle schwanken sehr in ihren Eigenschaften. Ob es angängig ist, der Prüfung des Holzterpentins die für Gartenterpentin geltenden Normalregeln zu unterlegen, darf wohl bezweifelt werden. Es wäre vielleicht das ratsamste, für das aus Holz durch Destillation gewonnene Terpentinöl neue Prüfungsbestimmungen auszuarbeiten und alle Fabrikanten zu veranlassen, sich danach zu richten.

Für den Händler ist es hauptsächlich von Wichtigkeit, daß das Terpentinöl keine billigen Verfälschungen enthält. Die oben angeführte Reihe von Prüfungen wird jede Petroleumbeimengung ohne weiteres feststellen.

Von den verschiedenen besonderen Prüfungsmethoden können wir nur einen kurzen Umriß geben.

Utz beobachtet die Lichtbrechungszahl, behandelt das Öl dann mit Jodwasser und beobachtet die Farbe im Vergleich mit der einer ähnlich behandelten, aber bekannten Ölprobe.

Hersfeld behandelt das Öl mit konzentrierter Schwefelsäure, dann mit rauchender Schwefelsäure. Nur ein geringer aber bestimmter Teil des Öles darf zurückbleiben; jeder Überschuß stellt Verfälschungen dar.

Die Feststellung der Lichtbrechungszahl wird vor der Behandlung mit Schwefelsäure an einem geringen Teil des destillierten Öles vorgenommen.

MacCandles führt mit dem Öle drei einander folgende Polymerisationen aus, einmal mit konzentrierter Schwefelsäure und zweimal mit rauchender Schwefelsäure; jeder Behandlung folgt eine Destillation im Dampfstrome und Prüfung des Öles im Refraktometer.

Worstall behandelt das Öl mit Jod unter exakten Bedingungen. Hinsdale verdampft eine gewogene Menge eines bekannten Terpentins in einem Beobachtungsglase und die gleiche des zu prüfenden Öles in einem anderen, indem er beide Gläser in ein Wasserbad von 76° C. stellt, bis die bekannte Ölprobe verdampft ist. Der in dem anderen Beobachtungsglase verbleibende Rückstand besteht aus Verfälschungen.

Hall behandelt das zu prüfende Öl mit Schwefelsäure unter exakten Bedingungen und beobachtet ähnlich wie bei der Maumeneprüfung für Pflanzenöle die Temperatursteigerung.

Chlorwasserstoffsäure soll die Farbe des Holzterpentins in Schwarz verwandeln, das trifft jedoch nicht bei einem gut gereinigten Öle zu.

Eine Prüfungsmethode auf Harzspiritus stammt von Valenta. Ein bis zwei Teile einer 6 vom Hundert Jod enthaltenden Lösung werden mit Schwefelkohlenstoff oder Chlorkohlenstoff gemischt und in einem Wasserbad erwärmt. Eine grüne bis olivgrüne Färbung wird durch Pinolin oder Harzspiritus, aber keine Färbung durch Holzgeist oder Terpentin hervorgerufen. Handelt es sich um eine Mischung von Terpentinöl, Holzterpentin und Harzspiritus, so tut man gleiche Raumteile der Mischung und einer 1 vom Hundert Goldchlorid enthaltenden Lösung in ein Probierröhrchen, schüttelt die Masse, erwärmt sie während einer Minute in einem Wasserbade und schüttelt sie wiederum. Reines Terpentinöl zeigt Goldabscheidung nur in öliger Lage, sind aber die anderen Stoffe anwesend, so wird die wässerige Lösung vollständig entfärbt.

Holzöl.

Ganz befriedigende Prüfungsverfahren gibt es für dieses Öl nicht, da es so, wie es heutzutage hergestellt wird, in seiner Zusammensetzung zu sehr schwankt.

In solchen Anlagen, wo die Herstellung einer normalen Ölsorte beabsichtigt wird, können gewisse Prüfungsweisen angewendet werden. Sie müßten in dem Falle auf Grund eines guten normalen Öles von dem Betriebschemiker ausgearbeitet werden.

Das folgende Schema mag dafür von Nutzen sein. Man ermittele das spezifische Gewicht, dann den Jodwert, das spezifische Drehvermögen und die Lichtbrechungszahl (ist das Öl dazu zu dunkel, so löse man es in wasserhellem Petroleum auf). Sodann prüfe man das Öl auf seine Entzündbarkeit, nehme die Feuerprüfung vor, bestimme den Siedepunkt, versuche die für Terpentin und Kreosotöle angegebenen Prüfungsmethoden und ermittele die in dem Öle enthaltene Kreosotmenge nach irgend einem der regelrechten Verfahren. Nach diesen Angaben läßt sich dann in jeder Anlage eine bestimmte Ölsorte herstellen.

Eine Untersuchungsmethode zur Ermittelung der Zusammensetzung von Holzöl findet man im American Chemical Journal, Vol. 25, No. 1. Wir können dieses Verfahren hier nicht wiedergeben, da es in einem technischen Laboratorium nicht gut auszuführen ist.

Teeröl.

Die einzige bei diesem Öle erforderliche Prüfung ist die auf etwaigen Holzessiggehalt. Es hat sich herausgestellt, daß der Teer und Holzessig sich nicht in allen Fällen deutlich in zwei Lagen abscheiden. Die Probe des Gemisches wird so, wie es überdestilliert, entnommen, und wenn die beiden Bestandteile sich dann nicht in zwei deutlich zu unterscheidende Lagen absetzen, so können zwei Wege zur Ermittelung der ungefähren Mengen beider Stoffe eingeschlagen werden.

Einmal kann man so verfahren, daß man die Probe gehörig durcheinander mischt und dann ihr eine bestimmte Raummenge, zum Beispiele 25 Kubikzentimeter entnimmt, diese in einen mit Einteilung versehenen Zylinder füllt und auf 500 Kubikzentimeter (oder auch mehr, je nach der Geschwindigkeit der Abscheidung) verdünnt. Wenn die Absetzung gründlich vor sich gegangen ist, kann die Teerölmenge abgelesen werden; den Unterschied zwischen der Teerölmenge und der ursprünglichen Menge des Gemisches betrachtet man als Holzessig. Zur Erzielung einer größeren Genauigkeit kann man das untere Stück des eingeteilten Zylinders von geringerer Bohrung machen und auf einen flachen Ständer stellen.

Das zweite Verfahren besteht darin, daß man eine Probe des Gemisches in die mit Einteilung versehene Flasche einer Versuchszentrifuge füllt und nach der Umdrehung den Teer- und Säuregehalt an der Flasche abliest. In den meisten Fällen wäre eine besondere Flasche erforderlich, da zuweilen über die Hälfte des Gemisches aus Säure besteht. Die Versuchszentrifuge würde aber jedenfalls die beste Vorrichtung zur Herbeiführung der Abscheidung sein.

Für die Bestandsaufnahme einer Anlage würde es erforderlich sein, den Gehalt des Teeröles an Teer zu kennen. Um diesen zu ermitteln, wird eine Probe der Öl- und Holzessigmischung oder nur des Teröles nach der Ausscheidung der wässerigen Säure in eine Destillierflasche gefüllt und die leichten Holzöle daraus mit Hilfe eines eingeblasenen Dampfstromes abdestilliert. Der zurückbleibende Teer kann dann gewogen und die Leichtöle können gemessen werden. Diese Destillation sollte man aber nicht weiter treiben, als das im regelrechten Betriebe geschehen würde. Das Teeröl kann aber auch mit Wasser destilliert, die übergetriebenen Leichtöle gemessen und der Unterschied als Teer betrachtet werden; oder der Teer wird getrocknet und dann gewogen.

Die Öle zu messen, ist kein sehr zuverlässiges Verfahren, da sie bis zu einem nicht unbeträchtlichen Maße in Wasser löslich sind.

Teer.

Enthält der Teer Wasser, so würde die Zentrifuge auch hier wiederum ein schnelles technisches Mittel zur Abscheidung des letzteren bieten; das Mengenverhältnis wird dann einfach an der Zentrifugenflasche abgelesen.

Ein Prüfungsverfahren für Teer wurde bereits zum Teil angegeben. Es besteht in fraktionierender Destillation des Teeres in einer Destillierflasche mit kurzem Aufsatze. Zu Anfang muß vorsichtig destilliert werden, da etwaiges im Teer enthaltene Wasser ein kräftiges Puffen und Stoßen verursacht. Es sollen überdestillieren:

unter 150° C.	9,70 v. H.
zwischen 150° und 350° C.	42,61 „ „
„ 350° und 363° C.	26,62 „ „
Koksrückstand	21,07 „ „

Da der Teer stets verschieden sein wird, kann eine derartige Prüfung natürlich auch nur eine annähernde sein. Farbe, Gewicht und Klebrigkeit oder Zähigkeit bilden die Hauptanhaltspunkte für die Beurteilung des Teeres. Die Farbe ermittelt man, indem man einen Tropfen auf einen Bogen weißes Papier bringt: der Fleck sollte hellbraun sein. Das spezifische Gewicht schwankt zwischen 1,05 und 1,12. Die Zähigkeit oder Viskosität wird im allgemeinen mit dem Auge beurteilt. Keine allgemein gültige Vorschrift kann in bezug auf diese Eigenschaft aufgestellt werden, man könnte aber Vereinbarungen treffen, wonach nur Teer innerhalb gewisser Zähigkeitsgrenzen, wie sie sich mit Hilfe eines Viskosimeters ermitteln lassen, verhandelt wird.

Um zwischen gewissen Retortenteersorten Unterschiede festzustellen, kann man eine Prüfungsmethode anwenden, die darin besteht, daß man einen Tropfen der Teerprobe auf die Oberfläche eines glatten Stückes Pappel- oder Tannenholzes fallen läßt und dann feststellt, wie lange Zeit er im Vergleich zu dem ähnlich behandelten Tropfen einer bekannten Teerprobe braucht, um bei der Berührung mit der Luft eine dunkle Färbung anzunehmen.

Holzessig.

Zur Ermittelung des als Essigsäure berechneten Säuregehaltes des Holzessigs gibt es mehrere Verfahren. Eine Methode besteht darin, daß man 25 Kubikzentimeter Holzessig mit 1000 oder mehr Kubikzentimeter destillierten Wassers verdünnt, dann mit normalem Alkali titriert — wobei Phenolphthalein als Indikator dient — und danach den Gehalt berechnet. Bei Nadelholzessig ist aber oft der Endpunkt zu undeutlich, ein anderes Verfahren muß dafür deshalb schon angewendet werden.

Das Verfahren von C. Mohr besteht darin, daß man 10 Gramm des Holzessigs abwiegt, in einem Becher mit ungefähr 3 Gramm reinen

Bariumkarbonates (das Karbonat ist zu prüfen!) erwärmt, bis die Masse nicht mehr aufbraust; sie wird darauf filtriert. Die Bariumacetatlösung ist stark gefärbt, das ungelöst bleibende Karbonat dagegen sehr wenig. Der Rückstand wird gewaschen, getrocknet, gewogen und die Menge der anwesenden Essigsäure berechnet; jedem Gramm ungelösten Karbonates entsprechen 0,809 Gramm Essigsäure.

Schneller aber kommt man zum Ziel, wenn man das ungelöst gebliebene Karbonat mit einem Überschusse von Salpetersäure behandelt und dann mit normalem Natron unter Anwendung von Litmus als Indikator zurücktitriert.

An Stelle des Bariumkarbonats verwendet Mohr auch gefälltes feuchtes Kalziumkarbonat, dessen Alkaliwert ermittelt sein muß. Es wird dem Holzessig im Überschuß zugesetzt, die Mischung wird dann zum Abtreiben der Kohlensäure gekocht, danach filtriert und wie oben behandelt.

Acetate.

Brauner und grauer essigsaurer Kalk werden in verschiedener Weise auf ihren Essigsäuregehalt geprüft. Zwei dieser Verfahren wollen wir anführen.

Nach der Methode von Stillwell und Gladding verfährt man wie folgt:

Eine 100 bis 120 Kubikzentimeter fassende Retorte, deren Glasstutzen einen mit Gummistopfen eingepaßten kleinen Trichter trägt — die Trichterhalsöffnung wird mit einem Glasstangenstöpsel und Gummischlauch abgedichtet —, wird so auf einem Ständer befestigt, daß der Retortenhals eine Neigung von ungefähr 45° nach oben erhält. Das Ende des Halses wird ausgezogen und so umgebogen, daß es mit Hilfe eines Gummischlauches in einen Kühler paßt. Der größte Teil des Retortenhalses wird zur Verhütung des Eintretens einer zu großen Verflüssigung mit Flanell bekleidet.

Man füllt ein Gramm der Kalkacetatprobe in die Retorte, fügt 10 Kubikzentimeter einer 40 prozentigen Lösung von P_2O_5 zusammen mit so viel Wasser hinzu, daß es ungefähr 50 Kubikzentimeter insgesamt werden. Eine kleine nackte Flamme wird zur Erwärmung gebraucht, handhabt man sie mit genügender Sorgfalt, so kann die Destillation bis nahezu zur Trockenheit getrieben werden, ohne daß deshalb die Retorte in Gefahr kommt. Nach dieser ersten Tätigkeit läßt man die Retorte etwas abkühlen, füllt dann 50 Kubikzentimeter heißes Wasser durch den Trichter ein und destilliert nochmals wie zuvor. Diese Tätigkeit wird noch ein drittes Mal vorgenommen, worauf alle Essigsäure übergetrieben sein wird. Das Destillat wird dann mit Alkali und Phenolphthalein titriert.

Das Prüfungsverfahren von Grimshaw wird nach Allens Organic Analysis wie folgt angewendet:

10 Gramm der Acetatprobe werden mit Wasser und einem Überschusse von Natriumbisulfat ($NaHSO_4$) behandelt, die Mischung wird zu einer bestimmten Raummenge verdünnt, filtriert und ein abgemessener Teil des Filtrates mit normalem Alkali titriert. Während dieser Zeit wurde eine gleiche Menge unter wiederholter Anfeuchtung mit Wasser zur Trockenheit eingedampft, um alle freie Essigsäure abzutreiben, der Rückstand wird aufgelöst und mit normalem Alkali titriert. Aus dem Unterschiede zwischen der dabei erforderlichen Raummenge und der vorher bei der ursprünglichen Lösung gebrauchten ergibt sich der Essigsäuregehalt der Acetatprobe. Litmuspapier ist der geeignete Indikator.

Holz.

Die einzigen Prüfungen, die man mit dem Holze vorzunehmen hat, sind die auf Ermittelung des Feuchtigkeits- und Harzgehaltes ausgehenden.

Die Entnahme von Proben ist der schwierigste Teil. Wo es sich machen läßt, sollte man aus einer Raummetermenge einige Durchschnittsstöcke durch eine geeignete Zerkleinerungsmaschine gehen lassen. Ist eine solche nicht vorhanden, so schneidet man jeden Stock an mehreren Stellen ein und raspelt an jeder dieser Stellen etwas mit einer Holzraspel heraus. Dieses feinzerteilte Holzzeug sollte zur Vermeidung einer Verdampfung der Feuchtigkeit sofort in Flaschen geschlossen werden.

Feuchtigkeitsgehalt.

Man ermittelt den Feuchtigkeitsgehalt des Holzes, indem man eine Probe von 2 Gramm oder mehr in einem Luftbade einer Temperatur von 105^0 bis 110^0 C. ansetzt, danach in einem Trockenapparate abkühlt und die daraus hervorgehende Masse wiegt. Der Gewichtsverlust zeigt den Feuchtigkeitsgehalt an. Dieses Vorgehen zeitigt aber keine sehr genauen Ergebnisse, da das Holz dabei die Neigung zeigt, zu einem geringen Grade zu oxydieren; bei harzreichem Holze würde zudem ein großer Teil des Terpentins mit entweichen.

Dem Verfasser sind keine Verfahren zur Prüfung dieser Klasse von Holz bekannt geworden, das folgende sei aber vorgeschlagen.

Man nimmt 2 bis 5 Gramm fein zerteiltes Holz und füllt es in eine mit einem dichtschließenden, geschliffenen Glasstöpsel versehene Flasche. In den Stöpsel bohrt man ein Loch und schweißt rings um die Öffnung herum eine Glasröhre an, der man die Form eines U gibt. In die Röhre kommen Kalk- und Chlorkalkstücke. Der Stöpsel und das den Kalk enthaltende Rohr wird dann gewogen, ebenso die Flasche mit ihrem Inhalte. Darauf steckt man den Stöpsel in die Flasche nnd stellt den gesamten Apparat in einen auf ungefähr 105^0 bis 110^0 C. erwärmten Ofen. Nach einer einstündigen Behandlung darin wird der Apparat wieder herausgenommen und abgekühlt, wozu man ihn entweder in einen Trockenapparat setzt oder das Ende der U-Röhre verschließt. Danach wird jeder Teil besonders gewogen. Man wiederholt diese Tätigkeit so oft, bis der Gewichtsverlust in der Flasche entsprechend beständig ist. Dann wird die Röhre mit dem Kalkinhalte in einem Luftbade oder dergleichen auf ungefähr 200° C. erhitzt, abgekühlt und gewogen, was man ebenfalls so oft wiederholt, bis der Gewichtsverlust ein beständiger ist.

Das Verfahren fußt auf dem folgenden, leicht ersichtlichen Grundsatze: die erste Erwärmung treibt das Wasser und die Öle in die Röhre über, wo der Kalk das Wasser bindet. Etwa mitverdichtetes Öl wird bei der zweiten Erwärmung abgetrieben. Gelöschter Kalk hält das aufgenommene Wasser selbst noch bei einer Temperatur von 250° bis 300° C.

Der Gewichtsverlust in der Flasche stellt den Wasser- und Ölgehalt des Holzes dar. Das Gewicht der Röhre nach der zweiten Erwärmung weniger ihr ursprüngliches Gewicht ergibt den Feuchtigkeitsgehalt. Zieht man den ermittelten Feuchtigkeitsgehalt von dem sich beim Wiegen der Flasche ergebenden Wasser- und Ölverlust ab, so erhält man auch zugleich den flüchtigen Ölgehalt des Holzes. Findet man, daß irgendwelches flüchtiges Öl mit übergegangen ist, so sollte es als Terpentin angesehen und zu der durch Destillieren des Ätherauszuges ermittelten Menge hinzugezählt werden.

Das folgende Verfahren, das man zur Ermittelung des Feuchtigkeitsgehaltes von flüchtige Öle enthaltenden Explosivstoffen anwendet, kann auch für Holz gebraucht werden. Es besteht in der Behandlung der zermahlenen Probe mit Kalziumkarbid in einer Röhre, wobei man besorgt zu sein hat, daß die beiden Stoffe nicht gemischt werden, ehe nicht die Röhre mit einem Gasmeßapparate verbunden ist. Das gebildete Acetylengas wird über Salzwasser gemessen und das Ergebnis mit Rücksicht auf Temperatur und Druck berichtigt. In Rechnung zu ziehen hat man jedoch auch die von dem während der Reaktion gebildeten Kalke zurückgehaltene Feuchtigkeit, die nicht auf das Kalziumkarbid einwirkt. Aus diesem Grunde kommt 1 Gramm Acetylen nicht 0,00162 sondern 0,001725 Gramm Feuchtigkeit gleich.

Bei der Ausführung der Prüfung kann die Reaktion durch Erwärmung auf 100° C. in einem Wasserbade beschleunigt werden.

Harzgehalt.

Der aus der Feuchtigkeitsermittelung hervorgehende Holzrückstand wird in den Filtrierkonus eines Soxhletschen Fettextraktionsapparates getan und der Konus dann in das Rohr eingesetzt, das darauf mit einer Flasche zu verbinden ist. Es wird sich herausstellen, daß bei der Ermittelung des Feuchtigkeitsgehaltes harzigen Holzes unter dem Einflusse der Wärme etwas Harz mit ausgequollen und auf den Boden des Tiegels oder eines anderen bei der Ausführung der Ermittelung gebrauchten Behälters geflossen ist. Nach der Entfernung des Holzes kann dieses Harz in Äther aufgelöst und auf den Konus im Rohre gegossen werden. Der

Apparat wird dann so angewendet, als führte man eine gewöhnliche Fettanalyse aus; das Harz wird dabei dem Holze entzogen und in einer kleinen Flasche gesammelt. Der Äther wird darauf verdampft und die Flasche abgekühlt und gewogen. Der Unterschied zwischen diesem Gewicht und dem der Flasche stellt das Gewicht der ausgezogenen Stoffe dar. Verbindet man nun die Flasche mit einem geeigneten Kühler und erwärmt sie vorsichtig, so destilliert der Terpentin über. Es ist aber in jedem Falle besser, diese Destillation einfach mit Hilfe eines eingeblasenen Dampfstromes auszuführen, der Terpentin destilliert dann über, ohne daß das Harz in die Gefahr einer Zersetzung kommt. Der Terpentin kann vom Wasser getrennt und gewogen oder gemessen werden. Die das Harz enthaltende Flasche sollte dann, bis alles Wasser abgetrieben ist, in ein Luftbad gestellt und nachher gewogen werden. Der Unterschied zwischen diesem Gewicht und dem der Flasche stellt das Gewicht des Harzes dar. Dieses Gewicht dient zugleich auch als Kontrolle für den Terpentin.

Die nach der Ausziehung mit Äther hinterbleibende Holzfaser kann in einem Tiegel verbrannt und der Rückstand als Asche gewogen werden. Falls es erwünscht ist, kann man die Holzfaser aber auch in einer Glasretorte destillieren. Die Retorte wird zu diesem Zweck in ein Luftbad gestellt und der Hals durch eine seitliche Öffnung hindurch mit dem Verflüssigungskühler verbunden. Die verflüssigten Stoffe werden dann gesammelt, geschieden und jeder einzeln gewogen. Die in der Retorte zurückbleibende Holzkohle wäre ebenfalls zu wiegen. Das Gas kann gesammelt und gemessen werden.

Der Essigsäuregehalt des Holzessigs kann nach dem unter Holzessig beschriebenen Mohrschen Verfahren und der Gehalt an Holzgeist nach der im nachfolgenden beschriebenen Phosphordijodidmethode ermittelt werden.

Bestimmung des wirklichen Methylalkoholgehaltes von Holzgeist.[1])

Eine trockene Flasche wird mit einem mit Hahn ausgestatteten Trichter versehen und mit einem Rückflußkühler verbunden. 15 Gramm Phosphordijodid werden in die Flasche gefüllt und 5 Kubikzentimeter der Holzgeistprobe (bei 15° C. gemessen) langsam und tropfenweise mit Hilfe einer Pipette hinzugefügt. 5 Kubikzentimeter Jodwasserstoffsäure vom spezifischen Gewichte 1,7, die etwa 8,5 Gramm freies Jod in Lösung hält, wird nun zunächst durch die Pipette eingeführt. Die Flasche wird danach durch Untertauchen während weniger Minuten in ein heißes Bad auf 80° bis 90° C. erwärmt, worauf der Kühler eingeschaltet, der Inhalt der Flasche überdestilliert und in einer mit Einteilung versehenen Röhre aufgefangen wird. Das Destillat wird dann mit Wasser geschüttelt und die Raummenge des Methyljodids abgelesen. Für die Löslichkeit des Methyl-

---

[1]) Nach Allen, Organic Analysis, Vol. 1, S. 73.

jodids in Wasser und für den durch die den Apparat anfüllenden Dämpfe verursachten Verlust muß man Berichtigungen in der Höhe von etwa 8 für je 1000 Raumteile einführen. Der letztgenannte Fehler ist für ein und denselben Apparat gleichbleibend und kann leicht durch Destillation einer bekannten Raummenge Methyljodids aus dem sich durch Messung des Destillates ergebenden Unterschiede ermittelt werden. Krell zieht es vor, zur Austreibung der Methyljodiddämpfe einen Luftstrom durch die Pipette in den Apparat einzublasen. Unter diesen Umständen ergeben 5 Kubikzentimeter reinen wasserfreien Methylalkohols 7,45 Kubikzentimeter Jodid.

Bei dieser Jodmethode wird jedes etwa in der Holzgeistprobe anwesende Methylacetat in Jodid überführt, wodurch der sich danach ergebende Methylalkoholgehalt also höher angegeben wird, als er in Wirklichkeit ist. Für die meisten Zwecke kann jedoch dieser Fehler ruhig vernachlässigt werden. Will man aber die Menge des etwa anwesenden Methylacetats vorher annähernd ermitteln, so erwärmt man eine bekannte Menge des Holzgeistes mit normalem Natron und titriert den Überschuß mit normaler Säure. 40 Teile neutralisiertes $NaOH$ entsprechen 74 Teilen Methylacetat oder 32 Teilen Methylalkohol. Der so gefundene Betrag des Methylalkohols sollte von der gesamten, dem Jodid entsprechenden Menge abgezogen werden, um damit den wirklichen Betrag des als solchen in der Holzgeistprobe enthalten gewesenen Methylalkohols zu erhalten.

Enthält die geprüfte Holzgeistprobe auch Aceton, so destilliert er mit dem Methyljodid zusammen über und kann aus dem Destillate nur durch wiederholte Waschungen entfernt werden. Bardy und Bordet haben eine Tabelle ausgearbeitet, aus der die Volumenverminderung, die das verschiedene Mengen Aceton enthaltende Methyljodid bei der Waschung mit Wasser erfährt, entnommen werden kann. Ist diese Tabelle aber nicht zur Hand, so kann der durch die Gegenwart von Aceton verursachte Fehler dadurch vermieden werden, daß man das gewaschene Destillat mit alkoholischer Pottasche verseift, dann bis zur Trockenheit eindampft, den Rückstand in Wasser auflöst, einen aliquoten Teil der Lösung mit Salpetersäure ansäuert und dann das Jodid mit Silbernitrat fällt. 235 Teile Silberjodid stellen 32 Teile Methylalkohol dar.

Dimethylacetal destilliert aber auch mit über, 5 Kubikzentimeter davon ergeben 5,3 Kubikzentimeter Methyljodid. Die anderen Stoffe sind entweder im Wasser löslich oder werden in harzige Körper verwandelt.

Zur Herstellung des Phosphorjodids werden 15,5 Gramm Phosphor in 350 Kubikzentimeter Kohlenbisulfid aufgelöst und 127 Gramm Jod allmählich hinzugefügt, wobei das Gefäß gut kühl gehalten werden muß. Das Dijodid scheidet sich in Form von Kristallen ab, die dann in einem etwas warmen Luftstrome getrocknet und in einer gut verschlossenen Flasche aufbewahrt werden.

Eine qualitative Prüfung auf Methylalkohol stammt von Mulliken und Scudder, sie besteht darin, daß man eine heiße Kupferspirale in die zu untersuchende Flüssigkeit wirft und einen Tropfen einer aus einem Teil Resorcin und 200 Teilen Wasser hergestellten Lösung hinzufügt und die Lösung dann sorgfältig, damit kein Vermischen entsteht, auf konzentrierte Schwefelsäure gießt. Nach drei Minuten und geringer Vermischung ruft Methylalkohol rosenrote Flocken hervor.

Kreosot.

Es gibt viele Stoffe, die unter diesem Namen bekannt sind. Kohlenteerkreosot und Holzteerkreosot lassen sich nach der Methode von Hagard voneinander unterscheiden, die wir im folgenden im Auszug nach Allens Organic Analysis wiedergeben.

Drei Raumteile absoluten Glycerols werden mit einem Raumteil Wasser gemischt, und diese Lösung wird als Lösemittel gebraucht. Ein Raumteil der zu prüfenden Probe wird in einer Mohrschen Bürette mit drei Raumteilen des verdünnten Glycerols behandelt und die Flüssigkeit dann der Ruhe überlassen, bis Abscheidung eingetreten ist. Ist das Kreosot rein, so wird die Menge unverändert geblieben sein. Ist sie jedoch vermindert, so zieht man die Glycerollage ab und schüttelt das zurückbleibende Kreosot nochmals mit drei Raumteilen des verdünnten Glycerols, wonach die Menge wiederum gemessen wird. Diese zweite Behandlung wird für alle Fälle zur Entfernung der Kohlenteersäuren genügen, wenn nicht der Gehalt daran ganz besonders groß ist. Die Raummenge der zurückbleibenden Schicht wird deshalb den Gehalt an wirklichem Holzteerkreosot in der untersuchten Probe anzeigen. Die Natur des zurückbleibenden Kreosots kann mit Hilfe der Kollodiumprüfung (es sollte sich eine klare Lösung dabei ergeben) ermittelt werden, während die Kohlenteersäuren aus der Glycerollösung durch Filtrierung — zur Entfernung der in ihr schwebenden Holzteerkreosotspuren —, Verdünnung mit Wasser und Durchrührung mit Chloroform wiedergewonnen werden können. Bei natürlicher Verdampfung des abgeschiedenen Chloroforms werden die Säuren in einer genügend reinen Beschaffenheit erhalten, um sie positiv erkennen zu können.

Aceton.

Die graphimetrische Bestimmung dieses Stoffes geschieht mit Hilfe von Ätznatron und Jod. Eine volumetrische Methode, die bei Anwesenheit von Äthylalkohol angewendet werden kann, stammt von Sutton und wurde von Squibb und Kebler ergänzt. Die dafür erforderlichen Lösungen sind:

1. Eine 6 vom Hundert Chlorwasserstoffsäure enthaltende Lösung.
2. Eine normale Lösung von Natriumthiosulfat.
3. Eine alkalische Kaliumjodidlösung, dadurch bereitet, daß man 250 Gramm Kalium in einem Liter destillierten Wassers und ebenfalls 257

Gramm Natriumhydroxyd (durch Alkohol) in einer gleichen Menge Wasser auflöst. Nachdem die letztere Lösung eine Zeitlang gestanden hat, füllt man 800 Kubikzentimeter davon zu der Kaliumjodidlösung.

4. Eine Natriumhypochloritlösung. 100 Gramm Bleichpulver (35 prozentig) werden mit 400 Kubikzentimeter Wasser gemischt und eine heiße Lösung von 120 Gramm kristallisierten Natriumkarbonats in 400 Kubikzentimeter Wasser hinzugefügt. Nach der Abkühlung gießt man die klare Flüssigkeit ab, filtriert den Rückstand und ergänzt das Filtrat zu einem Liter. Jedem Liter werden 26 Kubikzentimeter Natriumhydroxidlösung (spezifisches Gewicht 1,29) zugesetzt.

5. Eine wässerige Acetonlösung, die zu ein oder zwei vom Hundert aus dem reinsten Aceton, das man nur erhalten kann (zum Beispiel 99,7 prozentiges), besteht.

6. Eine Stärkelösung, dadurch hergestellt, daß man 0,125 Gramm Stärke mit 5 Kubikzentimeter kalten Wassers behandelt, dann 20 Kubikzentimeter kochenden Wassers hinzugefügt, das ganze einige Minuten kocht, abkühlt und mit 2 Gramm Natriumbikarbonat versetzt. Diese Stärkelösung hält sich einige Wochen.

Zu 20 Kubikzentimeter der Kaliumjodidlösung fügt man 10 Kubikzentimeter des verdünnten wässerigen Acetons, läßt da aus einer Bürette einen Überschuß von Natriumhypochloritlösung hineinlaufen und schüttelt das Ganze dann eine Minute lang. Dem folgt die Ansäuerung der Mischung mit Chlorwasserstoffsäure, und während man die Masse durchrührt, läßt man noch einen Überschuß von Natriumthiosulfat in sie hineinlaufen. Danach läßt man das Ganze einige Minuten stehen. Der Stärkeindikator wird dann hinzugesetzt und der Überschuß an Thiosulfat zurücktitriert. Der Acetongehalt kann nun leicht berechnet werden, da die Beziehung der Natriumhypochloritlösung zu dem Natriumthiosulfate bekannt ist.

Bei der obigen Reaktion erfordert ein Molekül Aceton drei Moleküle Jod zur Bildung von einem Molekül Jodoform. Ein Atom des verfügbaren Chlors wird ein Atom Jod aus dem KJ der alkalischen Lösung freimachen, oder ein Kubikzentimeter wird gerade genug freimachen, um einen Kubikzentimeter von derselben normalen Stärke zu erzeugen, wie sie die Hypochloritlösung ursprünglich besaß. Die Berechnung wird dadurch, daß man die Anzahl Kubikzentimeter verbrauchter Hypochloritlösung als ebensoviele Kubikzentimeter Jodlösung von der gleichen Normalstärke ansieht, auf die Jodgrundlage zurückgeführt.

Als Proportion ausgedrückt, sieht das, wenn y gleich dem Betrage der Jodverbindung und x dem des Acetons und J gleich 126,5 gesetzt wird, wie folgt aus:
$$759 : 58 = y : x$$

Daraus ergibt sich

Analysen.

$$x = y \cdot \frac{58}{759}$$

$$x = y \cdot 0{,}07641.$$

Beispiel einer Berechnung. — 10 Kubikzentimeter der Acetonlösung, die 1 Gramm der zu prüfenden Flüssigkeit enthält, erfordern 14,57 Kubikzentimeter Jodlösung der gleichen Stärke, wir haben also

$$\frac{14{,}57 \cdot 0{,}806 \cdot 0{,}1260 \cdot 0{,}07641}{1 \text{ Gramm Acetonlösung}} = 11{,}351 \text{ Prozent.}$$

Viele andere Analysiermethoden für die verschiedensten Produkte sollten durchgegangen werden, um dadurch eine regelrechte Übung für die chemische Überwachung einer Holzdestillationsanlage zu bekommen. Die hier angeführten Methoden sind sämtlich als Normalmethoden für die besonderen Verhältnisse und Produkte, für die sie bestimmt sind, anerkannt. Weiter zu gehen, auch noch andere Methoden zu geben, würde über die Aufgabe dieses Werkes hinausgehen.

Anhang.

Verzeichnis von Patenten, die die Destillation von Nadelholz im besonderen und die Holzverkohlung im allgemeinen betreffen.

(Viele dieser Patente sind im Buche näher besprochen oder doch erwähnt; zur Auffindung der betreffenden Seiten bediene man sich des Namen- und Sachverzeichnisses. Die hier nicht aufgeführten, im Buche aber doch erwähnten Patente anderer Länder sind in Fußnoten näher bezeichnet.)

I. Vereinigte Staaten von Nordamerika.

Nr. 105019. Destillieren von Nadelholz. T. W. Wheeler, New Berne, North Carolina. 5. 7. 1870.

Nr. 129849. Apparat zum Destillieren von Nadelholz. Messau, Atlanta, Georgia. 23. 7. 1872.

Nr. 130598. Destillieren und Reinigen von Holzterpentin. J. D. Stanley, Baltimore, Maryland. 20. 8. 1872.

Nr. 316961. Apparat zum Tränken von Holz mit Kreosot. Ludwig Hansen und A. Smith, Wilmington, North Carolina. 5. 5. 1885.

Nr. 316794. Apparat zum Destillieren von Holz. Eberhard Koch, New Orleans, Louisiana. 28. 4. 1885.

Nr. 317129. Holzkonservierungsapparat. Ludwig Hansen und A. Smith, Wilmington, North Carolina. 5. 5. 1885.

Nr. 322819. Holzkonservierungsapparat. Ludwig Hansen und A. Smith Wilmington, North Carolina. 21. 7. 1885.

Nr. 332320. Apparat zum Destillieren von Holz. Thomas H. Berry, Philadelphia, Pennsylvania. 5. 12. 1885.

Nr. 353998. Verfahren und Apparat zum Destillieren von Holz. Th. W. Wheeler, New Berne, North Carolina (zur Hälfte an A. Murray, Washington, übertragen). 7. 12. 1886.

Nr. 367413. Holzdestillierapparat. Eberhard Koch, New Orleans, Louisiana (zur Hälfte an C. J. Allen, New Orleans, Louisiana, übertragen). 2. 8. 1887.

Nr. 374636. Destillieren von Holz. Andrew Smith, Wilmington, North Carolina (zur Hälfte an L. Hansen, Wilmington, übertragen). 13. 12. 1887.

Nr. 386138. Verfahren zum Destillieren von Nadelholz behufs Gewinnung von rohem trockenen Terpentin und Teer. Eberhard Koch, New Orleans, Louisiana (zur Hälfte an C. J. Allen, New Orleans, übertragen). 17. 7. 1888.

Nr. 421029. Holzdestillierapparat. Eberhard Koch, New Orleans, Louisiana (zur Hälfte an C. J. Allen, New Orleans, übertragen). 11. 2. 1890.

Nr. 422806. Apparat zum Destillieren von Holz. Otto Koch und W. Danner (zu einem Drittel an J. B. Schmitt, New Orleans, Louisiana, übertragen). 4. 3. 1890.

Nr. 453606. Apparat zum Destillieren von Holz. Alfred E. Badgley, Susquehanna, Pennsylvania. 9. 6. 1891.

Nr. 496737. Apparat zum Verkohlen und Destillieren von Holz. Edward C. Inderlied, Rock Rift, New York. 2. 5. 1893.

Nr. 612181. Retorte. Harry Spurrier, Montreal, Kanada (zur Hälfte an C. W. Pearson, Westmount, Kanada, übertragen). 11. 10. 1898.

Nr. 635260. Apparate zum Trockendestillieren von Holz, Kohlen und dergleichen. Ed. Larsen, Kopenhagen, Dänemark. 17. 10. 1899.

Nr. 658888. Holzdestillierapparat. Carl W. Bilfinger, Washington. 2. 10. 1900.

Nr. 674491. Destillieren von Holz behufs Erzeugung von Holzkohle und Gewinnung der Nebenprodukte. C. W. Bilfinger, Washington (an die Southern Pine Produkts Company, New Jersey, übertragen). 21. 5. 1901.

Nr. 677204. Apparat für die trockene Destillation von Holz. G. O. Gilmer, New Orleans, Louisiana (an die Illinois Investment Company, West Virginia, übertragen). 25. 6. 1901.

Nr. 690611. Destillierapparat. John S. Roake, Brooklyn (an W. K. Hale, Catskill, New Jersey, und C. W. Kursteiner, Englewood, New Jersey, übertragen). 7. 1. 1902.

Nr. 700373 und 700374. Destillierapparat. John S. Roake, Brooklyn (an W. K. Hale, Catskill, und C. W. Kürsteiner, Englewood, New Jersey, übertragen). 20. 5. 1902.

Nr. 704886. Apparate zum Trocknen und Trockendestillieren von Holz, Sägemehl, Torf und dergleichen. Ed. Larsen, Kopenhagen, Dänemark. 15. 7. 1902.

Nr. 705906 und 705907. Retorte für die Destillation von Holz. W. B. Chapman, Boyne City, Michigan. 29. 7. 1902.

Nr. 737461. Holzdestillierapparat. C. M. Palmer, Palmerville, North Carolina. 25. 8. 1903.

Nr. 738153. Holzdestillierapparat. C. W. Bilfinger, Fayetteville, North Carolina. 8. 9. 1903.

Nr. 746850. Terpentindestillierapparat. William H. Krug, New York (an die Standard Turpentine Company, Raleigh, North Carolina, übertragen). 15. 12. 1903.

Nr. 748457. Apparat für die ununterbrochene Verkohlung und Trockendestillation organischer Stoffe. H. C. Aminoff, Domnarfret, Schweden (an A. C. Mark, Gothenborg, übertragen). 29. 12. 1903.

Nr. 749091. Holzverkohler. F. M. Perkins, Boston, Massachusetts. 5. 1. 1904.

Nr. 751698. Apparat für die Destillation von Holz. J. W. Spurlock, Tyty, Georgia. 9. 2. 1904.

Nr. 753376. Apparat zum Destillieren von Holz. W. C. Douglas, Raleigh, North Carolina. 1. 3. 1904.

Nr. 754232. Holzdestillierapparat. C. M. Palmer, New London, North Carolina. 8. 3. 1904.

Nr. 757939. Apparat zum Destillieren von Holz und zur Erzeugung von Holzkohle. H. M. Mackie (an E. E. Wood, New Orleans, Louisiana, übertragen). 19. 4. 1904.

Nr. 766717. Verfahren zur Destillierung der aus Nadelholz gewonnenen Rohöle. J. C. Mallonee, Charlotte, North Carolina (zur Hälfte an J. J. Mallonee, Crichton, Alabama). 2. 8. 1904.

Nr. 767090 und 767091. Holzdestillierapparat. B. Viola, New York (zur Hälfte an R. G. G. Moldenke, Watchung, New Jersey, übertragen). 9. 8. 1904.

Nr. 769177. Apparat für die Destillation von Holz. J. A. Mathieu, Georgetown, South Carolina. 6. 9. 1904.

Nr. 770463. Verfahren zur Behandlung von Holz behufs Gewinnung von Terpentin, Papierzeug und dergleichen. William Hoskins, Lagrange, Illinois. 20. 9. 1904.

Nr. 771706. Verfahren zur trockenen Destillation harzigen Holzes. C. E. Broughton, Savanna, Georgia. 4. 10. 1904.

Nr. 771859. Verfahren zur Herstellung von Kiefernölen aus Holz. F. C. Clark und E. A. Harris, New York (an die Georgia Pine Turpentine Company, New York). 11. 10. 1904.

Nr. 774135. Verfahren zur Gewinnung von Produkten aus Holz. C. M. Dobson, New York (The Wood Distillates & Fibre Company, Chicago). 1. 11. 1904.

Nr. 774261. Retorte für Holzdestillation. J. C. Mallonee, Charlotte, North Carolina (zur Hälfte an J. J. Mallonee, Crichton, Alabama, übertragen). 8. 11. 1904.

Nr. 774649. Holzdestillier- und Konservierapparat. F. S. Davis, Shirley (an J. C. Richardson, Robertsville, South Carolina, übertragen). 8. 11. 1904.

Nr. 781733. Verfahren zur Gewinnung von Terpentinöl aus Holz. John Caples Mallonee, Charlotte, North Carolina. 7. 2. 1905.

Nr. 782953. Apparat zur Destillation von Holz und dergleichen. Thomas A. Dungan, Kipling, Alabama. 21. 2. 1905.

Nr. 786144. Holzdestillationsanlage. C. M. Palmer, New London, North Carolina. 28. 3. 1905.

Nr. 789271. Holzdestillationsapparat. Z. E. Fiveash, Rawles Springs, Mississippi. 9. 5. 1905.

Nr. 789691. Destillierapparat für Holz. W. B. Harper, Lake Charles, Louisiana. 9. 5. 1905.

Nr. 790097. Retorte für Holzdestillation. A. J. Adams (an die International Wood Distilling Campany, Cleveland, übertragen). 6. 5. 1905.

Nr. 792934. Apparat für die Gewinnung von Terpentin oder anderen Produkten aus Holz. R. A. Sibbitt, Carleton Place, und A. K. McLean, Ottawa. 20. 6. 1905.

Nr. 799426. Apparat zum Destillieren von Holz. H. B. Williams, McMurray, Washington. 12. 9. 1905.

Nr. 800905. Verfahren zur Gewinnung von Terpenen und anderen harzigen Stoffen aus Holz. G. P. Craighill und G. A. Kerr (an N. C. Manson junior, Lynchburg, Virginia, übertragen). 3. 10. 1905.

Nr. 804358. Verfahren zur Gewinnung von Terpenen und anderen Stoffen aus Holz. E. B. Weed, Cleveland (an die Weed Distilling & Manufacturing Company, New York, übertragen). 14. 11. 1905.

Nr. 805174. Apparat zur Behandlung harzigen Holzes. E. B. Weed, Cleveland (an die Weed Distilling & Manufacturing Company, New York, übertragen). 21. 11. 1905.

Nr. 805848. Apparat zur Gewinnung der trockenen Destillationsprodukte aus harzigen Hölzern. J. Friis, Gamla, Finnland. 28. 11. 1905.

Nr. 806253. Apparat zum Zerfasern von Holz und Gewinnung von Stoffen daraus. A. W. Handford, Evanston (an die Wood Distillates & Fibre Company, Chicago). 5. 12. 1905.

Nr. 806877. Retorte für Holzdestillierung. J. T. Denny, Cromartie, North Carolina 12. 12. 1905.

Nr. 808035. Apparat zur Terpentinausziehung aus Holz. J. G. Gardner (an die Pure White Turpentine Company, Jacksonville, Florida, übertragen). 19. 12. 1905.

Nr. 813302. Apparat zum Destillieren von Holz und zur Gewinnung der verschiedenen Nebenprodukte daraus. W. W. und T. L. James, Rawles Springs, Mississippi. 20. 2. 1906.

Nr. 814901. Holzdestillierapparat. H. Copilovich, Hinckley, Minnesota (an die Standard Turpentine Manufacturing Company, St. Paul, Minnesota, übertragen). 13. 3. 1906.

Nr. 817960. Verfahren zur Behandlung von Holz behufs Herstellung von Papierzeug, Terpenen und harzigen Produkten. G. P. Craighill und G. A. Kerr (an N. C. Manson, junior, Lynchburg, Virginia, übertragen). 17. 4. 1906.

Nr. 821264. Verfahren zur Behandlung von Holz behufs Ausziehung des Terpentins. F. T. Snyder, Oak Park, Illinois. 22. 5. 1906.

Nr. 824872. Retorte für Holzdestillation. E. G. Jewett, Bellingham, Washington. 3. 7. 1906.

Nr. 826407. Holzdestillier- und Konservierapparat. F. S. Davis, Shirley (an J. C. Richardson, Robertsville, South Carolina, übertragen). 17. 7. 1906.

Nr. 827554. Digester zur Gewinnung von Terpentinöl. F. D. McMillan, Atlanta, Georgia. 31. 7. 1906.

Nr. 828474. Verfahren zur Gewinnung von Terpentin, Harz und dergleichen aus Holz. W. K. Hale, Catskill, New Jersey, und C. W. Kürsteiner, Englewood, New Jersey. 14. 8. 1906.

Nr. 830069. Klären und Geruchlosmachen von Holzterpentinöl. E. Heber, New York. 4. 9. 1906.

Nr. 832976. Retorte für Holzdestillation. P. Jackson (an die J. S. Schlofield's Sons Company, Macon, Georgia, übertragen). 9. 11. 1906.

Nr. 835237. Retortenofen für Holzdestillation. P. Brown, Bellingham, Washington (an die Troy Chemical Manufucturing Company, Limited, Troy, Idaho, übertragen). 6. 11. 1906.

Nr. 835747. Retorte zum Destillieren von Holz. P. Brown, Tacoma, Washinton (an die Troy Chemical Manufacturing Company, Limited, übertragen). 13. 11. 1906.

Nr. 839119. Verfahren zum Ausziehen von Stoffen aus harzigem Holz. C. B. Darrin, Walla Walla, Washington. 25. 12. 1906.

Nr. 840753. Holzdestillierretorte. H. Copilovich, Hinckley, Minnesota. 8. 1. 1907.

Nr. 843599. Verfahren zum Destillieren von Holz. C. S. Hammatt, Jacksonville, Florida. 12. 2. 1907.

Nr. 847676. Holzdestillierapparat. A. A. MacKetham, Fayetteville, North Carolina. 19. 3. 1907.

Nr. 848484. Apparat zur Gewinnung von Nebenprodukten aus feinzerteiltem Holz. T. Newnham, White Springs, Florida. 26. 3. 1907.

Nr. 850098. Apparat zur Ausziehung des Terpentins aus Holz. H. Rasche, Alkali Point, Washington (an die American Wood Extract Company übertragen). 9. 4. 1907.

Nr. 851687. Verfahren und Apparat zur Ausziehung von Terpentin und anderen Stoffen aus Holz. M. McKenzie, Plainfield, New Jersey. 30. 4. 1907.

Nr. 852078. Verfahren zum Ausziehen von Stoffen, wie Öl, Terpentin, Harz, aus Holz. F. Pope, New York (an W. C. Clark, Pittsburg, Pennsylvania, übertragen). 30. 4. 1907.

Nr. 852236. Verfahren und Apparat zur Ausziehung von Terpentin und anderen Stoffen aus Holz. M. McKenzie, Plainfield, New Jersey. 30. 4. 1907.

Nr. 855330. Apparat zum Destillieren von Holz. A. J. McArthur, Collins, Georgia. 28. 5. 1907.

Nr. 860058. Verfahren zum Destillieren organischer Stoffe. T. M. Th. v. Post, Stockholm. 16. 7. 1907.

Nr. 860483. Verkohlungsofen für Holz, Torf und dergl. R. Jürgensen, Ziskow, Österreich-Ungarn. 16. 7. 1907.

Nr. 862680. Verfahren zur Gewinnung von Terpentin aus Holz. J. W. Thompson, Raleigh, und T. J. Newson, Clinton, North Carolina (an A. P. McPherson, Lillington, North Carolina, übertragen). 6. 8. 1907.

Nr. 863718. Holzdestillierapparat. E. G. Jewett, Bellingham, Washington. 20. 8. 1907.

Nr. 863347. Verfahren zur Ausscheidung des Teers aus den gasförmigen Produkten der trockenen Destillation behufs direkter Herstellung von Kalkacetatlösungen. M. Klar, Hannover. 15. 10. 1907.

Nr. 875342. Apparat für Holzdestillation. G. B. Frankforter, Minneapolis. 31. 12. 1907.

Nr. 880466. Verfahren zur trockenen Destillation von Holz. T. W. Pritchard, Wilmington, North Carolina (an H. McDal, Washington, Distrikt Columbia, und H. M. Chase, Willington, North Carolina, übertragen). 25. 2. 1908.

Nr. 883091. Apparat zum Destillieren von Holz. W. Danner, New Orleans, Louisiana. 24. 3. 1908.

Nr. 885183. Verfahren zur Herstellung von grauem essigsauren Kalk und Holzgeist. H. B. Schmidt (an Joslin, Schmidt & Company, Cincinnati, Ohio, übertragen). 21. 4. 1908.

Nr. 889150. Destillierapparat. T. M. U. v. Post, Stockholm. 26. 5. 1908.
Nr. 890418. Holzdestillierapparat. Z. E. Fiveash und C. B. Leonhard, Rawles Springs, Mississippi. 9. 6. 1908.
Nr. 895003. Verfahren zum Reinigen von Terpentin. Harry O. Chute, Cleveland, Ohio. 4. 8. 1908.
Nr. 896292. Verfahren zum Destillieren von Holz. Thomas B. Gautier, Annapolis, Maryland (zur Hälfte an Clarence C. Burger, New York, übertragen). 18. 8. 1908.
Nr. 900203 Apparat zur Gewinnung von Terpentin. Edwin E. Quinker, Valdosta, Georgia. 6. 10. 1908.
Nr. 903471. Verfahren zur Herstellung von Terpenen aus Holz. William J. Hough, Toledo, Ohio. 10. 11. 1908.

II. Deutschland.

Nr. 401 (Kl. 12). Ofen zur Gewinnung von Holzessigsäure ohne besondere Anwendung von Brennmaterial. Gustav Scheffer, Pfungstadt bei Darmstadt. 6. 9. 1877.
Nr. 12432 (Kl. 10). Destillierapparat für feste Materialien mit mechanischer Beschickung, getrennten Destillier- und Entleerungsräumen und kontinuierlichem Betriebe. P. Lürmann in Osnabrück. 26. 6. 1880.
Nr. 16961 (Kl. 10). Neuerungen an Öfen zur Verkohlung von Holz, Torf und Lignit. Octavia Graf zur Lippe, Villa Frisdegg, Österreich. 5. 6. 1881.
Nr. 22163. Apparat zur Gewinnung von Produkten durch trockene Destillation fester Substanzen. H. Wurtz, New York, U. S. A. 1. 8. 1882.
Nr. 42470 (Kl. 10). Verfahren zur Herstellung, zum Löschen und Kühlen von Kohle, vornehmlich zum Zwecke von Schieß- und Sprengpräparaten. Hermann Güttler, Reichenbach in Schlesien. 12. 5. 1887.
Nr. 50338 (Kl. 10). Transportabler Verkohlungsapparat. Joh. Black, Bahnhof Brilon. 19. 4. 1889.
Nr. 52275 (Kl. 10). Apparat zur ununterbrochenen Verkohlung von Holz- und Lederabfällen. Dr. Max Laßberg, Berlin. 5. 9. 1889.
Nr. 53617 (Kl. 10). Ofen zum kontinuierlichen Verkohlen. H. Ekelund, Jönköping. 5. 1. 1890.
Nr. 53776 (Kl. 10). Verfahren und Apparat zur Darstellung harter Schwarzkohle unter gleichzeitiger Gewinnung von Nebenprodukten. Leopold Zwillinger, Wien. 12. 9. 1889.
Nr. 58808 (Kl. 10). Verfahren zur Gewinnung von Holzgeist, Holzessig usw. bei der Meilerverkohlung. Arthur Huckendick, Neheim, und F. W. Lefelmann, Aue bei Berleburg (Westfalen). 27. 1. 1891.
Nr. 65447 (Kl. 12). Verfahren zur Destillation von Holzkleie und -abfällen. J. F. Bergmann, Neheim a. Ruhr. 31. 1. 1891.
Nr. 67099 (Kl. 10). Verkohlungsofen. Dr. J. Leschborn, Pluder, Post Guttenberg (O.-Schlesien). 24. 5. 1892.
Nr. 74511 (Kl. 10). Verfahren zur Herstellung von Briketts aus Sägespänen. W. Heimsoth, Hannover. 5. 8. 1892.
Nr. 77638 (Kl. 10). Vorrichtung zum Trocknen, Verkohlen und Abkühlen von Kohlenpulver, Torf, Sägespänen oder dergleichen im ununterbrochenen Betriebe. N. K. H. Ekelund, Jönköping, Schweden. 30. 12. 1893.

Nr. 78312 (Kl. 10). Vorrichtung zum Verkohlen von Torf, Sägespänen und dergleichen. R. Lainder, St. Petersburg, und R. Haig, Paislay, Schottland. 1. 11. 1892.

Nr. 79184 (Kl. 10). Verkohlungsofen (Zusatz zum Patent Nr. 67099. Chemische Fabrik Pluder, G. m. b. H., Pluder (Kreis Lublinitz, O.-Schlesien). 12. 5. 1894.

Nr. 80624 (Kl. 12). Verfahren zur Destillation von Holzkleie und Holzabfällen (Zusatz zum Patent Nr. 65447). J. F. Bergmann, Neheim a. Ruhr. 1. 3. 1893.

Nr. 88014 (Kl. 12). Verfahren zur Destillation von Holzkleie und Holzabfällen (Zusatz vom Patent Nr. 65447). J. F. Bergmann, Neheim a. Ruhr. 25. 9. 1895.

Nr. 89120 (Kl. 12). Verfahren zur Destillation von Holz. A. Schmidt, Cassel. 28. 1. 1896.

Nr. 96763 (Kl. 12). Destillationsverfahren für Sägemehl und Teer. Heinrich Propfe, Mannheim. 23. 5. 1896.

Nr. 99683 (Kl. 10). Vorrichtung zum Trocknen und Verkohlen von Holz, Torf und so weiter. Dr. H. Fischer, Dresden-Plauen. 10. 12. 1897.

Nr. 100414 (Kl. 10). Verfahren zum Verkohlen von Holz und Holzabfällen, Torf und dergleichen. W. A. G. v. Heidenstam, Skönvik, Schweden. 3. 4. 1897.

Nr. 101588 (Kl. 12). Verfahren zur trockenen Destillation von Holz. Dr. F. Schmidt, Bergedorf bei Hamburg. 7. 12. 1897.

Nr. 102957 (Kl. 12). Verfahren und Apparat zur Gewinnung flüssiger Destillationsprodukte aus Holz und Holzabfällen bei ununterbrochenem Betriebe und ohne Aufwand von Brennstoff. J. Bach, Riga. 7. 9. 1897.

Nr. 103508 (Kl. 10). Verkohlungsofen. L. Wechselmann, Kattowitz, O.-Schlesien. 13. 8. 1898.

Nr. 103922 (Kl. 10). Vorrichtung zur Herstellung fester Kohle aus Holz, Holzabfällen, Torf und dergleichen durch Verkohlen unter gleichbleibendem Druck. W. A. G. v. Heidenstam, Skönvik, Schweden. 15. 3. 1898.

Nr. 106724 (Kl. 12). Apparat zum ununterbrochenem Trocknen, Destillieren und Abkühlen von schlammigen, pulverigen und stückförmigen Stoffen. Carl Knopf, Eidelstedt, und Ernst Westphal, Stellingen-Langenfelde. 28. 7. 1898.

Nr. 106960 (Kl. 10). Retortenofen mit Zugumkehrung, insbesondere zur Verkohlung von Holz und dergleichen. B. Osann, Konkordiahütte bei Bendorf a. Rh. 21. 1. 1899.

Nr. 107224 (Kl. 12). Maschine zur Gewinnung von Essiggeist aus Holzsägemehl. Peter Schneider, Düsseldorf. 26. 9. 1897.

Nr. 111288 (Kl. 10). Rotierende Retorte. Eduard Larsen, Kopenhagen. 13. 8. 1898.

Nr. 112178 (Kl. 12). Rotierende Retorte mit Wellblechmantel. Chemisches Institut und chemisch-technische Versuchsanstalt von Dr. Willy Saulmann, Berlin. 8. 9. 1899.

Nr. 112398 (Kl. 12). Rotierende Retorte mit Wellblechmantel. Chemisches Institut und chemisch-technische Versuchsanstalt von Dr. Willy Saulmann, Berlin. 8. 9. 1899.

Nr. 112932 (Kl. 10). Verfahren nebst Ofen zum Verkohlen beziehungsweise Verkoken von Holz, Torf und dergleichen in ununterbrochenem Arbeitsgange. G. Gröndal, Pittkäranta, Finnland. 18. 7. 1899.

Nr. 113024 (Kl. 12). Rotierende Retorte zur trockenen Destillation von Holz, Torf, Kohle und dergleichen. E. Larsen, Kopenhagen. 27. 5. 1899.

Nr. 114551 (Kl. 10.) Verfahren und Vorrichtung zum Verkohlen von Holz, Torf und dergleichen unter gleichmäßigem, regelbarem Druck. W. A. G. v. Heidenstam. 3. 2. 1900.

Nr. 114637 (Kl. 12). Verfahren zur trockenen Destillation von Holz und verwandtem Material. C. Weyland, Berlin. 23. 7. 1898.

Nr. 115254 (Kl. 12). Verfahren zur trockenen Destillation von zerkleinertem Torf, Holz und dergleichen. R. Bock, Magdeburg. 22. 2. 1899.

Nr. 116468 (Kl. 12). Von innen nach außen beheizte Retorte für die Trockendestillation von Sägemehl und dergleichen. H. Spurrier, Montreal, Quebec, Kanada. 8. 10. 1898.

Nr. 122334 (Kl. 12). Verfahren zur Destillation von festen oder flüssigen Stoffen. Moses Waisbein, St. Petersburg. 1. 8. 1899.

Nr. 122853 (Kl. 12). Verfahren zur trockenen Destillation des Holzes. Dr. L. Wenghöfer, Berlin. 5. 8. 1899.

Nr. 132679 (Kl. 12). Maschine zur Gewinnung von Essiggeist aus Holzsägemehl. Peter Schneider, Düsseldorf. 3. 1. 1902.

Nr. 137354 (Kl. 10). Vorrichtung zum Verkohlen von Holzabfällen usw. in Röhren. Otto Haltenhoff, Hannover. 23. 4. 1901.

Nr. 142457 (Kl. 10). Liegende Retorte insbesondere zum Verkohlen von Holz. Berliner Holz-Kontor, Charlottenburg. 12. 9. 1900.

Nr. 144148 (Kl. 10). Verfahren zur Abkühlung des Destillationsproduktes mittels vorzuwärmender Destillationsgase. Moses Waisbein, St. Petersburg. 5. 12. 1900.

Nr. 144946 (Kl. 10). Vorrichtung zum Verkohlen von Holzabfällen, Torf und dergleichen. Otto Haltenhoff, Hannover. 29. 4. 1902.

Nr. 149867 (Kl. 12). Verfahren der Trocknung und Destillation von festen Körpern. Ludwig Zechmeister, München. 16. 1. 1901.

Nr. 156952 (Kl. 10). Laufrollenantrieb für drehbare Retorten zur Verkohlung von Holz usw. Wilhelm Hilgers, Friedenau bei Berlin, und Dr. J. Sartig, Berlin. 9. 4. 1904.

Nr. 164124 (Kl. 10). Ofen zum ununterbrochenen Verkohlen und Trockendestillieren. Anders Conrad Mark, Gotenburg. 4. 4. 1903.

Nr. 165611 (Kl. 10). Verfahren, die Destillation feuchten Rohgutes, wie Torf, Holz, Kohle, durch Wärmeaustausch zwischen den gasförmigen Zu- und Abgängen des Destillierofens und des diesem vorgeschalteten Trockenraumes wirtschaftlich zu gestalten. Asmus Jabs, Moskau. 1. 6. 1904.

Nr. 172677 (Kl. 10). Schachtofen zum Verkohlen von Torf, Holz oder dergleichen mit Überleitung der entwickelten Gase in die Feuerung. Michael v. Hatten, Lemitten bei Wormditt. 10. 9. 1905.

Nr. 173237 (Kl. 10). Ein- oder mehrkammeriger Ofen zur Verkohlung von Holz, Torf und dergleichen. Carl Jacob Rudolf Müller, Sundbyberg, Schweden. 20. 1. 1905.

Nr. 185934 (Kl. 12). Verfahren zur Verkohlung von Holzspänen, Holzsägemehl und dergleichen. Orljavacer Chemische Fabrik, Heinrich und Albert Müller, Pakrac, Slavonien. 22. 8. 1905.

Nr. 189303 (Kl. 12). Verfahren zur direkten vollständigen Ausscheidung der Teerdämpfe aus Schwelgasen. F. H. Meyer, Hannover-Heinholz. 13. 8. 1904.

Nr. 192152 (Kl. 10). Verkohlungsvorrichtung mit einer oder mehreren mit Rührwerken versehenen Retorten und einer Abgabevorrichtung mit einem an einer Spindel angebrachten Verschlußkörper. Richard Bock, Merseburg, und Konkursmasse Emil Quellmalz, Dresden. 16. 11. 1905.

Nr. 193382 (Kl. 12). Verfahren zur Destillation von teerhaltigem Holzessig und Verdampfung von teerhaltigen Acetatlösungen. F. H. Meyer, Hannover-Hainholz. 11. 8. 1904.

Nr. 196935 (Kl. 10). Verkohlungsofen mit mehreren Retorten zur Verkokung von Torf, Lignit und Holz. Oberbayerische Kokswerke und Fabrik chemischer Produkte Akt.-Ges., Benerberg, Oberbayern. 21. 10. 1906.

Namen- und Sachverzeichnis.

Abientinanhydrid 237.
Abietinsäure 235, 237.
Abkühlungszeit großer Verkohlungsöfen 5.
Abscheider für Gase 27, 29, 30.
Absetzgefäße, Bauweise 40; erforderliche Größe 41; Probeentnahme der Flüssigkeiten 285.
Abtriebszeit, s. Destillationsdauer.
Aceton 225, 235, 240; Abscheidung aus Rohholzgeist 182, 243; Analyse 297; Ausbeuten aus Kiefernspänen 166; Eigenschaften 243; Herstellungsverfahren n. Chute 243, Pagès und Camus 243, 244, Regnault und Villejean 243, Squibb 243; Reinigung des rohen 244.
Adams, Verfahren nach 101; Pat. 302.
Ahorn, Destillationsausbeuten 256.
Alabamawurzeln 123.
Alkohol, Äthylalkohol, s. u. Äthylalkohol; Destillierblasen für 5; Methylalkohol, s. u. Holzgeist und Methylalkohol.
Ameisensäure 224, 239, 242.
Amerikanische Öfen, Fassungsräume 22.
Aminoff, Pat. 301.
Analyse 287.

Aslin, Verfahren nach 124, 125.
Aßmus, Destillationsausbeuten nach 9.
Äthylalkohol 235, 237, 258; Ausbeuten 276, 278; Bedingungen zur Herstellung 276; Herstellung aus den Rückständen der Dampfdestillation 275; Herstellungsverfahren n. Classen 276 u. f.
Äthylguajacol 239.
Ätznatron, Anwendung zur Terpentinreinigung 195; Lauge, Messen und Wägen 283.
Aufarbeitung des Holzessigs 219; der Nebenprodukte in Amerika 186; des Rohterpentins der Trockendestillation 182; des wässerigen Säuredestillates 52, 176 u. f.; in der Dreiblasenanordnung 177 u. f.
Aufsätze, Destillier- 49, 50, 51; nach Hege 51.
Aufspeicherungsbehälter 53; -Bottiche für flüssige Destillate 133; -Fähigkeit einer Anlage, erforderliche 53, 54.
Ausbeuten, an Destillationsprodukten 248 u. f.; Destillations- 117; Einfluß langsamer und schneller Verkohlung 8; an essig-

saurem Kalk 219; bei der Herstellung von Äthylalkohol 276, 278; Harz- aus Besenkiefernholz 162, b. Verfahren nach Hale und Kürsteiner 162; an Holzdestillaten aus 1 Rm Holz 9; Holzdestillations- nach Stolze 8, auf industrieller Grundlage 9; Holzgas- 188; an Holzgeist 219; aus Ahorn 256, Birke 8, 9, Birkenborke 9, Eiche 8, 9, Föhren 8, 9, Kiefern 9, Kiefernspäne 166, Lärchen 8, Laub- und Nadelhölzern 9, Sägemehl 9, 156, Tanne 8, 252; Holzkohlen- 17, 122, 123, 133, 156, 259 u. f., 266; beim Gröndalschen Kanalofen 97; beim Ofen der chem. Fabrik Pluder 129; beim Verfahren nach Snyder 122; Kolophoniumdestillations- 273; Terpentin- aus Besenkiefernholz beim Verfahren von Hale und Kürsteiner 162, beim modernen Dampfdestillationsverfahren 110.

Bach, Pat. 306.
Badgley, Verbesserungen für Einbau und Lagerung von Retorten 78, 79; Pat. 301.

Balsamharz, Zusammensetzung 235.
Balsamterpentinöl 227, 234.
Befeuerung der Retorten 167, 212.
Bergmann, Verfahren nach 164; Pat. 305, 306.
Bergström 184, 253; und Fagerlind, Reinigungsverfahren nach 198; Untersuchungen der durch Verkohlung in schwedischen Anlagen gewonnenen Terpentine nach 216 u. f.
Berliner Holz-Kontor, Pat. 307.
Berry, Retortenbauweise nach 137; Pat. 300.
Beschickung und Entleerung liegender Retorten 64; liegender Retorten mit fein zerkleinertem Holze 60; Dauer der, und des Ziehens der Kohle 94.
Beschickungsbehälter beim Verfahren nach Snyder 121.
Beschickungswagen, s. u. Retortenwagen.
Besenkiefer 1; Harz- und Terpentinausbeuten nach Verfahren von Hale und Kürsteiner 162; -holz, Ausbeuten 251.
Betriebskosten 94; einer Dampf- und einer Trockendestillationsanlage 215 u. f; Einfluß von Retortenwagen und Gewölbebogen 76.
Bienenkorbofen 17; Verbesserung 20.
Bilfinger 87, 109, 110; Verfahren nach 104; Anlagen 106; Pat. 301.
Birke, Destillationsprodukte 8, 9; -borke, Destillationsausbeuten 9; -holz, Holzkohlenausbeute 253, 256.
Black, Pat. 305.
Bock, Pat. 307; und Quellmalz, Pat. 308.
Borneol 268.
Borneolkampher 268.
Bornylacetat 261.
Bornylen, Eigenschaften 231.
Bottiche, Holz- 31.
Bower 180, 190; Verkohlungsretorte nach 154.
Bredt, Konstitutionsformel des Pinens nach 230.
Brennstoff, s. a. u. Feuerungsmaterial; Verbrauch 76, 208, 209, 212, 213, beim Ofen der Chem. Fabrik Pluder 129, bei der Retorte von Bower 156.
Brikett, s. u. Holzkohlenziegel oder -blöcke, -pressen 166, Leistung von 188.
Broughton, Verfahren nach 84; Pat. 302.
Brown, Pat. 303, 304.
Büretten, Normalisieren von 287.
Buttersäure 224, 239.

Camphen 269, 270; Eigenschaften 231.
Caprinsäure 224.
Capronsäure 224, 237, 239.
Caprylsäure 239.
Carbo, Anlage der Aktiebolaget, 125; -ofen, s. Karboofen.
Carvestren 230, 231; Eigenschaften 231.
Cedriret 281.
Chapman, Retortenbauweise mit Feuerungseinrichtung für Sägemehl nach 80 u. f.; Pat. 301.
Chemische Überwachung einer Holzdestillationsanlage 282; Untersuchungen 261; Verbindungen 261.
Chlorkalzium, Anwendung bei der Terpentinreinigung 196.
Chromsäure, Anwendung bei der Terpentinreinigung 196.
Chrysen 240.
Chute, Acetonherstellung nach 243; Reinigungsverfahren nach 197; Pat. 305.
Cineol, Eigenschaften und Herstellung 271.
Clark und Harris 131, 185; Verfahren nach 110; Pat. 302.
Classen, Äthylalkoholherstellung nach 276.
Clotilde, Chemisches Werk, Öfen des 125.
Coe, drehbare Retorte nach 145.
Copilowich 125; Verfahren nach 124; Pat. 303, 304.
Cox, Ausbeuten nach 250.
Craighill und Kerr 152; Verfahren nach 160, Pat. 303.
Cymen 237.

Dampf, Anwendung zur Destillation von Holz im Jahre 1865, 7, von Scheitholz 58, beim Thermokessel 59, 103, für Trockendestillation 70.
— überhitzter 92, 93, 94, 95, als Wärmeträger 92, Destillation mit 92, 93, 136, Wirkung auf das Terpentindestillat 262, 265.
Dampfdestillation, Abhängigkeit des Erfolges 65; Aufnahmen aus einem Betrieb 70, 71; Ausfüh-

rung 169; Betriebskosten einer Anlage 215 u. f.; Brennstoffverbrauch 209; Dauer 58; drehbare Retorte nach Coe 145, Fleming 144, Jackson 145; drehbare Retorten für ununterbrochene Destillation 142; Erträge 217; Hauptzweck 56; in Verbindung mit Papierzeugherstellung nach Handford 146, nach Hoskin 61, 62, nach Mallonee 62, nach Craighill und Kerr 160; mit nachfolgender Verkohlung im ununterbrochenen Arbeitsgange 153; Nutzbarmachung des Rückstandes 61; Verfahren 58, kombinierte und Trockendestillationsverfahren 70; Verfahren nach Coe 145, Fiveash und Leonard 67, 68, Fleming 144, Gardner 65, 66, Hirsch 64, Hoskin 61, Jackson 145, James 66, 67, Mallonee 62, McMillan 68, 69; Nachteil der 59, Vorteil der 58, 59; Verwertung des Rückstandes 258.

Dampfeinblaseleitung, Anordnung im Retortenwagen 88.

Dampfkammer bei der Retorte nach Palmer 108.

Dampfschlangen für Destillierblasen, Größe 47.

Dampfwasserableiter, Berechnung 48; für Destillierblasen 44, 47.

Dämpfen, Harzausziehung 56.

Danner, Retorten nach 90, Pat. 304; Koch und Danner, Pat. 301.

Darren, s. Trockendarren.

Darrin, Pat. 304.

Darrpfannen, s. Trockendarren.

David (Druckfehler), s. Davis.

Davis 159; Verfahren nach 157; Pat. 302, 303.

Denny, Retortenbauweise nach 114; Pat. 303.

Derivate, s. u. den betreffenden Stoffen.

Desinfektionsmittel, aus Harzöl 257; lösliches, beim Verfahren nach Clark und Harris 112.

Destillate, Ableitung am Retortenboden 83; Abscheidung in den Absetzbottichen 40; Aufarbeitung der wässerigen Säure 176 u. f.; Auffangung in Fraktionen 87, 197; Ausscheidung der Teerdämpfe nach Klar 183, nach Bergström 184; fraktionierende Auffangung nach Pagès, Camus et Cie. 185, nach Roß und Edwards 185, nach Strobach 185; Zerlegung nach Clark und Harris 110, 111.

Destillation, Anlagen, Bedingungen zur Errichtung 205, Erfordernisse 134, Hauptbedingung 73; Apparatur, Hauptteile 12; Ausbeuten 217, 248 u. f.; Ausführung der Holzdestillation 169, in drehbaren Retorten 186, zur Erzeugung von Gas 189; Dampf-, s. u. Dampfdestillation; Dämpfe, Kühlung 119, Raumausbreitung 28, 29, 38, Zerlegung nach Clark und Harris 110, 111; Dauer 82, 152, 209, 211, beim Karboofen 125, beim Ofen der chem. Fabrik Pluder 129, beim Verfahren nach Bilfinger 107, Broughton 83, Elfström 94, v. Heidenstam 166, Philipson 132, Schneider 151, Snyder 120, Waisbein 101; Dauer trockener 59; eines Terpentin- und Wassergemisches 44; elektrische nach Snyder 120—124; fraktionierende von Holz 100; harziger Öle, Wärmeübertragungskoeffizient 46; Kolophoniumdest. 272; mit überhitztem Dampf 93; Produkte, Ausbeute 248 u. f., Verwertung 257, Zusammensetzung 221; Regel, von Wanklyn 12; Rückstand 225; Temperatur, erforderliche 226; ununterbrochene, Retorten für 144, nach Halliday 148, Schneider 150, Viola 149; Zweck 11.

Destillierblase, Aufsatz für, nach Hege 51; Helme und Aufsätze für 49, 50, 51; für Alkohol 52; für Holzöl 49; für Teer 47, Bauweise und Aufstellung 48; für Terpentin 43, Bauweise 43, 44, Berechnung der Heizschlange 47, des Dampfwasserableiters 48, Heizfläche 44, Kosten 44; Messungen 284; zur Aufarbeitung des wässerigen Säuredestillates 52.

Destilliersäule, s. a. unter Säulen; nach Klar zur Ausscheidung der Teerdämpfe 183.

Didecen 237.

Digester, s. Druckkessel.

Dimethylacetal 296.
Dipenten 192, 224, 231, 237, 269; Eigenschaften 230, 231.
Diterebentyl, Diterebentylen 237.
Dobson, Verfahren nach 153; Pat. 302.
Doppelenderretorte 75, 81.
Douglas, Verfahren nach 109; Pat. 302; -Föhre 232.
Drehbare Retorte, s. u. Retorte.
Dreiblasenanordnung zur Aufarbeitung des wässerigen Säuredestillates 177 u. f.
Drommart, versetzbare Öfen nach, Bauweise 156, Luftkühler bei den 35.
Druck, Verkohlung unter 165.
Druckfestigkeit nach von Heidenstam hergestellter Holzkohlenblöcke 166.
Druckkessel nach Hoskin 61.
Druckluft als Rührmittel für Waschapparate 42.
Dungan, Pat. 302.

Edukt 110.
Edwards, Roß und, Verfahren nach 130.
Eiche, Destillate und Rückstände 8, 9; Destillation von Eichenholz im Charcoal Works zu Greenodd 131.
Eindampfpfanne für essigsauren Kalk 179.
Eindampfung der Kalklauge 177 u. f., in Mehrkörperapparaten 179.
Einmauerung der Retorten 23, 25, 26, nach Badgley und Inderlied 78 u. f., nach Bilfinger 105, Chapman 80, Douglas 109, Gilmer 83, Koch 77, Mallonee 86.
Eisenacetat 257.
Eisessig, s. Essigsäure.
Ekelund, Pat. 305.
Elektrische Destillation 120.
Elektrizität, als Heizmittel 120, 124; Kosten beim Verfahren nach Snyder 122, 123; Verbrauch beim Verfahren nach Snyder 122, 123.
Elfström 7, 92, 93, 133; Verfahren nach 93.
Emaillierte Flußeisenbehälter, Anordnung und Bauweise 53, 54.
Erfordernisse für Destillationsanlagen 134.
Essigsaurer Kalk 29, Lauge, Eindampfung 52.
Essigsäure 227, 239, 240; Ausbeuten aus Kiefernspänen 166; Eigenschaften und Herstellung 241; Gehalt, Ermittlung von Holzessig 291, von Kalkacetat 292; Grund des Vorkommens im Destillate 227; industrielle Gewinnung reiner 5.
Eupion 280, 281.
Euterpen, Eigenschaften 231.
Exothermischer Wechsel bei der Holzdestillation 124.

Fagerlind und Bergström, Reinigungsverfahren von 198; Untersuchungen schwedischer Terpentine von 261.
Fässer für Teer und Terpentin 54; Leimen 54.
Fassungsräume von Öfen 21, Retorten 23, 24.
Fenchelen, Eigenschaften 231.
Fenchen, Eigenschaften 231.
Feststehende Retorten, s. Retorten.
Feuchtigkeitsgehalt von Holz 221; Ermittelung 293.
Feuerung, Anordnung bei Retorten 25, 76; Einrichtung für Sägemehl 80; Gase, sauerstoffarme, für direkte Wärmezuführung 143; Material (s. a. u. Brennstoff), Öl als 77, Verbrauch beim Verfahren nach Elfström 94, bei der Retorte nach Bower 156; Naturgas 80; Öl 80.
Feuerungszüge, Abmessungen 77.
Fischer, Sägemehlverkohlung nach 163; Pat. 306.
Fiveash 125, Pat. 302, und Leonard, Retortenbauweise nach 67, Pat. 305.
Fleming 146; Retortenbauweise nach 144.
Flüssigkeitsabschlüsse an Retorten nach Snyder 120, 121; für Übersteigrohre 28.
Flüssigkeitsbehälter, Normalisieren 286.
Flüssigkeitsvorlage 28, 130.
Föhre, Abfälle aus Sägemühlen, Verarbeitung 120; Ausbeuten 8, 9, nach Verfahren von Snyder 120, 123; Ausbeuten aus dürren 252; Douglasföhre 232; Holz, Gewicht eines Raummeters 123, Holzkohlenausbeute 256; Teer 239.
Förderschnecken, Abmessungen 152; bei den Retorten von Halliday 148, Scheider 150, Viola 149; für Sägemehl 142; Leistungen von 152; zur Re-

tortenfüllung und -entleerung 141, 142.
Fördervorrichtungen beim Verfahren von Bilfinger 106; für Dampfdestillationsanlagen 169; für zerkleinertes Holzzeug 66, 68; Retorten mit inneren 147.
Förderrinnen beim Verfahren von Handford 146.
Fraktionierende Auffangung der Destillationsdämpfe, s. u. Destillate, Destillationsdämpfe.
Frankforter, Pat. 304.
Fraps, Untersuchungen des Holzöles aus Laubholz nach 238.
Friis, Verkohlungsofen nach 126; Pat. 303.
Füllung und Entleerung liegender Retorten 64; Schwierigkeiten bei der, mit zerkleinertem Holz 60.
Furfural 224, 225.

Gardner 67, 68, 69; Verfahren und Retortenbau nach 65, 66.
Gartenterpentinöl 227; spezifisches Drehvermögen, Lichtbrechungszahl 228.
Gasabscheider 27, 29, 73, 74; Bauweise 29, 30.
Gasfeuerung beim Verfahren von Jewett 117; Naturgasfeuerung, großräumiger Retorten 80, 209, 212.
Gasleitungen 27, 29.
Gasolin, Anwendung bei Terpentinreinigung 197.
Gautier, Pat. 305.
Gegenstromkühler mit Doppelröhren, Bauweise 36.
Gelbes Öl, s. Harzöl.
Generator, Feuerung beim Gröndalschen Kanalofen 95, 97; für Holzgaserzeugung 190.
Generatorgas, als Wärmeträger 100, Analyse 267, Waisbeins Versuche 100.
Gewölbebogen, Einfluß von auf Betriebskosten 76, 212; zum Schutze der Retorte 76, 213.
Gilmer, Destillationsverfahren nach 82, Pat. 301; Reinigungsverfahren nach 195.
Grimshaw, Ermittelung des Essigsäuregehalts von Kalziumacetat nach 281.
Gröndal, Kanalöfen nach 21, 95; Bauweise 95; verbesserter Kanalofen nach 97; Pat 307.
Grubenverkohlung 3.
Grundsätze der Destillation 11.
Guajacol 281.
Gußeisenretorten 21.
Güttler, Pat. 305.
Gylcol 247.

Hagard, Verfahren zur Unterscheidung zwischen Holz- und Kohlenteerkreosot nach 297.
Hahnemann, Ofenbeheizung nach 20.
Hale und Kürsteiner, Verfahren nach 161; Pat. 301, 303.
Hale, Terpentinprüfung nach 289.
Halliday 148, 190; Retorte nach 148.
Haltenhoff, Pat. 307.
Hammatt, Pat. 304.
Handford, Verfahren nach 146; Pat. 303.
Hansen, Verfahren nach 74; und Smith, Verfahren nach 75, 76, 78; Pat. 300.
Harper 190; drehbare Retorte nach 142; Pat. 302.
Harris, Clark und 131, 185; Verfahren nach 110; Pat. 302.
Harz, Absonderung, Ursache 223; amerikanisches, s. u. Kolophonium; Ausbeute aus Besenkiefernholz 162; Ausquetschung 56, durch Walzen 146, unter gleichzeitigem Dämpfen 153; Ausschmelzen 56; Bad zum Terpentinabtrieb, beim Verfahren nach Davis 157, McKenzie 159, Pope 159, Weed 158; für gewöhnliche und niedrige Außentemperatur 159; Balsamharz, Zusammensetzung 235, Bildung 222, Ermittelung 293, Farbe 163, Gehalt, von Holz, Ermittelung 293 und Stromverbrauch 123; Gewinnung, Anlage zur, mit Lösemitteln 162, 163, nach Dobsen 153, nach Hale und Kürsteiner; Oleoharz, Zusammensetzung 235; Verteilung im Baume 222; Verwertung 257; Zusammensetzung 235.
Harzgeist 230, 234, 235, 272, 273, 289; Ausbeuten 249 u. f., 273; Eigenschaften 236; Reinigung 273; Terpentinprüfung auf 289.
Harzöl 235, 237, 272, 273; Ausbeuten 249 u. f., 273; Eigenschaften und Zusammensetzung 234, 273; Verwertung 257.
Harzpech, Ausbeuten 273; Eigenschaften 274.

Harzschmiere 237; Bereitung 274.
Harzseife 235.
Harzspiritus, s. Harzgeist.
v. Hatten, Pat. 307.
Heber, Reinigungsverfahren nach 196; Pat. 303.
Hege 185; Destillierblasenaufsatz nach 51.
v. Heidenstam, Verfahren nach 165, Pat. 306, 307; Versuche von Klason, — und Norlin 123.
Heimsoth, Verfahren nach 164; Pat. 305.
Heizelemente, beim verbesserten Gröndalschen Kanalofen 97.
Heizen und Kühlen im allgemeinen 45.
Heizfläche einer Terpentindestillierblase 44.
Heizkosten beim Verfahren nach Snyder 122, 123.
Heizröhren, Anordnung 128; bei den Retorten von Larsen 141; beim Karboofen 126; beim Ofen der chem. Fabrik Pluder 129, 130, des chem. Werkes Clotilde 125, beim Ofen nach Friis; Öfen mit senkrechten 125; Öfen mit gußeisernen, in Schweden und Finnland 126; Verbiegen und Werfen 141.
Heizung, elektrische, beim Verfahren nach Snyder 120; Elektrizität zur 124; von Innen nach Außen bei der Retorte von Spurrier 139.
Heizwert von unter Druck verkohlten Blöcken 166.
Helme, Destillier- 49, 50.
Hempel, Verfahren zur Erzeugung von Terpinhydrat 271.

Hersfeld, Terpentinprüfung nach 288.
Hessel 59; Thermokessel, Bauweise 103.
Hilgers, Pat. 307.
Hirsch, Verfahren nach 64.
Holz, Bestandteile harzigen 56; Entnahme von Proben 284, 293; Feuchtigkeitsgehalt 221, Ermittelung 293; Gewichtsverlust während der Destillation 225; Harzgehalt, Ermittelung 293; Holzgehalt eines Raummeters 248; Holzklein, Verkohlung von zu Blöcken gepreßtem 164, 167; Messen und Wiegen 283; Rückstand der Dampfdestillation, Verwertung 258; spezifisches Gewicht 221; Verbrauch bei der Herstellung von Holzgas 190; Verarbeitung zerraspelten, zu Papierzeug 61; Vortrocknung beim Ofen der chem. Fabrik Pluder 129, beim Verfahren von Philipson 132; Zusammenpressen zerkleinerten 164, nach Bergmann 164, nach Heimsoth 164; Zusammensetzung des 221.
Holzbottiche 31, 40; Bauweise 40.
Holzdestillation, Ausführung 169; zur Erzeugung von Gas 178 u. f.; Anlage, chemische Überwachung 282; Industrie, Beginn 3.
Holzessig, Analyse 291; Aufarbeitung 176 u. f.; Ausbeute 250 u. f., aus Kiefernspäne 167, aus Sägemehl 148; Bestandteile 224, 240; Eigenschaften 240; Fabrik 5;

Gewinnung eines teerfreien, nach Bergström 184, nach Klar 184; Messen und Wiegen 284; Nadelholzessig, Essigsäuregehalt 241; Verdünnung beim Destillieren mit überhitztem Dampf 136.
Holzfeuerung 77.
Holzgas, an Stelle von Generatorgas zur direkten Wärmezuführung 101; Analysen 266; Ausbeute 188, 249 u. f., 267; Bestandteile 224; direkte Beheizung mit 129; Erzeugung 188, 189; gegenüber Steinkohlengas 4; Entnahme von Proben 285; Gewicht 189; Industrie 189; Leuchtwert 189; Zusammensetzung 266.
Holzgeist 240, 289; Abtrieb in ununterbrochen arbeitenden Säulenapparaten 184; Analyse 295; Anwendung zur Terpentinreinigung 197; Aufarbeitung des rohen 177 u. f.; Ausbeuten 219, 249 u. f., aus Sägemehl 156; Ausscheidung des Acetons aus 182; Bestandteile 224; Eigenschaften 242; Entdeckung 5; Rektifizierung 52, 181, 182; Versand 54.
Holzkalk, s. Kalk, essigsaurer.
Holzkohle, Abkühlungsdauer der, beim Verfahren von Elfström 93, Snyder 122; Analyse 266; Ausbeuten 249 u. f., beim Verfahren von Elfström 94, Gröndal 97, Heidenstam 166, Philipson 133, Snyder 122, 123, an feinkörniger aus Sägemehl

156, aus Kiefernspäne 166, Meiler und Meileröfen 17, nach verschiedenen Verkohlungsverfahren 256; Bestandteile 225; Blöcke oder Briketts, Heizwert und Druckfestigkeit 166, Kosten der Herstellung 188; Dauer des Ziehens 116; Eigenschaften 246; geröstete 116; Gewicht eines Scheffels 256; Herstellung 188, in Schweden 95, für Schießpulver 7; Kühler 27, 115, Anordnung bei der Retorte von Williams 120; Kühlkammer beim Ofen der chem. Fabrik Pluder 129; Kühlkasten, fahrbarer 27; Kühlung der, bei der Retorte von Danner 92, von Mathieu 115, beim Verfahren von Elfström 94, mit Dampf 94; Löschen mit Wasser 118; Verwertung 258; Ziehen 126, 182; Zusammensetzung 247.

Holzöl 182, 230, 233; Analyse 289; aus Föhrenholz 238; Ausbeuten 249 u. f.; Bestandteile 224; Destillierblase für 49; Eigenschaften 238; Verwertung 257; Zusammensetzung 49.

Holzrinnen 31.

Holzrohre für Gasleitungen 29.

Holzsäure, Entdeckung der Bildung der brenzlichen 3.

Holzschleifmaschine 57, 60.

Holzschliff, Rührvorrichtungen für 62.

Holzteer, s. Teer.

Holzverkohlung, s. u. Destillation, Verkohlung; Geschichtliches und Allgemeines der 3; in Gruben 3, in Amerika 6, in Böhmen 5, in Deutschland 4, 5, 6, in Frankreich 5, 7, in Mähren 5, in Schweden 4, 6, 7.

Holzverkohlungsofen, s. u. Ofen.

Holzzeug, Ausblasen erschöpften, nach McMillan 69; Behandlung nach Craighill und Kerr 160; Fördervorrichtungen für zerkleinertes 66.

Hoskin, Verfahren nach 61, 62; Pat. 302.

Hough, Pat. 305.

Huckending, Pat. 305.

Hydrometer, Normalisieren der 286.

Inderlied 78, 80; Retorteneinbau und -lagerung nach 80; Pat. 301.

Isoborneol 269, 270; -acetat 270.

Isobutylaldehyd 237.

Isobutyrsäure 237.

Italienischer Meiler 13.

Jabs, Pat. 307.

Jackson, drehbare Retorte nach 145; Pat. 303.

James, Verfahren nach 66; Pat. 303.

Jewett, Retortenbauweise nach 117; Pat. 303, 304.

Jürgensen, Pat. 304.

Kalk als Reinigungsmittel 42.
— essigsaurer, Analyse 292; Ausbeuten 219, 249 u. f., aus Sägemehl 156; Eigenschaften und Herstellung 244; Eindampfpfanne für, Konstruktion einer 179; Eindampfung der Kalklauge 177 u. f., in Mehrkörperapparaten 179; Herstellung 176; Pfannen 52, 179; Trocknung mit heißer Luft 180.

Kalkmilch, Anwendung zur Terpentinreinigung 195, 196, 200; Gefäß für Gasleitungen 29; Sättigung des Holzessigs mit 176 u. f.; Vorlagen beim Verfahren von Clark und Harris 112, Wheeler 73, im Übersteigrohre der Retortendämpfe 184, 185.

Kalziumacetat 257, 284, s. a. u. Kalk, essigsaurer; Analyse 292; Herstellung u. Eigenschaften 244 u. f.

Kampher 257; Verfahren zur Herstellung 268.

Kanalofen 264; nach Gröndal 21, 95; verbesserter, nach Gröndal 98.

Kannonikow, spezifisches Drehvermögen des Pinens nach 229.

Kapitalverzinsung von Destillationsanlagen 218.

Kapnomar 280, 281.

Karboofen 7, 264; von Åslin 124; Ausbeuten 252 u. f.; Bauweise und Größe 125.

Kastenkühler 31; Bauweise 33; beim Verfahren von Friis 127.

Kerr, Retorte mit Förderschnecke nach 151; Verfahren nach Craighill und 160, Pat. 303.

Kesselblechretorten 21.

Kesselwagen, Versand in 54.

Kiefer 232; Besenkiefer 1, 162, 251; Holz, Ausbeuten 9, 249 u. f., Holzkohlenausbeute 253, 256, Teer 239; Weymouthskiefer 256.

Kiefernabfälle, Verarbeitung 130.

Kiefernlatten, Ausbeuten 252.
Kiefernöl 110, 233, 273; Anwendung der Bezeichnung 233.
Kiefernspäne, Ausbeuten nach v. Heidenstamschem Verfahren 166.
Kienholz 252.
Kienöl, russisches, Ausbeuten 250.
Klar, Ausscheidung der Teerdämpfe aus d. heißen Destillaten 183; Pat. 304.
Klason, Versuche von 123; Versuche von —, Heidenstam und Norlin 123.
Knopf und Westphal, Pat. 306.
Koch 82, 84, 87; Verfahren nach 76, 77, Pat. 300, 301; — und Danner, Pat. 301.
Kochkessel zur Terpentin- und Harzentziehung nach Hale und Kürsteiner 167; nach Hoskin 61.
Kohlenblöcke oder -ziegel, Verdichtung des Kohlenstaubs zu 73, 166, 188.
Kohlenbrennen 14.
Koks 272; Retorten-, Verwertung 258.
Koksturm, Anwendung 133.
Kolophonium 213, 214, 230, 234; Ausbeuten 249 u. f., zu Vancouver 122; Balsamkolophonium, Destillation 235; Derivate 272; Destillation, Apparate zur 272, Ausbeuten und Produkte 273; Eigenschaften und Zusammensetzung 234 u. f.; Verwertung 257.
Kolophoniumgas 258; Ausbeute 273; Bestandteile und Eigenschaften 272.
Kolophoniumgeist 272.

Kolophoniumöl 235, 237, 272; Ausbeute 249 u. f.; Eigenschaften 237.
Kolophoniumpech 272; Ausbeute 273; Eigenschaften 274.
Kolophoniumseife 235.
Kombinierte Dampf- und Trockendestillation 70; Aufnahme aus einer Anlage 102.
Kondensator 31.
Kornalkohol, s. Äthylalkohol.
Kostenvergleiche 215.
Krell, Ermittelung des wirklichen Methylalkoholgehaltes von Holzgeist nach 296.
Kreosol 238, 239, 280.
Kreosot, Analyse 297; Abscheidung beim Verfahren von Broughton 85, Roß und Edwards 130, Sibbitt und McLean 114; Ausbeuten 249 u. f., 280; Dämpfer, Kühler für 73, 74; Destillierblase 114; Eigenschaften 280; Gewinnung, Verfahren zur 76, 280; Öldestillation 157; Verwendung zum Tränken von Hölzern 157; Vorlage 108.
Kresol 239.
Krug 70; Verfahren nach 59, 62; Pat. 301.
Kühler, Anordnung beim Verfahren von Douglas 109; für Kreosotdämpfe 73; für Terpentin 13, 122; Gegenstromkühler 36; Holzkohlenkühler 27, 115; Kastenkühler 31, 33, 127; Luftkühler 35, 112; Material 31; Röhrenkühler 31, 36, 37, 38; Rückflußkühler 51, 203; Schlangenkühler 31, 33;

Verflüssigungskühler 31; Wirksamkeit 31.
Kühlfläche, Größe 35.
Kühlkasten, fahrbare für Holzkohlen 27, 182, 183.
Kühlrohre, Anordnung 32; Reinigung von Teerspuren 33.
Kühlung, der Destillationsdämpfe bei der Retorte von Williams 119; der Übersteigrohre 28; von Gasen und Dämpfen 31.
Kühlwasser, erforderliche Menge 53; Messen des verbrauchten 284.
Kürsteiner, Hale und, Verfahren von 116; Pat. 301, 303.

Lacey, Ausbeuten nach 250.
Lainder und Haig, Pat. 306.
Lärche, Destillationsprodukte 8.
Larsen 190; drehbare Verkohlungsretorten nach 140; Pat. 301, 306, 307.
Laßberg, Pat. 305.
Laubholz, Sägemehl aus, Destillation 136; Abfälle, Verarbeitung von, im chem. Werke Clotilde 125.
Laubholzdestillationsindustrie, Brennstoffverbrauch 209; Großräumige Retorten 80; kleine Retorten 77; Neuerungen 183; Retortenwagen 77.
Laubholzteer, Eigenschaften 266.
Laubholz und Nadelholz, Unterschiede in Erträgen zwischen 9, 268.
Lebon, Experimente zur Holzgaserzeugung 3.
Lehmmörtel zum Abdichten 132, 133.

Leichtöle, Abtrieb 194 u. f.; Ausbeuten 249 u. f.; Bildung 262; Ursprung im Terpentin 192.
Le men der Verpackungsbehälter für Terpentin 54.
Leonard, Fiveash und, Retortenbau nach 67, 68; Pat. 305.
Leschborn, Verkohlungsofen nach 130; Pat. 305.
Leuchtkraft des Holzgases 189, Erhöhung 4.
Leuchtwert von Holzgas 189.
Lichtbrechungsvermögen der Terpene 228.
Liebig, Leuchtwert des Holzgases nach 189.
Light Wood 222, 252; Ausbeuten 249, Lignin 221.
Limonen, Eigenschaften 231.
Lippe, Graf zur, Verfahren nach 75; Pat. 305.
Ljunberg, Verkohlungsöfen nach 7.
Loebel, Verkohlungsofen der Untermuldnerhütte nach 4.
Lösemittel, Anwendung zur Terpentinreinigung 197; zur Terpentinausziehung 163.
Luftkühler 35, 112.
Lürmann, Pat. 305.

MacArthur, Pat. 304.
MacCandles, Terpentinprüfung nach 289.
MacKenzie, Harzbad zur Terpentinausziehung nach 159; Pat. 304.
MacKetham, Pat. 304.
Mackie, Pat. 302.
McLean, Sibbitt und, Verfahren nach 113; Pat. 302.
MacMillan, Dampfdestillationsretorte nach 68, 69; Pat. 303.

Mallonee 62, 193, 195; Dampfdestillationsverfahren nach 62 u. f.; Trockendestillationsverfahren n. 86; Reinigungsverfahren für Terpentin nach 193; Pat. 302.
Mark, Pat. 307.
Marktverhältnisse 214.
Mathieu 103; stehende Retorten nach 115; Holzkohlenausbeuten aus Retorten nach 256; Pat. 302.
Mehrkörperapparate für Eindampfung der Kalklauge 179; Wirkungsweise der 180.
Meiler, Bauweise eines liegenden 15; Holzkohlenausbeuten aus amerikanischen 256, schwedischen 256; Köhlerei in Amerika 15; slawischer 13; Schwartenscher 13; Teermeiler 15; Verkohlung 95; welscher oder italienischer 13; Ziegelmeiler 17.
Meileröfen, Holzkohlenausbeute aus 17, 256; Terpentin aus 263.
Mesitylen 244.
Mesityloxyd 244.
Messau 101; Verfahren nach 74, 75; Pat. 300.
Messen und Wiegen 283.
Metaisobutyltoluen 237.
Methylacetat 225, 242; Ermittelung des Gehaltes von Holzgeist 296.
Methylalkohol 225, 227, 237; s. a. Holzgeist; Ausbeuten 166; Eigenschaften 242; Ermittelung des wirklichen Gehaltes von Holzgeist 295; Herstellung von reinem 242; Rektifizierung 181.
Methylpropyllallen 237.
Methylpropylessigsäure 239.

Meyer, Pat. 308.
Mills, Begriff der anhäufenden Auflösung von 226; Harzgeistuntersuchungen von 236.
Mohr 295; Essigsäuregehaltsermittelung nach 291.
Mollerat 5; Stehende Retorten nach 103.
Mörtel für gemauerte Retorten 132; Lehmmörtel zum Abdichten 132.
Mulliken und Scudder, Qualitative Prüfung auf Methylalkohol nach 297.
Müller, Pat. 307, 308.

Nadelholz, s. u. Holz; N.teer, s. u. Teer; Terpentingehalt 249; Zusammensetzung 221.
Natron, kieselsaures, als Mörtel für gemauerte Retorten 132; Lauge, Anwendung bei der Terpentinreinigung 42, 201, als Reinigungsmittel 42; Laugenvorlage 112, 199.
Newnham, Pat. 304.
Niete und Nietnähte an Verkohlungsretorten 141, 142.
Norlin, Versuche von Klason, v. Heidenstam und 123.
Normalisierung der Apparate 286.
Norwegische Kiefer 232, 251.
Norwegischer Teer, Eigenschaften 239.

Oberbayerische Kokswerke und Fabrik chem. Produkte, Pat. 308.
Odelstjerna, Holzkohlenausbeuten nach 256.
Oenanthylsäure 239.
Ofen, Bauweise n. Schwarz 6; Beheizung nach Hahne-

mann 20; Bienenkorbofen 17; der Ankarsrinnhütte 6; der Chem. Fabrik Pluder 21, 128; des Philipsonschen Verfahrens 21, 131; Kanalofen nach Gröndal 21, 95, 97; Karboofen, Größe 125, Ausbeuten 252; mit direkter Verbrennung, Ausbeuten 254, indirekter Heizung, Ausbeuten 254; mit stehenden Heizröhren 125, gußeisernen Heizröhren in Schweden und Finnland 126; Meilerofen, Holzkohlenausbeuten 17; nach Copilowich 124, Friis 126, Pierce 20, Reichenbach 20; Ostpreußischer 17; Röhrenofen, Ausbeuten 252; Schachtofen, Ausbeuten 253, 254; Schwedischer 17, 19; und Retorte, Unterschied zwischen 19; Wagenofen, Ausbeuten 252, 254; Ziegelofen 134, 153.

Öfen, Fassungsräume von amerikanischen 21; Ottelinsche 7; Ljunbergsche 7; rechteckige, in Schweden 6; versetzbare, nach Dromart 156.

Öl als Feuerungsmaterial 77, 209; blaues, Ausbeuten 249, 274; Ölfeuerung großräumiger Retorten 80; gelbes, s. Harzöl; grünes, Ausbeuten 249, 274; Marköl 274; rotes 274; Zerlegung des von der Retorte kommenden 186.

Oleoharz, Zusammensetzung 235.

Osann, Pat. 306.

Ostpreußischer Ofen 17.

Ottelin, Öfen nach 7.

Oxalsäure 223, 268; Herstellung aus den Rückständen der Dampfdestillation 73, 258; Verfahren zur Herstellung 274.

Pagès, Camus et Co., Verfahren zur getrennten Auffangung der Destillate nach 185; Verfahren zur industriellen Herstellung von Aceton 243, 244.

Palabiensäure 235.

Palabietinsäure 235.

Palabietiolsäure 235.

Palmer, Destillationsverfahren nach 108, Pat. 301, 302; Retortenwagen nach 88.

Paloresen 235.

Papierzeug, vergl. a. u. Holzzeug; Herstellung nach Craighill und Kerr 160, Handford 146, Hoskin 61, 62, Mallonee 61, 62, in Verbindung mit Terpentingewinnung 147, 258 u. f.; Verarbeitung zerraspelten Holzes und Sägemehl zu 61.

Parabutyltoluen 237.

Pech 272, Ausbeuten 249 u. f.; Eigenschaften 240; Kolophoniump. 272, Ausbeuten 273, Eigenschaften 274; Schwefelgehalt 240; Stockholmer, Herstellung 240; Teer 279, 281; Verwertung 257.

Peclet, beim Verdampfen siedenden Wassers übertragene Wärmemenge nach 45; Wärmeübertragung und Metalldicke nach 39.

Pentin 237.

Perkins, Pat. 301.

Permanganatlösung, Anwendung bei der Terpentinreinigung 196.

Pettenkofer, Ausführung der Holzdestillation zur Gaserzeugung nach 4; Holzgasherstellungsverfahren nach 267; Holzgaszusammensetzung nach 266.

Phellandren, Eigenschaften 231.

Phenol 238, 239, 270, 280.

Philipson 21; Verkohlungsverfahren nach 131.

Phoron 244.

Phosphordijodidmethode zur Ermittelung des Methylalkoholgehaltes von Holzgeist 295.

Phosphorjodid, Herstellung 296.

Picamar 281.

Pierce 20; Verkohlungsverfahren nach 134.

Pinen 192, 224, 228, 230, 231, 232, 233, 268, 269; Eigenschaften des 229, 231.

Pinenhydrobromid 269.

Pinenhydrochlorid 268, 269.

Pinennitrolpiperidin 233.

Pinennitrosochlorid 233.

Pinolen 273.

Pinolhydrat 234.

Pinolin 235, 289.

Pittacal 281.

Plantagenterpentinöl 227; s. Gartenterpentinöl und Terpentin.

Pluder, Verkohlungsofen der chem. Fabrik 21, Bauweise 128; Pat. 306.

Polariskop 228; Normalisieren 286.

Pope, Harzbäder zur Terpentinausziehung nach 159; Pat. 304.

v. Post, Pat. 304, 305.

Pritchard, Pat. 304.
Proben, Entnahme von 284 u. f.
Propfe, Pat. 306.
Proprionsäure 239.
Pyknometer 286.
Pyren 281.
Pyrometer 174; Anordnung bei den Snyderschen Retorten 121.

Quetschwalzen für Harzausziehung 147.
Quinker, Pat. 305.

Rasche, Pat. 304.
Reaktionswärme 133; Höhe bei der Destillierung von Holz 123—124.
Refraktometer 228; Normalisieren 286.
Regnault und Villejean, Acetongewinnung nach 182, 243.
Reichenbach 20, 125; Heizröhren beim Ofen nach 22.
Reinigung, Apparatur nach Mallonee zur R. von Rohterpentin 193; Chemikalien für Terpentinr. 42, 192; des Holzessigs 5; des durch Verkohlung gewonnenen Rohterpentins nach Bergström und Fagerlind 198, nach Heber 196; der Rohprodukte 42; des Rohterpentins nach Broughton 85, Chute 197, Gilmer 195, mit Lösemitteln 108, über Kalk 42, über Natronlauge 42; des Retortenbodens 90; Ölr. mittels warmen Wassers 108; Verfahren 192; Zweck der R.-arbeit 192.
Rektifiziersäulen 51, 181, 182; Anwendung 51, 204; die Arbeit in 202, 203.

Rektifizierung des Holzgeistes 52, 181; des Rohterpentins 182.
Renard 236; Benennung der Kolophoniumdestillationsprodukte nach 272.
Retorten, Abnutzung bei Anwendung von Retortenwagen 58; Anordnung nach Elfström 93, Philipson 131; Aufhängung 25, 87; Befeuerung 83, 167; Behälter nach Snyder 120; besondere 135 u. f.; Boden 27; Dampfdestillationsret. 59 bis 69, 142, 144, 145, 147, 151; drehbare 135 u. f., Anwendung und Gebrauch 186, Ausführung der Destillation 186, für Gaserzeugung 190, für ununterbrochene Destillation 142; Doppelenderret. 75; Einmauerung 23, 25, 26, nach Koch 77, nach Mallonee 86; Einbau und Lagerung nach Badgley und Inderlied 78 u. f.; Feuerung 25, 76, 89; Größe 22; Gußeisen 21; Kleine, in der Laubholzdestillationsindustrie 78, Anordnung der Feuerungen 25; Koks, Verwertung 258; liegende 73, 102, 116; Korb 27, 117, 118; Konstruktion 24; Material der 21; mit Feuerungseinrichtung für Sägemehl 80; mit senkrechten Heizröhren 125; mit inneren Fördereinrichtungen 147 u. f; nach Adams 101, Aslin 115, Badgley 78, Berry 137, Bilfinger 105, Bower 154, Broughton 84, Chapman 80, Coe 142,

Copilowich 124, Danner 90, Denny 114, der chem. Fabr. Pluder 128, Dobson 153, Douglas 109, Fischer 164, Fiveash 125, Fiveash und Leonard 67, Fleming 144, Friis 125, Gardner 65, Gilmer 83, Hale und Kürsteiner 161, Halliday 148, Hansen und Smith 75, Harper 142, Heidenstam 165, Hessel 103, Hirsch 64, Inderlied 79, Jackson 145, James 66, Kerr 151, Koch 77, Krug 59, Larsen 140, Mallonee 86, Mathieu 115, McLean 113, McMillan 69, Messau 75, Palmer 113, Philipson 131, Roß und Edwards 130, Schneider 150, Smith 157, Snyder 124, Spurrier 138, Viola 149, Weed 158, Wheeler 73, Williams 119 schmiedeeiserne 21; Stärke der 23, 145; stehende 26, 102, 116, 117, in Frankreich 103; Tonret. 21; versetzbare 156; zur Verkohlung unter Druck 165.
Retortenwagen 58, 76, 115, 211, 212; Anordnung der Dampfeinblaseleitung 88; Bauweise beim Gröndalschen Kanalofen 96, in der Anlage der Algona Steel Comp. 82; bei amerikanischen Öfen 22; beim Verfahren des Grafen zur Lippe 75; Einfluß auf Betriebskosten 76, 211, 212; Herstellung und Konstruktion 77, 89 in der Laubholzdestillationsindustrie 78; Kosten beim Gröndalschen Kanalofen 97; nach Palmer

88; Retortenabnutzung bei Verwendung von 58; Verwendung 77.
Rinnen 40; Holzr. 31.
Roake, Verfahren nach 104; Teerdämpfeabscheider nach 104; Pat. 301.
Röhrenkühler 31, 36; Bauweise 37, 38.
Röhrenöfen, Ausbeuten 252.
Rohre, Gasr. 29; Holzr. für Gasleitungen 29; Kupferrohre, Wandstärke 39, 40; Kühlr., Anordnung 32; Schwanenhalsr. 29; Übersteigr. 27, 28, 29; Verbindungen nach Danner 90, 93.
Roß und Edwards, Verfahren von 130.
Rotbuche, Destillationsprodukte und Rückstände 8.
Rotkohle 106.
Rückflußkühler an Rektifiziersäulen 51, 198, 201; Tätigkeit 203.
Rückstand der Dampfdestillation, Verwertung 248.
Rührvorrichtungen, Grund der Anordnung bei der Dampfdestillation 65; Kraftbedarf bei Retorten nach Fischer 164; Verringerung der Destillationsdauer durch 65.

Sabinen, Eigenschaften 231.
Sägemehl, Äthylalkohol aus 275; Ausbeuten 9, bei der Retorte nach Bower 156; Ausbeuten an Terpentin 252; Destillation aus Laubholz, mit überhitztem Dampfe 136; drehbare Retorten für 136; Entnahme von Proben 285; Feuerungseinrichtung 80; Harzgewinnung 153; Nutzbarmachung zur Gaserzeugung 190; Oxalsäure aus 153; Pressen zu Blöcken 164; Teer aus 239; Verkohlung nach Fischer 163; Retorte für, nach Bower 154, nach Fischer 163, Halliday 148, Larsen 140, Schneider 150, Spurrier 138, Viola 149; Verkohlung unter Druck 165; Verkohlung des zu Blöcken gepreßten 164.
Säulen, Apparat für Ausscheidung der Teerdämpfe aus den Destillaten nach Klar 183, für Holzgeist 184; Destillierapparat 52, für Terpentin 182, Bauweise 189 u. f., Wirkungsweise 202.
Saulmann, Pat. 306.
Säuredestillat, Aufarbeitung des wässerigen 52, 175 u. f.
Schachtofen, Ausbeuten im 254.
Scheffer, Pat. 305.
Schlangenkühler, Bauweise 33.
Schmidt, Pat. 304, 306.
Schmiedeeisenretorten 21.
Schneider, Verkohlungsretorte nach 150; Pat. 306, 307.
Schwanenhalsrohr 29, 38.
Schwarz, Ofen nach 6.
Schwartenscher Meiler 13.
Schwedischer Ofen; Bauweise 17, 19.
Schwedischer Teer, Eigenschaften 239.
Schwefelkohlenstoff 227; als Lösemittel für Terpentinausziehung 163.
Schwefelsäure, Anwendung bei der Terpentinreinigung 196, 197, 201.
Senff, Holzverkohlungsergebnisse nach 7, 8.

Sibbitt und McLean, Verfahren nach 113; Pat. 302.
Slawischer Meiler 13.
Smith, Verfahren nach 157; versetzbare Retorten nach 157; Pat. 300.
Smith, Hansen und, Verfahren nach 75, 76, 78; Pat. 300.
Snyder 123; Verfahren nach 120; Pat. 303.
Sobreol 234.
Sprossentanne, Terpentingewinnung aus dem Holze der 260.
Spurlock, Pat. 301.
Spurrier, Retortenbauweise nach 138; Pat. 301. 307.
Squibb, Acetonherstellung nach 243; und Keller, Acetonanalyse nach 297.
Stanley 6, 74; Pat. 300.
Stillwell und Gladding, Prüfung des Kalziumacetates auf Essigsäuregehalt nach 292.
Stolze, Holzdestillationsausbeuten nach Versuchen von 8.
Strohpappenfabrikation in Verbindung mit Terpentingewinnung 147.
Stromstärke, angewendete, und Stromspannung beim Verfahren nach Snyder 121.
Stromverbrauch, beim Verfahren von Snyder 122, 123; und Harzgehalt des Holzes 123.
Sutton, Acetonanalyse nach 297.
Sylvestren 224, 230, 231; Eigenschaften 230, 231.
Syphon 29.

Tankwagen, Versand in 54.
Tanne, Ausbeuten 252; Destillationsausbeuten 8, 252; Holzkohlenausbeute 253; Latten, Ausbeuten 252; Sprossent., Terpentinausbeute 260.
Teer, Analyse 291; Aufspeicherungsbehälter für 54; Aufspeicherungsfähigkeit einer Anlage für 54; Ausbeute 249 u. f., aus Föhrenholz 239, Kiefernholz 239, aus Kiefernspänen 166, beim Verfahren von Snyder 122; Ausscheidung aus dem Rohterpentin 182; Ausscheidung der Teerdämpfe aus den Destillaten nach Klar 183; Bestandteile 224; Dämpfeabscheider 104; Derivate 278; Destillation, Ausbeuten 265, 266, Ausführung 279, Produkte 279; Destillierblase, Bauweise 198, 200, 279; Destillierblase für 47, 48, 114; Eigenschaften 238, 265; Herstellung in liegenden und stehenden Retorten 102, 116; Messen 284; norwegischer 239; schwedischer 239; teerige Produkte, Messen 284; Verwertung 257.
Teermeiler 15, 16.
Teeröl 238; Ausbeuten beim Verfahren von Snyder 122, 123, Ermittelung des Teergehaltes 290; Prüfung auf Holzessiggehalt 290; Verwertung 257.
Terebin 236.
Terebinthinat 161.
Terpen 227, 228, 230; Aufzählung und Eigenschaften verschiedener 231.

Terpentin, Abtrieb aus großstückigem Holze 70, 93, in drehbaren Retorten nach Coe 145, Fleming 144, Handford 146, Harper 142, Jackson 145, ununterbrochener, in drehbaren Retorten 143; Analyse 287; Aufarbeitung des Rohterpentins der Trockendestillation 182; Aufspeicherungsbehälter 53; Ausbeute 209, 249 u. f., bei Anwendung drehbarer Retorten 136, bei der Retorte nach Coe 145, beim Verfahren von Snyder 122, 123, Hale und Kürsteiner 162, beim modernen Dampfdestillationsverfahren 110, in schwedischen Verkohlungsanlagen 252, 254; Ausziehung mit Lösemitteln, Anlage 162, 163, Verfahren nach David 157, McKenzie 159, Pope 159, Thompson und Newson 160, Weed 158; Bestandteile des rohen 42; Derivate 257, 268; Destillat, Wirkung überhitzten Dampfes 94, 262, 265; Destillierblase für 43; Eigenschaften 227 u. f., des durch Dampfdestillation gewonnenen 261; Gewinnung, elektrische 122, durch Dampfdestillation, s. Dampfdestillationsverfahren, nach dem Verfahren von Craighill und Kerr 160, Hale und Kürsteiner 161, in Verbindung mit Papierzeugherstellung 147, 258, in Verbindung mit Gaserzeugung 190; Güte, über die zu erzielende 213;

Leichtöle, Ursprung 192; Messen und Wiegen 283; Proben, Entnahme 285; Prüfung auf Harzgeist 289; Reinigung 42, Kosten 219; Reinigungsverfahren 192, für die durch Verkohlung gewonnenen Rohterpentine, nach Bergström und Fagerlind 198, nach Chute 197, nach Heber 196, für besonderen Roh-, nach Gilmer 195, nach Mallonee 193; Säulendestillierapparat für, Bauweise 198, 201; Überhitzung der Terpentindämpfe 94, 262, 265; Unterschiede zwischen den durch Dampf- und Trockendestillation gewonnenen 233; Verpackung und Versand 54; Verwendungsmöglichkeiten für 228; Verwertung des 257; Waschapparat, Bauweise 200, 202; Zusammensetzung des durch Verkohlung in schwedischen Anlagen erhaltenen 261 u. f.
Terpinen, Eigenschaften 231.
Terpineol 234, 257, 271; Entstehung 271.
Terpinhydrat 233, 257; Herstellungsverfahren von Hempel 271.
Terpinolen, Eigenschaften 231.
Thermokessel von Hessel 103.
Thermometer, Normalisieren 286.
Thompson und Newson, Verfahren zur Terpentinausziehung nach 160; Pat. 304.
Thujen, Eigenschaften 231.

Thurlow, Kampherherstellung nach 268.
Tonretorten 21, 115.
Tricyclen, Eigenschaften 231.
Trockendarren 177, 245.
Trockendestillation, Ausbeuten 249 u. f.; Betriebskosten einer Anlage 216 u. f.; Brennstoffverbrauch 209; Dauer 59, 211; Erträge 217; Verfahren 70.
Trockentrommeln für Eindickung der Kalklauge 180.
Trocknung des essigsauren Kalkes mit heißer Luft 180.
Tschirch, Untersuchungen über Harzbildung von 223; und Koritzschoner, Zusammensetzung des Oleoharzes nach 235.
Turpinol 236.

Überhitzter Dampf als Wärmeträger 92.
Übersteigrohre 27, 28.
Untersuchungen, Chemische 261.
Utz, Terpentinprüfung nach 288.

Valenta, Terpentinprüfung auf Harzspiritus nach 289.
Ventile für Übersteigrohre 28.
Verbindungen, chemische 261.
Verflüssigungskühler 31, 32, 52, 53.
Verkohlung, s. a. u. Destillation; Älteste V.-weise 3; Angaben aus schwedischen V.-anlagen 254; Ausbeuten, s. u. Ausbeuten oder Destillationsausbeuten; Dampfdestillation mit nachfolgender 70; Einfluß langsamer und schneller 8; in drehbaren Retorten 135; mit überhitztem Dampf 93; von zu Blöcken gepreßtem Holzklein 164; V.-ofen, s. u. Ofen; Sägemehlverkohlung, s. u. Sägemehl; unter Druck 165; ununterbrochene in drehbaren Retorten 148 u. f.
Verluste, Wärmev. durch Ausstrahlung 46; Terpentinv. bei Harzgewinnung durch Ausquetschen 153.
Verpackung und Versand 54.
Versetzbare Retorten 156.
Versuche, Holzverkohlungsversuche nach Violette 10; Holzdestillationsv. mit Generatorgas 100; von Klason 123; von Klason, Heidenstam und Norlin 123.
Verwertung der Destillationsprodukte 248, 257.
Vincent, Eigenschaften des Teeres aus Laubhölzern nach 266.
Viola, Retortenbau nach 149; Pat. 302.
Violette, Holzverkohlungsversuche nach 10.
Virginia Pine 267.
Viskose 224.
Vollhann, über den Holzverkohlungsofen der Untermuldnerhütte 4.
Vorlagen, Flüssigkeitsv. für Übersteigrohre 28, 77, 78; Kalkmilchv. 73, 74, 112; Kreosotv. 108, 114; mit Filter zur Ölwaschung 108; Natronv. 112; Teerv. 104.
Vortrocknung des Holzes beim Ofen der chem. Fabrik Pluder 129, beim Verfahren von Philipson 132; Einrichtung bei der Schneiderschen Retorte für Sägemehl 150; mit heißer Luft 165; Retorte nach Fischer für Sägemehl 163.

Wagen, Retortenw., s. u. Retortenwagen; und Gewichte 286.
Wagenofen, Ausbeuten 252, 254.
Wagner, Konstitutionsformel des Pinens nach 229.
Waisbein, Destillationsversuche mit Generatorgas von 100; Pat. 307.
Waldabfälle, Ausbeuten aus dürren 254.
Wallach, Konstitutionsformel des Pinens nach 229.
Wanklyn, Destillationsregel von 12.
Wärmeaufnahme und -Abgabe von Gasen 143.
Wärmeleitungskoeffizient 46.
Wärmeübertragung zwischen einem Gase und einer Flüssigkeit 39, 53, beim Verdampfen siedenden Wassers 45.
Wärmeverlust durch Ausstrahlung 46.
Waschapparat für Rohöl, Bauweise 42; für Rohterpentin 182, Bauweise 200, 202.
Wassermesser, Normalisieren 286.
Wechselmann, Pat. 306.
Weed, Verfahren nach 158; Pat. 303.
Weißbuche, Destillationsausbeuten 8.
Welscher Meiler 13.

Wenghöfer, Pat. 307.
Weyland, Anwendung eines Teerdämpfekohlensäurestromes zur Destillation 101; Pat. 307.
Weymouthkiefer 256.
Wheeler 87; Verfahren nach 73; Pat. 300.
Wiggins, Smith und Walker, Experimente von 57.
Williams, Retortenbauweise nach 119; Pat. 302.
Wirkungsweise eines Säulendestillierapparates 202.

Worstall, Terpentinprüfung nach 289.
Wurtz, Pat. 305.

Xylol 280.

Yellow Pine 123, 232; Holzkohlenausbeute 256.

Zahnmeister, Pat. 307.
Zellulose 221, 223; Eigenschaften 223, 226; Herstellung aus den Rückständen der Dampfdestillation 73; Produkte 274.

Zersetzungsprodukte des Holzes 224.
Zersetzungswärme des Holzes, Höhe 123.
Ziehen der Holzkohle, s. u. Holzkohle.
Zinksulfat, Anwendung bei der Terpentinreinigung 196.
Zitronenöl 269.
Züge, s. Feuerungszüge.
Zusammensetzung des Holzes und der Destillationsprodukte 221.
Zwillinger, Pat. 305.

Verlag von Julius Springer in Berlin.

Technologie der Holzverkohlung und der Fabrikation von Essigsäure, Aceton, Methylalkohol und sonstiger Holzdestillate. Von **M. Klar**, Ingenieur, Chemiker der Firma F. H. Meyer, Hannover-Hainholz, Vorstand der Abteilung für Einrichtung von Fabrikanlagen der chemischen Industrie. Mit 27 Textfiguren. Preis M. 7,—.

Technologie der Fette und Öle. Handbuch der Gewinnung und Verarbeitung der Fette, Öle und Wachsarten des Pflanzen- und Tierreichs. Unter Mitwirkung von Fachmännern herausgegeben von **Gustav Hefter**, Direktor d. Aktiengesellschaft z. Fabrikation vegetabilischer Öle in Triest.
In vier Bänden.
Erster Band: Gewinnung der Fette und Öle. Allgem. Teil. Mit 346 Textfiguren u. 10 Tafeln. Preis M. 20,—; in Halbleder geb. M. 22,50.
Zweiter Band: Gewinnung der Fette und Öle. Spez. Teil. Mit 155 Textfiguren u. 19 Tafeln. Preis M. 28,—; in Halbleder geb. M. 31,—.
Der dritte Band erscheint im Jahre 1909, der vierte Band im Jahre 1910.

Benedikt-Ulzer, Analyse der Fette und Wachsarten. Fünfte, umgearbeitete Auflage. Unter Mitwirkung von Fachgenossen bearbeitet von Prof. **Ferdinand Ulzer**, Dipl.-Chem. **P. Pastrovich** und Dr. **A. Eisenstein**. Mit 113 Textfiguren. Preis M. 26,—; in Halbleder geb. M. 28,60.

Allgemeine und physiologische Chemie der Fette. Für Chemiker, Mediziner und Industrielle. Von **F. Ulzer** und **J. Klimont**. Mit 9 Textfiguren. Preis M. 8,—.

Die Jodzahl der Fette und Wachsarten. Von Dr. **Moritz Kitt**, Professor an der Handelsakademie in Olmütz, ständig beeideter Sachverständiger für Chemie beim k. k. Kreisgerichte in Olmütz. Preis M. 2,40.

Analyse der Harze, Balsame und Gummiharze nebst ihrer Chemie und Pharmakognosie. Zum Gebrauch in wissenschaftlichen und technischen Untersuchungslaboratorien unter Berücksichtigung der älteren und neuesten Literatur herausgegeben von Privatdozent Dr. **Karl Dieterich**, Direktor der Chemischen Fabrik Helfenberg A.-G. vorm. Eugen Dieterich.
In Leinwand gebunden Preis M. 7,—.

Untersuchung der Mineralöle und Fette sowie der ihnen verwandten Stoffe mit besonderer Berücksichtigung der Schmiermittel. Von Professor Dr. **D. Holde**, Abteilungsvorsteher am Kgl. Materialprüfungsamt zu Gr.-Lichterfelde W., Dozent a. d. Technischen Hochschule Berlin. Dritte Auflage erscheint im Herbst 1909.

Taschenbuch für die Mineralöl-Industrie. Von Dr. **S. Aisinman**. Mit 50 Textfiguren. In Leder gebunden Preis M. 7,—.

Grundlagen der Koks-Chemie. Von **Oskar Simmersbach**, Hütteningenieur. Preis M. 2,40.

Die chemische Untersuchung des Eisens. Eine Zusammenstellung der bekanntesten Untersuchungsmethoden für Eisen, Stahl, Roheisen, Eisenerz, Kalkstein, Schlacke, Ton, Kohle, Koks, Verbrennungs- und Generatorgase. Von **Andrew Alexander Blair**. Vervollständigte deutsche Ausgabe von **L. Rürup**, Hütteningenieur. Mit 102 Textfiguren.
In Leinwand gebunden Preis M. 6,—.

Zu beziehen durch jede Buchhandlung.

Papierprüfung. Eine Anleitung zum Untersuchen von Papier. Von Professor **Wilhelm Herzberg**, Vorsteher der Abteilung für papier- und textiltechnische Untersuchungen am Königlichen Materialprüfungsamt zu Groß-Lichterfelde. Dritte, vermehrte und verbesserte Auflage. Mit 86 Textfiguren und 17 Tafeln. In Leinwand gebunden Preis M. 10,—.

Fortschritte der Teerfarbenfabrikation und verwandter Industriezweige. An der Hand der systematisch geordneten und mit kritischen Anmerkungen versehenen Deutschen Reichs-Patente dargestellt von Professor Dr. **P. Friedlaender**, Vorstand der chemischen Abteilung des k. k. technologischen Gewerbemuseums in Wien.

Teil I: 1877—1887 M. 40,—; II: 1887—1890 M. 24,—; III: 1890 bis 1894 M. 40,—; IV: 1894—1897 M. 50,—; V: 1897—1900 M. 40,—; VI: 1900—1902 M. 50,—; VII: 1902—1904 M. 32,—; VIII: 1905—1908 M. 70,—; gebunden M. 73,—.

Chemie der organischen Farbstoffe. Von Dr. **Rudolf Nietzki**, o. Professor an der Universität zu Basel. Fünfte, umgearbeitete Auflage. In Leinwand gebunden Preis M. 8,—.

Analyse und Konstitutionsermittelung organischer Verbindungen. Von Dr. **Hans Meyer**, Professor an der Deutschen Universität in Prag. Zweite, vermehrte und umgearbeitete Auflage. Mit 235 Textfiguren. Preis M. 28,—; in Halbfranz gebunden M. 31,—.

Anleitung zur quantitativen Bestimmung der organischen Atomgruppen. Von Dr. **Hans Meyer**, Professor an der Deutschen Universität in Prag. Zweite, vermehrte und umgearbeitete Auflage. Mit Textfiguren. In Leinwand gebunden Preis M. 5,—.

Die physikalischen und chemischen Methoden der quantitativen Bestimmung organischer Verbindungen. Von Dr. **Wilhelm Vaubel**, Privatdozent an der Technischen Hochschule zu Darmstadt. Zwei Bände. Mit 95 Textfiguren. Preis M. 24,—; in Leinwand gebunden M. 26,40.

Lehrbuch der theoretischen Chemie. Von Dr. **Wilhelm Vaubel**, Privatdozent an der Techn. Hochschule zu Darmstadt. Zwei Bände. Mit Textfiguren u. 2 lithogr. Tafeln. Preis M. 32,—; in Leinw. geb. M. 35,—.

Ludwig Boltzmann urteilt über das Buch: . . . Bücher über theoretische Chemie schießen eins nach dem andern wie Pilze aus der Erde; die Aufgabe, die zu lösen ist, ist jedoch keine leichte. Eines der besten Werke darüber ist das von Vaubel. . . . Es wird gewiß jeder darin reiche Belehrung finden, der Auskunft sucht über irgend eine Tatsache des ausgedehnten Gebietes, wo die Chemie sich der Physik zu nähern beginnt oder wo umgekehrt die Physik nicht ohne Beziehung der Begriffe der Chemie auskommt.

Verlag von Julius Springer in Berlin.

Grundzüge der Elektrochemie auf experimenteller Basis. Von Dr. **Robert Lüpke.** Fünfte, verbesserte Auflage bearbeitet von Professor Dr. **Emil Bose,** Dozent für physikalische Chemie und Elektrochemie an der Technischen Hochschule zu Danzig. Mit 80 Textfiguren und 24 Tabellen.
In Leinwand gebunden Preis M. 6,—.

Quantitative Analyse durch Elektrolyse. Von Alexander Classen. Fünfte Auflage in durchaus neuer Bearbeitung. Unter Mitwirkung von **H. Cloeren.** Mit 54 Textabbildungen und 2 Tafeln.
In Leinwand gebunden Preis M. 10,—.

Die Lötrohranalyse. Anleitung zu qualitativen chemischen Untersuchungen auf trockenem Wege. Von Dr. **J. Landauer,** Braunschweig. Dritte, verbesserte und vermehrte Auflage. Mit 30 Textfiguren.
In Leinwand gebunden Preis M. 6,—.

Naturkonstanten in alphabetischer Anordnung. Hilfsbuch für chemische und physikalische Rechnungen mit Unterstützung des Internationalen Atomgewichtsausschusses herausgegeben von Professor Dr. **H. Erdmann,** Vorsteher, und Privatdozent Dr. **P. Köthner,** erstem Assistenten des Anorganisch-Chemischen Laboratoriums der Königlichen Technischen Hochschule zu Berlin. In Leinwand gebunden Preis M. 6,—.

Kondensation. Ein Lehr- und Handbuch über Kondensation und alle damit zusammenhängenden Fragen, einschließlich der Wasserrückkühlung. Für Studierende des Maschinenbaues, Ingenieure, Leiter größerer Dampfbetriebe, Chemiker und Zuckertechniker. Von **F. J. Weiß,** Zivilingenieur in Basel. Mit 96 Textfiguren. In Leinwand gebunden Preis M. 10,—.

Verdampfen, Kondensieren und Kühlen. Erklärungen, Formeln und Tabellen für den praktischen Gebrauch. Von **E. Hausbrand,** Kgl. Baurat. Vierte, vermehrte Auflage. Mit 36 Textfiguren und 74 Tabellen.
In Leinwand gebunden Preis M. 10,—.

Das Trocknen mit Luft und Dampf. Erklärungen, Formeln und Tabellen für den praktischen Gebrauch. Von **E. Hausbrand,** Kgl. Baurat. Dritte, vermehrte Auflage. Mit Textfiguren und 3 lithograph. Tafeln.
In Leinwand gebunden Preis M. 5,—.

Die Wirkungsweise der Rektifizier- und Destillier-Apparate mit Hilfe einfacher und mathematischer Betrachtungen dargestellt von **E. Hausbrand,** Kgl. Baurat. Zweite Auflage. Mit 18 Figuren im Text und auf 13 Tafeln, nebst 19 Tabellen.
Preis M. 5,—; in Leinwand gebunden M. 6,—.

Hilfsbuch für den Apparatebau. Von **E. Hausbrand,** Kgl. Baurat. Mit 159 Textfiguren und 40 Tabellen.
In Leinwand gebunden Preis M. 3,—.

Zu beziehen durch jede Buchhandlung.

Chemisch-technische Untersuchungsmethoden. Mit Benutzung der früheren von Dr. Friedrich Böckmann bearbeiteten Auflagen und unter Mitwirkung von *E. Adam, F. Barnstein, Th. Beckert, O. Böttcher, C. Councler, K. Dieterich, K. Dümmler, A. Ebertz, C. v. Eckenbrecher, F. Fischer, F. Frank, H. Freudenberg, E. Gildemeister, R. Gnehm, O. Guttmann, E. Haselhoff, W. Herzberg, D. Holde, W. Jettel, H. Köhler, Ph. Kreiling, K. B. Lehmann, J. Lewkowitsch, C. J. Lintner, E. O. v. Lippmann, E. Markwald, J. Messner, J. Pässler, O. Pfeiffer, O. Pufahl, H. Rasch, O. Schluttig, C. Schoch, G. Schüle, L. Tietjens, K. Windisch, L. W. Winkler* herausgegeben von Dr. **Georg Lunge**, Professor der technischen Chemie am Eidgenössischen Polytechnikum in Zürich. Fünfte, vollständig umgearbeitete und vermehrte Auflage.
In drei Bänden.
Erster Band. 953 Seiten Text, 49 Seiten Tabellen-Anhang. Mit 180 Textfiguren. Preis M. 20,—; in Halbleder gebunden M. 22,—.
Zweiter Band. 842 Seiten Text, 8 Seiten Tabellen-Anhang. Mit 153 Textfiguren. Preis M. 16,—; in Halbleder gebunden M. 18,—.
Dritter Band. 1247 Seiten Text, 57 Seiten Namen- und Sachregister, 44 Seiten Tabellen-Anhang. Mit 119 Textfiguren und 3 Tafeln.
Preis M. 26,—; in Halbleder gebunden M. 28,50.
Jeder Band ist einzeln käuflich.

Anleitung zur chemisch-technischen Analyse. Für den Gebrauch an Unterrichts-Laboratorien bearbeitet von Professor **F. Ulzer** und Dr. **A. Fraenkel**. Mit Textfiguren.
In Leinwand gebunden Preis M. 5,—.

Taschenbuch für die anorg.-chemische Großindustrie. Herausgegeben von Professor Dr. **Georg Lunge** und Privatdozent Dr. **E. Berl**. Vierte, umgearbeitete Auflage des Taschenbuches für die Soda-, Pottasche- und Ammoniak-Fabrikation. Mit 15 Textfiguren.
In Kunstleder gebunden Preis M. 7,—.

Der Betriebs-Chemiker. Ein Hilfsbuch für die Praxis des chemischen Fabrikbetriebes. Von Dr. **Richard Dierbach**, Fabrikdirektor. Zweite, verbesserte Auflage. Mit 117 Textfiguren. Preis M. 8,—.

Malmaterialienkunde als Grundlage der Maltechnik. Für Kunststudierende, Künstler, Maler, Lackierer, Fabrikanten und Händler. Von Professor Dr. **A. Eibner**, Leiter der Versuchsanstalt und Auskunftsstelle für Maltechnik a. d. Techn. Hochschule in München.
Preis M. 12,—; in Leinwand gebunden M. 13,60.

Die Abfassung der Patentunterlagen und ihr Einfluß auf den Schutzumfang. Ein Handbuch für Nachsucher und Inhaber deutscher Reichspatente. Von Dr. **Heinrich Teudt**, ständ. Mitarbeiter im Kaiserlichen Patentamt. Mit zahlreichen Beispielen und Auszügen aus den einschlägigen Entscheidungen. Preis M. 3,60; in Leinwand gebunden M. 4,40.

Das Buch stützt sich auf die einschlägigen Entscheidungen und zeigt an Hand praktischer Fälle, wie man Patentanmeldungen abfassen muß, um möglichst gesicherte und weitgehende Patente zu erlangen. Dabei sind auch die Grundsätze eingehend dargelegt, nach denen das Reichsgericht den Schutzumfang erteilter Patente auslegt. Das Werk ist daher für Anmelder und Inhaber von Erfindungspatenten ein zuverlässiger Ratgeber, der die Beurteilung des Schutzumfanges ermöglicht und sich auch zum Nachschlagen eignet.

Verlag von Julius Springer in Berlin.

Technologie der Holzverkohlung und der Fabrikation von Essigsäure, Aceton, Methylalkohol und sonstiger Holzdestillate. Von **M. Klar**, Ingenieur, Chemiker der Firma F. H. Meyer, Hannover-Hainholz, Vorstand der Abteilung für Einrichtung von Fabrikanlagen der chemischen Industrie. Mit 27 Textfiguren. Preis M. 7,—.

Technologie der Fette und Öle. Handbuch der Gewinnung und Verarbeitung der Fette, Öle und Wachsarten des Pflanzen- und Tierreichs. Unter Mitwirkung von Fachmännern herausgegeben von **Gustav Hefter**, Direktor d. Aktiengesellschaft z. Fabrikation vegetabilischer Öle in Triest.
In vier Bänden.
Erster Band: Gewinnung der Fette und Öle. Allgem. Teil. Mit 346 Textfiguren u. 10 Tafeln. Preis M. 20,—; in Halbleder geb. M. 22,50.
Zweiter Band: Gewinnung der Fette und Öle. Spez. Teil. Mit 155 Textfiguren u. 19 Tafeln. Preis M. 28,—; in Halbleder geb. M. 31,—.
Der dritte Band erscheint im Jahre 1909, der vierte Band im Jahre 1910.

Benedikt-Ulzer, Analyse der Fette und Wachsarten. Fünfte, umgearbeitete Auflage. Unter Mitwirkung von Fachgenossen bearbeitet von Prof. **Ferdinand Ulzer**, Dipl.-Chem. **P. Pastrovich** und Dr. **A. Eisenstein**. Mit 113 Textfiguren. Preis M. 26,—; in Halbleder geb. M. 28,60.

Allgemeine und physiologische Chemie der Fette. Für Chemiker, Mediziner und Industrielle. Von **F. Ulzer** und **J. Klimont**. Mit 9 Textfiguren. Preis M. 8,—.

Die Jodzahl der Fette und Wachsarten. Von Dr. **Moritz Kitt**, Professor an der Handelsakademie in Olmütz, ständig beeideter Sachverständiger für Chemie beim k. k. Kreisgerichte in Olmütz. Preis M. 2,40.

Analyse der Harze, Balsame und Gummiharze nebst ihrer Chemie und Pharmakognosie. Zum Gebrauch in wissenschaftlichen und technischen Untersuchungslaboratorien unter Berücksichtigung der älteren und neuesten Literatur herausgegeben von Privatdozent Dr. **Karl Dieterich**, Direktor der Chemischen Fabrik Helfenberg A.-G. vorm. Eugen Dieterich.
In Leinwand gebunden Preis M. 7,—.

Untersuchung der Mineralöle und Fette sowie der ihnen verwandten Stoffe mit besonderer Berücksichtigung der Schmiermittel. Von Professor Dr. **D. Holde**, Abteilungsvorsteher am Kgl. Materialprüfungsamt zu Gr.-Lichterfelde W., Dozent a. d. Technischen Hochschule Berlin. Dritte Auflage erscheint im Herbst 1909.

Taschenbuch für die Mineralöl-Industrie. Von Dr. **S. Aisinman**. Mit 50 Textfiguren. In Leder gebunden Preis M. 7,—.

Grundlagen der Koks-Chemie. Von **Oskar Simmersbach**, Hütteningenieur. Preis M. 2,40.

Die chemische Untersuchung des Eisens. Eine Zusammenstellung der bekanntesten Untersuchungsmethoden für Eisen, Stahl, Roheisen, Eisenerz, Kalkstein, Schlacke, Ton, Kohle, Koks, Verbrennungs- und Generatorgase. Von **Andrew Alexander Blair**. Vervollständigte deutsche Ausgabe von **L. Rürup**, Hütteningenieur. Mit 102 Textfiguren.
In Leinwand gebunden Preis M. 6,—.

Zu beziehen durch jede Buchhandlung.

If you have any concerns about our products,
you can contact us on
ProductSafety@springernature.com

In case Publisher is established outside the EU,
the EU authorized representative is:
**Springer Nature Customer Service Center GmbH
Europaplatz 3, 69115 Heidelberg, Germany**

Printed by Libri Plureos GmbH
in Hamburg, Germany